THE GERMPLASM RESOURCES OF ORNAMENTAL PLANTS IN TIBET , CHINA

中国观赏植物种质资源
西藏卷 ①

张启翔　主编

中国林业出版社

THE GERMPLASM RESOURCES OF
ORNAMENTAL PLANTS IN TIBET，CHINA

中国观赏植物种质资源
西藏卷
①

中国林业出版社

编 委 会

主　编　张启翔

副主编　邢　震　罗　乐

编　委　潘会堂　程堂仁　王　佳　薛　辉　刘　灏　郑维列
　　　　索朗旺堆　张丽荣　钟军珺　郭正茂　孔　滢
　　　　于　超　孙　明　蔡　明

摄　影　张启翔　邢　震　罗　乐　程堂仁　潘会堂　刘　灏
　　　　张　华　罗　建　边巴多吉　朗　杰　李庆卫

本书相关内容由
"十五"国家科技攻关计划课题"中国特有花卉种质
资源的保存、创新与利用研究"
中华人民共和国环境保护部"中国重要观赏植物种质资源调查"项目
资助完成

批准审图号：藏S（2015）003号

图书在版编目（CIP）数据

中国观赏植物种质资源·西藏卷·1 / 张启翔主编. — 北京：中国林业出版
社，2013.12

ISBN 978-7-5038-7305-8

Ⅰ.①中… Ⅱ.①张… Ⅲ.①观赏植物—种质资源—西藏—图集
Ⅳ.①Q948.52-64

中国版本图书馆CIP数据核字（2013）第302671号

责任编辑：贾麦娥

出版发行　中国林业出版社

　　　　　（100009 北京西城区德内大街刘海胡同7号）

网　　址：www.lycb.forestry.gov.cn

电　　话：（010）83143562

制　　版：北京美光制版有限公司

印　　刷：北京华联印刷有限公司

版　　次：2014年12月第1版

印　　次：2014年12月第1次

开　　本：230mm×300mm

印　　张：50

字　　数：619千字

定　　价：400.00元

Preface / "中国观赏植物种质资源" 前言

　　我国幅员辽阔，各地区气候、土壤及地形差异较大，兼有热带、温带、寒带三大类型，复杂的地理环境孕育了种类繁多的野生植物资源，拥有高等植物达30000多种，是世界物种资源最丰富的国家之一，也是世界重要栽培作物的起源中心。

　　威尔逊（Wilson E. H.）曾于1899-1918年期间来华5次，搜集野生观赏植物1000多种，他在1929年出版的《中国，花园之母》（*China, Mother of Gardens*）一书中写到："中国的确是世界花园之母，因为在一些国家中，我们的花园深深受惠于她，那里优异独特的植物，从早春开花的连翘、玉兰，夏季的牡丹、芍药、蔷薇、月季，秋天的菊花，显然都是中国贡献给这些园林的丰富花卉资源。还有现代月季的亲本、温室杜鹃、报春，吃的桃、橙、柠檬、葡萄、柚等都是。老实说来，美国或欧洲的园林中无不具备中国的代表植物，而这些都是乔木、灌木、草花和藤木中最好的。假如中国原产的这些花卉全部撤离的话，我们的花园必将为之黯然失色。"细细考证起来，中国的观赏植物流传国外已有1000多年的悠久历史，约公元5世纪，荷花就经朝鲜传入日本；7世纪茶花又传到日本，后来流入欧美；约8世纪起，梅花、牡丹、芍药、菊花等也相继传入日本；石竹于1702年首次传入英国，翠菊于1728年传入法国，紫薇于1747年传至欧美；现代月季的关键性杂交亲本'月月红'、'月月粉'、'淡黄'香水月季、'彩晕'香水月季等也先后于1791-1824年引入英国。此外，还有很多外国人士到中国来搜集野生和栽培的观赏植物资源。英国人乔治·福礼士（George Forrest）自1904年陆续搜走了300多种杜鹃花属植物；北美引种中国的乔灌木在1500种以上，英国爱丁堡皇家植物园来自中国的观赏植物也有1500多种，意大利引种中国的观赏植物约达1000种，德国露地栽培的观赏植物约50％的种源来自中国，荷兰近40％的园林植物自中国引入。由此可见中国观赏植物对世界的贡献。

　　作为世界园林之母，我国的观赏植物种质资源具有突出的特点：

　　（1）物种多样性丰富

　　中国拥有许多北半球其他地区早已灭绝的古老孑遗植物，特有的属、种很多，如著名的观赏植物金钱松、银杉、银杏、水杉、观光木、珙桐、鸡麻、水松、翠菊、猬实、南天竹、梅花、菊花、牡丹、紫斑牡丹、月季花、香水月季、羽叶丁香等，得天独厚。

　　中国原产的乔灌木有8000多种，是世界乔灌木资源最丰富的国家。山茶属占世界的88.6％；杜鹃花属占世界的58.9％；蔷薇属占世界的47.5％；丁香属占世界的86.7％；金粟兰属和泡桐属占世界的100％。草本资源也很丰富，在若干科、属中尤为突出。如兰属中国占世界的62.5%；兜兰属占世界的28%；杓兰属占世界的70%；万代兰属占世界的25%；百合属占世界的50%；石蒜属占世界的75%；报春花属占世界的58.8%；落新妇属占世界的60%；龙胆属占世界的59.9%；乌头属占世界的70%。

中国花卉栽培的历史有3000多年，中国原产和栽培历史悠久的花卉，常具有变异广泛、类型丰富、品种多样的特点，中国名花资源数量大，世界少有，品种丰富。如梅花，梅花枝条有直枝、垂枝和曲枝等变异，花有洒金、台阁、绿萼等变异，形成的品种达300多个；牡丹已有1000多个品种；菊花有3000多个品种；月季、蔷薇、紫薇、山茶、丁香、杜鹃、芍药、蜡梅、桂花等更是丰富多彩、名品繁多，深受中国人民的喜爱。

(2)植物遗传品质突出

我国的观赏植物种质资源不仅丰富，而且还有许多独特的优良性状。在花期方面，早花和特早花类型多，如梅花、蜡梅、迎春、瑞香、金缕梅、香荚蒾、迎红杜鹃、二月蓝、山桃、连翘、水仙、寒兰、冬樱花等；四季或两季开花类型多，如四季桂、四季米兰、月季花、香水月季、小叶丁香、金露梅等。在花香方面，如蜡梅、梅花、水仙、春兰、米兰、玉兰、栀子、玫瑰、桂花、茉莉、结香、瑞香、夜来香、百合、丁香、含笑等，香者众多，且各具特色。花色方面，由于很多植物的科或属缺少黄色的种质，因此这些黄色的种和品种被世界视为极为珍贵的植物资源，而中国有着很多重要的黄色花基因资源。如中国的金花茶、梅花品种'黄香'梅、黄牡丹、大花黄牡丹、蜡梅、黄凤仙等资源对我国乃至世界花卉新品种育种起到了重要作用。

此外，奇异的类型和品种也非常丰富。如变色类的品种、台阁类型品种、龙游品种、枝条下垂的品种、微型与巨型种类与品种等。而抗性强的种类和品种也较多，如抗寒的疏花蔷薇、弯刺蔷薇、'耐冬'山茶；抗旱的锦鸡儿；耐热的紫薇、深水荷花；抗病耐旱的玫瑰、榆；耐盐的楝树、沙枣；适应性强的水杉、圆柏等。

然而，我国如此丰富多彩、特色鲜明的观赏植物种质资源却尚未被系统、全面的调查研究，家底不清，而且栽培所涉及的种类只占所有观赏植物种质资源很少的比例。据粗略统计，中国有直接开发价值的观赏植物种质资源在1000种以上，有发展潜力的在10000种左右，但现今栽培应用的仍很少。现在市场上很多盆花、切花及露地栽培的观赏植物都是舶来品，而这些舶来品很大一部分是从20世纪初国外由中国引种的资源中选育出来的！另一方面，我们也注意到，相当数量观赏植物资源受到了严重的破坏，有的甚至濒临灭绝或已经消失。不少野生种被大量挖取牟利或因为设施建设而大面积毁灭，如兰花资源破坏相当严重，有的甚至遭到搜山清空的厄运；一些野生植物因为药用也被大肆挖掘滥采，在物种量剧减的同时其生存环境也遭到严重毁坏，如棒槌石斛、桃儿七、羽叶丁香、雪莲等；还有一些珍贵的野生观赏植物资源尚在深山人未识，缺乏科学有效的保护利用机制，无法保证其物种在环境中应有的地位和价值的发挥。

鉴于我国观赏植物种质资源的现状，国家科技部、环保部和国家林业局等部委都高度重视，决定对全国的观赏植物种质资源情况进行调查、摸底、备案，然后通过后期的网络平台管理和新政策法规的制订，以期对我国观赏植物种质资源的现状及保护利用进程进行全面、科学监督和指导。北京林业大学拥有全国最早的园林植物与观赏园艺学科和博士点，长期从事观赏植物种质资源的调查、搜集、评价及引种育种研究。从"十五"期间开始，承担国家科技部"中国特有花卉种质资源的保存、创新与利用研究"项目；后又承担国家环保部"中国重要观赏植物种质资源调查"项目，陆续对云南、贵州、四川、广西、海南、福建、河北、宁夏、甘肃、新疆、青海、吉林、西藏等省（自治区、直辖市）的资源状况进行调查研究，有的仍在继续进行中。调查内容包括区域观赏植物资源状况及重点科属观赏植物资源状况。通过调查和后期的评价整理，已经积累了大量的原始资料，对我国现有的观赏植物种质资源状况有了较全面的了解。我们希望通过专著的形式，以省（自治区、直辖市）为单位陆续出版，每卷主要涉及该地区的观赏植物资源概况和现状、重点观赏植物资源的分类和评价，主要物种的详细信息（主要特征、分布、生境、生活习性、园林应用价值等）和精美的图片，让同行了解最新的信息，为保护资源和科学利用资源做出贡献。

希望"中国观赏植物种质资源"的出版能给读者们带来帮助和启发；也由于编者知识有限，书中难免会有疏漏和错误之处，恳请大家批评指正。在此，谨代表丛书编写组全体同仁向广大读者和所有帮助、支持本书出版的个人与单位表示衷心的感谢！

中国观赏植物种质资源编写组

2011-7

Preface / "西藏卷①" 前言

　　西藏自治区位于我国西南部，是青藏高原的主体部分，全区土地面积约占全国总面积的1/8。西藏的自然地理环境独特，绝大部分地区海拔在3000m以上，7000m以上的高峰有50多座，有"世界屋脊"之称，也被称为"地球第三极"。西藏地形复杂、气候独特，东南距离印度洋较近，西北则与亚洲腹地的干旱中心及帕米尔高原相邻，介于热带与温带、西亚的干旱亚热带和东亚的湿润亚热带之交汇点，总体表现为西北部分严寒干燥，东南部分温暖湿润，另外还存在多种多样的区域性气候和明显的垂直气候带。正因如此，西藏的植物区系丰富，森林类型复杂多样，是我国森林蓄积量和原始林面积最大的地区之一。

　　西藏有高等植物6400余种，很多具有观赏价值和开发潜力，如绿绒蒿属（*Meconopsis*）、报春花属（*Primula*）、龙胆属（*Gentiana*）、杜鹃花属（*Rhododendron*）、枸子属（*Cotoneaster*）、乌头属（*Aconitum*）、马先蒿属（*Pedicularis*）、铁线莲属（*Clematis*）、兰科（Orchidaceae）植物等。自20世纪70年代，中国科学院组织科考队对西藏的植物资源进行了调查，并陆续出版了《西藏植物志》5卷，但随着社会经济的发展、自然生境的变化，对西藏观赏植物种质资源的本底状况却始终不清楚，缺乏系统调查和评价。

　　作者自1985年对西藏的野生梅花（*Prunus mume*）资源、大花黄牡丹（*Paeonia ludlowii*）等重点观赏植物种属调查开始，30年来十余次深入藏区开展调查和引种；从2003年起，在科技部、国家林业局、环保部的资助下，作者组织科研队伍对西藏的野生观赏植物种质资源进行了系统的调查和研究。课题组多次深入野外，设置样方，采集标本，拍摄胶片、数码照片上万幅，获取了大量一手材料；同时，结合资源评价工作开展了野生花卉引种驯化和育种工作，并取得了阶段性成果。

　　由于西藏地域广阔、植物种类丰富，作者首先围绕西藏主要森林分布区域——藏东南地区开展调查，并整理数据出版，之后将陆续出版西藏其他区域的观赏植物种质资源调查结果。经鉴定和整理，本书附录收录野生维管束植物有1640种（含亚种、变种、变型），全书共有彩色图片1282幅。总论部分对筛选出的99科287属738种观赏植物（含亚种、变种、变型）进行了科学的评价和分类，并对植物开发优先序、植物分布生境进行了系统论述。各论部分对452种（包括种下类型）重点观赏植物资源进行详细描述，包括简要的形态特征、分布及分布量、生境及适应性、观赏及应用价值等，对每一种植物绘制了分布示意图。本书所有体例均按照本丛书首卷《宁夏卷》的体例编排，力求科学合理、协调一致。对于本书植物鉴定及排列原则亦同《宁夏卷》，并结合《西藏植物志》进行综合整理。

本书的编写历时4年，参与调查人员数百人次，期间历经艰辛、克服重重困难，最终集众人智慧完成书稿。在调查、收集、整理材料的过程中，得到了西藏大学农牧学院、西藏自治区林业厅、西藏自治区林业调查规划研究院等单位同仁的支持和帮助，在此表示衷心的感谢。特别感谢西藏大学农牧学院的多琼老师、鲍龙友老师、西藏林木科学研究院的普布次仁研究员、原西藏高原生态研究所徐凤翔教授、北京林业大学刘玉军老师和林秦文博士在调查研究中给予的帮助。

本书编写虽多次补充修改，但仍感水平有限，书中难免有遗漏、不足之处，还望广大读者不吝批评指正，以便再版时更能有所完善和提高。

作者多年对西藏野生观赏植物资源的调查和研究，不禁感叹西藏野生花卉之奇美和自然风光之壮美，如美丽的尼洋风光、壮阔的鲁朗林海、雄浑的雅鲁藏布大峡谷，也不禁感慨近十多年来西藏建设与生态保护之间的一些矛盾。一些重要观赏植物资源，如在20世纪80年代超过20km²集中分布的大花黄牡丹的野生种群正在急剧减少。虽然国内许多专家学者们努力研究一些西藏野生花卉的保育和引种繁育工作，但生境的破坏往往很难恢复。因此，我们也想借此书出版之际呼吁：只有保护好资源才能产生可持续的财富，只有在科学评价和保护的前提下，才能对野生植物资源进行有效、有序、合理的开发利用，让我们共同保护好西藏这一片珍贵的净土！

编者

2014年8月

Contents / 目录

Contents / 目　录

GENERAL　总论

第一章

西藏自然地理环境

西藏古称"蕃"，简称"藏"。西藏在唐宋时期称为"吐蕃"，元明时期称为"乌斯藏"，清代称为"唐古特"、"图伯特"等。清朝康熙年间起称"西藏"至今（西藏自治区人民政府网，2006）。西藏自治区位于我国西南部，北临新疆维吾尔自治区，东隔金沙江与四川省相连，东北连接青海省，东南与我国云南省及缅甸、印度、不丹、尼泊尔等国家毗邻，西与克什米尔地区接壤。地理位置约在东经78°25′～99°06′，北纬26°44′～36°32′之间，南北跨越纬度9°50′，最宽约900km，东西占据经度20°30′，长达2000多千米，无出海口。全区土地面积为122.84万km²，约占全国总面积的1/8(中华人民共和国中央人民政府网，2005；西藏自治区人民政府网，2008)。

西藏自治区地处青藏高原，绝大部分地区海拔均在三四千米以上，其中耸立在喜马拉雅山中段、中尼边界上的最高点珠穆朗玛峰海拔达8844.43m，而区内最低海拔仅约100m，全区垂直空间上相差较大。就地理位置而言，藏东南地区离印度洋较近，直线距离约450km；西北部则距离海洋较远，且与亚洲腹地的干旱中心及帕米尔高原相邻，正介于热带与温带、西亚的干旱亚热带和东亚的湿润亚热带之交汇点。特殊的空间位置造就了其独特的自然地理环境，有着"世界屋脊"之称。

西藏区位地形图

1.1　地貌概况

西藏自治区平均海拔4000m以上，是青藏高原的主体部分，境内海拔在7000m以上的高峰有50多座，其中8000m以上的有11座，被称为除南极、北极以外的"地球第三极"（中华人民共和国中央人民政府网，2005）。全区地形复杂，为昆仑山脉、巴颜喀拉山脉、横断山脉、喜马拉雅山脉所包围，地貌基本上包括极高山、高山、中山、低山、丘陵和平原等六种类型，还有冰缘地貌、岩溶地貌、风沙地貌、火山地貌等；大体可分为四个不同的自然区域（地带）：一是在冈底斯山和喜马拉雅山之间，即雅鲁藏布江及其支流流经的区域，地形平坦，土质肥沃，被称作藏南谷地，是西藏主要的农业区；二是北部的藏北高原，位于喀喇昆仑山、唐古拉山和冈底斯山至念青唐古拉山之间，平均海拔在4500m以上，占全自治区面积的1/3，分布着一系列浑圆而平缓的山丘，其间夹着许多盆地，低处常年积水成湖，是西藏主要的牧业区；三是喜马拉雅山地，分布在与印度、不丹、尼泊尔等接壤区域，由几条大致东西走向的山脉构成，平均海拔6000m左右，是世界上最高的山脉群，尤以西部较高且气候干冷，而东部则气候温润，森林繁茂；四是位于东部的高山峡谷区，即藏东南横断山脉、三江流域地区，为一系列由东西走向逐渐转为南北走向的高山深谷，海拔基本在4000m以上，山顶与谷底落差可达2500m，山顶常年寒冷荒芜，山腰植被繁密，山麓则是田园风光（中国科学院青藏高原综合科学考察队，1988；中华人民共和国中央人民政府网，2005；西藏自治区人民政府网，2008）。著名的雅鲁藏布江大峡谷，其谷底最窄处仅74m，最宽处约200m，全长为370km，最深达5382m，是地球上最深最大的峡谷。

雅鲁藏布江大拐弯（米林段）

雅鲁藏布江（墨脱段）

1.2 水资源

西藏的水资源主要来源于地表水、地下水、冰川水及大气降水（西藏自治区人民政府网，2006）。地表水方面，西藏境内流域面积大于10000km²的河流有20多条，流域面积大于2000km²的河流有100条以上，加上季节性流水的间歇河流在千条以上，年均径流量为4482亿m³；西藏河流的水源主要由雨水、冰雪融水和地下水组成，流量丰富，含沙量小，水质好（西藏自治区人民政府网，2006）。著名的澜沧江、金沙江、雅鲁藏布江、怒江等大河都流经西藏，其中，雅鲁藏布江及怒江发源于西藏，亚洲著名的恒河、印度河、湄公河、布拉马普特拉河、萨尔温江、伊洛瓦底江等河流都发源或流经西藏，历史上素有"亚洲水塔"之称（西藏自治区人民政府网，2006；蒋利，2013）。其中，雅鲁藏布江为西藏第一大河，发源于喜马拉雅山北麓仲巴县境内的杰马央宗冰川，经珞瑜地区流入印度，称为布拉马普特拉河，在中国境内全长2057km，流域面积超过24

万km²，流域平均海拔4500m左右，是世界上海拔最高的大河（中国科学院青藏高原综合科学考察队，1988；西藏自治区人民政府网，2006；蒋利，2013）。

分布于西藏的大小湖泊有1500多个，是中国最大、海拔最高（超过5000m的有17个）、范围最广、数量最多的湖泊密集区，总面积约2.4万km²，占全国湖泊面积的30%。主要湖泊有：巴松措、然乌措、羊卓雍措、玛旁雍措、纳木措、色林措、扎日南木措、班公措，其中面积超过1000km²的有纳木措（世界海拔最高）、扎西南木措和色林措等，超过100km²的湖泊有47个（中国科学院青藏高原综合科学考察队，1988；王跃峰 等，2005；西藏自治区人民政府网，2006）。

此外，西藏的地下水资源总量约1107亿m³；西藏的冰川面积约2.74万km²，占全国冰川总面积的46.7%，冰川水资源总量为332亿m³（西藏自治区人民政府网，2006）。

雅鲁藏布江支流——易贡藏布江

雅鲁藏布江支流——尼洋河

巴松措

巴松措

1.3　气候资源

西藏的气候独特而复杂多样，除了西北严寒干燥，东南温暖湿润的总趋向，还有多种多样的区域气候和明显的垂直气候带，总体呈现出由东南向西北的带状分布，即：亚热带—温带—亚温带—亚寒带—寒带；湿润—半湿润—半干旱—干旱（西藏自治区人民政府网，2008）。西藏气候总的特点是：空气稀薄，气压低，含氧量少；光辐射强，日照时间长；气温偏低，日温差大；有明显的干季和雨季；气候类型复杂，多大风强风，垂直变化大。"十里不同天"、"一天有四季"等谚语都反映了这些特点（中国科学院青藏高原综合科学考察队，1988；西藏自治区人民政府网，2008）。

西藏由于海拔高，空气稀薄，每立方米空气中只含氧气约150～170g，相当于平原地区的62%～65.4%。由于纬度低，水汽、尘埃含量少，西藏是我国太阳辐射总量最多的地方，比同纬度的平原地区多1倍或1/3；同时也是日照时数的高值中心，如拉萨、定日等地年平均日照时数都超过3000h，总体呈现出由藏东南向藏西北逐渐增多的特点；太阳辐射的年变化以1月最小，6月或7月最大，全区年均日照时数在1600h至3400h之间，西部地区则更高（中国科学院青藏高原综合科学考察队，1988；西藏自治区人民政府网，2008；左慧林 等，2009）。

西藏地区平均气温由东南向西北逐渐递减，气温偏低，年温差小，但昼夜温差大。全区年均气温在−2.8℃到11.9℃之间，温差较大，大部分地区年平均气温低于5℃，最热月7月平均气温一般低于15℃。东南地区年均气温10℃左右，相对较为温暖，雅鲁藏布江河谷地带年均气温在5℃至9℃之间，喜马拉雅山脉及其北麓山地年均气温在6℃以下，东部横断山脉地带仅有5个月左右时间的月均气温在10℃以上，藏北高原年均气温在0℃以下（中国科学院青藏高原综合科学考察队，1988；西藏自治区人民政府网，2008；左慧林 等，2009）。

西藏全区降水量高低相差极为悬殊，统计上年降水量多在400mm以下，降水量最大地区约为最小地区的200倍。边境地区的巴昔卡年降水量能达到4494mm，墨脱达到2300mm，而在噶尔、狮泉河地区的年降水量为50~80mm，羌塘高原的西北部有些地方甚至只有20mm余。总的来说，各地降水的季节分配不均。干季

米拉山东麓寒冷干燥

雅鲁藏布江两岸（墨脱）温暖湿润

和雨季的分界明显，而且多夜雨。降水分布趋势是东多西少，南多北少，迎风坡多于背风坡，东南湿润，西北干燥。雨量集中在6～9月，夏季降水占全年的70%～80%（有时更高一些，达90%），每年10月至翌年4月，降水量仅占全年的10%～20%，干旱出现较为频繁（中国科学院青藏高原综合科学考察队，1988；西藏自治区人民政府网，2008；左慧林 等，2009）。全区分布着众多海拔5000m以上的高山，山区气温更低，但降水量较多，孕育着大量的山地冰川，是我国和南亚若干大河名川的发源地。由于全球气候变暖，西藏各地的年降水量近50年来也呈现出不同程度的增加（左慧林 等，2009）。

以气温和降水为主要依据，可把西藏自治区划分为不同的气候区，即：三江高原温暖半湿润气候区；藏东南亚热带山地湿润气候区；波密、林芝高原温暖湿润气候区；藏东北高原亚温带湿润气候区；雅鲁藏布江流域高原温带半湿润半干旱气候区；喜马拉雅山脉北麓高原温带半干旱气候区；阿里南部高原温带干旱气候区；北羌塘高原亚寒带干旱气候区；南羌

塘高原亚寒带半干旱气候区（中国科学院青藏高原综合科学考察队，1988；西藏自治区人民政府网，2008）。

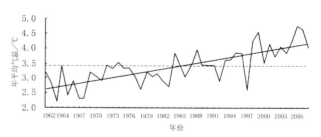

1961～2008年西藏年平均气温变化（左慧林 等，2009）

（折线为历年值，斜线为趋势值，点线为多年平均值）

1981～2008年西藏各站年降水量变化趋势（左慧林 等，2009）

1.4　土壤资源

1.4.1　土壤分布特点

西藏高原的隆起明显影响着土壤的成土过程与地理分布。在高原东南缘的东喜马拉雅山脉南侧，降水丰沛，形成以黄色砖红壤（夏季多雨、冬季多雾地区）和黄色赤壤土（夏季多雨、冬季少雨地区）为基带的土壤垂直分布；在东喜马拉雅山脉北侧的藏东南高山峡谷地区，地势抬高，温度下降，气候暖湿，以棕壤土为主；在中喜马拉雅山脉北侧和雅鲁藏布江中上游一带，气候温凉干燥，形成以亚高山草原土为最底层的土壤垂直分布系列（卢耀曾，1982；中国科学院青藏高原综合科学考察队，1985，1988）。

在西藏东部横断山脉的深切河谷，发育着以褐土为底层的土壤垂直分布系列；在藏北东部，土壤发育为高山草甸土；在草原面上，发育为高山草原土；在高原中部，表现出荒漠化特征，形成了高山荒漠草原土；往西北，气候更加干旱寒冷，高山荒漠土较为明显（卢耀曾，1982；中国科学院青藏高原综合科学考察队，1985，1988）。

此外，在湿润山地的垂直地带，还发育有黄壤、漂灰土、亚高山灌丛草甸土、高山灌丛草甸土；在半干旱山地的垂直带中，发育有棕褐土、山地灌丛草原土、亚高山灌丛草原土；在干旱山地垂直带中发育有山地荒漠灌丛草原土、亚高山荒漠草原土、亚高山荒漠土；在高山冰川边缘下部发育有寒冻土；在河流两侧低洼地段和湖沼边缘发育有隐域性的草甸土、沼泽土和盐渍化土等（卢耀曾，1982；中国科学院青藏高原综合科学考察队，1985，1988）。

1.4.2　农牧林土壤

西藏自治区是全国土壤垦殖指数最低的省（区）之一，目前拥有宜农耕地约223.1万hm²，约占全区土地总面积的0.42%（次仁，2008；西藏自治区人民政府网，2008）。西藏的耕地土壤资源多集中分布在少数河流谷地内，诸如雅鲁藏布江中游(包括拉萨河、尼洋河、年楚河等支流)和藏东的金沙江、怒江、澜沧江等大河谷地及察隅河、隆子河、朋曲、孔雀河等小河谷地（次仁，2008）。这些河谷地域除少数地势较高外，垂直分布区间为海拔610～4795m，其中3500～4100m的面积占60.8%（《西藏农业科技》编写组，1995）。

西藏耕地土壤归属于16个土类，以耕种山地灌丛

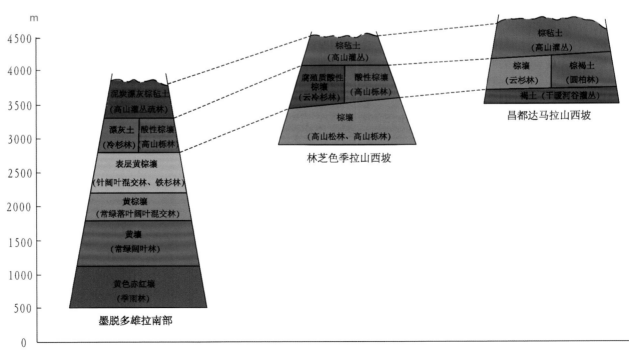

西藏森林土壤垂直带谱类型示意图（西藏森林，中国科学院青藏高原综合科学考察队，1985）

草原土面积最大，占全区耕地总土壤面积的33.81%，集中分布在"一江两河"流域的宽阔谷地（次仁，2008）。以下为潮土（12.83%）、耕种亚高山草原土（12.38%）、耕种草甸土（9.51%）、耕种亚高山草甸土（9.47%）、耕种褐土（8.61%）、灰褐土（7.99%）、耕种棕壤（2.86%）等（《西藏农业科技》编写组，1995；次仁，2008；西藏自治区人民政府网，2008）。

西藏的草地土壤中包括了尚未放牧的荒草地土壤，以那曲和阿里地区的面积最大。草地土壤的垂直分布区间为海拔2800～5600m，其中82%的草地土壤分布海拔超过4600m。草地土壤归属于8个土类，高山草原上的面积最大（59.48%），其次为高山草甸土（22.47%）和亚高山草甸土（9.88%），以下依次为亚高山草原土、草甸土、沼泽土、山地灌丛草原土和褐土（中国科学院青藏高原综合科学考察队，1985；《西藏农业科技》编写组，1995）。

西藏的林业土壤是指至今基本保持森林并主要为林业利用的土壤，归属于10个土类，面积最大的是暗棕壤（28.5%），其次是黄壤（17.6%），以下依次是面积相当的黄棕壤、棕壤、赤红壤、灰褐土和亚高山林灌草甸土，各占10%左右；再往下依次

为砖红壤、褐土、红壤（中国科学院青藏高原综合科学考察队，1985；《西藏农业科技》编写组，1995）。随着地势的升高，不同土壤类型有着不同的适生林型和树种：有适生热带雨林的砖红壤、红壤和赤红壤（海拔低于1100m，总面积占全区林土面积的11.81%）；有适生于亚热带常绿阔叶林和常绿针阔叶混交林的黄壤和黄棕壤（海拔在1100～2800m，总面积占全区的28.18%）；有适生温性针阔叶混交林的棕壤（海拔在2800～3500m，占9.94%）；有适生寒温性针叶林的略棕壤、灰化土、酸性棕壤和少量灰褐土（海拔3400～4600m，总面积占全区的28.69%）。此外，还有适生桦类、柏类、杨类等的疏林和灌木林的灰褐土、亚高山林灌草甸土、棕壤性土和淋溶褐土等（海拔在3000～4700m，总面积约占全区的21.39%）（中国科学院青藏高原综合科学考察队，1985；《西藏农业科技》编写组，1995）。

1.5 植被概况

西藏是我国森林蓄积量和原始林面积最大的地区之一，据国家林业局《2005年中国森林资源报

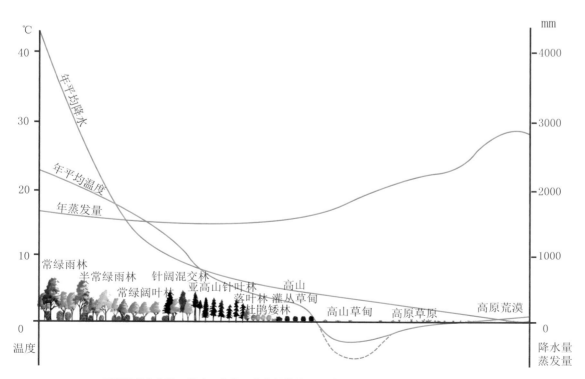

西藏植被与海拔、降水、气温、蒸发量等关系图（西藏植被，中国科学院青藏高原综合科学考察队，1985）

告》公布：西藏现有森林总面积1389.61万hm²，活立木总蓄积量22.945亿m³。截至2005年年底，西藏全区森林覆盖率为11.31%，森林面积名列我国第五，活立木总蓄积量名列我国第一。而西藏主要的森林分布则位于藏东南地区。根据最新统计，藏东南的林芝地区森林总面积445.3万hm²，森林覆盖率51.95%；林地面积605万hm²，占全区林地面积的34.64%；活立木蓄积量达12.1亿m³，占全区总量的53.23%，居全国地级市首位（西藏自治区国土资源厅网，2010）。

西藏植物区系丰富，森林类型复杂多样。目前统计西藏有高等植物6400多种［其中苔藓植物700余种，维管束植物（蕨类和种子植物）5700余种］，目前出版的《西藏植物志》（5卷）共收录西藏野生及习见栽培植物208科1258属5766种。此外，还有藻类植物2376种及真菌878种。按其他分类有药用植物1000余种，油脂油料植物100余种，芳香油、香料植物180余种，工业原料植物（含鞣质、树脂、树胶、纤维）300余种，可代食品、饲料的淀粉、野果植物300余种，木本植物1700余种等。有300余种植物被列为国家重点保护和《濒危野生动植物种国际贸易公约》（CITES）附录，如稀有针叶树种穗花杉、云南红豆杉、印度三尖杉、百日青等都为第三纪的孑遗植物（西藏自治区国土资源厅网，2010）。

丰富独特的植物种类构成了西藏不同区域的植被，西藏植被的建群植物是以青藏高原—喜马拉雅成分为主（约占50%）；温带成分次之（约占34%）；热带、亚热带成分又次之（约占11%）；少数为古地中海的残遗成分（约占3%），个别为北极—高山成分和广布种（约为1%）（中国科学院青藏高原综合科学考察队，1988）。

植被分布又因地理成分的复杂性呈现出类型的不同。根据《中国植被》分类系统，将西藏植被划分为27个植被型，包括150个主要群系，具体如下（中国科学院青藏高原综合科学考察队，1988）：

（1）常绿雨林——建群植物主要由缺乏御寒、抗旱能力的常绿阔叶乔木组成的植物群落。这些植物要求高温高湿的气候条件，树冠全年常绿，具板状根、老茎生花等特点。林内多常绿阔叶藤本植物和附生植物；特别是叶附生植物，是常绿雨林的一个显著特征。

墨脱原始森林

主要群系：

龙脑香（*Dipterocarpus turbinatus*，*D. pilosa*）群系

（2）半常绿雨林——建群植物主要由常绿阔叶乔木和干旱季节落叶阔叶乔木组成的植物群落。这些植物大多要求高温高湿的气候条件，但对短期的季节性干旱也能适应。通常在干旱季节中，上层树木落叶而下层常绿，这是半常绿雨林的一种主要形式；或是上层树木常绿而下层落叶；或是同层树木，部分落叶，部分保持常绿，而形成半常绿的外貌。例如有墨脱樫木（*Dysoxylum medogense*）、斯里兰卡天料木（*Homalium ceylanicum*）、千果榄仁（*Terminalia myriocarpa*）、阿丁枫（蕈树）（*Altingia excelsa*）等组成的群系。

主要群系：

墨脱樫木+麻楝+千果榄仁+小果紫薇群系（Form. *Dysoxylum medogense*+*Chukrasia tabularis*+*Terminalia myriocarpa*+*Lagerstroemia minuticarpa*）

（3）常绿阔叶林——建群植物主要由御寒和抗旱能力较差的常绿阔叶乔木组成的植物群落。

主要群系：

刺栲群系（红锥）（Form. *Castanopsis hystrix*）

薄片青冈+西藏石栎（西藏柯）群系（Form. *Cyclobalanopsis lamellose*+*Lithocarpus xizangensis*）

俅江栎（贡山栎）群系（Form. *Quercus kongshanensis*）

曼青冈群系（Form. *Cyclobalanopsis oxyodon*）

环带青冈群系（Form. *Quercus annulata*）

西藏润楠群系（Form. *Machilus yunnanensis* var. *tibetana*）

（4）硬叶常绿阔叶林——建群植物主要由稍具御寒和抗旱能力的常绿阔叶乔木组成的植物群落。林下植物较少，藤本植物和附生植物（地衣类除外）贫乏。

主要群系：

高山栎群系（Form. *Quercus semicarpifolia*）

川滇高山栎群系（Form. *Quercus aquifolioides*）

（5）落叶阔叶林——建群植物主要由落叶阔叶乔木组成的植物群落。

小果紫薇天然群落（墨脱）

川滇高山栎群落（图上部）

高山栎群落

糙皮桦群落

主要群系：

山杨群系（Form. *Populus davidiana*）

糙皮桦群系（Form. *Betula utilis*）

白桦群系（Form. *Betula platyphylla*）

（6）针叶阔叶混交林——建群植物主要由常绿针叶乔木、常绿硬叶阔叶乔木和落叶阔叶乔木组成的植物群落。通常在第一层树木中以常绿针叶乔木或常绿针叶乔木和常绿硬叶阔叶乔木为主；第二层树木以常绿硬叶阔叶乔木或常绿硬叶阔叶乔木和落叶阔

叶乔木为主。

主要群系：

云南铁杉+高山栎群系（Form. *Tsuga dumosa*+*Quercus semicarpifolia*）

（7）常绿针叶林——建群植物主要由有一定耐寒和抗旱能力的常绿针叶乔木组成的植物群落。树冠常绿。

主要群系：

云南铁杉群系（Form. *Tsuga dumosa*）

常绿针叶乔木、常绿硬叶阔叶乔木和落叶阔叶乔木组成的群落

常绿针叶乔木+常绿硬叶阔叶乔木组成的群落

林芝云杉（前）和急尖长苞冷杉（后）

巨柏群落（下）

墨脱冷杉+西藏箭竹

冷杉纯林（鲁朗）

云南松群系（Form. *Pinus yunnanensis*）

高山松群系（Form. *Pinus densata*）

华山松群系（Form. *Pinus armandii*）

长叶松群系（Form. *Pinus palustris*）

乔松群系（Form. *Pinus griffithii*）

川西云杉群系（Form. *Picea likiangensis* var. *balfouriana*）

林芝云杉群系（Form. *Picea likiangensis* var. *linzhiensis*）

西藏云杉群系（Form. *Picea spinulosa*）

长叶云杉群系（Form. *Picea smithiana*）

鳞皮云杉群系（Form. *Picea retroflexa*）

黄果冷杉群系（Form. *Abies ernestii*）

附：云南黄果冷杉群系（Form. *Abies ernestii* var. *salouenensis*）

急尖长苞冷杉群系（Form. *Abies georgei* var. *smithii*）

附：长苞冷杉群系（Form. *Abies georgei*）

墨脱冷杉群系（Form. *Abies delavayi* var. *motuoensis*）

亚东冷杉群系（Form. *Abies densa*）

喜马拉雅冷杉（西藏冷杉）群系（Form. *Abies spectabilis*）

巨柏群系（Form.*Cupressus gigantea*）

西藏柏木群系（Form. *Cupressus torulosa*）

密枝圆柏群系（Form. *Sabina convallium*）

大果圆柏群系（Form. *Sabina tibetica*）

滇藏方枝柏群系（Form. *Sabina wallichiana*）

垂枝柏群系（Form. *Sabina recurva*）

方枝柏群系（Form. *Sabina saltuaria*）

（8）落叶针叶林——建群植物由耐寒的落叶针叶乔木组成的植物群落。

主要群系：

大果红杉群系（Form. *Larix potaninii* var. *macrocarpa*）

西藏红杉群系（Form. *Larix griffithiana*）

喜马拉雅红杉群系（Form. *Larix himalaica*）

怒江红杉群系（Form. *Larix speciosa*）

西藏红杉（更新苗）

常绿杜鹃灌丛

西藏箭竹灌丛

（9）**常绿革叶灌丛**——建群植物由具有一定耐寒能力的常绿革叶灌木组成的植物群落。

主要群系：

钟花杜鹃群系（Form. *Rhododendron campanulatum*）

宏钟杜鹃群系（Form. *Rhododendron wightii*）

毛嘴杜鹃+北方雪层杜鹃群系（Form. *Rhododendron trichostomum + Rhododendron nivale* subsp. *boreale*）

雪层杜鹃群系（Form. *Rhododendron nivale*）

弯柱杜鹃群系（Form. *Rhododendron campylogynum*）

草莓花杜鹃群系（Form. *Rhododendron fragariflorum*）

鳞腺杜鹃群系（Form. *Rhododendron lepidotum*）

毛花杜鹃群系（Form. *Rhododendron hypenanthum*）

刚毛杜鹃群系（Form. *Rhododendron setosum*）

髯花杜鹃群系（Form. *Rhododendron anthopogon*）

毛冠杜鹃群系（Form. *Rhododendron laudandum*）

微毛樱草杜鹃（微毛杜鹃）群系（Form. *Rhododendron primuliflorum* var. *cephalanthoides*）

扫帚岩须群系（Form. *Cassiope fastigiata*）

（10）**常绿竹丛**——建群植物由常绿丛生竹类组成的植物群落。

主要群系：

箭竹群系（Form. *Fargesia spathacea*）

（11）**落叶阔叶灌丛**——建群植物由具有一定耐寒能力的落叶阔叶灌木组成的植物群落。

主要群系：

小叶栒子群系（Form. *Cotoneaster microphyllus*）

栒子群系（Form. *Cotoneaster* spp.）

附：匍匐栒子群系（Form. *Cotoneaster adpressus*）

毛叶绣线菊群系（Form. *Spiraea mollifolia*）

拱枝绣线菊群系（Form. *Spiraea arcuata*）

附：高山绣线菊群系（Form. *Spiraea alpina*）

小檗群系（Form. *Berberis* spp.）

绢毛蔷薇群系（Form. *Rosa sericea*）

附：峨眉蔷薇群系（Form. *Rosa omeiensis*）

藏边蔷薇群系（Form. *Rosa webbiana*）

银露梅群系（Form. *Potentilla glabra*）

金露梅群系（Form. *Potentilla fruticosa*）

附：垫状金露梅群系（Form. *Potentilla fruticosa* var. *pumila*）

小叶金露梅群系（Form. *Potentilla parvifolia*）

奇花柳+灰叶柳群系（Form. *Salix atopantha + Salix spodiophylla*）

山生柳+奇花柳群系（Form. *Salix oritrepha + Salix atopantha*）

光叶柳群系（Form. *Salix paraphylicifolia*）

硬叶柳群系（Form. *Salix sclerophylla*）

附：青藏垫柳群系（Form. *Salix lindleyana*）

藏截苞矮柳群系（Form. *Salix resectoides*）

班公柳群系（Form. *Salix bangongensis*）

西藏锦鸡儿群系（Form. *Caragana spinifera*）

鬼箭锦鸡儿群系（Form. *Caragana jubata*）

矮锦鸡儿群系（Form. *Caragana pygmaea*）

藏北锦鸡儿（印度锦鸡儿）群系（Form. *Caragana gerardiana*）

变色锦鸡儿群系（Form. *Caragana versicolor*）

附：多刺锦鸡儿群系（Form. *Caragana spinosa*）

川西锦鸡儿群系（Form. *Caragana erinacea*）

刺柄雀儿豆群系（Form. *Chesneya spinosa*）

西藏狼牙刺群系（砂生槐）（Form. *Sophora moorcroftiana*）

白刺花群系（Form. *Sophora davidii*）

小角柱花（小蓝雪花）群系（Form. *Ceratostigma minus*）

灰毛莸群系（Form. *Caryopteris forrestii*）

薄皮木群系（Form. *Leptodermis oblonga*）

沙棘群系（Form. *Hippophae rhamnoides*）

西藏沙棘群系（Form. *Hippophae thibetana*）

秀丽水柏枝群系（Form. *Myricaria elegans*）

匍匐水柏枝群系（Form. *Myricaria prostrata*）

砂生槐群落

附：河柏（宽苞水柏枝）+三春柳（柽柳）群系（Form. *Myricaria bracteata* + *Tamarix chinensis*）

（12）无叶灌丛——建群植物由具有一定抗旱能力的麻黄型灌木（小灌木）组成的植物群落。

主要群系：

山岭麻黄群系（Form. *Ephedra gerardiana*）

附：西藏中麻黄群系（Form. *Ephedra intermedia* var. *tibetica*）

藏麻黄群系（Form. *Ephedra saxatilis*）

（13）垫状植被——建群植物由具御寒和抗旱能力的垫状草本植物的植物群落。

主要群系：

垫状点地梅群系（Form. *Androsa cetapete*）

苔状蚤缀（藓状雪灵芝）群系（Form. *Arenaria bryophylla*）

垫状蚤缀（垫状雪灵芝）群系（Form. *Arenaria pulvinata*）

簇生柔籽草（囊种草）群系（Form. *Thylacospermum caespitosum*）

垫紫草群系（Form. *Chionocharis hookeri*）

（14）小半灌木荒漠——建群植物主要由具有一定耐寒能力的抗旱的直立小半灌木组成的植物群落。例如驼绒藜（*Ceratoides latens*）、木亚菊（灌木亚菊）（*Ajania fruticulosa*）等群系。

主要群系：

驼绒藜群系（Form. *Ceratoides latens*）

木亚菊（灌木亚菊）群系（Form. *Ajania fruticulosa*）

蒿群系（Form. *Artemisia* sp.）

（15）垫型小半灌木荒漠——建群植物主要由具抗旱和御寒能力的垫型小半灌木组成的植物群落。

主要群系：

垫状驼绒藜群系（Form. *Ceratoides compacta*）

（16）小半灌木草原——建群植物主要由具有一定御寒和抗旱能力的直立小半灌木组成的植物群落。

主要群系：

藏沙蒿群系（Form. *Artemisia wellbyi*）

藏白蒿群系（Form. *Artemisia younghusbandii*）

青藏蒿群系（Form. *Artemisia duthreuilderhinsi*）

冻原白蒿群系（Form. *Artemisia stracheyi*）

垫型蒿（群系（Form. *Artemisia minor*）

细裂叶莲蒿群系（Form. *Artemisia gmelinii*）

附：小球花蒿群系（Form. *Artemisia moorcroftiana*）

伊朗蒿群系（Form. *Artemisia persica*）

线叶百里香群系（Form. *Thymus linearis*）

（17）丛生禾草草原——建群植物主要由具有一定御寒和抗旱能力的丛生禾草组成的植物群落。

主要群系：

紫花针茅群系（Form. *Stipa purpurea*）

昆仑针茅群系（Form. *Stipa roborowskyi*）

羽柱针茅群系（Form. *Stipa subsessiliflora* var. *basiplumosa*）

沙生针茅群系（Form. *Stipa glareosa*）

短花针茅群系（Form. *Stipa breviflora*）

东方针茅群系（Form. *Stipa orientalis*）

长芒草群系（Form. *Stipa bungeana*）

丝颖针茅群系（Form. *Stipa capillacea*）

羊茅群系（Form. *Festuca ovina*）

附：细羊茅（黑穗羊茅）群系（Form. *Festuca tristis*）

致细柄茅（太白细柄茅）群系（Form. *Ptilagrostis concinna*）

附：双叉细柄茅群系（Form. *Ptilagrostis dichotoma*）

寡穗茅群系（Form. *Littledalea przevalskyi*）

三刺草群系（Form. *Aristida triseta*）

喜马拉雅草沙蚕群系（Form. *Tripogon hookeriana*）

（18）根茎禾草草原——建群植物主要由具有一定御寒和抗旱能力的根茎禾草组成的植物群落。

主要群系：

白草群系（Form. *Pennisetum flaccidum*）

固沙草群系（Form. *Orinus thoroldii*）

（19）根茎苔草草原——建群植物主要由具有一定御寒和抗旱能力的根茎苔草组成的植物群落。

主要群系：

青藏苔草群系（Form. *Carex moorcroftii*）

（20）丛生嵩草草甸——建群植物主要由具有御寒能力而抗旱能力较差的丛生嵩草组成的植物群落。

主要群系：

小嵩草（高山嵩草）群系（Form. *Kobresia pygmaea*）

矮生嵩草群系（Form. *Kobresia humilis*）

日喀则嵩草（不丹嵩草）群系（Form. *Kobresia prainii*）

四川嵩草群系（Form. *Kobresia setchwanensis*）

喜马拉雅嵩草群系（Form. *Kobresia royleana*）

藏北嵩草群系（Form. *Kobresia littledalei*）

藏西嵩草群系（Form. *Kobresia deasyi*）

（21）丛生禾草草甸——建群植物由具有一定御寒能力而抗旱能力较差的丛生禾草组成的植物群落。

主要群系：

三角草群系（Form. *Trikeraia hookeri*）

扁芒草群系（Form. *Danthonia schneideri*）

碱茅群系（Form. *Puccinellia distans*）

（22）根茎苔草草甸——建群植物主要由具有御寒能力而抗旱能力较差的根茎苔草组成的植物群落。

主要群系：

珠峰苔草（窄叶苔草）群系（Form. *Carex montiseverestii*）

藏东苔草群系（Form. *Carex cardiolepis*）

青藏苔草群系（Form. *Carex moorcroftii*）

坚果苔草（细果苔草）群系（Form. *Carex stenocarpa*）

芒尖苔草（签草）群系（Form. *Carex doniana*）

附：内弯苔草群系（Form. *Carex incurva*）

白尖苔草群系（Form. *Carex oxyleuca*）

扁穗草群系（Form. *Blysmus compressus*）

华扁穗草群系（Form. *Blysmus sinocompressus*）

小花灯心草+具槽杆荸荠群系（Form. *Juncus articulates + Eleocharis valleculata*）

（23）根茎禾草草甸——建群植物主要由具有御寒能力而抗旱能力较差的根茎禾草组成的植物群落。

主要群系：

赖草群系（Form. *Leymus secalinus*）

芦苇群系（Form. *Phragmites australis*）

（24）杂类草草甸——建群植物主要由具有御寒能力而抗旱能力较差的杂类草型直立草本组成的植物群落。

主要群系：

圆穗蓼群系（Form. *Polygonum macrophyllum*）

蕨麻委陵菜群系（Form. *Potentilla anserina*）

斑唇马先蒿（长花马先蒿管状变种）群系（Form. *Pedicularis longiflora* var. *tubiformis*）

细叶西伯利亚蓼群系（Form. *Polygonum sibiricum* var. *thomsonii*）

杂草草甸（圆穗蓼+龙胆+香青等）

（25）**根茎禾草沼泽**——建群植物主要由缺乏抗旱能力而御寒能力较差的根茎禾草组成的植物群落。

主要群系：

芦苇群系（Form. *Phragmites australis*）

（26）**杂类草沼泽**——建群植物主要由缺乏抗旱能力而御寒能力较差的杂类草型直立草本组成的植物群落。

主要群系：

海韭草（海韭菜）群系（Form. *Triglochin maritimum*）

杉叶藻群系（Form. *Hippuris vulgaris*）

（27）**水生植被**——建群植物主要由缺乏抗旱能力的水生草本组成的植物群落。

主要群系：

红线草（篦齿眼子菜）群系（Form. *Potamogeton pectinatus*）

小茨藻群系（Form. *Najas minor*）

梅花藻（毛柄水毛茛）群系（Form. *Batrachium trichophyllum*）

黄花狸藻群系（Form. *Utricularia aurea*）

第二章

西藏色季拉山区域自然环境概况

西藏森林覆盖率达11.31%（全国第六次林业普查数据，1999～2003），而西藏主要的森林分布则位于藏东南地区（西藏自治区人民政府网，2013）。色季拉山国家森林公园隶属于西藏自治区林芝地区（Nyingchi；英文西藏地名均参考武振华1996年编著的《西藏地名》；有双英文地名的，后者为Google Earth中的异名），位于西藏东南部，地理坐标：29°35′～29°57′N，94°25′～94°45′E；系念青唐古拉山（Nyainqêntanglha Mountain）向南延伸的余脉，与喜马拉雅山（Himalaya Mountain）东部向北发展的山系（南迦巴瓦峰Namcha-Barwa Mountain、佳拉白垒峰Gyalha-Bairi Mountain等）相连形成的高山峡谷区域，是藏东南林区的腹心地带，素有"西藏江南"、"东方瑞士"、"高原生态绿洲"、"人间香巴拉"等美誉。

藏东南林海

本书中，色季拉山区域为广义范围，是以色季拉山（Shergyla Mountain）为核心的林芝地区中部有林区域，北起波密县易贡乡（Yi'ong）、通麦镇（Tangmai, Tang），南达米林县南伊乡南伊沟（Nanyi Valley），调查范围位于29°10′～30°7′N，94°12′～95°5′E，总面积约3200km²，涉及林芝地区林芝、波密（Bomi）、米林（Miling, Mainling）3县。总占地面积116175km²，林地总面积26400km²，森林覆盖率46%，占西藏自治区林地总面积的70%，占全国林地面积的8%，是中国目前保护最为完好的原始森林之一。

色季拉山整体受印度洋暖湿季风的影响明显，但在雅鲁藏布江（Yarlung-zangbo River）的水气通道作用和山系自身的阻挡作用下，东、西坡水平和垂直地带的水热条件差异明显：东坡主要为半湿润区，峡谷急流的下段（排龙pêlung至通麦一带）为半湿润区向湿润区过渡地带；西坡宽谷地带的偏南段为半干旱区与半湿润区的交汇地带，窄谷和支沟为半湿润区地带；而4500m以上地段的东、西坡表现出相似性，均属于高寒地带（徐凤翔,1992）。

2.1 气候条件

色季拉山由于水平和垂直地带性的差异，气候类型丰富，由西向东，以色季拉山山脊为分界线。东坡朝向东北，从山体主峰到通麦镇，垂直高差达3000m，整个东坡沿鲁朗（Lunang）河谷下切，形成陡坡峡谷区，属于半湿润区，而峡谷急流的下段有半湿润区向湿润区的过渡地带；西坡朝向西南，下至2900m的尼洋河畔（Nyang River）林芝县八一镇（Bayizhen）、米林县一带，主要为河谷区，属于半干旱与半湿润区的过渡地带。

从整体上来看，色季拉山区域的气候呈现出"冬季干燥、无严寒，春夏湿润、无酷暑，日夜温差大，雨热同期，春秋相连"的特点，东、西坡相比，西坡的光照条件、热量条件优于东坡，气温随海拔高度的递减率大于东坡，西坡每增加100m，气温下降0.71℃，东坡则下降0.57℃；东坡的降水量、相对湿度、无霜期大于西坡，年降水量的变化由东向西的变化约为：1200～1000mm（通麦、易贡、排龙一带的峡谷下段）＞1000～800mm（色季拉山东坡）＞800～600mm（色季拉山西坡）＞500mm（尼洋河与雅鲁藏布江两江交汇处）。但整个区域10月至翌年3月份蒸发量大于降水量，特别是12月至翌年1月份，显示了冬季干燥的特点。

同时，水平和垂直地带性的差异造成了气候类型多样、小气候资源丰富的另一个特点。研究区域内，以色季拉山为主的各山体海拔由2100m至5000m的变化，在印度洋湿润气流的影响下，垂直气候带区明显。各山体的森林分布线4300～4500m以上为高山（高原）寒带，其上段为冰漠区，下段为苔原区；主要气温指标为：年均温≤0℃，最暖月均温≤6℃，≥0℃日数＜120d，≥10℃积温＜1000℃；各山体2800（3000）～4000（4300）m为亚高山（高原）温寒半湿润区，年均温度(-2)-1℃，最暖月均温6～10℃，≥0℃日数120～180d，≥10℃积温1000～1500℃；色季拉山西坡2800～3000m河谷为山地温带半干旱—半湿润区，年均气温4～10℃，最暖月均温12～16℃，≥0℃日数200～300d，≥10℃积温1500～3500℃；色季拉山东坡2500～3000m以及西坡3000m以下的湿润支沟为山地温带半湿润区，年均气温6～12℃，最暖月均温10～18℃，≥0℃日数210～350d，≥10℃积温1500～

色季拉山

4200℃；东坡2100～2500m地段以山地暖温带—半湿润区为主，并出现亚热带成分。

2.2 土壤条件

色季拉山的土壤垂直带有明显的变化。在土壤类型方面，不同的海拔带和地域，有高山荒漠土、高山草甸土、酸性棕壤、漂灰土、山地棕壤、山地灌丛草甸土、沼泽土和沙土等。高山荒漠土分布在各山体的顶部、海拔4000m以上，及高山草甸土交错地段，主要由融冻风化作用后的岩块、岩屑和缝隙薄土层组成，属原始初级发育的土壤，植被为地衣、苔藓和零星矮灌丛。

山体上部海拔4000m以上缓坡和积水洼地为高山草甸土，在低温、湿润的季节性融冻作用下，土壤的腐殖质化和生草化过程明显。表土层厚10～15cm，但有机质含量多在10%左右，植物根系盘结，往往与风化石砾母质层或骨质土直接结合。

海拔3340～4000m的范围内主要是酸性棕壤土。

植被主要是亚高山暗针叶林，以急尖长苞冷杉为主，并有林芝云杉林、云冷杉混交林及部分冷杉、方枝柏混交林，气候冷湿或凉润。土层中或厚，腐殖质化过程明显，而在较上段的冷杉林下常有明显的灰化层，土壤pH值在4～6之间，并发育成漂灰土。

海拔2500～3300m的针阔混交林和云杉林下主要是山地棕壤土。土壤pH值多在6～8之间，以微酸性到中性为主。土层中厚，有机质含量中等，局部地区含量高。2800～3300m的宽谷和半阳坡、阳坡灌丛、草甸地带则以山地灌丛草甸土为主，这也是山地中壤带较干旱灌丛草坡地段和河谷地下水位较高的草甸地段分布的主要土壤类型。pH值多中性微碱，土层薄、中，石砾与粗沙含量较高，达40%～60%。沼泽土零星分布在不同海拔高度的洼地常年积水地区，呈甸状小土丘，表层为根系盘结的泥炭腐质土，有机含量高至15%左右。而土层10～15cm以下多潜育化阶段。沙土局部分布于河谷滩地和固定沙丘的表层，属半成土阶段，由中、旱生疏草的固土生草过程和沙粒交混而成。

色季拉山东、西坡不同海拔和森林类型地带，其土壤的主要成分含量，以酸碱度和有机质含量来看，有较明显的规律性。仅就表层[A1层：0～10(20)cm]为例：西坡3000m河谷阶地及缓坡地，主要为巨柏林及旱作地，土壤为中性微碱，有机质含量3%～9%；随海拔上升，西坡3500～4000m主要为云、冷杉林，土壤呈微酸性至强酸性，有机质含量达10%～13%；翻越山脊至东坡4000m，土壤主要性状与西坡相等高度地段基本一致；向下海拔3500～3000m，土壤呈微酸性或酸性，林内土壤的有机质含量在13%左右；而东坡2500m左右的冲积扇地带，由于植被的作用程度和塌软状况的差异，土壤有机质含量变幅大，在2%～13%之间。

2.3　植被概况

色季拉山区域毗邻欧亚板块与印度板块最接近的一个地结——南迦巴瓦峰。中更新世后，以南迦巴瓦峰为首的山地屏障作用越趋明显，这里成为了印度洋暖湿气流沿江北上的水汽通道；同时，地质历史及化石记录和现代植物的属种分布也表明，该地区不仅是第三纪古热带植物区系成分的避难所，也同样是一些植物物种的密集中心或分化中心（倪志诚，1992）。因此，它具备了优越的自然条件和古老的地质历史，以及特殊的地理位置，既是南北植物相互迁徙的天然走廊，也是各种植物区系成分云集一处的一个天然场所，是西藏植物物种最丰富的地区之一。

据资料记载(中国科学院青藏高原综合科学考察队，1985,1988；柴勇，2001)色季拉山地区野生微管植物有1643种，经过本调查组的多次调研：在面积约3200km² 的以色季拉山为核心的调查范围内，已查明的野生维管束植物有1640种（含亚种、变种、变型），归属于133科570属。其中蕨类植物23科43属110种，裸子植物3科8属19种；被子植物107科519属1511种（双子叶植物93科409属1281种，单子叶植物14科110属230种）；整个西藏约27%的植物物种分布在该区域（武素功，1997）。

同时，根据柴勇（2001）、徐凤翔（1992）等的研究，在占地1200km²的色季拉山核心区域中（林芝县县城驻地普拉Pula至林芝县东久乡Dongjug），种子植物属的区系成分类型多样，具有高山（高原）寒带、亚高山寒温带、山地温带、山地暖温带等多种区系成分；突出特征是温带成分占绝对优势，达到324属，占总属数的73.4%（其中北温带成分158属，占总属数的35.99%）；在该区域中，中国特有植物物种占有最大比例，达573种，占总种数的41.49%，它们很多是构成色季拉山优势植被类型的建群种和优势种的主要成分。

色季拉山区域的森林植被属于雅鲁藏布江中下游湿润山地针叶林区中的尼洋河流域针叶林亚区，森林生长状况略低于东部波密及察隅地区，但生长仍很快，云冷杉林是该区域主要的森林类型，林龄在140～200年左右，云杉属和冷杉属的树种随海拔升高和年龄增加而病腐率渐高（中国科学院青藏高原综合科学考察队，1985）。在海拔3000～3400m主要以华山松林、高山栎林为主，在色季拉山西坡森林的分布海拔更低一些，再往上便是云杉林；海拔4000m左右及往上，则分布有相对集中的柏木林，而灌木林则是高海拔区域的主要成分（中国科学院青藏高原综合科学考察队，1985）。

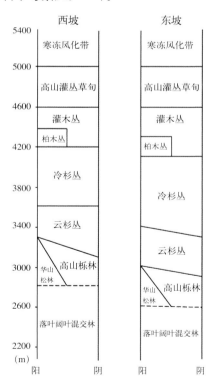

色季拉山东西坡森林垂直分布图

（西藏森林，中国科学院青藏高原综合科学考察队，1985）

第三章

西藏色季拉山地区观赏植物资源

西藏野生观赏植物种质资源丰富，种类多，是中国野生观赏植物种质资源巨大的基因库。丰富的物种多样性和鲜明的地域特色使得国际观赏园艺界对西藏野生观赏植物尤其青睐。目前，许多国际组织已经开始窥视西藏的特色资源，试图通过各种手段获得西藏的野生资源；同时，随着中国经济的发展以及国际化程度的加深，在国际形势的压力下，中国政府在未来也可能逐渐对藏东南地区实行开放政策，允许国际研究机构深入藏东南开展科学研究工作。因此，充分利用地域优势，开展色季拉山区域野生观赏植物种质资源的观赏特性多样性、生境类型、生态习性等的调查研究，从而为色季拉山野生观赏植物资源的开发、特色花卉新品种的选育打下基础，非常重要而必要。

色季拉山（前景）

3.1　西藏观赏植物种质资源研究概述

3.1.1　资源调查与评价研究

西藏野生观赏植物种质资源的调查研究，主要结合植被调查、森林生态研究和经济植物调查进行（吴征镒，1979；李恒，1983；中国科学院青藏高原综合科学考察队，1985；西藏自治区高原生物研究所，1990；倪志诚等，1992；徐凤翔等，1995；徐阿生，1995；郎楷永、冯志舟，1997；罗大庆等，1998；徐凤翔、郑维列，1999；柴勇，2003；李晖等，2003；鲍隆友等，2004）。20世纪90年代前，直接针对西藏野生观赏植物资源的调查研究较少，主要研究成果在《西藏植物志》、《西藏植被》、《西藏森林》等中国科学院青藏高原科学考察队的著作中有所涉及，由于著作性质，决定了这些著作中对植物种质资源描述主要限定在物种鉴别、植被等层面上，对其观赏特性和生境条件描述甚少，难以判别植物资源的观赏特性。20世纪90年代以后，中国针对西藏野生观赏植物资源的调查研究相继得到了发展，最有参考价值的两本关于西藏野生观赏植物的图册是《中国高山花卉》（郎楷永，冯志舟，1997）和《西藏野生花卉》（徐凤翔，郑维列，1999）。

《中国高山花卉》共收集中国海拔3000m以上地带分布的野生花卉150种，其中，130种在西藏有分布。

《西藏野生花卉》收录了西藏野生花卉173种，并按照野生观赏植物的主要森林生境类型进行了分类。

该两部图册中，收集整理西藏野生观赏植物合计285种（已剔除重复部分），其中，150余种野生观赏植物在色季拉山有分布。涉及的西藏野生观赏植物主要是被子植物中的一些西藏特有的、以观花为主的珍稀名贵或特有种，例如：大花黄牡丹*Paeonia ludlowii*、米林翠雀花*Delphinium sherriffii*、砂生槐等，已经初步呈现出了西藏野生观赏植物的物种丰富、花大色艳、生境类型多样等典型特征，将西藏野生观赏植物资源的多样性初次展现在了世人面前。但由于是对青藏高原或西藏全境野生花卉的综合调查，该两部图册对色季拉山野生观赏植物关注不足，对蕨类植物、裸子植物以及被子植物中的观叶植物、竹类观赏植物等方面的调查也明显不足，需要进一步深入调查、补充。

同时，结合色季拉山森林生态研究，西藏农牧学院西藏高原生态研究所先后就西藏色季拉山的报春花*Primula*（郑维列，1992，1998）、杜鹃（郑维列 等，1995）、铁线莲*Clematis*（郑维列 等，1999）以及其他木本野生观赏植物（郑维列，1996）进行了初步的系统调查。这批研究论文的发表，是中国国内期刊上首次见到的色季拉山野生观赏植物研究成果，调查成果均依照植物分布生境进行了归类，试探性进行了定性优先开发序的排列，并对杜鹃、报春花、铁线莲以及其他木本野生观赏植物的开发利用提出了建议。

可见，长期以来，西藏野生观赏植物资源的调查主要针对于整个西藏的珍稀濒危物种而开展，但西藏地域广阔，致使涉及面过广，无法在细部上、局部区域上反映出特色。因此，色季拉山区域野生观赏植物调查中，因着重区域特色，重点调查藏东南特色的观赏植物资源。

3.1.2　观赏植物引种驯化研究

西藏野生观赏植物资源的开发利用主要集中在珍稀濒危观赏植物、有药用价值的观赏植物和部分能够在藏东南地区实现简单迁地栽培的观赏植物上。目前，在西藏观赏植物开发利用上，依照应用区域可分为西藏自治区区内引种驯化、西藏自治区区外引种驯化和国外杂交育种3个方面：

（1）区内野生观赏植物的引种驯化

西藏野生植物迁地栽培开始于1973年前后。随着藏东南地区城镇的建设和发展，西藏开始了在城镇绿化中应用野生观赏植物的试探性研究，但见诸文献记载的却开始于20世纪90年代。1999年后，西藏林芝地区在福建省的援建下于八一镇建设西藏综合性园林——福建园，项目施工过程中，西藏农牧学院在承担的园林绿化工程中，开展了大量的直接针对野生植物观赏特性利用的迁地栽培研究，通过近7年的观察，目前生长良好的野生观赏植物有：高

表3-1　西藏植物研究中已经涉及的野生观赏植物

观赏植物类别	植物名称	物种数
木本观赏植物	西藏红杉、高山松、云南松、西藏长叶松、乔松、林芝云杉、川西云杉、长叶云杉、急尖长苞冷杉、华山松、西藏柏木、大果圆柏、巨柏、喜马拉雅红豆杉、云南红豆杉、银白杨、乌柳、川滇高山栎、核桃、大花黄牡丹、黄牡丹、高丛珍珠梅、山荆子、黄杨叶栒子、灰栒子、刺鼠李、西藏蔷薇、光核桃、西南花楸、沙棘、青刺尖、多蕊金丝桃、太白深灰槭、雅致山蚂蝗、西南野丁香等	35
草本观赏植物	西藏八角莲、桃儿七、杂色钟报春、甘西鼠尾草、绒毛鼠尾草、蓝玉簪龙胆、卓巴百合、西南鸢尾、金脉鸢尾、黄蝉兰、长叶兰等	11
竹类观赏植物	西藏箭竹	1
合计		47

山松、林芝云杉、雅致山蚂蝗*Desmodium elegans*、高丛珍珠梅*Sorbaria arborea*、灰栒子*Cotoneaster acutifolius*、西藏箭竹*Sinarundinaria setosa*、西南鸢尾*Iris bulleyana*、乌柳*Salix cheilophila*、多蕊金丝桃*Hypericum hookerianum*、大花黄牡丹、刺鼠李*Rhamnus dumetorum*等，这是西藏首次大规模进行以野生植物观赏价值利用为目标的迁地栽培的报道（邢震，2003；刘智能 等，2005）。

在迁地栽培应用野生观赏植物的同时，区内还采用播种、扦插、组织培养等方法进行种质扩繁的研究，目前比较成功的有：借助种子繁殖方式培育高山松、西藏红杉、林芝云杉、急尖长苞冷杉*Abies georgei* var. *smithii*、乔松、华山松、西藏柏木*Cupressus torulosa*、巨柏*C. gigantea*、沙棘、核桃*Juglans regia*（陈端，1992）；西藏长叶松、川西云杉*Picea likiangensis* var. *balfouriana*、山荆子*Malus baccata*、光核桃、大花黄牡丹（以上未见公开报道，但在西藏已经实际存在）；银白杨*Populus alba*（张翠叶，2005）；大果圆柏*Sabina tibetica*（陈端，1992；土艳丽，央金卓嘎，2003）等。结合藏药材研究进行播种繁殖栽培试验的有：桃儿七*Sinopodophyllum hexandrum*（鲍隆友，杨小林 等，2004）、光萼党参*Codonopsis levicalyx*（鲍隆友，2006）、西藏八角莲*Dysosma tsayuensis*（周进，鲍隆友 等，2004）、甘西鼠尾草*Salvia przewalskii*（鲍隆友，兰小中，2005）等；借助无性繁殖培育长叶云杉*Picea smithiana*（李晖，央金卓嘎 等，2002）、喜马拉雅红豆杉*Taxus wallichiana*（杨小林，周进 等，2001；李晖，央金

卓嘎 等，2002；大普琼，周进，2003）、云南红豆杉*Taxus yunnanensis*、银白杨（大普琼，唐晓琴 等，2002）、卷丹*Lilium lancifolium*（中普琼，鲍隆友，2003）等，借助组织培养繁育卓巴百合*Lilium wardii*（潘锦旭，邢震，2002）、蓝玉簪龙胆*Gentiana veitchiorum*（邢震，郑维列，2000）、多蕊金丝桃（邢震，郑维列，2000）、银白杨（李颖，2003）等，并试探性进行了金脉鸢尾*Iris chrysographes*的无土栽培试验（苏迅帆，张永青，2006）。

目前，通过迁地栽培、播种、扦插育苗或者组织培养等手段进行西藏野生观赏植物资源研究的仅46种，其中，木本植物35种，主要是造林树种；草本植物11种，多是结合药用植物研究开展的；竹类观赏植物1种（具体物种参见表3-1），可见，对于西藏5900余种野生维管束植物来说，西藏区内对西藏野生植物的开发利用研究程度显然很低。

（2）区外引种驯化西藏野生观赏植物

西藏自治区区外引种驯化西藏野生观赏植物资源的记载较少，主要集中在木本观赏植物方面，草本植物无相关报道。主要有：1997～1999年，徐凤翔教授将西藏的多蕊金丝桃、林芝云杉、高山松、大花黄牡丹等20～30种观赏植物引种到了北京灵山生态研究所，成活率、生长状况等均未见报道；1995年，甘肃陈德忠将西藏特有植物大花黄牡丹引种到甘肃栽培，已经正常开花（李嘉珏，何丽霞，1995；郎楷永，1997）；1999年，99'昆明世界园艺博览会期间，郑维列等曾将林芝云杉、高山松、多蕊金丝桃等植物成功引种栽培到"99'昆明世界园艺博览园"

西藏大学农牧学院西藏珍稀濒危园林植物繁育基地

中。到目前为止，各地引种栽培的西藏野生观赏植物仍处于生长状况观察研究阶段。

由此可见，国内对西藏自治区境内的植物资源开发利用远远不够，主要依赖于实生苗的迁地栽培，并未形成真正意义上的西藏观赏植物开发利用，其主要限制因素是对资源的观赏价值了解不足、难以收集资源、驯化地和实生地生态条件差异过大等。

（3）国外利用西藏观赏植物资源开展杂交育种

国外植物学家对西藏野生观赏植物的开发利用主要集中在20世纪初，当时，到达西藏并进行了植物资源考察的有：F. K. Ward、Joseph Rock、Handel-Mazzetti、George Forrest、E.H. Wilson、Delavay、Ducloux、Monbeig、Soulié、Ludlow和Sherriff等人（F. K. Ward, 1926、1927、1930；David Winstanley, 1996；沈福伟，1997；李嘉珏、陈德忠等，1998），植物资源采集主要集中在横断山脉地区（三江并流区域）。他们携带回欧洲并进行育种的植物有：大花黄牡丹、西藏铁线莲*Clematis tenaifolia*、绣球藤*C. montana*、全缘叶绿绒蒿*Meconopsis integrifolia*、红花绿绒蒿*M. punicea*、藿香叶绿绒蒿*M. betonicifolia*、紫玉盘

杜鹃*Rhododendron uvarifolium*、黄杯杜鹃*R. wardii*、西藏白珠*Gaultheria wardii*、中甸灯台报春*Primula chungensis*等，并选育出了大量的品种（中国科学院青藏高原综合科学考察队，1985；李嘉珏、陈德忠等，1998；罗桂环，2000）。因此，从植物育种的角度上来说，国外，尤其是欧美国家（如英国、荷兰、美国等）对西藏野生观赏植物资源的开发利用走在了前列。

总之，西藏野生观赏植物资源的调查和利用是在植被调查、生态研究、植树造林需要的基础上逐步发展而来的。长期以来，调查主要针对于整个西藏的植物物种、造林树种、药用植物以及珍稀濒危物种而开展，多年的研究很大程度上促进了西藏野生观赏植物的开发利用；驯化方面，国内主要是迁地栽培为主，人工繁育主要集中在具有观赏价值的造林树种和药用植物上，其主要目的并非观赏价值开发利用；以观赏植物繁育为目标的组织培养技术研究尚没有形成生产意义；新花卉品种开发上，国内尚无相关报道，但欧美发达国家早在20世纪初已经利用西藏野生观赏植物种质资源进行了许多新花卉品种的培育（如红姜花*Hedychium coccineum*，杂色钟报春

Primula alpicola，中甸灯台报春等）。因此，色季拉山区域野生观赏植物调查和利用中，应着重区域特色，重点调查藏东南特色的观赏植物资源，从特有性、观赏价值上，寻求具有开发价值的野生观赏植物。

3.2 色季拉山地区野生观赏植物种质资源调查

3.2.1 调查方法

收集、整理前人研究的基础资料，包括相关县（林芝、米林、波密）的自然地理状况、植被分布状况、植物名录，自然保护区科考报告，交通图、地形图等。在全面踏查的基础上，结合西藏农牧学院高原生态研究所在色季拉山设立的固定样方，沿川藏公路（318国道）进行色季拉山野生观赏植物种质资源的种类、生境、群落、种内差异详查。首先，在色季拉山范围内选择具有代表性的区域东、西坡

各5个点、山顶1个，共11点，具体位置设置点为：通麦（海拔2100～2250m）、色季拉山东坡海拔2450m处、色季拉山东坡海拔2900m处、色季拉山东坡海拔3200～3500m处、色季拉山东坡海拔4000m处、色季拉山山顶（海拔4500m）、色季拉山西坡海拔4000m处、色季拉山西坡海拔3550m处、色季拉山西坡海拔3030m处、色季拉山西坡海拔2950m处、米林南伊沟海拔3200m处。各点以样地调查为主，相邻两点间采用线路调查，对不同区域、不同海拔的野生观赏植物种进行调查。样方面积根据野生观赏植物的生活型而定，乔木采用10m×10m，小乔木5m×5m，灌木4m×4m，小灌木2m×2m，草本1m×1m。记录样方地点、海拔、坡度、坡向、地貌类型、土壤类型、生境情况、所处的群落类型、盖度等，并进行GPS定位和生活照片的拍摄工作。样地设置点参见下图。通过植物标本采集、鉴定、统计，建立数据库。

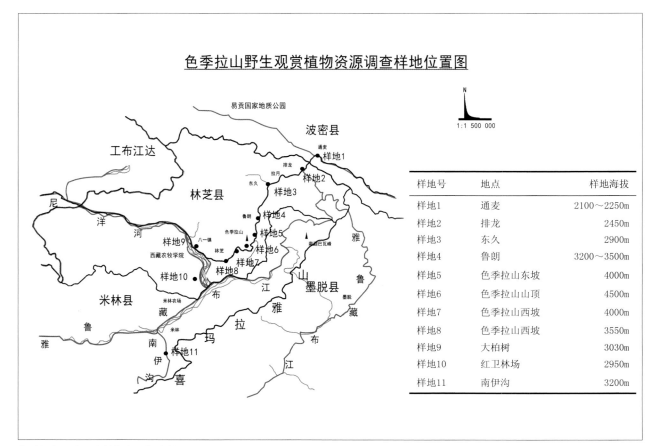

样地号	地点	样地海拔
样地1	通麦	2100～2250m
样地2	排龙	2450m
样地3	东久	2900m
样地4	鲁朗	3200～3500m
样地5	色季拉山东坡	4000m
样地6	色季拉山山顶	4500m
样地7	色季拉山西坡	4000m
样地8	色季拉山西坡	3550m
样地9	大柏树	3030m
样地10	红卫林场	2950m
样地11	南伊沟	3200m

色季拉山野生观赏植物资源调查样方设置图

通麦

色季拉山西麓

色季拉山东坡雪景

色季拉山山顶

朗县

鲁朗林海

3.2.2 评价方法

参考并综合其他学者在观赏价值评价、濒危植物优先保护、物种多样性优先保护、农业资源优先配备等方面的研究结果(Daniel T. C.& Boster R. S., 1976；Briggs R. E. et al., 1981；Daniel T C & Vining J., 1983；王雁，陈鑫峰，1999；林绍生，李华芬 等，2000；唐东芹 等，2001；贺珊，周厚高 等，2003；封培波，胡永红 等，2003；王建文，2005；周鑫，2006)，在借鉴各种评价模型研究成果基础上，新建优先开发序评价指标体系，指标体系由观赏价值系数Co（ornamental coefficient）、特有系数Cesp（endemic species coefficient）、生境系数Ceco（ecotope coefficient）、蕴藏系数Cvol（volume coefficient）、种内变异系数Cvar（variance coefficient）、濒危系数Cend（endangered coefficient）、抗性系数Cr（resistance coefficient）、可获得性系数Cg（gained coefficient）等8项指标组成，然后在8个定量指标的基础上进行加权计算，求出优先开发值Ve(the value of preferential exploitation)。

8项指标中，观赏价值系数决定于植物本身内在观赏价值，受赋值人员的审美层次、嗜好倾向影响，需要进行多人评估。本项研究采用多人评价取平均值的办法进行评价，其中6分为最高设置分值，赋值公式为：

$$C_0 = \frac{1}{6n} \sum_{i=1}^{n} \times Xoi$$

公式中：Xo为某观赏植物在观赏价值评估中的实际得分，i为赋值人员数量。

6分：观赏价值极高，历来受到观赏园艺界的关注；5分：观赏价值高，园林用途、观赏类型多样；4分：观赏价值较高，在观赏价值上有特殊意义，如芳香、观赏期长、花色丰富等；3分：观赏价值中等，在园林中能够丰富某类型资源匮乏的；2分：观赏价值一般，但花量大，是本山区自然景观的主要构成；1分：观赏价值一般。具体方法参见相关文献，此处不再赘述。

聚类排序（聚类分析预测）上，采用SPSS 10.0（Statistical Package for the Social Science）程序中的K类中心聚类法（快速聚类法，K-means Cluster Analysis）进行分类，通过对各类型的优先开发值Ve的欧氏距离比较，确定色季拉山特色野生观赏植物的优先开发序。

欧氏距离（Euclidean Distance）在聚类分析中

应用广泛，其目的是计算m维空间中两个点之间的整体距离，即不相似性。表达式如下：

$$C_{ij} = \sqrt{\sum_{k=1}^{m} (X_{ik} - X_{jk})^2}$$

其中X_{ik}表示第i种野生观赏植物的第k个优先开发值Ve，X_{jk}表示第j种野生观赏植物的第k个优先开发值Ve，D_{ij}为第i种观赏植物与第j种观赏植物之间的欧氏距离。若D_{ij}越小，那么第i与j两种观赏植物之间的性质就越接近；性质接近的观赏植物就可以划为一类。因本评价体系中$k=1$，则上面公式可以简化为：

$$D_{ij} = X_i - X_j$$

3.3 色季拉山地区野生观赏植物资源评价

在本调查已查明的野生维管束植物1640种中（含亚种、变种、变型），野生观赏植物资源丰富。通过对观赏价值等的比较，筛选出99科287属738种（观赏植物含亚种、变种、变型）。其中，蕨类植物19科24属48种，裸子植物3科8属15种；双子叶植物70科221属610种，单子叶植物7科34属65种。本书从木本观赏植物、草本观赏植物、藤本植物、竹类植物、蕨类植物5大类生活型进行归类。但许多植物的观赏特性兼而有之，因此，各类型间无严格的区分界限。

在园林用途归类上，为简化描述，采用了以下简写形式：rt－roadside tree（行道树）、gt－garden tree（庭院树）、fs－flowering shrub（花灌木）、gf－green fence（绿篱）、lt－landscape tree（风景林）、vap－vertical afforestation plant（垂直绿化植物）、cf－cutting flower（切花）、bf－bedding flower（花坛花卉）、bh－border herb（花境花卉）、wp－water plant（水生花卉）、gcf－ground cover flower（地被观花植物）、scp－scioshyte foliage plant（阴地观叶植物）、mp－mat plant（铺地植物）、rp－rock plant（岩生植物）、mf－marsh flower（沼泽花卉）、gsp－garden shelter plant（防护植物）、pp－pot plant（盆栽花卉）、plt－potted landscape tree（桩景树），英文译法均参照《英汉园艺学词典》（章文才，1992）。此外，在观赏植物资源分类表中已经列出拉丁名的观赏植物，在正文中重复出现时，不再附注拉丁名。

在调查中也发现，色季拉山拥有中国特有属5属，喜马拉雅特有属1属，但没有本山区的特有属。各类特有属全部为单少型属，且都是与中国其他省、区或者相邻国家和地区共有，如：在本山区藏菊属（*Dolomiaea*）仅2种、獐牙菜属（*Swertia*）藏獐牙菜组仅1种；金铁锁属（*Psammosilene*）、马蹄黄属（*Spenceria*）、环根芹属（*Cyclorhiza*）、单球芹属（*Haplosphaera*）等4属各有1种，主要分布于滇西北—川西南—藏东南，或至藏南和云南高原，属中国—喜马拉雅成分，而滇芹属主要分布于西藏和云南。特有属的全部种观赏价值均不高，故在观赏植物种质资源分类中均未列入。

3.3.1 木本观赏植物

色季拉山区域约有野生木本观赏植物43科96属290种（含亚种、变种、变型，下同），主要集中在蔷薇科（13属76种）、杜鹃花科（4属33种）、忍冬科（4属22种）、虎耳草科（4属14种）、小檗科（3属13种）等，拟将其分为观花类、观果类、观花观果类、观叶类、观姿类5类，各类型的主要判别依据是其最主要的观赏价值体现点，例如，小檗科小檗属观赏植物中，暗红小檗、光梗小檗等花量大，但果色不醒目，仅归属于观花类；而腰果小檗、独龙小檗、光茎小檗则花量大，果实鲜艳，就归属于观花观果类；红枝小檗、珠峰小檗尽管其红色特征还没有得到栽培验证，但在分布区域长年叶色鲜红，暂归属于观叶类。

（1）观花类

色季拉山区域约有木本观花植物21科41属111种，主要集中在杜鹃花科（33种）、蔷薇科（22种）、豆科（12种）、虎耳草科（8种）等。木本观花植物以白色、黄色为主，占种数69.1%，蓝色、紫色花占种数的17.3%，红色、粉红色花占种数的24.5%。在这些木本观花植物中，不乏珍稀名贵观赏植物，如：大花黄牡丹、黄杯杜鹃、滇藏木兰、砂生槐等，主要木本观花植物见表3-2。

表3-2 色季拉山木本观花植物资源

科名	种名	花期（月份）	花色	园林用途
毛茛科	黄牡丹Paeonia delavayi var. lutea	5	黄色	fs
	大花黄牡丹P. ludlowii	5	黄色	fs
小檗科	暗红小檗Berberis agricola	6~7	黄色	gf,fs
	光梗小檗B. franchetiana var. glabripes	5	黄色	gf,fs
	波密小檗B. gyalaica	6	黄色	fs,gf
	细梗小檗B. gyalaica var. minuta	6	黄色	fs,gf
	黑果小檗B. ignorata	5	黄色	gf,fs
木兰科	滇藏木兰Magnolia campbellii	3~4	深红至白色	gt,sot
	绒叶含笑Michelia velutina	5~6	淡黄色	gt,lt
虎耳草科	密序溲疏Deutzia compacta	5~7	粉红色	fs,plt
	多射线溲疏D. compacta var. multiradiata	6~8	粉红色	fs,plt
	伞房花溲疏D. corymbosa	6~8	白色	fs,plt
	马桑绣球Hydrangea aspera	7~8	白色	fs,sot
	毛叶绣球H. heteromalla	7~8	白色	fs,sot,gt
	粗壮绣球H. robusta	7~8	白色	fs,sot,gt
	西南山梅花Philadelphus delavayi var. henry	5~7	白色	fs,plt
	毛叶山梅花P. tomentosus	5~9	白色	fs,plt
蔷薇科	灰栒子Cotoneaster acutifolius	5~6	白色带红晕	fs,gf
	密花绣线梅Neillia densiflora	5~6	白色	fs,plt
	云南绣线梅N. serratisepala	5~6	白色	fs,plt
	金露梅Potentilla fruticosa	6~9	黄色	fs,plt
	伏毛金露梅P. fruticosa var. arbuscula	6~9	黄色	fs,plt
	三叶金露梅P. fruticosa var. tangutisa	6~9	黄色	fs,plt
	小叶金露梅P. parvifolia	6~9	黄色	fs,plt
	青刺尖Prinsepia utilis	2~4	白色带绿色	fs
	光核桃Prunus mira	3~4	粉红色	gt,lt,sot
	粗梗稠李P. napaulensis	5~6	白色	gt,sot
	细齿稠李P. vaniotii	5~6	白色	gt,sot
	峨眉蔷薇Rosa omeiensis	5~6	白色	gt,sot
	窄叶鲜卑花Sibiraea angustata	5~6	白色	fs,gf
	高山绣线菊Spiraea alpina	6~7	白色	fs,cf
	藏南绣线菊S. bella	5~7	粉红色	fs,cf
	楔叶绣线菊S. canescens	7~8	白色	fs,cf
	粉背楔叶绣线菊S. canescens var. glaucophylla	7~8	白色	fs,cf
	裂叶绣线菊S. lobulata	6~8	白色	fs,cf

35

（续）

科名	种名	花期（月份）	花色	园林用途
蔷薇科	长芽绣线菊 *S. longigemmis*	5～7	白色	fs,cf
	毛叶绣线菊 *S. mollifolia*	6～8	白色	fs,cf
	光秃绣线菊 *S. mollifolia* var. *glabrata*	6～8	白色	fs,cf
	川滇绣线菊 *S. schneideriana*	5～6	白色	fs,cf
豆科	密叶合欢 *Albizzia sherriffii*	5～9	白色	rt,gt,lt
	蜀杭子梢 *Campylotropis muehleana*	7～9	紫红色	fs
	二色锦鸡儿 *Caragana bicolor*	6～8	黄色带红色	fs
	粗刺锦鸡儿 *C. crassispina*	6～7	黄色带橙色	fs
	云南锦鸡儿 *C. franchetiana*	6～7	黄色带红色	fs
	雅致山蚂蝗 *Desmodium elegans*	5～8	紫、蓝紫、粉色	fs
	美花山蚂蝗 *D. elegans* var.*callianthum*	5～8	紫、蓝紫、粉色	fs
	巴氏木蓝 *Indigofera balforiana*	6～7	紫红色	fs
	硬叶木蓝 *I. rigioclada*	6～7	紫红色	fs
	苏里木蓝 *I. souliei*	6～7	紫红色	fs
	黄花木 *Piptanthus napalensis*	5～6	黄色	fs
	砂生槐 *Sophora moorcroftiana*	4～5	蓝色	fs
远志科	长毛籽远志 *Polygala wattersii*	6～7	黄色带紫色	bs
大戟科	刮筋板 *Excoecaria acerifolia*	4～5	黄色	fs
卫矛科	八宝茶 *Euonymus prezwalskii*	6～7	深紫色	fs,gf,plt
清风藤科	泡花树 *Meliosma cuneifolia*	6～8	白色	fs,lt,sot
藤黄科	多蕊金丝桃 *Hypericum hookerianum*	7～8	黄色	fs
	美丽金丝桃 *H. bellum*	7～8	黄色	fs
柽柳科	卧生水柏枝 *Myricaria rosea*	5～7	粉红色	fs,gp
	小苞水柏枝 *M. wardii*	5～8	粉红色	fs
山茱萸科	高山梾木 *Cornus hemsleyi*	4～5	白色	lt,sot,gt
	毛梗梾木 *C. macrophylla* var. *stracheyi*	4～5	白色	lt,sot,gt
	短圆叶梾木 *C. oblonga*	4～5	白色	lt
岩梅科	喜马拉雅岩梅 *Diapensia himalaica*	5～6	紫色	gp
杜鹃花科	扫帚岩须 *Cassiope fastigiata*	5～7	血红色	gp
	铜钱叶白珠 *Gaultheria nummularioides*	7～9	蓝色	fs,plt
	西藏白珠 *G. wardii*	5～7	白色	fs,plt
	毛叶米饭花 *Lyonia villosa*	7～8	乳白色	fs
	米饭花 *L. ovalifolia*	7～8	乳白色	fs
	雪山杜鹃 *Rhododendron aganniphum*	6～8	粉红渐变白色	fs
	黄毛雪山杜鹃 *R. aganniphum* var. *flavorufum*	6～8	粉红渐变白色	fs

科名	种名	花期（月份）	花色	园林用途
杜鹃花科	薄毛雪山杜鹃 *R. aganniphum* var. *schizopeplum*	6~8	粉红渐变白色	fs
	散鳞杜鹃 *R. bulu*	5~8	紫色	fs,plt
	钟花杜鹃 *R. campanulatum*	6~7	淡紫色	fs
	樱花杜鹃 *R. cerasinum*	6~8	深红色	fs,plt
	纯黄杜鹃 *R. chrysodoron*	6~8	鲜黄色	fs
	睫毛杜鹃 *R. ciliatum*	6~8	白色带淡红色	fs
	光蕊杜鹃 *R. coryanum*	5~6	乳白色	fs
	喉斑杜鹃 *R. faucium*	5~6	白至粉红色	fs
	草莓花杜鹃 *R. fragariflorum*	5~6	紫色	fs,plt
	乳突紫背杜鹃 *R. forrestii* subsp. *papillatum*	7~8	深红色	fs
	硬毛杜鹃 *R. hirtipes*	7~8	红色	fs,plt
	鳞腺杜鹃 *R. lepidotum*	7~8	紫色	fs,plt
	雪层杜鹃 *R. nivale*	5~7	紫至粉红色	fs,plt
	林芝杜鹃 *R. nyingchiense*	6~8	粉红色	fs,plt
	木兰杜鹃 *R. nuttallii*	6~8	白色	fs
	山育杜鹃 *R. oreotrephes*	5~6	紫红色	fs,plt
	白背紫斑杜鹃 *R. principis* var. *vellereum*	7~8	粉红色	fs
	红点杜鹃 *R. rubropunctatum*	4~6	粉红或白色	fs
	石峰杜鹃 *R. scopulorum*	5~7	白色带粉红色	fs,plt
	光柱杜鹃 *R. tanastylum*	6~8	深红色	fs
	长叶川滇杜鹃 *R. traillianum* var. *dictyotum*	6~8	白或粉红色	fs
	三花杜鹃 *R. triflorum*	5~7	黄至杏红色	fs,plt
	紫玉盘杜鹃 *R. uvarifolium*	4~5	白至粉红色	fs
	柳条杜鹃 *R. virgatum*	4	淡紫色	fs,plt
	黄杯杜鹃 *R. wardii*	6~7	黄色	fs
	薄毛海绵杜鹃 *R. aganniphum* var. *schizopeplum*	6~7	白或浅粉	fs
蓝雪科	架棚 *Ceratostigma minus*	5~11	蓝色	fs,plt
木犀科	铁叶矮探春 *Jasminum humile* var. *siderophyllum*	5~7	黄色	fs
唇形科	鸡骨柴 *Elsholtzia fruticosa*	5~6	白至黄色	fs
	深红火把花 *Colquhounia coccinea*	8~10	橙红至朱红色	fs
茜草科	白毛野丁香 *Leptodermis forrestii*	6~10	白至淡紫色	fs,gt
	糙毛野丁香 *L. nigricans*	6~8	乳白至淡紫色	fs,gt
	粉背野丁香 *L. potaninii* var. *glauca*	6~7	白和紫混杂	fs,gt
茜草科	甘肃野丁香 *L. purdomii*	7~8	粉红色	fs,gt
忍冬科	南方六道木 *Abelia dielsii*	4~6	白至淡黄色	fs,gt

科名	种名	花期（月份）	花色	园林用途
忍冬科	蓝果忍冬*Lonicera cyanocarpa*	5～6	黄色	fs,gt
	柳叶忍冬*L. lanceolata*	6～7	淡紫色	fs,gt
菊科	小舌紫菀*Aster albescens*	6～9	白至浅紫色	fs
	长毛小舌紫菀*A. albescens* var. *pilosus*	6～9	白至浅紫色	fs
	辉叶紫菀*A. fulgidulus*	6～7	黄或淡紫色	fs
	泽兰羊耳菊*Inula eupatorioides*	7	黄色	bs

（2）观花观果类

木本观花观果类系指花、果实的观赏价值均较高的植物，或称为花果木类。色季拉山区域共有观花观果类观赏植物5科16属66种。主要集中于蔷薇科（7属44种，其中，花楸属11种，栒子属10种，李属10种，蔷薇属8种，苹果属2种，木瓜属2种，珍珠梅属1种）、忍冬科（3属12种，其中，忍冬属4种，荚蒾属6种，风吹箫属2种）中。主要木本观花植物见表3-3。

表3-3 色季拉山木本观花观果类植物资源

科名	种名	花期（月份）	花色	果期（月份）	果色	园林用途
小檗科	腰果小檗*Berberis johannis*	5～6	黄色	7～9	红色	fs,gf
	独龙小檗*B. taronensis*	5	黄色	6	红色	fs,gf
	光茎小檗*B. minutiflora* var. *glabramea*	6	黄色	7～9	红色	fs,gf
	错那小檗*B. griffithiana*	5	黄色	7～9	红色	fs,gf
	尼泊尔十大功劳*Mahonia napaulensis*	10	黄色	11	蓝黑色	fs,gf
	波密十大功劳*M. pomensis*	10	黄色	11	暗蓝黑色	fs,gf
蔷薇科	毛叶木瓜*Chaenomeles cathayensis*	4～5	猩红色	8～10	黄或黄绿色	fs,sot
	西藏木瓜*C. thibetica*	4～5	猩红色	8～10	黄色带红晕	fs,sot
	尖叶栒子*Cotoneaster acuminatus*	5～6	粉红色	9～10	红色	fs,gf
	钝叶栒子*C. hebephyllus*	5～6	白色	8～9	红色	fs,gf
	暗红栒子*C. obscurus*	5～6	粉红色	8～9	红色	fs,gf
	丹巴栒子*C. harrysmithii*	5～6	红色	8～9	黑色	fs,gf
	木帚栒子*C. dielsianus*	6～7	浅红色	9～10	红色	fs
	小叶栒子*C. microphyllus*	5～6	白色	8～9	红色	fs,gf
	白毛小叶栒子*C. microphyllus* var. *cochleatus*	5～6	白色	8～9	红色	fs,gf
	红花栒子*C. rubens*	4～5	红色	8～10	深红色	fs,gf
	黄杨叶栒子*C. buxifolius*	5～6	白色	9～10	红色	fs,gf
	西藏栒子*C. tibeticus*	5～6	白色	9～10	红色	fs,gf
	山荆子*Malus baccata*	4～5	白色	9～10	红色带黄色	gt,lt
	丽江山荆子*M. rockii*	4～5	白色	9～10	红色	gt,lt

中国观赏植物种质资源

THE GERMPLASM RESOURCES OF ORNAMENTAL PLANTS IN TIBET, CHINA

西藏卷①

科名	种名	花期（月份）	花色	果期（月份）	果色	园林用途
蔷薇科	梅Prunus mume	2~3	粉白色	7~8	金黄色	gt,plt,lt
	蜡叶梅P. mume var. pallius	2~3	粉白色	7~8	金黄色	gt,plt,lt
	高盆樱P. cerasoides	5	白色	6~9	红色	gt,lt,sot
	锥腺樱P. conadenia	5	白色	6~9	红色	gt,lt,sot
	红毛樱P. rufa	5	白色带红色	7~9	红色	gt,lt,sot
	毛花红毛樱P. rufa var. trichantha	5	白色	7~9	红色	gt,lt,sot
	细齿樱P. serrula	5	白色	6~9	黑紫色	gt,lt,sot
	川西樱P. trichostoma	5~6	白色	6~9	红色	gt,lt,sot
	姚氏樱桃P. yaoiana	5	白色	6~7	紫红色	gt,lt,sot
	山楂叶樱桃P. crataegifolius	5~6	白粉色	6~9	红色	gt,lt,sot
	高丛珍珠梅Sorbaria arborea	5~6	白色	9~10	红色	fs,gt,sot
	毛叶蔷薇Rosa mairei	7~9	白色	8~9	红色	fs
	腺果大叶蔷薇R. macrophylla var. glandulifera	7~9	红色	8~9	红色	fs
	峨眉蔷薇R. omeiensis	5~6	白色	8~9	红色	fs
	绢毛蔷薇R. sericea	5~6	白色	7~8	红或紫褐	fs
	腺叶绢毛蔷薇R. sericea f. glandulosa	5~6	乳黄色	8~9	红色	fs
	西康蔷薇R. sikangensis	4~6	乳黄色	8~9	红色	fs
	扁刺蔷薇R. sweginzowii	7~9	粉红色	8~9	红色	fs,gf
	西藏蔷薇R. thibetica	7~9	白色	8~9	红色	fs
	纤细花楸Sorbus filipes	6	红色	7~9	红色	lt
	小叶花楸S. microphylla	6	白色	7~9	白或淡蓝色	lt,fs
	维西花楸S. monbeigii	6~7	白色	8~9	橘红色	lt,sot
	少齿花楸S. oligodonta	6~7	白色	9~10	白色带红晕	lt,sot
	西康花楸S. prattii	5~6	白色	9	白色	lt
	西南花楸S. rehderiana	6~7	白色	8~9	红色	lt,sot
	锈毛西南花楸S. rehderiana var. cupreonitens	6~7	白色	8~9	红色	lt,sot
	红毛花楸S. rufopilosa	6~7	粉红色	8~9	红色	lt
	康藏花楸S. thibetica	6~7	白色	9~10	黄色带红晕	lt,sot,gt
	川滇花楸S. vilmorinii	6~7	白色	8~9	红色	lt,sot
	察隅花楸S. zayuensis	6~7	白色	8~9	白色	lt
山茱萸科	头状四照花Cornus capitata	6~8	乳黄色	8~9	红色变黄色	gt,lt,sot
	灯台树C. controversa	4~5	白色	8~10	红变蓝色	gt,lt,rt
	西藏青荚叶Helwingia himalaica	4~5	白色	8~9	红色,生于叶面	plt
茜草科	虎刺Damnacanthus indicus	7~8	白色	8~9	红色	plt

（续）

科名	种名	花期（月份）	花色	果期（月份）	果色	园林用途
忍冬科	风吹箫*Leycesteria formosa*	5~6	粉红色	8~9	红色	fs,gt
	狭萼风吹箫*L. formosa* var. *stenosepala*	5~6	粉红色	8~9	红色	fs,gt
	袋花忍冬*Lonicera saccata*	5~6	黄色	8~9	红色	fs,gt
	红花矮小忍冬*L. syringantha* var.*wolfii*	6~7	淡紫色	9	红色	fs,gt
	毛花忍冬*L. trichosantha*	6	黄色	8~9	红色	fs,gt
	华西忍冬*L. webbiana*	5~6	紫色	8~9	红色	fs,gt
	蓝黑果荚蒾*Viburnum atrocyaneum*	6	白色	9	亮黑色	fs,gt
	心叶荚蒾*V. cordifolium*	4~5	白色	7~8	红色	fs,gt
	黄栌叶荚蒾*V. cotinifolium*	5	白色	7~8	红色	fs,gt
	淡红荚蒾*V. erubescens*	4~6	白至粉红色	8	红色	fs,gt
	少毛西域荚蒾*V. mullaha* var. *glabrescens*	6~8	白色	9~10	红色	fs,gt
	水红木*V. cylindricum*	6~7	白色	9~12	蓝黑色	fs,gt

（3）观果类

观果植物是指具有奇特果实或果序，具有一定观赏价值的植物。为强调区别起见，已经将部分兼有观花价值的单独列出为观花观果类，因此，本处仅列出其余观果类观赏植物。本类木本观果植物约有7科9属33种，主要是蔷薇科蔷薇属、悬钩子属，虎耳草科茶藨子属，忍冬科忍冬属观赏植物，见表3-4。

表3-4　色季拉山木本观果类植物资源

科名	种名	花果期（月份）	果色	园林用途
虎耳草科	刺茶藨子*Ribes alpestre*	5~9	红色	lt
	糖茶藨子*R. himalense*	5~9	红色	lt,fs
	冰川茶藨子*R. glaciale*	5~9	红色	lt
	狭萼茶藨子*R. laciniatum*	5~8	红色	lt
	紫花茶藨子*R. luridum*	5~10	红色	lt
	柱腺茶藨子*R. orientale*	5~10	红色	lt
蔷薇科	粉枝莓*Rubus biflorus*	4~8	黄色	lt,gf
	椭圆悬钩子*R. ellipticus*	5~8	金黄色	lt,gf
	紫色悬钩子*R. irritans*	8~9	红色	lt
	刺悬钩子*R. pungens*	5~8	红色	lt
	锡金悬钩子*R. sikkimensis*	5~10	红色	lt
	紫红悬钩子*R. subinopertus*	6~9	紫红色	lt
	黑腺美饰悬钩子*R. subornatus* var. *melandenus*	5~9	红色	lt
	大花悬钩子*R. wardii*	5~9	红色	lt
	茅莓*R.parvifolius*	5~8	红色	lt

科名	种名	花果期（月份）	果色	园林用途
芸香科	乔木茵芋*Skimmia arborescens*	7～11	红色	gf
	竹叶花椒*Zanthoxylum armatum*	7～10	红色	gf
	花椒*Z. bungeanum*	7～11	红色	gf
	墨脱花椒*Z. motuoense*	7～10	红色	gf
	尖叶花椒*Z. oxyphyllum*	7～11	红色	gf
马桑科	马桑*Coriaria nepalensis*	5～10	紫色	lt
卫矛科	小卫矛*Euonymus nanoides*	5～7	红色	lt
	绒楚卫矛*E. clivicolus var.yongchuensis*	6～9	红色	lt
	西藏卫矛*E. tibeticus*	6～12	红色	lt,sot
胡颓子科	沙棘*Hippophae rhamnoides*	6～9	黄色	lt,slt,sot
	林芝沙棘*H. neurocarpa var. nyingchiensis*	6～9	黄褐色	lt,slt,sot
忍冬科	杯萼忍冬*Lonicera inconspicus*	4～9	红色	fs,gt
	理塘忍冬*L. litangensis*	4～9	红色	fs,gt
	淡红忍冬*L. acuminata*	9	紫黑色	fs,gt
	刚毛忍冬*L. hispida*	7～8	橘红色	fs,gt
	越橘忍冬*L. myrtillus*	4～9	红色	fs,gt
	齿叶忍冬*L. setifera*	4～9	红色	fs,gt
	甘肃荚蒾*Viburnum kansuense*	4～9	红色	fs,gt

（4）观叶类

色季拉山区域观赏植物中的木本观叶类植物，尤其是常绿木本观叶类植物，主要分布在海拔3000m以下的山地温带半湿润区与东坡2100～2500m地段的山地暖温带半湿润区，如：西藏鹅掌柴、聚花桂、木姜子等，它们可配置于公园、风景林、小区等处。该类植物共有11科17属31种，具体种类见表3-5。

表3-5　色季拉山木本观叶类植物资源

科名	种名	叶观赏特征	园林用途
小檗科	红枝小檗*Berberis erythrocloda*	分布区叶红色，果红色	gf,gp
	珠峰小檗*B. everestiana*	分布区叶红色，果红色	gf,gp
樟科	聚花桂*Cinnamomum contractum*	叶革质，光亮	gp,lt
	三桠乌药*Lindera obtusiloba*	叶型奇特，秋季变黄色	gt
	川钓樟*L. pulcherrima var. hemsleyana*	叶革质，花淡黄色	gt
	山柿子果*L. longipedunculata*	花淡黄色，果红色	gt,lt
	木姜子*Litsea pungens*	叶光亮，集生枝顶	gt
	绢毛木姜子*L. sericea*	叶光亮，集生枝顶	gt
	四川新木姜子*Neolitsea sutchuanensis*	叶革质，亮绿色	gt
蔷薇科	短硬毛全缘石楠*Photinia integrifolia var. brevihispida*	叶革质，新叶红色	gt,gf

科名	种名	叶观赏特征	园林用途
漆树科	红麸杨*Rhus punjabensis* var. *sinica*	花白色，秋色叶树种	gf
	毛叶红麸杨*R. punjabensis* var. *pilosa*	花白色，秋色叶树种	gf
	漆*Toxicodendron verniciflnum*	小叶革质，秋色叶树种	lt
	小果大叶漆*T. hookeri* var. *microcarpum*	小叶革质，秋色叶树种	gf
冬青科	纤齿冬青*Ilex ciliospinosa*	叶革质，具刺状尖齿	gf
	林芝冬青*I. lingchiensis*	叶革质有光泽，近全缘	gf,plt
	西藏冬青*I. xizangensis*	叶革质有光泽，具尖齿	gf
槭树科	长尾槭*Acer caudatum*	秋季变黄色	gt,rt
	四蕊槭*A. tetramerum*	秋季变黄色	gt
	长尾四蕊槭*A. tetramerum* var. *dolichurum*	秋季变黄色	gt
瑞香科	长瓣瑞香*Daphne longilobata*	叶革质，果红色	gf
胡颓子科	牛奶子*Elaeagnus umbellata*	叶银白色，花白色	plt
八角枫科	高山八角枫*Alangium alpinum*	叶全缘，芳香，果大	lt
五加科	乌蔹莓叶五加*Acanthopanax cissifolius*	掌状复叶，光亮	scp,gf
	吴茱萸叶五加*A. evodiaefolius*	掌状复叶，光亮	gt,lt
	锈毛五加*A. evodiaefolius* var. *ferrugineus*	掌状复叶，光亮	gt,lt
	西藏常春木*Merrilliopanax alpinus*	无刺，叶薄革质，光亮	gt,lt
	西藏鹅掌柴*Schefflera wardii*	叶型整齐，光亮	plt
	凹脉鹅掌柴*S. impressa*	叶型整齐，光亮	plt
马钱科	昆明醉鱼草*Buddleja agathosma*	叶被亮白色茸毛，芳香	gf
	喜马拉雅醉鱼草*B. candida*	叶被亮白色茸毛	gf

（5）观姿类

观姿类植物主要为木本植物，是指树冠整齐、树姿优美的观赏植物，其枝、叶花和果实具有一定的观赏性，在园林中常作为孤景树、桩景树、庭荫树、行道树或风景林等布置于小区、道路、公园、庭院、湖边等处，起主景、局部点缀或者遮蔽、防护等作用。观姿类树种在实际应用中，也常作为造林树种应用，在西藏也不乏其例。如：高山松、西藏红杉、林芝云杉等已经用于人工造林，而且，在此启发下，在西藏也出现了将高山松、林芝云杉、川西云杉等应用于行道树的城镇，在拉萨市、八一镇、昌都等的城市绿化起了重要作用。色季拉山区域共有观姿类木本植物15科24属49种，它们多数也是色季拉山林海的主要用材树种。具体种类见表3-6。

表3-6　色季拉山木本观姿类植物资源

科名	种名	姿态特征	园林用途
松科	墨脱冷杉*Abies delavayi* var.*motuoensis*	树冠塔型，大枝轮生，球果紫色	gt,rt,lt
	川滇冷杉*A. forrestii*	树冠塔型，大枝轮生，球果紫色	gt,rt,lt

科名	种名	姿态特征	园林用途
松科	急尖长苞冷杉A. georgei var. smithii	树冠塔型，大枝轮生，球果紫黑色	gt,rt,lt
	西藏红杉Larix griffithiana	小枝细垂，秋季金黄色	gt,sot,lt
	林芝云杉Picea likiangensis var. linzhiensis	树冠塔型，雌球花紫红色	gt,rt,lt
	华山松Pinus armandi	针叶暗绿色	gt,sot,lt
	高山松P. densata	生长健壮，分层明显	gt,sot,lt
	乔松P. griffithii	针叶暗绿色，细长下垂	gt,sot,lt
	云南铁杉Tsuga dumosa	大枝互生，层片明显，球果下垂	gt,rt,lt
柏科	西藏柏木Cupressus torulosa	小枝细长，顶端下垂	gt,sot
	巨柏C. gigantea	树冠塔型，小枝四棱形	gt,lt,sot
	高山柏Sabina squamata	叶刺型，小乔木，多呈灌木状	plt,gf
	方枝柏S. saltuaria	刺叶仅在幼株上出现	plt,gf
	滇藏方枝柏S. wallichiana	匍匐状灌木，大枝平展，假果皮红色	plt,gf
红豆杉科	云南红豆杉Taxus yunnanensis	大枝平展，假果皮红色	gt,rt,lt
杨柳科	米林杨Populus mainlingensis	叶阔卵心形，叶背苍白色	gt,rt,lt
	长序杨P. pseudoglauca	芽紫色，叶阔卵心形，叶背苍白色	gt,rt,lt
胡桃科	核桃Juglans regia	奇数羽状复叶，兼观果	gt,rt,lt
桦木科	白桦Betula platyphylla	树皮绢质白色，秋色叶金黄	gt,lt
	糙皮桦B. utilis	树皮绢质红色，秋季叶色金黄	gt,lt
壳斗科	川滇高山栎Quercus aquifolioides	常灌木状，叶具尖刺，年生长量小	gt,rt,lt
	通麦栎Q. tungmaiensis	高达30~40m，冠幅大型	gt,rt,lt
榆科	樱果朴Celtis cerasifera	高达20m，果实蓝黑色	gt,rt,lt
	小果榆Ulmus microcarpa	高30m，叶椭圆形，姿态优美	gt,rt,lt
桑科	构棘Cudrania cochinchinensis	攀缘藤状灌木，常作绿篱	gf
	柘C. tricuspidata	落叶灌木，常做绿篱	gf
	大叶水榕Ficus glaberrima	叶椭圆形，大，可作庭荫树	gt,lt
	森林榕F. neriifolia	叶椭圆形，大，可作庭荫树	gt,lt
	桑Morus alba	枝繁叶茂，秋季叶变黄	gt,lt
	裂叶蒙桑M. mongolica var. diabolica	枝繁叶茂，秋季叶变黄	gt,lt
水青树科	水青树Tetracentron sinense	叶纸质，心形至阔心形	gt,lt,rt
樟科	察隅润楠Machilus chayuensis	果蓝黑色，果梗鲜红色	rt,gt,lt
	隐脉润楠M. obscurinervia	叶薄革质，光亮	gt,lt
苦木科	苦树Picrasma quassioides	花黄绿色，果蓝绿色	gt,lt
冬青科	双核枸骨Ilex dipyrena	高达14m，叶厚革质，有光泽	gt,lt
槭树科	太白深灰槭Acer caesium ssp. giraldii	叶宽大，常5深裂，下面被白粉	gt,lt,rt
	藏南槭A. campbellii	叶宽大，常5~9深裂	gt,lt

（续）

科名	种名	姿态特征	园林用途
槭树科	少果槭A. oligocarpum	叶全缘，先端尾尖	gt,lt
	篦齿槭A. pectinatum	叶3～5裂，姿态优美	gt,lt
	锡金槭A. sikkimense	叶近全缘，姿态优美	gt,lt
	细齿锡金槭A. sikkimense var. serrulatum	叶近全缘，姿态优美	gt,lt
	滇藏槭A. wardii	叶3裂，裂片先端均长尾状	lt
鼠李科	刺鼠李Rhamnus dumetorum	叶密集，球形核果红色	plt,gf
	圆齿刺鼠李R. dumetorum var. crenoserrata	叶密集，球形核果红色	plt,gf
	淡黄鼠李R. flavescens	叶密集，球形核果红色	plt,gf
	毛叶鼠李R. henryi	叶纸质，球形核果红色	plt
	西藏鼠李R. tibetica	叶密集，球形核果红色	plt,gf
	帚枝鼠李R. virgata	叶密集，枝饱满，球形核果黑色	plt,gf
	凹叶雀梅藤Sageretia horrida	叶密集，球形核果黑紫色	plt,gf

3.3.2 草本观赏植物

色季拉山区域拥有大量的草本观赏植物，它们有的花大色艳，有的精巧细致，有的果实晶莹剔透、惹人喜爱，有的则郁郁葱葱地生长在林下。根据草本观赏植物不同的观赏部位和生长环境，可将它们分为观花类、观果类、观叶类、地被植物4个子类型。地被植物类型根据其生长环境的特点，也可称之为岩生花卉。

（1）观花类

色季拉山草本观花类观赏植物有21科57属136种，主要集中在报春花科报春花属（21种）、罂粟科绿绒蒿属（6种）、龙胆科龙胆属（5种）、玄参科马先蒿属（6种）、唇形科鼠尾草属（5种）、鸢尾科鸢尾属（5种），这些都是著名的高山花卉；而且根据分布海拔的幅度来看，白心球花报春、藿香叶绿绒蒿、绒毛粟色鼠尾草、金脉鸢尾等却有在低海拔地区栽培的可能性。

此外，在其他科、属的野生草本观赏植物中，也有许多值得开发的种类，例如：喜马拉雅特有植物工布乌头、裂叶蓝钟花，西藏特有植物多毛皱波黄堇、林芝凤仙花等，也是可以在园林直接应用的优良野生观赏植物。色季拉山草本观花类观赏植物资源具体种类参见表3-7。

表3-7　色季拉山草本观花类植物资源

科名	种名	花期（月份）	花色	园林用途
蓼科	长梗蓼Polygonum griffithii	8～9	紫红色	bh
	圆穗蓼P. macrophyllum	8～9	粉红色	bh
	狭叶圆穗蓼P. macrophyllum var. stenophyllum	8～9	粉红色	bh
	多穗蓼P. polystachyum	8～9	白至淡红色	bh
	塔黄Rheum nobile	5～8	淡黄色	bh,cf
毛茛科	工布乌头Aconitum kongboense	8～9	淡紫或白色	bh,cf
	展毛工布乌头A. kongboense var. villosum	8～9	淡紫或白色	bh,cf
	长裂乌头A. longilobum	8～9	蓝紫色	bh,cf

科名	种名	花期（月份）	花色	园林用途
毛茛科	宽苞乌头 *A. bracteolatum*	8～9	紫色	bh,cf
	短唇乌头 *A. brevilimbum*	7	暗红色	bh,cf
	叉苞乌头 *A. creagromorphum*	10	深蓝或红紫色	bh,cf
	长喙乌头 *A. novoluridum*	9	淡紫色	bh,cf
	露瓣乌头 *A. prominens*	7	深蓝色	bh,cf
	直序乌头 *A. richardsonianum*	8	紫色	bh,cf
	短柱侧金盏花 *Adonis brevistyla*	5～7	白色	bf,pp
	展毛银莲花 *Anemone demissa*	5～7	蓝紫色	bf,pp
	草玉梅 *A. rivularis*	6～8	白色	bh,mf
	直距耧斗菜 *Aquilegia rockii*	6～8	紫红色	bh,cf
	拉萨翠雀花 *Delphinium gyalanum*	7～9	深蓝色	bh
	展毛翠雀花 *D. kamaomense* var. *glabrescens*	7～10	深蓝色	bh,bf
	偏翅唐松草 *Thalictrum delavayi*	7～9	淡紫色	ifp,scp
	堇花唐松草 *T. diffusiflorum*	7	淡紫色	ifp,scp
罂粟科	条裂黄堇 *Corydalis linarioides*	7～9	黄色	bh,bf
	多毛皱波黄堇 *C. crispa* var. *setulosa*	6～8	黄色	bh,bf
	藿香叶绿绒蒿 *Meconopsis betonicifolia*	6～8	天蓝色	bh
	全缘叶绿绒蒿 *M. integrifolia*	5～7	黄色	bh
	多刺绿绒蒿 *M. horridula*	6～9	蓝紫色	pp
	总状绿绒蒿 *M. horridula* var. *racemosa*	6～9	天蓝色	bh
	拟多刺绿绒蒿 *M. pseudohorridula*	5～7	淡青紫色	pp
	单叶绿绒蒿 *M. simplicifolia*	6～8	紫至天蓝色	rp,pp
十字花科	大叶碎米荠 *Cardamine macrophylla*	5～6	紫红色	bh,gcf
	山柳叶糖芥 *Erysimum hieracifolium*	7～10	金黄色	bh
	西藏遏蓝菜 *Thlaspi andersonii*	6	白至粉红色	rp
虎耳草科	多花红升麻 *Astilbe myriantha*	7～10	白色	bh
	红落新妇 *A. rubra*	7～10	淡粉红色	bh,cf
	岩白菜 *Bergenia purpurascens*	5～6	深紫红色	rp,pp
	索骨丹 *Rodgersia aesculifolia*	5～10	白色,花梗红色	bh,gcf
蔷薇科	假升麻 *Aruncus dioicus*	6～7	白色	bh,gcf
豆科	波密黄芪 *Astragalus bomeensis*	6～7	紫红或粉红色	bh
	光亮黄芪 *A. lucidus*	6～7	黄色	bh
	劲直黄芪 *A. strictus*	7～8	紫红	bh
	东坝子黄芪 *A. tumbatsica*	6～7	淡黄色	bh
凤仙花科	锐齿凤仙花 *Impatiens arguta*	7～9	紫红或粉红色	bh,bf

科名	种名	花期（月份）	花色	园林用途
凤仙花科	西藏凤仙花 *I. cristata*	7～9	金黄色	bh,bf
	林芝凤仙花 *I. linghziensis*	6～7	浅紫色	bh,bf
柳叶菜科	柳兰 *Chamaenerion angustifolium*	6～9	紫红色	bh,cf
	网脉柳兰 *C. conspersum*	7～8	粉红色	bh
	宽叶柳兰 *C. latifolium*	7～8	紫红色	bh
伞形科	美丽棱子芹 *Pleurospermum amabile*	8～9	紫红色	bh
	藁本 *Ligusticum sinense*	8～9	白色	bh
报春花科	折瓣雪山报春 *Primula advena*	7～8	淡黄色	bh,rp
	杂色钟报春 *P. alpicola*	6～7	黄色	gcf,bh,mf
	紫花杂色钟报春 *P. alpicola* var. *violacea*	6～7	蓝紫色	bh,mf
	白心球花报春 *P. atrodentata*	5～6	淡蓝色	gcf,pp
	菊叶穗花报春 *P. bellidifolia*	7～8	深蓝紫色	bh,gfc
	暗紫脆蒴报春 *P. calderiana*	5～6	暗紫红色	pp,bh
	条裂垂花报春 *P. cawdoriana*	8	蓝紫色	bh,mf
	中甸灯台报春 *P. chungensis*	6	淡橙黄色	gcf,bh
	西藏粉报春 *P. tibetica*	6～7	粉红色	gcf,bh
	束花粉报春 *P. fasciculata*	5～6	淡红色	mf
	葶立钟报春 *P. firmipes*	7～8	黄色	mf
	巨伞钟报春 *P. florindae*	7～8	黄色	gcf,bh
	工布粉报春 *P. kongboensis*	6	蓝紫色	gcf,bh
	宽裂掌叶报春 *P. latisecta*	5～6	紫红色	pp,gcf
	尖萼大叶报春 *P. ninguida*	6	紫色	gcf,bh
	网叶钟报春 *P. reticulata*	6	黄色或白色	gcf,bh
	钟花报春 *P. sikkimensis*	6	黄色	gcf,mf
	小钟报春 *P. sikkimensis* var. *pudibunda*	6	黄色	gcf,mf
	凤翔报春 *P. sinoplantaginea* var. *fengxiangiana*	7～8	蓝紫色	gcf
	雅江粉报春 *P. involucrata* ssp. *yargongensis*	6～7	紫色	gcf
	紫钟报春 *P. waltonii*	7～9	淡红色	gcf,mf
紫草科	倒提壶 *Cynoglossum amabile*	3～6	蓝色	bh
	西南琉璃草 *C. wallichii*	3～6	蓝色	bh
龙胆科	线叶龙胆 *Gentiana farreri*	8～10	淡蓝色	pp,bf
	蓝玉簪龙胆 *G. veitchiorum*	8～10	深蓝色	pp,bf
	聂拉木龙胆 *G. nyalamensis*	8～9	浅蓝色	pp,bf
	倒锥花龙胆 *G. obconica*	8～9	深蓝色	pp,bf
	提宗龙胆 *G. tizuensis*	7～10	浅蓝色	pp,gcf

科名	种名	花期（月份）	花色	园林用途
龙胆科	湿生扁蕾Gentianopsis paludosa	7～9	蓝色	bh
	卵萼花锚Halenia elliptica	7～10	蓝色	bh,gcf
	大花肋柱花Lomatogonium macranthum	8～10	蓝紫色	gcf
	抱茎獐牙菜Swertia franchetiana	8～11	淡蓝色	bh,gcf
唇形科	牛至Origanum vulgare	7～9	紫红至白色	bf
	萝卜秦艽Phlomis medicinalis	7～9	紫红色	bh
	螃蟹甲P. younghusbandii	7～8	深紫色	pp,gcf
	栗色鼠尾草Salvia castanea	7～9	紫褐色	bh,cf
	绒毛栗色鼠尾草S. castenea f. tomentosa	7～9	紫红色	bh,cf
	甘西鼠尾草S. przewalskii	7～9	紫红色	bh,cf
	粘毛鼠尾草S. roborowskii	6～7	黄色	bh
	锡金鼠尾草S. sikkimensis	6～7	淡黄色	bh
玄参科	宽叶柳穿鱼Linaria thibetica	7～9	黄色	bh
	毛蕊花一柱香Verbascum thapsus	7～9	黄色	bh，cf
	毛盔马先蒿Pedicularis trichoglossa	7～9	深紫红色	bh
	柔毛马先蒿P. mollis	7～9	深紫红色	bh
	斑唇马先蒿P. longiflora var. tubiformis	5～10	黄色	bh,mf
	喙毛马先蒿P. rhydotricha	6～8	紫红色	bh
	铺散马先蒿P. diffusa	5～7	玫瑰色	bh
	襄盔马先蒿P. elwesii	6～8	紫红色	pp
桔梗科	裂叶蓝钟花Cyananthus lobatus	7～9	紫蓝色	bf,gcf
菊科	紫花亚菊Ajania purpurea	8～10	紫红色	bh,rp
	多花亚菊A. myriantha	8	黄色	bh
	尖叶香青Anaphalis acutifolia	6～8	白色	bh，cf
	淡黄香青A. flavescens	8～9	黄褐色	bh，cf
	铃铃香青A. hancockii	7～9	红褐色	bh，cf
	灰叶香青A.spodiophylla	8	白色或红色	bh
	线叶珠光香青Anaphalis margaritacea var. japonica	8	白色	bh
	尼泊尔香青A. nepalensis	6～10	白色	bh，cf
	绵头蓟Cirsium eriophoroides	7～9	紫红色	bh
	异叶泽兰Eupatorium heterophyllum	7～9	白色带紫红色	bh
	锈毛旋覆花Inula hookeri	7～9	黄色	bh
	山莴苣Lagedium sibiricum	7～9	蓝紫色	bh
	酸模叶橐吾Ligularia rumicifolia	7～8	黄色	bh
	大果毛冠菊Nannoglottis Macrocarpa	7～8	黄色	bh

科名	种名	花期（月份）	花色	园林用途
菊科	肿柄雪莲 *Saussurea conica*	8~10	紫红色	rp,bh
	倒披针叶风毛菊 *S. nimborum*	6~8	紫红色	bh,gcf
	苞叶雪莲 *S. obvallata*	8~10	黄色	rp,bh
	星状雪兔子 *S. stella*	7~10	紫红色	pp,mf
	异叶千里光 *Senecio diversifolius*	7~10	黄色	bh
百合科	大百合 *Cardiocrinum giganteum*	6~7	白色具紫晕	bh
	假百合 *Notholirion bulbiliferum*	8	淡紫或蓝紫色	bh
	卓巴百合 *Lilium wardii*	8~9	粉红色	bh
	小百合 *L. nanum*	7~8	紫红或淡紫色	bf
	卷丹 *L. lancifolium*	7~8	橙红色	bh
	萱草 *Hemerocallis fulva*	6	橘黄色	bf
鸢尾科	宽柱鸢尾 *Iris latistyla*	5~6	淡蓝紫色	bh,bf
	西南鸢尾 *I. bulleyana*	6~7	淡蓝紫色	bh,bf
	金脉鸢尾 *I. chrysographes*	6~7	深蓝紫色	bh,bf
	锐果鸢尾 *I. goniocarpa*	5~6	蓝紫色	bh
	大锐果鸢尾 *I. goniocarpa* var. *grossa*	5~6	蓝紫色	bh,bf
姜科	红姜花 *Hedychium coccineum*	6~8	红色	bh
兰科	长叶兰 *Cymbidium erythraeum*	4~5	黄绿色	pp
	黄蝉兰 *C. iridioides*	4~6	黄绿色	pp
	大花杓兰 *Cypripedium macranthon*	6~7	淡紫色	pp,rp
	金耳石斛 *Dendrobium hookeriana*	4~5	金黄色	bp,pp,rp
	长距玉凤花 *Habenaria davidii*	5~6	白色	bh
	密花兜被兰 *Neottianthe calcicola*	7~9	淡红或玫红	bh

（2）观果类

色季拉山区域野生观赏植物中，拥有草本观果类种质资源有7科10属20种，主要是天南星科天南星属植物。色季拉山区域的天南星科天南星属植物常在林下或迹地成片分布，硕果累累的景观非常美丽；尤其是在通麦一带的荒废农田中，黄苞南星成优势种群，犹如人工种植。商陆在色季拉山区域分布广泛，在东、西坡均有分布，常见于路旁、田边，在秋季植物景观比较匮乏的时期，紫红色与紫黑色相间的巨大果穗挺立在绿叶丛中，增添了不少的风韵。穿心莲子薅浆果红如宝玉，顶生在巨大的叶丛中，似玉盘盛红宝石，非常美丽。具体种类参见表3-8。

（3）观叶类

色季拉山区域草本观叶植物主要是荨麻科、景天科、菊科、百合科植物，总计有12科21属36种。具体种类参见表3-9。

（4）地被植物

色季拉山区域地被类观赏植物共有24科62属133种，主要共同点是：植株低矮、花小但花量较大、常成片分布。这类观赏植物多数分布在4000m以上的草地、草甸、流石滩、灌木丛下，也是优良的岩石园植被。主要种类参见表3-10。

表3-8 色季拉山草本观果类植物资源

科名	种名	果期（月份）	果色	园林用途
商陆科	商陆*Phytolacca acinosa*	9～10	紫红至紫黑色	bh
小檗科	西藏八角莲*Dysosma tsayuensis*	8～9	红色	bh,scp
	桃儿七*Sinopodophyllum hexandrum*	7～8	红色	bh,scp
蔷薇科	凉山悬钩子*Rubus fockeanus*	7～8	红色	mp
五加科	竹节参*Panax japonicus*	8	红变黑，光亮	scp
	疙瘩七*P. japonicus* var. *bipinnatifidus*	8	红变黑，光亮	scp
	珠子参*P. japonicus* var. *major*	8	红变黑，光亮	scp
忍冬科	血莽草*Sambucus adnata*	8～9	红色，光亮	bh
	接骨草*S. chinensis*	8～9	红色	bh
	穿心莛子蔍*Triosteum himalayanum*	8～9	红色鲜艳	bh
天南星科	象南星*Arisaema elephas*	7～10	果红色	bh
	黄苞南星*A. flavum*	7～10	红色	bh，gcf
	曲序南星*A. tortuosum*	8	红色	bh，gcf
	一把伞南星*A. erubescens*	8～10	红色	bh，gcf
	皱序南星*A. concinum*	8	红色	bh，gcf
	刺棒南星*A. echinatum*	7～9	红色	bh，gcf
百合科	棒丝黄精*Polygonatum cathcartii*	9～10	桔红色	scp
	卷叶黄精*P. cirrhifolium*	8～9	红色或紫红色	scp
	轮叶黄精*P. verticillatum*	8～9	红色	scp
	腋花扭柄花*Streptopus simplex*	8～9	红色	scp，gcf

表3-9 色季拉山草本观叶类植物资源

科名	种名	叶观赏特征	园林用途
荨麻科	双尖苎麻*Boehmeria bicuspis*	叶近圆形，顶端不等2裂	pp,scp
	楔苞楼梯草*Elatostema cuneiforme*	叶斜椭圆形，顶端骤尖	scp
	骤尖楼梯草*E. cuspidatum*	叶斜椭圆形	scp
	盾基冷水花*Pilea insolens*	同对叶异形，差异极显著	scp
	大叶冷水花*P. martinii*	茎屈膝上升，对略不等大	scp
	亚高山冷水花*P. racemosa*	叶多形，具球状块根	pp,scp
毛茛科	扇叶水毛茛*Batrachium bungei*	茎细长，花瓣白色	wp
	爪哇唐松草*Thalictrum javanicum*	叶大型，优美，花白色	scp,ifp
景天科	柴胡红景天*Rhodiola bupleuroides*	形态优美，茎红色	rp,bh
	菊叶红景天*R. chrysanthemifolia*	形态优美，茎红色	rp

科名	种名	叶观赏特征	园林用途
景天科	圆齿红景天 *R. crenulata*	形态优美，秋叶红色	rp,bh
	长鞭红景天 *R. fastigiata*	形态优美，茎红色	rp
	四裂红景天 *R. quadrifida*	形态优美，花紫红色	rp,bp
	石莲 *Sinocrassula indica*	形态优美，小型	rp,pp
虎耳草科	肾叶金腰 *Chrysosplenium griffithii*	叶肾形，亮绿色	rp,scp
大戟科	喜马拉雅大戟 *Euphorbia himalayensis*	叶互生，姿态优美	scp
	高山大戟 *E. stracheyi*	多分枝，姿态优美	scp,mp
	大果大戟 *E. wallichii*	粗壮，姿态优美	scp,pp
秋海棠科	樟木秋海棠 *Begonia picta*	叶心形，花粉红色	scp,pp
鹿蹄草科	紫背鹿蹄草 *Pyrola atropurpurea*	常绿，花白色芳香	ifp
	鹿蹄草 *P. calliantha*	常绿，花粉白色芳香	ifp
	普通鹿蹄草 *P. decorata*	常绿，花绿黄色芳香	ifp
龙胆科	西藏秦艽 *Gentiana tibetica*	莲座状叶大型，亮绿色	pp,scp
唇形科	薄荷 *Mentha haplocalyx*	花淡紫色，株型整齐	gcf
菊科	和尚菜 *Adenocaulon himalaicum*	叶大型，亮绿色	scp
	坚杆火绒草 *Leontopodium franchetii*	苞叶群密集，花浅黄色	bh,cf
	雅谷火绒草 *L. sibiricum*	苞叶群密集	bh,gcf
	银叶火绒草 *L. souliei*	苞叶群密集，银白色	bh,cf
	灰叶香青 *A.spodiophylla*	叶被白毛，花白色	bh,cf
	款冬 *Tussilago farfara*	花黄色，花期11～12月	scp
百合科	七叶一枝花 *Paris polyphylla*	叶轮生，光亮	rp,pp
	短梗重楼 *P. polyphylla* var.*appendiculata*	叶轮生，光亮	scp
	花叶重楼 *P. violacea*	叶轮生，具大理石花纹	scp
兰科	伏生石豆兰 *Bulbophyllum reptans*	花黄色具紫色条纹	bp,pp,rp
	卵叶贝母兰 *Coelogyne occultata*	花白色	bp,pp,rp
	岩生石仙桃 *Pholidota rupestris*	假鳞茎硕大，叶青翠如玉	bp,pp,rp

表3-10　色季拉山地被类植物资源

科名	种名	主要观赏特点	园林用途
石竹科	玉龙山无心菜 *Arenaria fridericae*	花白色，花期7～8月	gcf
	垫状雪灵芝 *A. pulvinata*	花白色，花期7～8月	gcf,rp
	大花卷耳 *Cerastium fontanum* ssp. *grandiflorum*	花白色，花期7～8月	gcf
毛茛科	疏齿银莲花 *Anemone obtusiloba* ssp.*ovalifolia*	花白色或蓝色，花期5～7月	gcf
	条叶银莲花 *A. trullifolia* var. *linearis*	花白色或蓝色，花期5～7月	gcf
	驴蹄草 *Caltha palustris*	花黄色，花期5～9月	gcf

科名	种名	主要观赏特点	园林用途
毛茛科	花葶驴蹄草 *C. scaposa*	花黄色，花期5~10月	mf,gcf
	红花细茎驴蹄草 *C.sinogracilis f.rubriflora*	花（萼片）红色，花期5~9月	mf,gcf
	堆纳翠雀花 *Delphinium wardii*	花蓝色，花期9月	gcf
	水葫芦苗 *Halerpestes cymbalaria*	花黄色，叶圆形，光亮	mf
	爬地毛茛 *Ranunculus pegaeus*	茎节生根并簇生叶，花黄色	gcf,mf
	毛茛状金莲花 *Trollius ranunculoides*	花黄色，花期5~7月	gcf
罂粟科	纤细黄堇 *Corydalis gracillima*	花黄色，花期6~8月	gcf
	单叶紫堇 *C. ludlowii*	叶肉质，花紫色，花期7~8月	mf,gcf
	米林紫堇 *C. lupinoides*	花淡蓝紫色，花期6~8月	gcf
	毛茎紫堇 *C. pubicaula*	花蓝色，花期6~8月	gcf
虎耳草科	指裂梅花草 *Parnassia cooperi*	叶型奇特，花淡黄绿色	pp
	梅花草 *P. palustris*	花白色至浅黄，花期7~8月	bf
	黑蕊虎耳草 *Saxifraga melanocentra*	花白色，花期7~9月	rp,gcf
	金星虎耳草 *S. stella-aurea*	花黄色，花期7~8月	rp
蔷薇科	龙芽草 *Agrimonia pilosa*	花黄色，花期7~8月	gcf
	黄龙尾 *A. pilosa* var. *nepalensis*	花黄色，花期7~8月	gcf
	蛇莓 *Duchesnea indica*	花黄色，果红色	gcf
	西藏草莓 *Fragaria nubicola*	叶大，花白色，果红色	gcf
	大萼路边青 *Geum macrosepalum*	小叶5~10对，花黄色	scp
	蕨麻叶委陵菜 *Potentilla anserina*	叶背银白色，花黄色	gcf
	多茎委陵菜 *P.multicaulis*	花茎密集重生，花黄色	gcf
	银叶委陵菜 *P. leuconota*	叶背银白色，花黄色	gcf
豆科	米林黄芪 *Astragalus milingensis*	花紫色，植株平卧	gcf
	朗县黄芪 *A. nangxianensis*	花淡紫色带白色，多花	gcf
	马豆黄芪 *A. pastorius*	花紫红色，近平卧	gcf
	亚东米口袋 *Gueldenstaedtia yadongensis*	花蓝紫色，花期5~7月	gcf
	天蓝苜蓿 *Medicago lupulina*	花黄色，小叶圆，花期6~7月	gcf
	野苜蓿 *M. falcata*	花黄色，花期6~7月	gcf
	白花草木犀 *Melilotus alba*	花白色，花期6月	gcf
	印度草木犀 *M. indicus*	花黄色，花6月	gcf
	草木犀 *M. suaveolens*	花黄色，花6月	gcf
	甘肃棘豆 *Oxytropis kansuensis*	花淡黄色，花期8~9月	gcf,rp
	山野豌豆 *Vicia amoena*	花紫色、蓝紫色	gcf
	广布野豌豆 *V. cracca*	花紫色或蓝色	gcf
	西藏野豌豆 *V. tibetica*	花蓝紫色	gcf

科名	种名	主要观赏特点	园林用途
酢浆草科	白花酢浆草*Oxalis acetosella*	花白色具红色条纹	gcf
	酢浆草*O. corniculata*	花黄色	gcf
	山酢浆草*O. griffithii*	花白色具红色条纹	gcf
牻牛儿苗科	长根老鹳草*Geranium donianum*	花紫红色，花期6~8月	gcf
	黑蕊老鹳草*G. melananthum*	花紫红色，盛花时花瓣反折	gcf
	反瓣老鹳草*G. refractum*	花紫红色，盛花时花瓣反折	gcf
远志科	西伯利亚远志*Polygala sibirica*	花蓝紫色，具流苏状附着物	gcf
凤仙花科	草莓凤仙花*Impatiens fragicolor*	花紫色或淡紫色	gcf
	脆弱凤仙花*I. infirma*	花黄色	gcf
	米林凤仙花*I. nyimana*	花浅黄色具褐斑点	gcf
	水金凤*I.noli-tangere*	花黄色	gcf
	辐射凤仙花*I. radiata*	花黄色或浅紫色	gcf
	总状凤仙花*I. racemosa*	花黄色	rp,gcf
	无距总状凤仙花*I. racemosa var.ecalcarata*	花黄色	rp,gcf
	藏南凤仙花*I. serrata*	花浅黄色	gcf
堇菜科	双花堇菜*Viola biflora*	叶肾形，花淡黄或者黄色	gcf
	硬毛双花堇菜*V. biflora var. hirsuta*	叶肾形，花淡黄或者黄色	gcf
	鳞茎堇菜*V. bulbosa*	叶圆形，花瓣白色	gcf
	羽裂堇菜*V. forrestiana*	叶三角状卵形，花瓣紫色	gcf
	匍匐堇菜*V. pilosa*	叶阔卵形，花紫色近白色	gcf
	肾叶堇菜*V. schulzeana*	叶肾形，花黄色	gcf
	康滇堇菜*V. szetchwanensis var. kangdiensis*	叶卵圆形，花1~2朵，黄色	gcf
	四川堇菜*V. szetchwanensis*	叶卵圆形，花黄色	gcf
	光茎四川堇菜*V. szetchwanensis var.nudicaulis*	叶长圆形，花1~2朵，黄色	gcf
	米林堇菜*Viola milingensis*	叶三角状卵形或卵状心形，花黄色或淡黄色	gcf
柳叶菜科	喜山柳叶菜*Epilobium royleanum*	花紫色、粉红色、白色	gcf,mf
	锡金柳叶菜*E. sikkimense*	花紫红色、粉红色	gcf,mf
	滇藏柳叶菜*E. wallichianum*	花紫色至淡红色	gcf
报春花科	昌都点地梅*Androsace bisulca*	花紫红色，喉部黄色	rp,gcf
	粗毛点地梅*A. wardii*	花紫红色，喉部黄色	rp,gcf
龙胆科	高杯喉毛花*Comastoma traillianum*	花淡蓝色，基生叶少	rp，gcf
	波密龙胆*Gentiana bomiensis*	花蓝色，花果期4~9月	gcf
	卵萼龙胆*G. bryoides*	花淡蓝色，花期5~6月	gcf
	直萼龙胆*G. erecto-sepala*	花淡黄色，花期8~9月	gcf
	林芝龙胆*G. nyingchiensis*	花蓝色，花期8月	gcf

科名	种名	主要观赏特点	园林用途
龙胆科	毛蕊龙胆 G. scabrifilamenta	花蓝色，花期8月	gcf
	锡金龙胆 G. sikkimensis	花蓝色或者蓝紫色	gcf
	厚边龙胆 G. simulatrix	花蓝色，花期8月	gcf
	珠峰龙胆 G. stellata	花蓝紫色，花期8～9月	gcf,rp
	察瓦龙龙胆 G. tsarongensis	花蓝色，花期8月	gcf
	青叶胆 Swertia mileensis	花淡蓝色，花期9～11月	gcf
	亚东肋柱花 Lomatogonium chumbicum	花蓝色,花期8～10月	gcf
	圆叶肋柱花 L. oreocharis	花蓝色或紫色,花期8～10月	gcf,rp
紫草科	毛果草 Lasiocaryum densiflorum	花蓝色，8月开花	gcf
	灰叶附地菜 Trigonotis cinereifolia	花淡蓝色，花期6～7月	gcf
	高山附地菜 Trigonotis rockii	花淡蓝色，花期6～7月	gcf
	宽叶假鹤虱 Eritrichium brachytubum	花冠蓝色或淡紫色	gcf
唇形科	密花香薷 Elsholtzia densa	花淡紫色,芳香,花期6～8月	bh
	西藏姜味草 Micromeria wardii	淡紫色,花期6～8月	gcf
	齿叶荆芥 Nepeta dentata	花紫色或者蓝紫色	bh
	紫苏 Perilla frutescens	花白色至紫红色,芳香	bh
玄参科	鞭打绣球 Hemiphragma heterophyllum	花白色至玫瑰色,果红色	rp
	肉果草 Lancea tibetica	花冠蓝紫色,花果期6～9月	gcf
	长果肉果草 L. tibetica f. ciliata	花蓝紫色，花果期6～9月	gcf
	高额马先蒿 Pedicularis altifrontalis	花浅玫瑰色，花期5～8月	mf,rt
	隐花马先蒿 P. crytantha	花黄色，花期5～8月	mf
	草甸马先蒿 P. roylei	花粉红色,花期7～9月	mf
	短盔草甸马先蒿 P. roylei var. brevigaleata	花粉红色,花期8月	mf
	灰毛草甸马先蒿 P. roylei subsp. shawii	花粉红色，花期8月	mf
	裹喙马先蒿 P. fletcherii	花白色，花期7～8月	mf
	扭盔马先蒿 P. oliveriana	花暗紫红色，花期6～9月	mf
	青海马先蒿 P. przewalskii	花紫红色，花期6～8月	mf
	球花马先蒿 P. globifera	花红色至白色,花期6～10月	mf
	小婆婆纳 Veronica serpyllifolia	花蓝色、紫色或紫红色	mf
川续断科	裂叶翼首花 Pterocephalus bretschneideri	花白至粉红色,花期8月	bh
	大头续断 Dipsacus chinensis	花白至粉红色,花期8月	bh
桔梗科	川藏沙参 Adenophora liliifolioides	花蓝色，花期6～8月	gcf, cf
	西南风铃草 Campanula colorata	花紫或者蓝紫，或蓝色	gcf
	臭党参 Codonopsis foetens	花淡蓝色，花期7～9月	gcf
	长花党参 C. thalictrifolia	花淡蓝色，花期8月	gcf

科名	种名	主要观赏特点	园林用途
桔梗科	大萼蓝钟花 *Cyananthus macrocalyx*	花冠黄色，花期7~8月	gcf
	胀萼蓝钟花 *C. inflatus*	花淡蓝色，花期8~9月	gcf
菊科	重冠紫菀 *Aster diplostephioides*	舌状花蓝色，花期7~9月	gcf
	须弥紫菀 *A. himalaicus*	花紫色，花期7~9月	gcf
	缘毛紫菀 *A. souliei*	舌状花蓝紫色，管状花黄色	gcf
	云南紫菀 *A. yunnanensis*	舌状花蓝紫色，管状花黄色	gcf
	高原天名精 *Carpesium lipskyi*	黄色，花期7~8月	gcf
	长柱垂头菊 *Cremanthodium rhodocephalum*	舌状花、管状花紫红色	gcf
	车前状垂头菊 *C. plantagineum*	舌状花、管状花黄色	gcf
	舌叶垂头菊 *C. lingulatum*	舌状花、管状花黄色	gcf
	展苞飞蓬 *E. patentisquamus*	舌状花紫红色，管状花紫色	gcf
	拉萨狗娃花 *Heteropappus gouldii*	舌状花淡紫色，管状花黄色	gcf
	圆齿狗娃花 *H. crenatifolius*	舌状花蓝色，管状花黄色	gcf
	川西小黄菊 *Pyrethrum tatsienense*	舌状花橘黄色，管状花黄色	gcf
	细梗黄鹌菜 *Youngia gracilis*	全部舌状花，黄色	gcf
水麦冬科	水麦冬 *Triglochin palustris*	花葶直立，花绿紫色	mf
禾本科	通麦香茅 *Cymbopogon tungmaiensis*	芳香，佛焰苞舟形，大	scp
百合科	钟花韭 *Allium kingdonii*	花紫红色，花期6~8月	gcf
	多星韭 *A. wallichii*	花红色、至黑紫色	gcf
	川贝母 *Fritillaria cirrhosa*	深紫至淡黄色，有彩斑	gcf
	沿阶草 *Ophiopogon bodinieri*	花白色	gcf,scp
兰科	斑唇红门兰 *Orchis wardii*	总状花序直立，花紫红色	gcf

3.3.3 攀缘类观赏植物

色季拉山植物资源中，可作为垂直绿化的攀缘类观赏植物共有24科33属53种。其中，毛茛科铁线莲属植物占绝对优势，共有14种之多，而龙胆科蔓龙胆属3种是新花卉品种开发的优良材料。主要植物参见表3-11。

表3-11 色季拉山攀缘类植物资源

科名	种名	主要观赏特点
马兜铃科	藏木通 *Aristolochia griffithii*	花喇叭状，黄色，果大型
毛茛科	合柄铁线莲 *Clematis connata*	花白色，芳香，花期8~10月
	丽叶铁线莲 *C. gracilifolia*	花白色，花期6~7月
	黄毛铁线莲 *C. grewiiflora*	花紫色，花期11月
	绣球藤 *C. montama*	花白色具红晕，花期5~6月
	大花绣球藤 *C. montana* var. *grandiflora*	花白色具红晕，花期5~6月
	毛果绣球藤 *C. montana* var. *trichogyna*	花白色具红晕，花期5~6月

科名	种名	主要观赏特点
毛茛科	西南铁线莲C. pseudopogonandra	花淡紫色，花期6月
	西藏铁线莲C. tenuifolia	花黄褐色或橘黄色,花期6~9月
	俞氏铁线莲C. yui	常绿，单叶，花期6~9月
	云南铁线莲C. yunnanensis	花白色或淡黄色,花期11~12月
	长花铁线莲C. rehderiana	花淡黄绿色,芳香,花期7~9月
	墨脱铁线莲C. metouensis	花黄色,花期8月
	小木通C. armandii	花白色,花期6~7月
	短尾铁线莲C. brevicaudata	花淡黄色或乳白色，花期5~6月
木通科	五风藤Holboellia latifolia	花极芳香，果实腊肠状，花果期5~8月
防己科	西南千金藤Stephania subpeltata	叶片心脏形，薄革质
木兰科	滇藏五味子Schisandra neglecta	花淡黄色，芳香，果红色
蔷薇科	网脉悬钩子Rubus reticulatus	花瓣白色或黄白色。果实球形，红色
	圆锥悬钩子R. paniculatus	花白或黄白色;果实暗红或黑紫色
豆科	苦葛藤Pueraria peduncularia	花紫红色，花期7~8月
芸香科	飞龙掌血Toddalia asiatica	枝叶芳香，指状复叶，亮绿色
	西藏花椒Zanthoxylum tibetanum	芳香植物，小叶革质，亮绿色，果灰黑色
卫矛科	皱叶南蛇藤Celastrus rugosus	假果皮红色
	茎花南蛇藤C. stylosus	假果皮红色
	石宝茶藤Euonymus vagans	假果皮橙色
清风藤科	钟花清风藤Sabia campanulata	花黄绿色，果期花瓣宿存
鼠李科	云南勾儿茶Berchemia yunnanensis	优美观果植物，果红色
葡萄科	三叶爬山虎Parthenocissus himalayana	小叶3枚，果蓝色
	毛叶崖爬藤Tetrastigma obtectum var. pilosum	掌状复叶有长柄，小叶3或5
	狭叶崖爬藤T. hypoglaucum	鸟足状复叶，有5小叶
	绒毛葡萄Vitis lanata	叶片卵形，圆锥花序长7cm
猕猴桃科	显脉猕猴桃Actinidia venosa	花淡黄色，果绿色。花期6~7月
	变异藤山柳Clematoclethra variabilis	果球形，浆果状，绿色
五加科	常春藤Hedera nepalensis var. sinensis	观叶植物
木犀科	素馨花Jasminum officinale var. grandiflorum	花繁叶茂，花较大，紫色
龙胆科	林芝蔓龙胆Crawfurdia nyingchiensis	花紫色，花期9月
	裂膜蔓龙胆C. lobatilimba	花大，紫色，花期10月
	大花蔓龙胆C. angustata	花大，淡蓝紫或淡紫红色
	尼泊尔双蝴蝶Triperospermum volubile	茎紫红;花冠黄绿或白色，略带紫红色
夹竹桃科	络石Trachelospermum jasminoides	花白色，花期3~7月，果期7~12月
萝藦科	西藏吊灯花Ceropegia pubescens var. brevisepala	花黄色，花期7~9月，果期10~11月

科名	种名	主要观赏特点
萝藦科	长穗球兰*Hoya fusca* var. *longipedicellata*	花黄色，花期5~9月
	大叶青蛇藤*Periploca calophylla* f. *macrophylla*	花深紫色，花期4~5月，果期8~9月
旋花科	打碗花*Calystegia hederacea*	花淡红色或淡紫色。花期5~6月
葫芦科	波棱瓜*Herpetospermum pedunculosum*	花黄色，果实三棱状，花果期8~9月
	西藏赤瓟*Thladiantha setispina*	花黄色，果实长圆形，花果期7~8月
桔梗科	辐冠党参*Codonopsis conovolvulacea*	花冠蓝色至蓝紫色，花期8~10月
	光萼党参*C. levicalyx*	花冠黄绿色带紫色斑点，花期7~8月
菊科	攀缘千里光*Senecio araneosus*	花黄色，花期8~9月
	千里光*S. scandens*	花黄色，花期8~9月
天南星科	爬树龙*Rhaphidophora decursiva*	具气生根，佛焰苞黄色，花期5~8月
百合科	防己叶菝葜*Smilax menispermoidea*	叶卵形光亮，花紫红色，花序多花

3.3.4 竹类观赏植物

西藏禾本科竹亚科的竹类观赏植物资源较少，共有8属22种，主要分布在墨脱、错那、亚东、察隅等地的山地亚热带、热带森林中。其中，箭竹属观赏资源相对丰富，共有11种。色季拉山一带仅产2属各1种：西藏箭竹*Sinarundinaria setosa*与西藏新小竹*Neomicrocalamus microphylus*，两种竹类观赏植物均具有较高观赏价值，地下茎均为合轴型分枝。

西藏箭竹为西藏特有植物，其竹秆绿色圆筒形，灌木状丛生，高1~7m，秆微被白粉，枝条节间具白粉，无箨耳。西藏箭竹分布范围广，分布在色季拉山东、西坡2700~3800m区域的高山松林下或形成优势种成片分布，耐寒，耐贫瘠，忌风害危

害，可应用于假山边缘配置或成片布置竹林。

西藏新小竹为西藏特有植物，其竹秆绿色圆筒形，近于实心，秆带紫晕；箨环明显隆起呈木质圆环，侧枝多数簇生于每一节，近等长。本调查区域内仅在排龙至通麦一带分布，散生于常绿阔叶林中。整个植株下部直立，上部斜倚，姿态柔软，小枝悬挂，甚美观，可配置于林缘或园路两侧。

3.3.5 蕨类观赏植物

色季拉山蕨类植物共计有23科43属110种，丰富的蕨类植物资源蕴含着大量的野生观赏植物，其中，值得推荐的有19科24属48种。种质资源较丰富的是鳞毛蕨属、耳蕨属植物，主要种类参见表3-12。

表3-12　色季拉山蕨类观赏植物资源

科名	种名	主要观赏特点及园林用途
石松科	成层石松*Lycopodium zonatum*	分层明显，盆栽、岩石缝点缀植物
卷柏科	波密卷柏*Selaginella bomiensis*	伏地蔓生，节节生根，盆栽覆盖物
	匍匐茎卷柏*S. chrysocaulos*	高15~20cm，具长匍匐茎，盆栽覆盖物
	西藏卷柏*S. tibetica*	伏地蔓生。盆栽覆盖物
	喜马拉雅卷柏*S. vaginata*	伏地蔓生。盆栽覆盖物
瓶儿小草科	心叶瓶儿小草*Ophioglossum reticulatum*	株形奇特，格调清新
瘤足蕨科	灰背瘤足蕨*Plagiogyria glaucescens*	陆生中型。全株碧绿，似玲珑翠竹
膜蕨科	线叶蕗蕨*Mecodium lineatum*	小型附生。纤细秀美，岩石园配置

科名	种名	主要观赏特点及园林用途
凤尾蕨科	指状凤尾蕨 *Pteris dactylina*	高20~40cm，适宜盆栽
	凤尾蕨 *P. nervosa*	已在园林应用，适宜盆栽
中国蕨科	假银粉背蕨 *Aleuritopteris subargentea*	常绿，叶片五角形，叶片尾状渐尖
	高山珠蕨 *Cryptogramma brunuoniana*	夏绿型，高30cm，植物丰满，适于盆栽
铁线蕨科	长盖铁线蕨 *Adiantum smithianum*	高20~30cm，秀丽多姿，适宜盆栽
	西藏铁线蕨 *A. tibeticum*	高35cm，秀丽多姿，适宜盆栽
裸子蕨科	耳羽金毛裸蕨 *Gymnopteris bipinnata* var. *auriculata*	高30~40cm，秆栗棕色，叶奇特，适宜盆栽
蹄盖蕨科	藏东南蹄盖蕨 *Athyrium austro-orientale*	陆生中型。叶簇生，二回羽裂，羽片大型
	大假冷蕨 *Pseudocystopteris atkinsonii*	高1.3m，茎粗1cm，四回羽裂，羽片宽大
	吉隆假冷蕨 *P. decipines*	高70cm。叶远生，三回羽裂，杆有光泽
	微红假冷蕨 *P. purpurascens*	高30~50cm，叶远生，三回羽裂，杆淡紫色
	反折假冷蕨 *P. reflexipinnula*	高60~70cm，叶远生，三回羽裂，杆带紫晕
铁角蕨科	普通铁角蕨 *Asplenium subvarians*	小型丛生蕨类，叶丛四季常青，优良盆栽植物
	变异铁角蕨 *A. varians*	小型丛生蕨类，叶丛四季常青，优良盆栽植物
球子蕨科	东方荚果蕨 *Matteuccia orientalis*	营养叶二回羽状绿色，生殖叶卷成豆荚状
金星蕨科	星毛紫柄蕨 *Pseudophegopteris levingei*	根状茎横走，叶羽状二回深裂，优良地被植物
乌毛蕨科	喜马拉雅狗脊蕨 *Woodwardia himalaica*	幼叶粉红色，.叶背面有红棕色大芽孢。垂吊观叶
鳞毛蕨科	大羽贯众 *Cyrtomium macrophyllum*	叶丛终年常绿，适于室内盆栽
	沟轴鳞毛蕨 *Dryopteris canaliculata*	高35cm，叶簇生，羽片平展密接，适合盆栽
	工布鳞毛蕨 *D. gongboensis*	高90cm，叶簇生，整齐，羽片狭间隔，适合盆栽
	聂拉木鳞毛蕨 *D. nyalamensis*	高30~60cm，叶簇生，叶柄极短，优秀的盆栽植物
	狭羽鳞毛蕨 *D. nylamense* var. *angustipinna*	叶簇生。二回羽状，叶柄极短，优秀的盆栽植物
	林芝鳞毛蕨 *D. nyingchiensis* var. *remota*	叶簇生，二回羽状，羽片平展密接，适合盆栽
	假粗齿鳞毛蕨 *D. pseudodontoloma*	叶簇生，二回羽状，整齐，羽片密接，适合盆栽
	斜羽刺叶耳蕨 *Polystichum assurgens*	叶簇生，羽片镰刀形，先端具尖刺，密接
	禾杆高山耳蕨 *P. decorum*	夏绿植物，叶簇生，近二回，无柄，斜伸
	工布高山耳蕨 *P. gongboense*	夏绿植物，叶簇生，近平展，羽片近密接
	拟粟鳞高山耳蕨 *P. pseudocastaneum*	夏绿植物，叶簇生，羽状深裂，平展近密接
	林芝耳蕨 *P. stimalans* var. *ningchiese*	叶簇生，一回羽状，羽片密接，叶缘有锯齿
	米林高山耳蕨 *P. tumbatzense*	高40cm，叶簇生，无柄整齐，密接，适合盆栽
骨碎补科	美小膜盖蕨 *Araiostegia pulchra*	附生植物，杆禾杆色有光泽，叶云片状
水龙骨科	扭瓦韦 *Lepisorus contortus*	附生，叶革质条形，光滑，整齐，孢子囊醒目
	西藏瓦韦 *L. tibeticus*	附生，叶革质条形，近生，整齐，孢子囊醒目
	棕鳞瓦韦 *L. scolopendrium*	附生，叶革质条形，近生，孢子囊醒目
	弯弓假瘤足蕨 *Phymatopsis malacodon*	附生，叶柄棕红色有光泽，适于点缀假山、室内盆栽

（续）

科名	种名	主要观赏特点及园林用途
水龙骨科	西藏假瘤足蕨P. tibetana	附生，侧生裂片3~6对，渐尖，适于岩石园配置
槲蕨科	川滇槲蕨Drynaria delavayi	附生，两型叶，孢子囊群常有腺毛，垂吊观赏
	秦岭槲蕨D. sinica	附生，具奇特的两型叶和橘黄色的孢子囊群，垂吊观赏
	渐尖槲蕨D. sinica var. intermedia	附生，具奇特的两型叶和橘黄色的孢子囊群，垂吊观赏
剑蕨科	黑足剑蕨Loxogramme saziran	附生，植株高30cm，叶剑形，适于盆栽观赏

3.3.6 色季拉山地区野生观赏植物种质资源多样性分析

（1）丰富度分析

调查筛选出色季拉山区域具有野生观赏植物99科287属738种（观赏植物含亚种、变种、变型）。其中，蕨类植物19科24属48种，裸子植物3科8属15种；双子叶植物70科221属610种，单子叶植物7科34属65种。占色季拉山维管束植物总科数的74.44%，占总属数的50.35%，占总种数的45%（表3-13）。由此可见色季拉山区域野生观赏植物种类的丰富程度是极高的。

表3-13　植物分类群统计与比较

			色季拉山维管束植物			色季拉山野生观赏植物		
			科	属	种	科	属	种
蕨类植物			23	43	110	19	24	48
种子植物	裸子植物		3	8	19	3	8	15
	被子植物	双子叶植物	93	409	1281	70	221	610
		单子叶植物	14	110	230	7	34	65
合计			133	570	1640	99	287	738
%			100	100	100	74.44	50.35	45

色季拉山裸子植物中，观赏植物占其总种数的84.21%，多数具有较高的观赏价值，其中，巨柏、西藏红杉均为特有植物，仅在西藏有成功栽培记载，是西藏色季拉山一带中最值得开发的观姿类园林植物。此外，华山松、乔松已是在园林中得到成功应用的优秀观姿类园林植物。

（2）优势科属分析

在对色季拉山野生观赏植物资源调查统计中发现：色季拉山野生观赏植物的特有性明显，20种以上的（含20种）的科有10个，所包含的属99个，分别占全部观赏植物的10.10%和34.49%，包括的种的总数接近一半。其优势科是蔷薇科Rosaceae、毛茛科Ranunculaceae、菊科Compositae、杜鹃花科Ericaceae、豆科Leguminosae、龙胆科Gentianaceae、忍冬科Caprifoliaceae、虎耳草科Saxifragaceae、报春花科Primulaceae、玄参科Scrophulariaceae等10科；色季拉山野生观赏植物中，种子植物重点属是：杜鹃花属Rhododendron、报春花属Primula、龙胆属Gentiana、马先蒿属Pedicularis、铁线莲属Clematis、李属Prunus、花楸属Sorbus、凤仙花属Impatiens、乌头属Aconitum、蔷薇属Rosa、紫堇属Corydalis、黄芪属Astragalus、绿绒蒿属Meconopsis、鸢尾属Iris、鼠尾草属Salvia等15属。蕨类植物重点属是耳蕨属、鳞毛蕨属。该17属仅占全部野生观赏植物属的6.25%，但已包含了观赏植物近200种，其中，特有植物168种（西藏特有64种，中国特有49种，喜马拉雅特有55种），突出显示出了初步筛选过程中对特有性的关注。

（3）特有种分析

色季拉山区域野生观赏植物中（99科287属738种），从种层次上来看，中国特有种、西藏特有种、喜马拉雅特有种共有514种，归82科204属，占总种数的69.74%，观赏植物的特有性明显。在各类特有种中，分布至西藏的中国特有种占全部特有种的38.33%，喜马拉雅特有种占35.79%，西藏特有种25.88%（表3-14）。

分布至西藏的中国特有种中，分布至横断山南段（藏东南、滇西北和川西南）的特有种达111种，归44科73属，在中国特有种中占有绝对优势。该类型特有种中有较多的木本观赏植物，如川滇冷杉、长序杨、川滇高山栎、独龙小檗、四川新木姜子等，均为优良的观赏植物。杜鹃花科、蔷薇科、毛茛科等则特有种都有10种以上，主要科及其种数反映出色季拉山植物区系属于北温带和位于低纬度、高海拔、而有较年轻的区系发展历史的东喜马拉雅相一致的特点。

表3-14 色季拉山区域野生观赏植物特有种的分布

	特有种类型	科数	属数	种数	占本类型的%
A.	分布至西藏的中国特有种	<56>	<111>	<197>	<38.33>
	A1.横断山脉南段：藏东、川西、滇西北	44	73	111	21.60
	A2.横断山脉北段：藏、川、青、甘	20	34	42	8.17
	A3.西藏至西北(青、甘、新)	6	7	10	1.95
	A4.西藏至华北、东北	3	3	3	0.58
	A5.西藏至华中、华东	15	22	28	5.45
	A6.西藏到云贵高原(至广西西部)	2	3	3	0.58
	A7.西藏经广西至华南	0	0	0	0.00
	A8.中国广布	0	0	0	0.00
B.	西藏特有种	<38>	<69>	<133>	<25.88>
	B1.喜马拉雅南翼：墨脱、错那、亚东、聂拉木	12	13	13	2.53
	B2.西藏东部：察隅、昌都、波密、米林	40	57	110	21.40
	B3.雅鲁藏布江河谷	7	10	10	1.95
C.	喜马拉雅特有种	<54>	<108>	<184>	<35.79>
	C1.东喜马拉雅	49	89	142	27.62
	C2.全喜马拉雅	20	33	42	8.17
	合计	<82>	<204>	<514>	<100>

注：表中科数、属数是特有种归属的科数、属数，并非特指西藏特有科、西藏特有属。

此外，分布至横断山北段(主要分布于藏、滇、川、青海东南部和甘肃南部)的种有42种，占本类型的8.17%，如高山松、展毛翠雀花、总状绿绒蒿、川西樱、蓝玉簪龙胆、甘西鼠尾草、杯萼忍冬、锐果鸢尾等。西藏至西北的特有种有10种，至华北和东北的特有种有3种，这种减少的趋势和青藏高原在逐渐隆升过程中，向西或向北更加寒冷、干旱的总趋势相吻合。向南至华中、华东的特有种数有所上升

（28种）；但再向南到云贵高原则少至3种；无分布到华南的和中国广布（全国大多数地区）的特有种。

从分布至西藏的中国特有种的格局来看，分布至西藏的中国特有种主要与横断山脉一带以及相近纬度的华中、华东地区共同特有，这一方面是自然界植物按纬度规律分布的体现，另一方面也是青藏高原隆起后导致的水热资源重新分配所致。分布至西藏的中国特有种的特点既体现了该类特有种的区域

特有性，也为从该区域选择新花卉品种提供了启示：在野生观赏植物资源选择的过程中，需要注意与横断山脉地区，相近纬度华中、华东地区的已经开发或正在开发的种类进行比较，避免重复研究。

喜马拉雅特有观赏植物共有184种，归54科108属，占全部特有种的35.79%。东喜马拉雅特有种142种，占有绝对优势；全喜马拉雅特有种42种，和西藏—横断山脉北段中国特有种持平。从国际花卉市场开放的状况来看，东喜马拉雅地区各国的花卉资源开

发力度不足，也为西藏开发该类型特有植物提供了契机。

本区的野生观赏植物西藏特有种共有133种，占特有种总种数的25.88%。其中绝大部分分布于西藏东部—东喜马拉雅至横断山脉峡谷中（110种）；分布至喜马拉雅南翼的有13种，如木兰杜鹃、错那小檗、亚东米口袋、墨脱花椒等，另外有10种仅沿雅鲁藏布江分布，如巨柏、大花黄牡丹、砂生槐、西藏野豌豆等（表3-15）。

表3-15 仅沿雅鲁藏布江分布的西藏特有观赏植物

科	属	种名	科	属	种名
柏科	柏属	巨柏	罂粟科	紫堇属	多毛皱波黄堇
毛莨科	翠雀属	拉萨翠雀	龙胆科	龙胆属	珠峰龙胆
	芍药属	大花黄牡丹	唇形科	糙苏属	螃蟹甲
豆科	野豌豆属	西藏野豌豆	菊科	亚菊属	紫花亚菊
	槐属	砂生槐		橐吾属	酸模叶橐吾

从种的分析可以看出，色季拉山野生观赏植物资源中，特有成分在色季拉山区域占有最大比例，表明本山区植物区系是一个种的特有现象相当发达的年轻植物区系。在中国特有种、西藏特有种、喜马拉雅特有种中，尤其以东喜马拉雅特有种（27.62%）、分布至横断山脉南段的中国特有种（21.60%）、西藏东部的西藏特有种（21.40%）为主，这又表明本山区还是一些种类成分分化较剧烈的地区。同理，在这个种类成分分化剧烈的地区选择新花卉品种的前景也非常广阔。

因此，西藏野生观赏植物资源的开发利用中，应着重特有植物资源的开发，具体开发利用过程中，在观赏价值相近的时候，对特有的野生观赏植物的关注力度依次应为：仅沿雅鲁藏布江分布的西藏特有种（10种）>分布至西藏东部的西藏特有种（林芝、察隅、昌都、波密、米林，110种）>分布至喜马拉雅南翼的西藏特有种（墨脱、错那、亚东、聂拉木，3种）>东喜马拉雅特有种（142种）>全喜马拉雅特有种（42种）>分布于西藏—横断山脉南段的中国特有种（藏东、川西、滇西北，111种）>分布于西藏—横断山脉北段的中国特有种

（藏、川、青、甘，42种）>分布于西藏—西北的中国特有种（藏、青、甘、新，10种）>分布于西藏—云贵高原的中国特有种（3种）>分布于西藏—华北、东北的中国特有种（3种）>分布于西藏—华中、华东的中国特有种（28种），前5类特有植物已经达到317种，占整个色季拉山野生观赏植物的近一半，更是重中之重。

3.3.7 色季拉山地区野生观赏植物生境多样性分析

根据徐凤翔（1992）、柴勇（2004）等的研究，色季拉山森林和植被类型及植物分布范围、生长状况随坡向、海拔构成的综合生态环境有明显差异。并将色季拉山种子植物垂直带谱分布划分为：山地暖温带针阔混交林带，山地温带针叶林带，亚高山寒温带针叶林带，高山寒带疏林、灌丛、草甸带和高山荒漠带5类。这样的划分有利于森林生态、植物区系的研究，但不能全面反映观赏植物的生境条件多样性。因此，本处以植物垂直带谱为基础，立足于色季拉山不同海拔、不同气候带的立地条件、观赏植物特

点与季相变化，进行野生观赏植物的生境类型分析。

3.3.7.1 色季拉山不同海拔段的观赏植物资源特点

（1）高山（高原）寒带

海拔4300（4500）～5200m区域，年均温＜0℃，最暖月均温＜6℃，日均温≥0℃天数＜120d，≥0℃积温≤1000℃。

高山（高原）寒温带的观赏植物主要是耐寒性强的多年生宿根草本、灌木等，主要生长于高寒草甸、草地、灌木丛中以及流石滩上。本气候带共有63种观赏植物，主要集中在菊科（10种）、龙胆科（9种）、毛茛科（7种）等。

该区域中，4500m以上区域为冰漠区，常年积雪覆盖；该区域气候最为恶劣，主要以雪山、高山融冻流石滩等构成景观。下端靠近4500m有风毛菊、虎耳草、红景天等疏生。

4300～4500m段为苔原区，主要是高山冷湿灌丛、草甸。灌丛中，滇藏方枝柏*Sabina wallichiana*、雪层杜鹃*Rhododendron nivale*、黄毛雪山杜鹃*R. aganniphum* var. *flavorufum*、林芝杜鹃*R. nyingchiense*、楔叶绣线菊*Spiraea canescens*等构成主要优势植物，草甸上主要分布有扫帚岩须*Cassiope fastigiata*、塔黄*Rheum nobile*、长鞭红景天*Rhodiola fastigiata*、美丽马先蒿*Pedicularis bella*、总状绿绒蒿*Meconopsis horridula* var. *racemosa*、长梗蓼*Polygonum griffithii*、玉龙山无心菜*Arenaria fridericae*等。最佳观赏期7～8月，植物群体色彩以红色（杜鹃、红景天、美丽马先蒿）为主，间有稀疏的白色（绣线菊、玉龙山无心菜等）、蓝紫色（绿绒蒿）、黄色（塔黄等）。

高山（高原）寒带植物生长期短，季相变化比较简单，仅有休眠期季相（10月至翌年5月）和生长期季相。休眠期季相表现为大雪覆盖，常绿植物杜鹃、滇藏方枝柏等呈暗绿色片状散落其间；生长期季相为成片的杜鹃灌丛、红景天、长梗蓼等鲜花怒放，间有其他开花植物。这个区域的野生观赏植物常具有与其植物营养体不协调的硕大的花朵，如：绿绒蒿、苞叶雪莲*Saussurea obvallata*、星状雪兔子*Saussurea stella*等。

（2）亚高山寒温带

海拔3400（3700）～4000（4300）m区域，年均温（-2）-1℃，最暖月均温6～10℃，日均温≥0℃天数120～180 d，≥0℃积温1000～1500℃。亚高山寒温带是高山观赏植物种类最丰富的区域，主要以灌木、多年生宿根草本形式存在，主要分布在草甸、草地、林缘以及灌木丛中，急尖长苞冷杉林下的观赏植物种类不多。

东坡海拔3400～4200（4300）m和西坡海拔3700～4300m区域均为亚高山寒温带冷湿暗针叶林带，但由于西坡较干燥，植物种类相对较少。主要建群树种是急尖长苞冷杉*Abies georgei* var. *smithii*，间有西藏红杉*Larix griffithiana*、林芝云杉*Picea likiangensis* var. *linzhiensis*；靠近4200m地段有滇藏方枝柏，部分区域呈片状分布；林下杜鹃繁茂，苔藓层发达；沼泽地边缘有蜿蜒杜鹃*Rhododendron bulu*等低矮灌丛片状分布。主要野生观赏植物有：西南花楸*Sorbus rehderiana*、蔷薇、小檗、黄杯杜鹃*Rhododendron wardii*、喉斑杜鹃*Rhododendron faucium*、忍冬、绣线菊、茶藨子、蓝玉簪龙胆*Gentiana veitchiorum*、斑唇马先蒿*Pedicularis longiflora* var. *tubiformis*、尼泊尔香青等*Anaphalis nepalensis*。层间植物有：铁线莲等。最佳观赏时期7～8月，色彩间竖向层次突出，主要构成色彩有：深绿（冷杉、云杉等）、白（香青等）、黄（报春、松萝等）、蓝（龙胆、鸢尾等）、紫（马先蒿等）、红（杜鹃、长梗蓼等）。

亚高山寒温带区域主要景观是：上层是苍翠挺拔的冷杉、姿态飘逸的西藏红杉，随风而舞的破茎松萝*Usnea diffracta*；中层繁花似锦的小乔木状杜鹃；下层是沼泽地、林缘或林隙上成片分布的各种报春、鸢尾、龙胆、低矮类型杜鹃。植物生长季节较长，但无明显的夏季，主要群落季相有冬态季相（10月底至翌年5月初）、春季季相（6～8月）、秋季季相（9～10月）。冬态季相由冷杉、云杉、方枝柏、松萝等和积雪共同构成，人工难以模拟；春季季相主要由杜鹃、报春构成；秋季景观由花楸、蔷薇、小檗等红色秋叶树种构成。

（3）山地温带

东坡海拔2700（2800）～3400（3500）m和西坡海

色季拉山秋季景观（蔷薇科、山杨、白桦等）

拔3000～3700m区域均为山地温带林带，但植物种类上差异较大，东坡的物种丰富度明显大于西坡，景观差异也较大。山地温带的观赏植物因水分分布不均，明显具旱地和湿地两大类型。野生观赏植物主要分布于林缘、灌丛和草地、沼泽中，林下植物也比较丰富，是生境类型最为丰富的区域。

东坡海拔3100～3400m段是亚高山寒温带到山地温带的过渡区，主要建群树种依然为急尖长苞冷

杉、林芝云杉，与亚高山区的景观差异主要为：林木高大，林内有明显的灌木层，草本植物较前者更发达，乔木层和灌木层之间的垂直间距大，松萝姿态更美观，阔叶树上的长松萝Usnea longissima更加茂盛。

东坡海拔2700（2800）～3400（3500）m段为山地温带凉润针叶林带，主要建群树种是林芝云杉、急尖长苞冷杉、西藏红杉、高山松Pinus densata、华

setosa 丛林和杜鹃丛林。植物景观层次明显，上层植物中，林芝云杉、高山松、华山松、川滇高山栎 *Quercus aquifolioides* 等构成了不同的背景外观，色彩主要体现在草本层，局部由杜鹃等灌木形成的成片景观也非常突出。主要色彩构成为黄（报春、千里光等）、白（草玉梅、蔷薇、香青等）、粉红。常成片分布的杜鹃有：紫玉盘杜鹃 *Rhododendron uvarifolium*、三花杜鹃 *R. triflorum* 等。西藏箭竹竹林常分布在高山松、云杉林下背阴处。

西坡海拔3000～3700m区域主要有箭竹–云杉林，在河谷阶地常有高山松纯林、巨柏纯林、高山栎纯林、光核桃纯林、乌柳纯林、水柏枝纯林分布。主要建群树种有：云杉、箭竹、高山松、巨柏、高山栎、山杨、光核桃、沙棘、水柏枝等，零星分布有桑、核桃、山蚂蝗、卫矛等。植物景观多样，根据生境条件，可以分为旱生和湿生两类。旱生景观有：箭竹—云杉、箭竹—高山松、光核桃纯林、高山松+山杨—高山栎—杜鹃林等；湿生景观有：沙棘—水柏枝、乌柳纯林等。主要色彩为粉红色（光核桃等）、黄色（报春、蒲公英等）、蓝紫色（鸢尾、砂生槐等）。

山地温带区域植物景观最为多样，尽管在季节性季相上仍然只有冬态季相（11月至翌年4月初）、春季季相（5～8月）和秋季季相（9～11月）3种类型，但由于其群落多样，表现出的季相更加丰富。

冬季季相中，主要有光核桃、山杨等落叶树种构成的雪景，由林芝云杉、高山松等常绿针叶树种构成的雪景，以及川滇高山栎构成的阔叶常绿林雪景景观等三类。植物冬态不同，构成的冬季景观差异较大。落叶阔叶植物构成的雪景中，枝干特征在积雪的勾画下，线条突出，变化丰富；川滇高山栎构成的雪景中，积雪在绿叶上形成了一种新的景观；而常绿的林芝云杉、高山松在雪景中呈塔形整齐排列，使无规则的自然分布变成了一种韵律式的美景。

春季季相中，主要有：光核桃形成的成片的花海、林缘或湿地成片分布的报春花或马先蒿、林芝云杉下星罗棋布的杜鹃丛、翠绿的高山松纯林、深绿的巨柏林等。该季节是色季拉山最为美丽

山松 *Pinus armandi*、杨等，阶地有尼泊尔桤木 *Alnus nepalensis* 纯林、山杨 *Populus davidiana* 纯林、桦木纯林等局部分布；林内阴湿，林下植物繁茂。灌木层主要有：忍冬、小檗、花楸、蔷薇、杜鹃、溲疏等，草本植物有：草玉梅 *Anemone rivularis*、凤仙花、紫菀、龙胆、报春、绿绒蒿、鸢尾等，层间植物有绣球藤 *Clematis montama*、云南勾儿茶 *Berchemia yunnanensis* 等；疏林地段有西藏箭竹 *Sinarundinaria*

的季节，整个山体中段在绿的海洋中被鲜花簇拥。

秋季景观中，既有西南花楸、蔷薇、小檗构成的红色区域，也有山杨、白桦构成的金黄色区域，散落在翠绿色的针叶林中。

由于该区域内气候条件类似于西藏多数城镇所在地的气候条件，因此，该区域内观赏植物是最易在西藏迁地栽培的，如：高山松、林芝云杉、高丛珍珠梅、西南鸢尾等均已经在西藏园林中成功应用。

（4）山地暖温带

东坡2100（2200）～2500（2700）m区域为山地暖温带凉润暗针叶林带、山地暖温带湿润针阔混交林带，年均湿度80%～90%。山地暖温带森林茂密，野生观赏植物主要分布区域为林缘、草地上，林内资源种类少，生境类型少。

海拔2500～2700m的上段为山地暖温带—山地温带的过渡区，优势树种针叶树种占多数，阔叶树种相对较少。主要建群树种为：高山松、华山松、林芝云杉、长序杨等。

海拔2100（2200）～2500m的下端优势树种中，阔叶树种占多数，针叶树种相对较少，具有一定的亚热带植物区系成分。主要建群树种有：川滇高山栎、通麦栎、杨、柳、尼泊尔桤木、槭、漆树、华山松、高山松、乔松、藏柏、云南铁杉、康藏花楸等。灌木层植物有：蔷薇、栒子、水红木、绢毛木姜子等。草本层有重楼、黄精、蕨类等，中间层发达，主要有合柄铁线莲、云南勾儿茶、南蛇藤等。

该区域中花色艳丽的种类不多，但芳香植物较多，例如：长瓣瑞香、大百合、川滇五味子等。林内郁闭度高，林下植物稀少，主要为苔藓类、蕨类植物，有少量耐阴观赏植物分布，如：八宝茶、长瓣瑞香、青刺尖等，灌木类野生观赏植物主要分布在林缘，如：柳条杜鹃、火红杜鹃、云南山梅花等；林分竖向层次性不明显，整体表现为翠绿色，有白色、黄色、红色观花植物散落其间，最佳观赏期为4～5月。

山地暖温带区域气温较高，有相对明显的夏季，但不炎热（极限最高温度35.7℃）；冬季在该区域有降雪，但一般无明显积雪。按照季节分为春（4～6月）、夏（7～8月）、秋（9～11月）、

冬（11月至翌年3月）四种季相。春季整个林区到处是一片嫩绿间杂在深绿色的常绿树种中，开花植物常零星分布，仅有鸢尾、梅花、光核桃等呈小片状点缀其间；夏季郁郁苍苍，群落内层片不明显或呈现4～5个层片存在，层间藤本植物发达，可进入性差；秋季表现出金黄与深绿交互的景观，下端更是一片金黄；冬季草本层植物依然生长，苔藓层厚，无积雪。

此外，在调查区域中，存在少量亚热带和热带的野生观赏植物，该类型的野生观赏植物生于通麦、排龙一带，该地段处于山地暖温带至山地亚热带的过渡区域。主要种类有西藏虎头兰、黄蝉兰、长叶兰、密花姜花、石峰杜鹃、尼泊尔双蝴

蝶等。这类野生观赏植物常散生于常绿阔叶林的林内、林缘，由于受西藏大部分区域气候条件的限制，这部分的野生观赏植物在西藏几乎没有被驯化的可能（因为缺乏相应的驯化条件），但其在内地的驯化前景却是非常乐观的，应特别注意保存这部分资源。

色季拉山植物资源丰富度依次是：山地温带（约48%）＞山地暖温带（约35%）＞亚高山寒温带（约18%）＞高山寒温带（约9%）。结合水分条件和土壤条件来看，高山寒温带虽然有高山草甸、草原、灌丛、荒漠等多种植被外貌，但高山寒温带的观赏植物应用价值不高，生境类型详细划分缺乏实际应用价值。野生花卉生境类型最为丰富的是山地温带、亚高山寒温带，其次为山地暖温带。因此，在生境类型分类中，需要着重山地温带、亚高山寒温带的生境类型的划分。

3.3.7.2 色季拉山野生观赏植物的生境多样性

以植被区和气候带类型为生境分类的第一级指标，以光照和水分因子为生境分类的第二级指标。按此原则，将色季拉山野生观赏植物的生境类型划分为：高寒草甸、灌丛型，亚高山寒温带、山地温带森林型，山地温带林缘型，温带河谷阳生型，山地暖温带森林型，温带湿地型6种类型，调查区域中亚热带和热带的野生观赏植物种类、数量稀少，

高寒草甸、灌丛型生境（色季拉山山顶）

高寒草甸、灌丛型生境

表3-16　西藏野生观赏植物生境类型生态条件比较表

生境类型	气候类型	光照	温度	湿度	资源状况
高寒草甸、灌丛型	高山（高原）寒带	强	寒冷	湿润	丰富
亚高山寒温带、山地温带森林型	亚高山寒温带、山地温带	弱	温和	湿润	一般
山地温带林缘型	山地温带	较弱	温和	较湿润	较丰富
温带河谷阳生型	山地温带	强	温和	较干燥	一般
山地暖温带森林型	山地暖温带	较弱	较暖	湿润	较丰富
温带湿地型	亚高山寒温带、山地温带	强	温和	潮湿	丰富

未单独归类，而并入了山地暖温带森林生境类型中。各生境类型生态条件参见表3-16。

（1）高寒草甸、灌丛型

该生境类型的气候条件比较恶劣，气温较低，光照强烈，年降雨量大于400mm（一般在800mm以上），空气相对湿度高。高寒草甸、灌丛型野生观赏植物是典型的高原植物，也是西藏野生观赏植物资源的主体，西藏境内的花卉一般统称为高山花卉。它们大都营养体较小，根系极端发达，繁殖器官硕大，花朵醒目，花色鲜艳，很多种类的花形也很别致。主要种类有美丽马先蒿、美丽棱子芹、裂叶蓝

钟花、暗紫脆蒴报春、林芝报春、缺叶钟报春、大花肋柱花、单叶绿绒蒿、全缘叶绿绒蒿、美丽绿绒蒿、多毛皱波黄堇、乳突紫背杜鹃、草莓花杜鹃、小百合、须弥紫菀、蓝果忍冬、长梗蓼等。

（2）亚高山寒温带、山地温带森林型

该生境类型属于典型的森林生境类型，由于生于林内，受到光照因素的影响，森林植物的花色或多或少地缺乏变化，大多为白色、粉红色，少为黄色，很难见到鲜艳的红色或紫色，更不会有蓝色了，因此该生境型的野生观赏植物种类并不多。主要种类有腋花扭柄花、硬毛杜鹃、黄杯杜鹃、喉斑杜鹃、紫玉盘杜鹃、宽裂掌叶报春、纤细花楸、红毛花楸、白花酢浆

草、杯萼忍冬、甘肃荚蒾、峨眉蔷薇等。

该生境型的野生观赏植物对光照和空气相对湿度等条件有特殊的要求，一般不能适应裸地栽培的条件，驯化比较困难。部分生于山地温带下限的种类可望被驯化为室内观赏植物，如宽裂掌叶报春、沿阶草等。

（3）山地温带林缘型

该生境型的野生观赏植物多生于林缘或林间空地，总体上仍属于森林生境类型，但对光照条件有一定的要求，因而花色比较丰富，观赏价值也相对亚高山寒温带、山地温带森林型的种类要高一些。主要种类有三花杜鹃、中甸灯台报春、腺果大叶蔷薇、暗红枸子、锈毛旋覆花、大花黄牡丹、毛花忍冬、藿香叶绿绒蒿、毛叶米饭花、鸡骨柴、大花杓兰、绣球藤、蓝玉簪龙胆、缘毛紫菀、长裂乌头等。

该生境型的野生观赏植物相对于其他类型而言（除温带河谷阳生型外）比较容易被驯化，尤其是

那些生于山地温带下限的种类，如西南鸢尾等。

（4）温带河谷阳生型

该生境型的野生观赏植物生于比较开阔的河谷地形中，适应于光照充足、气温较高、但相对比较干燥的生境，花色不及高寒类型的种类丰富，以黄色为多。主要种类有雅致山蚂蝗、宽柱鸢尾、展毛翠雀花、西藏铁线莲、多蕊金丝桃、小叶枸子、圆齿狗娃花、翼首花、白毛野丁香、倒提壶、黄苞南星、架棚、辐冠党参等。

由于该生境型与西藏大部分河谷农区的生态类型最为接近，主要是色季拉山野生观赏植物新花卉品种选育基地的拟建设地也位于该区域，故该生境型的野生观赏植物在西藏也是最容易被驯化的。

（5）山地暖温带森林型

该生境型的野生观赏植物多生于林缘，喜温暖湿润的气候，主要种类有狭萼风吹箫、淡红忍冬、西藏赤瓟、长瓣瑞香、粗壮绣球、四川新木姜子、

亚高山寒温带、山地温带森林型生境（扎贡沟）

山地温带林缘型

温带河谷阳生型生境（林芝尼洋风光）

山地暖温带森林型（通麦）

红姜花、美丽南星、长距玉凤花、大百合、深红火把花、蜀杭子梢、火红杜鹃、柳条杜鹃、木兰杜鹃、裂膜蔓龙胆等，色季拉山大多数蕨类植物也为该生境类型。

由于该生境型的野生观赏植物对温度、空气湿度的要求与我们人类居住环境的条件比较接近，因此这类野生观赏植物可以被驯化为比较理想的室内观赏植物；但因西藏大部分地区的人居环境尚不能满足这类观赏植物的需要，故在西藏对它们进行驯化还存在着一些困难，尤其是一些木本植物，暂不易于驯化。

（6）温带湿地型

该生境型的野生观赏植物对土壤的高含水率有着特殊的适应，甚至是依赖，常生于湿草地和沼泽中，也有生于沼泽草甸中隆起垫状埂上的。主要种类有异叶千里光、斑唇马先蒿、草甸马先蒿、西藏粉报春、杂色钟报春、巨伞钟报春、金脉鸢尾、星状雪兔子等。

由于该生境型的种类对土壤水分有特殊的要求，除在专类园林中应用外，如湿地园、沼泽园或水景园，从目前西藏的驯化条件来看，被驯化的可能性很小。

温带湿地型生境1（鲁朗）

温带湿地型生境2（鲁朗）

3.4 色季拉山地区特色观赏植物保护与利用

3.4.1 色季拉山特色野生观赏植物受威胁种

色季拉山野生观赏植物资源多样，物种丰富；但从资源的实际蕴藏量来看，却较小。从目前评价筛选出的184种色季拉山特色野生观赏植物来看，具体调查中已发现野生资源数量稀少或者数量少的种类共有21科33属46种，占种数的25%（具体种类见表

3-17）。这些植物中，瘤足蕨科灰背瘤足蕨，马兜铃科藏木通，木兰科滇藏木兰、绒叶含笑，樟科察隅润楠、四川新木姜子，龙胆科裂膜蔓龙胆、林芝蔓龙胆，禾本科西藏新小竹，虎耳草科粗壮绣球，兰科伏生石豆兰、黄蝉兰、长叶兰等13种为热带、亚热带植物区系成分，其分布核心区域并非在调查范围内，可不予考虑；另外，毛茛科短柱侧金盏花，罂粟科多刺绿绒蒿，兰科大花杓兰不是分布至色季拉山一带的3类特有成分种类，因此，仅30种在西藏分

布的主要集中在色季拉山区域的特色种，需要重点考察蕴藏量。

蕴藏系数(volume coefficient，以下简写为Cvol)是表示野生观赏植物蕴藏量的评价指标。赋值公式为Cvol=Xvol/5，其中Xvol为某观赏植物资源在蕴藏量中的实际得分。5分为蕴藏量中最高设置分值。5分：野生资源数量稀少；4分：野生资源数量少；3分：野生资源数量较少；2分：野生资源数量较多；1分：野生资源数量多。

表3-17　色季拉山中蕴藏系数Cvol≥0.8的特色观赏植物

科名	种名	分布点	分布海拔(m)	特有种类型
瘤足蕨科	灰背瘤足蕨	通麦	2100	C1
铁线蕨科	西藏铁线蕨	林芝县植物园址	3100	B2
柏科	巨柏	巨柏林，红卫林场	3000～3050	B3
马兜铃科	藏木通	排龙，通麦，亚东	2100～2700	C1
毛茛科	工布乌头	南伊沟	3000～3300	A1
	展毛工布乌头	色季拉山东坡	3260～4300	A1
	长裂乌头	色季拉山东坡	3600～4000	B2
	短柱侧金盏花	觉木沟，东久，鲁朗，扎贡沟	2500～3800	－
	拉萨翠雀花	拉萨，林芝，米林	3000～4500	B3
	大花黄牡丹	红卫林场，林芝机场，南伊乡	3100～3200	B3
木兰科	滇藏木兰	排龙，察隅，墨脱	2300～2800	C1
	绒叶含笑	通麦，排龙，墨脱	1950～2100	C1
	滇藏五味子	东久，鲁朗兵站，色季拉山东坡	2500～3000	C1
樟科	察隅润楠	通麦，察隅	2100～2200	B2
	四川新木姜子	通麦，察隅	2100～2300	A1
罂粟科	多毛皱波黄堇	色季拉山东坡，鲁朗	4000～4800	B3
	纤细黄堇	色季拉山东坡	2900～3800	A1
	藿香叶绿绒蒿	色季拉山东、西坡	3300～4000	C1
	全缘叶绿绒蒿	色季拉山东坡、山口	3800～5000	C1
	多刺绿绒蒿	色季拉山山顶	4100～5400	－
	总状绿绒蒿	色季拉山东坡	3300～5500	A2
	单叶绿绒蒿	色季拉山东、西坡	3300～4500	C1
十字花科	西藏遏蓝菜	拉月茶场	2800～4400	C2
景天科	圆齿红景天	色季拉山西坡	3400～5600	C1
虎耳草科	粗壮绣球	拉月，排龙	1100～2500	－
蔷薇科	蜡叶梅	通麦	2250	B2
	康藏花楸	色季拉山东坡，鲁朗兵站	3100～4100	C1
槭树科	长尾四蕊槭	色季拉山东、西坡，鲁朗兵站	2800～3700	B2
	长尾槭	色季拉山东坡	3000～4000	C1
报春花科	巨伞钟报春	农院南山，色季拉山西坡	2600～3500	B2

（续）

科名	种名	分布点	分布海拔(m)	特有种类型
报春花科	中甸灯台报春	鲁朗，鲁朗兵站	3000~4300	A1
	宽裂掌叶报春	色季拉山东坡，觉木沟	3100~3500	B2
龙胆科	聂拉木龙胆	扎贡沟	3200~3600	B2
	裂膜蔓龙胆	巴玉至扎曲	2400	B2
	林芝蔓龙胆	排龙	2600~2900	B2
唇形科	绒毛栗色鼠尾草	林芝县植物园址，鲁朗牧场	3200~3900	B2
	甘西鼠尾草	鲁朗林场，生态所	2970~3600	A2
玄参科	裹盔马先蒿	色季拉山东坡	4200~5000	C1
忍冬科	狭萼风吹箫	排龙，色季拉山东坡	2200~3150	C1
禾本科	西藏新小竹	通麦、排龙	2100~2200	B2
百合科	卓巴百合	色季拉山东、西坡	2000~3400	A1
鸢尾科	金脉鸢尾	色季拉山东坡，鲁朗兵站，扎贡沟	3000~4400	A1
兰科	伏生石豆兰	排龙	2000~2200	-
	大花杓兰	色季拉山东坡	2500~3800	-
	长叶兰	排龙	1500~2100	-
	黄蝉兰	排龙	1300~2400	-

注:特有种类型参考表3-14。

在表3-18中可以看出，色季拉山特色观赏植物中，受威胁的自然因素主要是实生生境恶劣、自繁困难；人为因素是资源的过度开发，尤其是药用价值较高的大花黄牡丹、乌头、鼠尾草等，在近10年内资源的消耗量过大，已经严重威胁了物种生存。

表3-18　色季拉山特色观赏植物中受威胁种

种名	分布点	实生生境	数量	受威胁原因
西藏铁线蕨	林芝县植物园址	林下	100~200p±	分布区域窄
巨柏	巨柏林	干燥山坡	900n±	实生生境下自繁困难
	红卫林场	干燥山坡	7n	
工布乌头	南伊沟	草地	50n±	过度开发
展毛工布乌头	色季拉山东坡	草地，灌丛中	20n±	过度开发
长裂乌头	色季拉山东坡	林中，冷杉迹地	50~200n	实生生境下自繁困难
拉萨翠雀花	米林	草地	1000~2000n	分布区域窄
大花黄牡丹	省道5道班处	林缘	15~20n	分布区域窄，过度开发
	林芝机场	谷地	400n±	
	南伊沟	山坡林缘，草地，灌丛中	600n±	
	扎贡沟	山坡林缘，草地，灌丛中	3000n±	
滇藏五味子	东久	林中	100n±	生境恶劣

种名	分布点	实生生境	数量	受威胁原因
滇藏五味子	鲁朗兵站	林中	100n ±	生境恶劣
	色季拉山东坡	林中	100n ±	
多毛皱波黄堇	色季拉山东坡	水采伐迹地	偶见	分布区域窄
	鲁朗	水沟边	5 ~ 10p ±	
纤细黄堇	色季拉山东坡	采伐迹地	5 ~ 10p ±	分布区域窄
藿香叶绿绒蒿	色季拉山东坡	林下水沟边	偶见	生境恶劣，自繁困难
	色季拉山西坡	路边草地、灌丛下	偶见	
全缘叶绿绒蒿	色季拉山东坡	高山杜鹃灌丛	偶见	生境恶劣，自繁困难
	色季拉山山口	山顶灌丛中	50 ~ 100n	
总状绿绒蒿	色季拉山东坡	高山杜鹃灌丛中	偶见	生境恶劣，自繁困难
	色季拉山山顶	灌丛中，流石滩上	偶见	
单叶绿绒蒿	色季拉山东坡	路边	偶见	生境恶劣，自繁困难
	色季拉山西坡	林缘，迹地阳处	偶见	
	色季拉山山口	山坡草地	10 ~ 20n	
西藏遏蓝菜	拉月茶场	迹地	偶见	自繁困难
圆齿红景天	色季拉山西坡	高山栎林中	100 ~ 200p	生境恶劣，过度开发
蜡叶梅	通麦	通麦后山坡底	1n	生长势弱，自繁困难
康藏花楸	色季拉山东坡	林中	10 ~ 20n	生境恶劣，自繁困难
	鲁朗兵站	林缘	1n	
长尾四蕊槭	色季拉山东坡	林中	50 ~ 100n	分布区域窄，生境恶劣
	色季拉山西坡	采伐迹地	50 ~ 100n	
	鲁朗兵站	山坡林地	10 ~ 20n	
长尾槭	色季拉山东坡	林中	20 ~ 50n	分布区域窄，生境恶劣
巨伞钟报春	农院南山	山坡草地	3000 ~ 5000n	生境特殊，分布区域窄
	色季拉山西坡	沼泽地	3000 ~ 5000n	
中甸灯台报春	鲁朗	林缘草丛	100 ~ 200p	生境特殊，分布区域窄
	鲁朗兵站	林中空地、草丛	100 ~ 200p	
	鲁朗兵站附近	水边草地	100 ~ 200p	
宽裂掌叶报春	色季拉山东坡	方枝柏林下水沟边	10 ~ 20p	生境特殊，分布区域窄
	觉木沟	林缘灌丛下	偶见	
聂拉木龙胆	扎贡沟	大花黄牡丹灌丛下	偶见	非主要分布区域
绒毛栗色鼠尾草	林芝县植物园址	开阔草地	100 ~ 200n	过度开发
	鲁朗牧场	路边草丛、林下	400 ~ 800n	
甘西鼠尾草	鲁朗林场	路边草丛	200 ~ 400n	过度开发
	生态所	路边草丛	10 ~ 20n	

种名	分布点	实生生境	数量	受威胁原因
襄盔马先蒿	色季拉山东坡	草地上	偶见	生境特殊，分布区域窄
狭萼风吹箫	排龙	林缘灌木丛中	20~50n	生境恶劣
	色季拉山东坡	路边灌丛	20~50n	
卓巴百合	色季拉山东坡	林下，陡坡边缘	20~40n	生境恶劣，自繁困难
	色季拉山西坡	林下	偶见	
金脉鸢尾	色季拉山东坡	林缘草地	10~20p	生境恶劣，分布区域窄
	鲁朗兵站	林缘草地	10~20p	
	扎贡沟	林缘草地	10~20p	

注：数量中，p代表调查区域的丛数、n代表单株数。

《中国植物红皮书——珍稀濒危植物》、《中国珍稀濒危保护植物名录》中，收录西藏有分布的或西藏特有的国家保护植物（不重复统计）共计33科48属54种，其中蕨类植物3科5属7种，裸子植物4科9属10种，被子植物10科32属35种，真菌类2科2属2种（朱万泽、范建容，2003）。但色季拉山拥有的已经收录的珍稀濒危野生观赏植物仅有巨柏、黄牡丹、西藏八角莲、桃儿七4种。对照表3-18以及受威胁种的标准可以看出，蕴藏量少的特色种中，无论是分布到西藏的中国特有种，还是喜马拉雅特有种，物种生存在色季拉山区域均存在隐患，尽管这不能说明该类物种已经濒危（需要对该部分物种进行全分布区域的调查才能确定），但对于西藏特有种来说，西藏铁线蕨、长裂乌头、大花黄牡丹、拉萨翠雀花、多毛皱波黄堇、蜡叶梅、长尾四蕊槭、巨伞钟报春、宽裂掌叶报春、绒毛栗色鼠尾草10种植物的保护措施应该加强。

3.4.2 色季拉山特色野生观赏植物优先开发序列

西藏野生观赏植物种质资源多样，种类多，但蕴藏量小。由于高海拔地带的低温、大风、强辐射等综合因素的影响，野生观赏植物大都呈现出矮化、匍匐、垫状、针状、被毛等特征，硕大的花朵与矮小的营养体常不成常规比例。西藏野生观赏植物受高原强紫外线辐射作用的促进，生成大量的类胡萝卜素与花青素类物质，色彩艳丽缤纷，尤其以鲜艳的蓝紫色和橙黄色为代表。为合理有序开发利用色

季拉山特色观赏植物资源，对筛选出的184种观赏植物进行优先开发序列的排序（以下简称为优先开发序）。

观赏植物优先开发序确定的目标是：选择观赏价值高，应用类型多样或商品价值极高，易于栽培驯化的野生观赏植物进行优先开发利用。因此，优先开发序的确立是在特色种的基础上，从观赏价值系数Co、特有系数Cesp，生境系数Ceco、蕴藏系数Cvol、种内变异系数Cvar、濒危系数Cend、抗性系数Cr、可获得性系数Cg等8个指标进行评分，计算优先开发值确定优先开发序。

3.4.2.1 指标赋值

（1）观赏价值系数（ornamental coefficient，以下简写为Co）

观赏价值系数Co表示目前人类对野生观赏植物价值的定量评价指标。主要考虑到如下指标：园林用途、观赏类型、色彩、观赏期、姿态、气味等方面。观赏价值系数决定于植物本身内在观赏价值，受赋值人员的审美层次、嗜好倾向影响，需要进行多人评估，赋值取平均值。6分为最高设置分值，Xo为某观赏植物在观赏价值评估中的实际累积得分。6分：观赏价值极高，历来受到观赏园艺界的关注；5分：观赏价值高，园林用途、观赏类型多样；4分：观赏价值较高，在观赏价值上有特殊意义，如芳香、观赏期长、花色丰富等；3分：观赏价值中等，在园林中能够丰富某类型资源匮乏的；2分：观赏价值一般，但花量大，是本山区自然景观的主要构成；1分：观赏价值一般。

（2）特有系数（endemic species coefficient，以下简写为Cesp）

特有系数Cesp表示参评野生观赏植物的特有性的评价指标，特有性系数决定于植物的区系分布。赋值公式为Cesp=Xesp/12，Xesp为某观赏植物在特有性评估中的实际累积得分，12分为最高设置分值。12分：仅沿雅鲁藏布江分布的西藏特有种；11分：分布至西藏东部（林芝、察隅、昌都、波密、米林）的西藏特有种；10分：分布至喜马拉雅南坡（墨脱、错那、亚东、聂拉木）的西藏特有种；9分：东喜马拉雅特有种；8分：全喜马拉雅特有种；7分：分布至喜马拉雅南段（藏东、川西、滇西北）的中国特有种；6分：分布至喜马拉雅北段（藏、川、青、甘）的中国特有种；5分：分布于西藏至西北(青、甘、新)的中国特有种；4分：分布于西藏到云贵高原(至广西西部)的中国特有种；3分：分布于西藏至华北、东北的中国特有种；2分：分布于西藏至华中、华东的中国特有种；1分：非以上特有类型。

（3）生境系数（ecotope coefficient，以下简写为Ceco）

生境系数Ceco表示某野生观赏植物的生境类型的评价指标。赋值公式为Ceco=Xeco/5，Xeco为某观赏植物在特有性评估中的实际累积得分，5分为最高设置分值。5分：温带河谷阳生型；4分：山地温带林缘型；3分：山地暖温带森林型；2分：亚高山寒温带、山地温带森林型；1分：高寒草甸、灌丛型，温带湿地型。

因驯化基地拟选择在西藏农牧学院校内，因此，生境类型的赋值实际是色季拉山野生观赏植物的生境与西藏农牧学院所在地的生境（温带河谷阳生型）比较值，即：生境系数的赋值是野生观赏植物实生生境与温带河谷阳生型生境的比较结果。

（4）蕴藏系数(volume coefficient，以下简写为Cvol)

蕴藏系数Cvol表示野生观赏植物蕴藏量的评价指标。赋值公式为Cvol=Xvol/5，其中Xvol为某观赏植物资源在蕴藏量中的实际得分。5分为蕴藏量中最高设置分值。5分：野生资源数量稀少；4分：野生资源数量少；3分：野生资源数量较少；2分：野生资源数量较多；1分：野生资源数量多。

（5）种内变异系数（variance coefficient，以下简写为Cvar）

种内变异系数Cvar表示野生观赏植物种内变异情况的评价指标。赋值公式为Cvar=Xvar/3，其中Xvar为某观赏植物资源种内变异情况的实际得分。3分为种内变异的最高设置分值。3分：种内变异大，花、果、叶、枝等主要观赏部位有明显变异；2分：种内差异较大，花、果、叶、枝等主要观赏部位有明显变异，花、果、叶、枝等主要观赏部位在不同生境下有明显变异，但不稳定；1分：种内变异不明显。

（6）濒危系数（endangered coefficient，以下简写为Cend）

濒危系数Cend表示野生观赏植物的受威胁程度。受威胁程度依照《中国植物红皮书——珍稀濒危植物》（1991）、《中国珍稀濒危保护植物名录》（1987）以及朱万泽、范建容（2003）研究成果确定。公式为：Cend=Xend/4，其中Xend为某观赏植物资源濒危程度的实际得分。4分为濒危程度中最高设置分值。4分：濒危种；3分：渐危种；2分：稀有种；1分：安全种。

（7）抗性系数（resistance coefficient，以下简写为Cr）

抗性系数Cr表示野生观赏植物的抗病虫害、抗旱、抗涝、耐贫瘠、耐阴、耐水湿、耐盐碱等能力的综合评价指标。公式为：Cr=Xr/3，其中Xr为某观赏植物抗性的实际得分。3分为抗性中最高设置分值，3分：抗性强；2分：抗性中等；1分：抗性差。

（8）可获得性系数（gained coefficient，以下简写为Cg）

可获得性系数Cg表示野生观赏植物在自然界获得种源的难易程度，决定于分布地的交通条件，受交通条件与交通工具的改善影响。公式为：Cg=Xg/3，其中Xg为某观赏植物资源可获得种源的难易程度的实际得分。3分为可获得系数中最高设置分值，3分：在色季拉山区域不同海拔段均有分布或在主要交通干道附近的；2分：仅分布在色季拉山区域的部分海拔段中；1分：仅分布在色季拉山区域的支沟、排龙、通麦一带。

3.4.2.2 优先开发值Ve的计算

计算出特色观赏植物的各定量指标值，按一定的权重与上述8个指标值系数相乘，其乘积之和就是优先开发值Ve(the value of preferential exploitation)，依其大小划分优先开发级别。

根据各评价指标的相对重要度而定，通过对各种资料反复研讨，权重确定为：观赏价值系数Co 20%、特有系数Cesp 15%、生境系数Ceco15%、蕴藏系数Cvol 10%，种内变异系数Cvar 15%、濒危系数Cend 10%，抗性系数Cr 10%，可获得性系数Cg 5%。

权重确定后，各特色野生观赏植物优先开发值Ve按下列公式计算。

$$Ve=20\%Co+15\%Cesp+15\%Ceco+10\%Cvol+15\%Cvar+10\%Cend+10\%Cr+5\%Cg$$

3.4.2.3 色季拉山特色野生观赏植物的优先开发序

优先开发序借助SPSS 10.0程序中的K类中心聚类法完成，通过对各类型的优先开发值Ve的欧氏距离比较，确定色季拉山特色野生观赏植物的优先开发序。

最终确定的第I类优先开发类型的27种野生观赏植物中，最值得优先开发的前10种是特色野生观赏植物，依次为：大花黄牡丹、绒毛栗色鼠尾草、展毛工布乌头、西藏铁线莲、假百合、巨柏、砂生槐、黄牡丹、藿香叶绿绒蒿、光核桃等，除藿香叶绿绒蒿、假百合外，均为温带阳生河谷生境型、山地温带林缘型的观赏植物，保证了在拟驯化地点的气候相似性的基本要求。

从中国现在已经确定的新品种保护名录来看，第I类优先开发类型中，进行新品种开发需涉及的牡丹、梅、桃、苹果属、花楸属、槐属、杜鹃属等已经在新品种保护名录中收录，这为从黄牡丹、大花黄牡丹、梅、蜡叶梅、光核桃、丽江山荆子、西南花楸、砂生槐、三花杜鹃、散鳞杜鹃中选育新品种、申请相应的新品种保护提供了优越的条件。

此外，该27种野生观赏植物优先开发与长期以来国内外园林、园艺界工作者对西藏野生观赏植物的关注程度不谋而合，既说明了本综合评价指标体系的可行性，也说明了色季拉山一带观赏植物资源的优势明显。

第II类优先开发类型中，主要是温带河谷阳生型、山地温带林缘型的特色观赏植物，并含有部分观赏价值极高的山地暖温带森林型野生观赏植物。将它们划分为第二类优先开发观赏植物也符合实际条件。

第IV类优先开发类型中，主要为观赏价值稍差或生境条件要求苛刻的野生观赏植物，主要生境类型为：高寒草甸、灌丛型，温带湿地型，亚高山寒温带、山地温带森林型的观赏植物，它们是色季拉山高山植物景观的重要组分，但在实际应用中的驯化价值不大。如：多刺绿绒蒿、大花肋柱花、异叶千里光、星状雪兔子、岩白菜等。

综合分析认为：本优先开发序指标体系的评价结果符合实际，结果可信，对色季拉山野生观赏植物的开发利用有一定的实际生产指导意义。

倒提壶群体景观

表3-19　特色野生观赏植物的优先开发序

优先顺序	聚类类型	观赏植物名称（依Ve值大小排序）
I（27种）	1	大花黄牡丹、绒毛栗色鼠尾草、展毛工布乌头、西藏铁线莲、假百合、巨柏、砂生槐、黄牡丹、藿香叶绿绒蒿、光核桃、白毛野丁香、多蕊金丝桃、三花杜鹃、白心球花报春、网脉柳兰、梅、狭萼风吹箫、西南花楸、云南勾儿茶、聂拉木龙胆、丽江山荆子、宽柱鸢尾、蜡叶梅、散鳞杜鹃、黄杨叶枸子、黄花木、西藏野豌豆
II（53种）	3	粉背野丁香、西藏红杉、拉萨翠雀花、甘西鼠尾草、白毛小叶枸子、展毛翠雀花、腺果大叶蔷薇、多毛皱波黄堇、高盆樱、林芝云杉、长裂乌头、大花绣球藤、腰果小檗、楔叶绣线菊、大锐果鸢尾、毛叶绣球、粉背楔叶绣线菊、辐冠党参、雅致山蚂蝗、中甸灯台报春、头状四照花、裂膜蔓龙胆、毛花忍冬、石峰杜鹃、硬毛杜鹃、柳条杜鹃、西藏卫矛、山育杜鹃、西藏秦艽、光蓇党参、西藏新小竹、喉斑杜鹃、绵头蓟、滇藏木兰、白背紫斑杜鹃、光柱杜鹃、蓝玉簪龙胆、锐果鸢尾、裂叶绣线菊、宽裂掌叶报春、长尾四蕊槭、卓巴百合、康藏花楸、西康蔷薇、高丛珍珠梅、暗红小檗、架棚、长鞭红景天、西藏铁线蕨、缘毛紫菀、圆齿红景天、卷丹、绢毛木姜子
III（76种）	4	杂色钟报春、长花铁线莲、尼泊尔香青、黄杯杜鹃、朗县黄芪、小叶枸子、黄苞南星、工布乌头、多花亚菊、二色锦鸡儿、西南铁线莲、丽叶铁线莲、米林黄芪、蜀杭子梢、察隅润楠、林芝蔓龙胆、长毛小舌紫菀、工布鳞毛蕨、乳突紫背杜鹃、毛蕊花一炷香、巨伞钟报春、长尾槭、柳兰、裂叶蓝钟花、昌都点地梅、西藏箭竹、喜马拉雅狗脊蕨、西藏八角莲、合柄铁线莲、绣球藤、波密黄芪、紫玉盘杜鹃、滇藏五味子、乔松、单叶绿绒蒿、少毛西域荚蒾、黑蕊老鹳草、绒叶含笑、尖叶枸子、草玉梅、美丽棱子芹、短柱侧金盏花、珠峰小檗、襄盔马先蒿、长瓣瑞香、东坝子黄芪、暗紫脆蒴报春、苏里木蓝、金脉鸢尾、四川新木姜子、五风藤、全缘叶绿绒蒿、黄毛铁线莲、多穗蓼、藏木通、三桠乌药、纤细黄堇、黄蝉兰、茎花南蛇藤、索骨丹、尖萼大叶报春、总状绿绒蒿、桃儿七、甘肃荚蒾、马豆黄芪、塔黄、长叶兰、西南鸢尾、长梗蓼、峨眉蔷薇、展毛银莲花、光亮黄芪、酸模叶橐吾、细梗黄鹌菜、小舌紫菀、水红木
IV（28种）	2	粗壮绣球、工布粉报春、灰背瘤足蕨、太白深灰槭、林芝凤仙花、斑唇马先蒿、大花杓兰、穿心莛子藨、西南山梅花、理塘忍冬、象南星、红姜花、大果大戟、雅江粉报春、毛叶山梅花、岩白菜、多刺绿绒蒿、指状凤尾蕨、星状雪兔子、须弥紫菀、腋花扭柄花、异叶千里光、短梗重楼、伏生石豆兰、大花肋柱花、冰川茶藨子、西藏遏蓝菜、毛盔马先蒿

湿草地上的报春花属植物景观

短葶飞蓬群体景观

高原毛茛群体景观

高原草甸自然花境（红色的圆穗蓼、蓝色的肾叶龙胆、白色的尼泊尔香青）

SPECIES 各论

鳞毛蕨科 DRYOPTERIDACEAE
鳞毛蕨属 *Dryopteris*

中文名　**林芝鳞毛蕨**
拉丁名　***Dryopteris nyingchiensis***

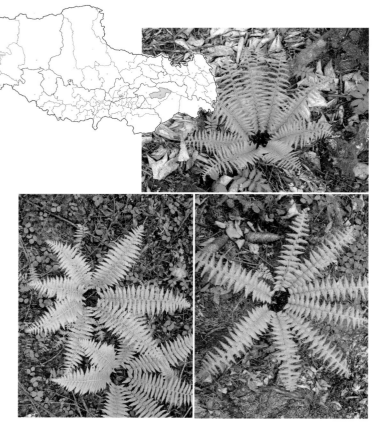

基本形态特征： 草本。根状茎短而直立，连同叶柄其基部密被红棕色鳞片。叶簇生，叶柄棕禾秆色，基部以上疏具同样鳞片；叶长圆披针形，渐尖，基部不变狭，二回羽状裂；羽片15～20对，互生，下部的近对生，近平展，彼此以狭间隔分开；中部羽片长圆状披针形，长渐尖，基部截形、对称，有短柄，一回羽状；小羽片10～15对，密接，长圆形，向上不变狭，圆头，有尖齿牙，侧全缘，基部一对与上一对分离并常常浅裂，其余各对以狭翅相连。叶脉6～7对，二叉，不甚明显；羽轴平滑，下面有疏鳞片。孢子囊群生于叶片中部以上的羽片中部；囊群盖大，圆肾形，成熟时卷折。

分布： 西藏主要产林芝，分布量较多。我国云南也有分布，海拔2900～3000m。

生境及适应性： 多生于高山松林下或针叶阔叶混交林下。喜阴及冷凉偏湿润气候，土层不宜过薄。

观赏及应用价值： 观叶植物。全株似巢，叶翠绿伸展，可用于林下、林缘地被。

槲蕨科 DRYNARIACEAE　槲蕨属 *Drynaria*

中文名　**川滇槲蕨**
拉丁名　***Drynaria delavayi***

基本形态特征： 草本。根状茎密被鳞片，鳞片边缘有重齿。基生不育叶卵圆形至椭圆形，羽状深裂达叶片宽度的2/3或更深，基部耳形。正常能育叶的叶柄少具狭翅；叶片裂片边缘有浅缺刻，或有疏毛；叶两面光滑或疏被短毛；叶脉明显隆起，中肋及小脉上下两面疏具短毛。孢子囊群在裂片中肋两侧各排成整齐的1行，靠近中肋。

分布： 西藏主产工布江达，分布量中。我国陕西、青海、甘肃南部、四川、云南西北部等地也有分布，海拔3600m左右。不丹、缅甸也有分布。

生境及适应性： 生于高山栎林，多附着于树上或草坡上生长。喜半阴，喜湿润，较耐瘠薄。

观赏及应用价值： 观叶植物。叶片直立或斜向上展，叶质较薄，植株群体效果较好，可作为林缘地被或附生植物应用。

松科 PINACEAE　冷杉属 *Abies*

中文名　**川滇冷杉**
拉丁名　*Abies forrestii*

基本形态特征： 乔木，高达20～25m。树皮暗灰色，裂成块片状；1年生枝红褐色或褐色，2、3年生枝呈暗褐色或暗灰色；冬芽圆球形或倒卵圆形，有树脂。叶在枝条下面列成两列，上面之叶斜上伸展，条形，先端有凹缺，边缘微向下反卷，下面沿中脉两侧各有一条白色气孔带；横切面有2个边生树脂道。球果卵状圆柱形或矩圆形，基部较宽，无梗，熟时深褐紫色或黑褐色；中部种鳞扇状四边形，上部宽厚，边缘内曲，中部两侧楔状，下部耳形，基部窄成短柄；苞鳞外露，上部宽圆，先端有尖头；种翅宽大，楔形，淡褐色或褐红色，包裹种子外侧的翅先端有三角状突起。花期5月，球果10～11月成熟。

分布： 西藏产林芝等东部地区，分布量中。为我国特有树种，云南西北部、四川西南部也有分布，海拔3600～4300m。

生境及适应性： 生于山坡针叶林中，常与苍山冷杉、长苞冷杉及急尖长苞冷杉等针叶树种混生成林，或组成纯林。喜阳、冷凉，不耐干旱，喜土层深厚土壤。生长速度适中，一般作分布区的森林更新树种。

观赏及应用价值： 观姿树木。树形挺拔优美，叶色苍翠，侧枝层次分明，球果亦有一定观赏价值，可开发作为高原地区的行道树、园景树。

中文名　**急尖长苞冷杉**
拉丁名　*Abies georgei* var. *smithii*

基本形态特征： 乔木。树皮块裂，树干塔形，高20m，大枝轮生，1～3年生小枝密被褐色或锈褐色柔毛。叶条形、斜伸，长1.5～2.5cm，先端微凹，下面有2条白色气孔带，边缘微向下反曲；横切面有两个边生树脂道。球果卵状圆柱形，单生叶腋，直立，紫黑色；苞鳞中央急缩成尾状尖头，边缘圆，常有细缺齿。花期5月，球果10～11月成熟。

　　川滇冷杉与急尖长苞冷杉常同区域分布，两者外形极其相似，但川滇冷杉小枝无毛，仅凹槽内疏生柔毛或无毛；苞鳞边缘圆，无细缺齿。

分布： 西藏产于色季拉山地区海拔3000～3800m一带，米林、波密、察隅也产。中国特有植物，云南、四川有分布。

生境及适应性： 常组成纯林或与川滇冷杉、林芝云杉*Picea likiangensis* var. *linzhiensis*等树种组成混交林。喜冷凉，喜酸性肥沃土壤。

观赏及应用价值： 观姿类。急尖长苞冷杉壮年植株的树冠塔形、大枝轮生，老株树冠下垂、飘逸，适于开发为孤景树、行道树，也可作为圣诞树应用，在西藏已经部分应用于园林建设中，但迁地栽培成活率不高，相关栽培技术有待进一步研究。

中文名 墨脱冷杉
拉丁名 *Abies delavayi* var. *motuoensis*

基本形态特征： 常绿乔木，高达25m。树皮粗糙，纵裂，灰褐色；大枝平展，树冠尖塔形；小枝密生柔毛，1年生枝红褐色或褐色，2、3年生枝常暗褐色、褐色；冬芽圆球形，有树脂。叶辐射伸展，排列较疏松，上面之叶斜上伸展，条形，长2～3cm，宽约2mm，先端有凹缺，边缘不显著地向下卷曲；上面光绿色，下面中脉两侧各有一条粉白色气孔带，反卷的叶缘不全部遮盖气孔带；有2个边生树脂道。球果圆柱形或卵状圆柱形，成熟时黑色，被白粉；苞鳞露出，先端有凸尖的长尖头，通常向外反曲；种子常较种翅为长，种翅淡褐色或褐色。花期5月，球果10月成熟。

分布： 西藏产墨脱、察隅。分布量偏少。

生境及适应性： 多生于海拔3100～3200m山地林中。喜阳、冷凉，不耐干旱，喜土层深厚土壤。

观赏及应用价值： 观姿乔木。大枝平展，树冠尖塔形；适于开发为孤景树、行道树。

云杉属 *Picea*

中文名 林芝云杉
拉丁名 *Picea likiangensis* var. *linzhiensis*

基本形态特征： 乔木，最高达56.8m，胸径达2.98m（位于米林县南伊乡扎贡沟）。树皮深灰色或暗褐灰色，不规则深裂，树冠塔形，小枝常疏生短柔毛，平展不下垂；冬芽圆锥形或圆球形，有树脂，小枝基部宿存褐色芽鳞的先端不反卷或微展。小枝仅下面及两侧之叶向两侧弯伸，叶棱状条形或扁四棱形，先端尖或钝尖，横切面菱形或微扁，腹面每边有白色气孔线4～7条，背面两边一般无气孔线。球果卵状矩圆形或圆柱形，成熟前种鳞紫红色，熟时褐色或黑紫色；种翅常具疏生的紫斑。花期4～5月，球果9～10月成熟。

此外，色季拉山下缘东久、通麦一带还有油麦吊云杉*Picea brachytyla* var. *complanata*分布，后者小枝下垂，1年生小枝细长。

分布： 西藏多生长于色季拉山海拔2900～3900m一带，产林芝、洛扎、隆子、工布江达、米林、波密等地，分布量较多。中国特有植物，云南、四川有分布。

生境及适应性： 常组成纯林，或者与急尖长苞冷杉、川滇冷杉、西藏红杉*Larix griffithiana*、高山松*Pinus densata*等组成混交林。喜光、喜酸性土壤，耐贫瘠。

观赏及应用价值： 观姿类。林芝云杉壮年植株的树冠塔形、大枝轮生，老株树冠下垂、飘逸，球果成熟前种鳞紫红色，鲜艳美丽，适于开发为孤景树、行道树，也可作为圣诞树，在西藏已经成功应用于园林建设中，迁地栽培成活率高。

林芝云杉

落叶松属 *Larix*

中文名	**西藏红杉**
拉丁名	***Larix griffithiana***
别　名	西藏落叶松

基本形态特征： 乔木，高达20m。树皮纵深裂，大枝平展，小枝二型，短小枝粗壮，长小枝细长下垂；幼枝有毛。叶长2.5～5.5cm，宽1～2mm，上面仅中脉的基部隆起，下面沿中脉两侧有气孔线。雌球花和幼果的苞鳞显著向后反折，先端急尖。球果单生枝顶，圆柱形，直立，褐色；长5～11cm，中部种鳞先端平或微凹，背面有短毛，苞鳞长于种鳞，中部以上反折或者反曲，先端急尖。种子连翅长约1cm。花期4～5月，球果10月成熟。

分布： 西藏产色季拉山地区海拔3000～3500m一带，定日、亚东、隆子、工布江达、嘉黎、米林、波密等地也产，分布量较多。喜马拉雅特有植物，国内仅分布于西藏；尼泊尔、印度有分布记录。

生境及适应性： 多生长于山坡林地，常组成小面积纯林，或与林芝云杉、急尖长苞冷杉、高山栎等组成混交林。喜冷凉，耐贫瘠，较耐水湿，喜疏松肥沃的酸性土壤。

观赏及应用价值： 观姿类。西藏红杉植株高大，长小枝下垂，树型婆娑，春季嫩绿满枝，秋季金黄色，栽培成活率极高，观赏价值优于20世纪80年代引种西藏的日本落叶松*Larix kaempferi*，适于孤植、群植于水边或风景林缘，枝条效果似垂柳，但树形偏圆锥状。

松属 *Pinus*

中文名	**高山松**
拉丁名	*Pinus densata*

基本形态特征： 乔木，高达30m，胸径达1m以上。树皮块裂；1年生枝黄褐色，有光泽，鳞叶及其下延部分不脱落，2～3年生枝树皮常逐渐剥落。叶通常2针1束，稀3针或2～3针1束并存，粗硬，两面有气孔线，边缘具锐细齿；叶内有3～7（10）个边生树脂道，叶鞘宿存。球果卵圆形，长5～6cm，成熟后栗色，有光泽；种鳞鳞盾肥厚隆起，横脊明显，鳞脐凸起，常有刺尖。种子长4～6mm，种翅基部有关节，易与种子分离，长约2cm。

分布： 西藏产色季拉山地区海拔2800～3900m一带，隆子、米林、工布江达、波密、察隅、芒康等地也产，分布量较多。中国特有植物，云南、四川、青海也有分布。

生境及适应性： 多生长在山地、峡谷或者阶地上，常组成纯林，或者与林芝云杉等树种混生。耐旱，耐贫瘠，喜深厚的疏松肥沃酸性壤土。

观赏及应用价值： 观姿类。高山松壮年植株株型紧凑，生长迅速，老年植株枝条略下垂，是西藏园林中成功应用的野生观赏树木之一，常作为行道树、防护林等应用。但高山松根系分布浅，易倒伏，栽植时宜选择深厚土壤区域栽培。

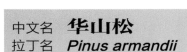

中文名	**华山松**
拉丁名	*Pinus armandii*

基本形态特征： 乔木，高达30m以上，胸径达1m。树皮块裂；1年生小枝绿色或灰绿色，微被白粉。针叶5针1束，长8～15cm，边缘有细齿，腹面两侧各具4～8条白色气孔线；叶内常有3个树脂道，中生或者背面2个边生；叶鞘早落。球果圆锥状长卵形，长10～20cm，径5～8cm，成熟时黄色或者褐黄色；果梗长不及3cm；种鳞开展，鳞脐不明显，种子倒卵圆形，长1～1.5cm，无翅或两侧及顶端具棱脊，稀具极短翅。

此外，在色季拉山下缘的东久、通麦等地还产乔松*Pinus griffithii*，园林用途同华山松，后者种子具结合而生的长翅，球果圆柱形，果梗长达4cm，鳞脐凸起，针叶细长下垂，可以区别。

分布： 西藏产色季拉山海拔2500～3000m的下缘，东久至通麦，波密、察隅、芒康等地也产，分布量中。中国特有植物，云南、贵州、四川、湖北、甘肃、陕西、河南、山西等地也有分布。

生境及适应性： 多生长在森林中。耐旱，耐贫瘠，喜深厚的疏松肥沃酸性壤土。

观赏及应用价值： 观姿类。华山松为中国传统园林应用植物之一，常作为风景林、孤景树等应用；但在西藏园林中，直至20世纪80年代才开始在城镇建设中迁地栽培为行道树，应用效果良好。目前，在林芝地区八一镇、波密县、察隅县等地已应用。

柏科 CUPRESSACEAE　圆柏属 *Sabina*

中文名　**高山柏**
拉丁名　***Sabina squamata***

基本形态特征：灌木，高1～3m，或匍匐状，稀小乔木状，树形、果实、叶片变异大。枝条斜伸或平展，小枝直或下垂，叶刺型，三叶交叉轮生，叶片直或者弯曲，上面微凹，有白粉带，下面拱凸具钝纵脊，沿脊有细槽或下部有细槽。球果卵圆形或近球形，成熟后黑色或者蓝黑色，无白粉，内有种子1粒。种子卵圆形或锥状球形，有树脂槽，上部常有2～3条明显的钝纵脊。

分布：西藏产色季拉山地区海拔4000～4300m一带，吉隆、聂拉木、工布江达、米林等地也产，分布量中。云南、贵州、四川、甘肃、陕西、湖北、安徽、福建、台湾等地有分布。喜马拉雅周边国家和地区有分布记录。

生境及适应性：多生长在高山灌丛。耐旱，稍耐贫瘠，喜深厚的疏松肥沃酸性壤土。

观赏及应用价值：观姿类。高山柏常年生长在高海拔的灌丛中，自然界塑造了其多变的植株形态，植物遒劲有力，风雨下坚强不屈，可制作盆景或人工绑扎成塑型植物，用于厅堂陈设、墙隅配置等。

柏木属 *Cupressus*

中文名　**巨柏**
拉丁名　***Cupressus gigantea***

基本形态特征：乔木，成熟林单株高20～30m，胸径1～3m；最高达50m，胸径6m。树皮条状纵裂；生鳞叶的枝条排列紧密，粗壮，不排列成平面，常四棱形，稀圆柱形，常被白粉，末端枝条不下垂。鳞叶斜方形，紧密排列成整齐的4列，先端钝，背部有钝纵脊，腺体位于下部。球果矩圆状球形，长1.6～2cm，直径1.3～1.6cm；种鳞6对，革质，顶端平，常呈五角形或六角形，或上部的种鳞呈四角形，中央有明显而凸起的尖头。种子两侧有窄翅。

分布：西藏产色季拉山地区海拔3000m一带，林芝、米林、波密、易贡等地也产，分布量少。国家一级保护植物，西藏特有植物。

生境及适应性：多生长在山坡上或雅鲁藏布江沿岸。喜光，耐旱、耐寒、耐贫瘠。王景生等（2005）对巨柏苗木生长的研究结果表明：巨柏苗木在生长期平均温度23.4℃，相对湿度60%左右的条件下生长最为优良，其根系对温度、湿度反应不明显。

观赏及应用价值：观姿类。巨柏植株高大，株型丰满，适于作为孤景树、绿篱等大量应用，也可作树桩盆景。近年来，西藏农牧学院等研究者对巨柏进行了大量的研究，对巨柏种子采用低温层积催芽可以提高巨柏种子发芽率达74.7%；人工培育的苗木已经成功应用于西藏造林绿化中。

木兰科 MAGNOLIACEAE　五味子属 *Schisandra*

中文名	**滇藏五味子**
拉丁名	*Schisandra neglecta*

基本形态特征： 落叶木质藤本植物。小枝紫红色，叶片纸质，长6～9cm，宽3～3.5cm，先端渐尖，叶柄边缘有狭翅，边缘有细齿；叶片每边具脉4～6条。花黄色，生于新枝的叶腋，雌雄异花。雄花花被片6～8，雄蕊群近球形；雌花花被似雄花，雌蕊群球形。果实成熟后紫红色，聚合果序长达6.5～11.5cm。花期5～6月，果期9～10月。

分布： 西藏产色季拉山地区，海拔3000～3200m，定结、波密也产，分布量中。云南、四川有分布。印度、不丹、尼泊尔有分布记录。

生境及适应性： 常生长于云杉林中；耐阴，耐寒，较耐贫瘠，在肥沃沙性壤土中生长良好。

观赏及应用价值： 观果类野生观赏植物。西藏可直接应用的垂直绿化材料较少，滇藏五味子就是一种比较适宜在西藏海拔3000m以下的城镇中应用的垂直绿化材料；可用棚架、立壁、特定造型等方式进行栽培。缺点是滇藏五味子果序较疏松，果实成熟不整齐。此外，滇藏五味子为藏药重要的药源植物，也是一种适于开发的野生果树；因此，可以结合药材原材料生产或者西藏新型果树资源开发，进行园林绿化中垂直绿化材料的选择，丰富西藏园林植物应用中的层次性。

樟科 LAURACEAE　木姜子属 *Tetranthera*

中文名	**绢毛木姜子**
拉丁名	*Tetranthera sericea*

基本形态特征： 落叶灌木或小乔木。树皮黑褐色，幼枝绿色，密被锈色或黄白色长绢毛。顶芽圆锥形，鳞片无毛或仅上部具短柔毛。叶互生，长圆状披针形，长8～12cm，宽2～4cm，先端渐尖，纸质，叶背沿中脉明显具乳黄色长绢毛，叶脉羽状，侧脉每边7～8条，在下面突起；叶柄长1～1.2cm，被黄白色长绢毛。伞形花序单生于2年生枝顶叶腋，先叶开放或花叶同放；总梗长6～7mm，无毛；每一伞形花序有花8～20朵，花梗长5～7mm，密被柔毛；花被片6，椭圆形，淡黄色，具3脉；雄花中能育雄蕊9，有时6或12，花丝短，无毛，第三轮雄蕊基部腺体黄色，退化子房卵形。果近球形，直径约5mm，顶端有明显的小尖突；果梗长1.5～2cm。花期4～5月，果期8～9月。

分布： 西藏产色季拉山地区，海拔2700～3400m，波密、米林、吉隆、聂拉木、错那也产，分布量中。云南西北部、四川西部有分布。印度、尼泊尔有分布记录。

生境及适应性： 常生长于山坡路旁、灌木丛中或针阔叶混交林中，以东坡为多；喜温暖湿润环境，耐阴，在季节性溪流边生长良好。

观赏及应用价值： 绢毛木姜子叶片光亮，排列整齐，气味芳香，秋色叶金黄，适合在风景林下配置，用于点缀景观，或者开发为室内观叶植物。

山胡椒属 *Lindera*

中文名	**三桠乌药**
拉丁名	***Lindera obtusiloba***

基本形态特征： 落叶乔木或灌木，高3～10m。树皮黑棕色。小枝黄绿色，当年生枝条较平滑，有纵纹，后渐有皮孔、褐斑和纵裂，3年生枝条有斑状纵裂。顶芽卵形，先端渐尖。叶互生，近圆形或扁圆形，长5.5～10cm，宽4.8～10.8cm，先端急尖，全缘或三裂，基部近圆形或心形，有时为宽楔形，上面深绿色，下面苍白色，有时带红色，被棕黄色柔毛或近无毛，三出脉，偶有五出脉，网脉明显。伞形花序无总梗，内有花5朵；总苞片4，膜质，外面被长柔毛，内面无毛。雄花花被片6，长椭圆形，外被长柔毛，内面无毛；能育雄蕊9；退化雌蕊长椭圆形，无毛，花柱、柱头不分明，均呈一小凸尖。雌花花被片6，长椭圆形，花柱短，柱头盘状，具乳突。果阔椭圆形，成熟时初为红色后变紫黑色，干时黑褐色。花期3～4月，果期8～9月。

分布： 西藏产色季拉山地区，海拔2450～3300m，米林、察隅、波密、昌都也产，分布量中。辽宁南部、陕西及甘肃南部、河南、山东东南部、安徽、江苏、浙江、江西、湖南、湖北、四川、云南东北部也有分布。朝鲜、日本有分布记录。

生境及适应性： 常生长于河边灌丛中或林内；喜温暖，喜光，也耐阴，喜疏松肥沃的沙性壤土，稍耐贫瘠。

观赏及应用价值： 三桠乌药树姿优美，多为异形叶，叶形美观，色泽翠绿，观赏价值较高，属于典型的观叶树种，适于开发为风景林或者孤景树，或修剪后室内盆栽观赏亦可。此外，三桠乌药的根、茎皮入药。

毛茛科 RANUNCULACEAE　驴蹄草属 *Caltha*

中文名	**花葶驴蹄草**
拉丁名	***Caltha scaposa***

基本形态特征： 多年生草本。叶基生，全缘，具长柄；叶片心状卵形，长1～3cm，顶端圆形，基部心形；叶柄基部有膜质狭鞘。花单生茎顶，或2朵组成单歧聚伞花序；萼片花瓣状，5～7，黄色，直径约3cm；无花瓣；雄蕊多数；心皮5～8。花期5～10月。

分布： 西藏产色季拉山地区，海拔2900～4100m；察雅、芒康、八宿、左贡、嘉黎、巴青、加查、拉萨、亚东、定结、聂拉木、吉隆也产。云南、四川、青海、甘肃有分布。印度、不丹、尼泊尔有分布记录。

生境及适应性： 生长于高山草甸、沼泽中；喜光，喜水湿，喜冷凉环境。

观赏及应用价值： 花葶驴蹄草植株低矮，花型整齐，花期长，适于在水景园中应用。

中文名　**红花细茎驴蹄草**
拉丁名　*Caltha sinogracilis* f.*rubriflora*

基本形态特征： 小草本。全部无毛，有肉质须根。茎单一或多达7条，高4～10cm，粗不达1mm，无叶，不分枝。叶通常全部基生，有长柄；叶片草质，圆肾形或肾状心形，长1～1.7cm，宽1.2～3.5cm，顶端圆形，基部深心形，边缘生浅圆牙齿或在下部生宽卵形牙齿；叶柄长3～5cm，基部具鞘。花单生于茎顶端，直径约2cm；萼片5，红色，狭椭圆形，长约1.4cm，宽4.5～6mm，顶端圆形，自基部生出3条脉；雄蕊约20，长约3mm，花药长圆形，长约1mm，花丝狭线形；心皮5～10，比雄蕊稍长。蓇葖无柄，长7～9mm，宽约3mm，具不明显横脉，喙长约0.8mm；种子狭椭圆球形，长约1.5mm，暗褐色，多少有闪光，光滑或具少数纵皱纹。

分布： 西藏特有种。分布于西藏东南部戈龙拉山墨脱一带，海拔3600～4000m，分布量少。

生境及适应性： 多生于高山灌丛或草甸中。喜阳，喜湿润及肥沃土壤。

观赏及应用价值： 观花类。花型整齐，粉红色花娇小鲜亮，花期较长，适于做地被、花境植物、水迹植物及开发用于盆栽。

乌头属 *Aconitum*

中文名 **展毛工布乌头**
拉丁名 ***Aconitum kongboense* var. *villowum***
别　名　雪山一支蒿

基本形态特征：多年生草本，株高60～150cm。块根肉质，纺锤形，通常2～5个连生（栽培后的侧根通常肥大），周围有瘤状突起或无，下部有缩小须根。老块根黑色，当年新生块根土黄色，长1～8cm。茎高达1.8m，与花序均被开展的短柔毛，多分枝。叶片心状卵形或者五角形，长、宽达15cm，3全裂，侧裂片不等2裂；叶柄与叶等长。总状花序长达40cm，花多数；萼片白色至淡紫色，上萼片盔形，花瓣阔卵形，顶部波折状，唇瓣末端微凹；心皮3～5。

分布：西藏产色季拉山地区，林芝、鲁朗、波密、米林等地都有，海拔3400～3500m，分布量中。

生境及适应性：生长于林间草地、灌丛中或者农田边缘；喜光，耐阴，喜肥沃疏松、湿润的深厚土壤环境条件。

观赏及应用价值：展毛工布乌头花序大型，长达40cm，花型奇特，花期长，适宜应用于花境、花坛或者开发为切花栽培。2004年以来在林芝地区八一镇进行了栽培试验，发现其适应性较强，能够通过种子、块茎进行自然繁殖，块茎繁殖植株当年能够开花，种子繁殖苗则需要2～3年才能够正常开花。

中文名 **露蕊乌头**
拉丁名 ***Aconitum gymnandrum***

基本形态特征：一二年生草本。根近圆柱形，长5～14cm。茎高25～55（100）cm，被疏或密的短柔毛，下部有时变无毛，等距地生叶，常分枝。基生叶1～3（6）枚，与最下部茎生叶通常在开花时枯萎；叶片宽卵形或三角状卵形，长3.5～6.4cm，宽4～5cm，三全裂，裂片又二至三回深裂，小裂片狭卵形至狭披针形，两面常被毛；下部叶柄长4～7cm，上部的叶柄渐变短，具狭鞘。总状花序有6～16花；基部苞片似叶；花梗长1～5（9）cm；小苞片生花梗上部或顶部，叶状至线形，长0.5～1.5cm；萼片蓝紫色，少有白色，外面疏被柔毛，有较长爪，上萼片船形，高约1.8cm，爪长约1.4cm，侧萼片长1.5～1.8cm，瓣片与爪近等长。花期6～8月。

分布：西藏产江达、昌都、类乌齐、贡觉、那曲、墨竹工卡、工布江达、隆子、亚东、错那、萨迦、聂拉木、昂仁等地，海拔3200～4300m，分布量较多。我国四川、青海、甘肃也分布。

生境及适应性：常生于山地草坡、青稞田边草地或河边沙地；喜冷凉，耐严寒，喜疏松肥沃土壤。

观赏及应用价值：观花类地被植物。蓝紫色较奇艳，植株相对展毛工布乌头较低矮，可作为花境材料应用。

中文名 毛瓣美丽乌头
拉丁名 *Aconitum pulchellum* var. *hispidum*

基本形态特征： 多年生草本。块根倒锥形，长仅1cm。茎高6cm左右。基生叶2～3，具长柄。叶片圆三角形，长1～2cm，基部心形；3全裂，裂片多少细裂，末回裂片狭长；总状花序有花2～4朵，小苞片线形，萼片蓝色，上萼片船形盔状，心皮5，花丝及花瓣有疏柔毛。花期8～9月。

分布： 西藏产色季拉山地区，海拔4500m，察隅、八宿也产，分布量中。我国特有植物，云南有分布。

生境及适应性： 常生长于山顶区域；喜光，耐寒，耐贫瘠，喜肥沃土壤。

观赏及应用价值： 花色湛蓝，花型奇特，植株整齐，适于开发为花境材料。

翠雀属 *Deliphinium*

中文名 展毛翠雀花
拉丁名 *Deliphinium kamaomense* var. *glabrescens*

基本形态特征： 一年生草本，是光序翠雀花*Delphinium kamaonense*的变种，高30～45cm。叶片心状圆形，宽5～6cm，3全裂，中央全裂片楔状菱形，二回细裂；侧全裂片三回细裂，末回裂片狭卵形至披针形。花序圆锥状；花深蓝色，具1.2～1.6cm长的距。花期7～10月。

分布： 中国特有植物。西藏产色季拉山地区，海拔2600～4200m，江达、昌都、察雅、类乌齐、波密、米林、巴青、索县也产，分布量较多。中国特有植物，四川、甘肃、青海有分布。

生境及适应性： 生于林缘草地；喜阳，喜温凉，喜肥沃土壤。

观赏及应用价值： 花形别致，色彩淡雅。或丛植，栽植花坛、花境，也可用作切花，但西藏园林中未见应用。

银莲花属 *Anemone*

中文名 野棉花
拉丁名 *Anemone vitifolia*

基本形态特征： 多年生草本。根状茎粗壮，达1.5cm。基生叶2～5，有长柄；叶片心状，长11～22cm，掌状3～5浅裂，边缘有小牙齿，背面被白色茸毛。花莛高60～100cm，聚伞花序长达60cm，2～4回分枝；苞片3，似基生叶；萼片5，花瓣状，白色或者粉红色。无花瓣，雄蕊多数。花期7～8月。

分布： 西藏产色季拉山地区，海拔3000m左右，主要在东久至易贡一带；察隅、波密、隆子、吉隆也产，分布量较多。云南、四川有分布。缅甸、印度、不丹、尼泊尔等地有分布记录。

生境及适应性： 多生长在草坡、灌丛林缘等地；喜温暖、湿润，耐阴。

观赏及应用价值： 叶片大型，适于开发为暖温带、亚热带地区的林下地被植物，丰富园林景观的层次。

中文名 草玉梅
拉丁名 *Anemone rivularis*

基本形态特征： 多年生草本。根状茎粗壮，长达8cm，粗达1cm以上。基生叶3～5，有长柄；叶片肾状五角形，两面有糙伏毛；长2～6.5cm，宽4.5～9cm；3全裂，中裂片宽菱形，3深裂，边缘有牙齿；侧裂片2不等深裂。花莛高15～60cm，聚伞花序2～3回分枝，长达30cm；苞片3（4），长3～6cm，3深裂，鞘状 柄长达1.5cm。萼片（6）7～8（10），花瓣状，白色、淡紫色或绿色；无花瓣，心皮30～60，花柱长，顶端钩状弯曲。花期6～8月。

分布： 西藏产色季拉山地区，海拔3000～4000m，江达、芒康、察雅、波密、米林、拉萨等地也产，分布量较多。云南、广西、贵州、湖北、青海、甘肃有分布。不丹、尼泊尔、印度、缅甸等地有分布记录。

生境及适应性： 常生长于草地、溪边或者松林边缘；喜光，喜肥，喜疏松肥沃、土层深厚的土壤条件。

观赏及应用价值： 萼片数量变化多，色彩有白色、淡紫色、绿色，植株高度20～100cm不等，适于选育不同园林用途的栽培种类。

草玉梅

中文名 **展毛银莲花**
拉丁名 *Anemone demissa*

基本形态特征：多年生草本。根状茎粗壮，达1.5cm。基生叶5～13枚。叶片卵形，长3～4cm，基部心形，3全裂，中央全裂片宽菱状，3深裂，边缘有牙齿，侧裂片较小，不等3裂。花莛1～2（3）条，被开展的长柔毛，花1～5朵；萼片5～6，花瓣状，蓝紫色；无花瓣，雄蕊多数。花期6～7月。

分布：西藏产色季拉山地区，海拔4000～4500m，昌都、江达、芒康、察隅、米林、朗县、拉萨、亚东、定日、聂拉木、吉隆等地也产，分布量较多。四川、青海、甘肃有分布。缅甸、不丹、印度、尼泊尔有分布记录。

生境及适应性：常生长于高山草地、灌丛、坍塌地檐口处；耐寒，喜冷凉气候，喜疏松肥沃土壤。

观赏及应用价值：植株低矮，花蓝色，是银莲花属较少的蓝色系种，可开发为盆栽、花坛或者花境花卉。

唐松草属 *Thalictrum*

中文名 **堇花唐松草**
拉丁名 *Thalictrum diffusiflorum*

基本形态特征：多年生草本。茎高60～100cm，中部以上分枝。叶为三至五回羽状复叶；叶片长8～15cm，小叶小，3或5浅裂。大型圆锥花序顶生，长达50cm；萼片4～5，花瓣状，淡紫色或蓝色，后期脱落。无花瓣，心皮10～15。花期6～8月，盛花期7月下旬。

分布：西藏特有植物，仅产于林芝、波密、米林3县，分布于色季拉山地区海拔3000～3500m一带，分布量偏少。

生境及适应性：常生长于针叶林下、林缘；极耐阴，喜肥沃疏松的土壤环境。

观赏及应用价值：堇花唐松草与美丽唐松草*Thalictrum reniforme*、偏翅唐松草*Thalictrum delavayi*是西藏唐松草属植物中观花价值最高的植物，均属于唐松草亚属腺毛唐松草组偏翅唐松草系。三者均适于选育为林下花境或者室内观花品种。此外，堇花唐松草的叶片小，形似铁线蕨*Adiantum capillus-veneris*，因此，也适于开发为室内观叶植物。

铁线莲属 *Clematis*

中文名　**短尾铁线莲**
拉丁名　*Clematis brevicaudata*

基本形态特征：藤本。枝有棱，小枝疏生短柔毛或近无毛。一至二回羽状复叶或二回三出复叶，有5～15小叶，有时茎上部为三出叶；小叶片长卵形、卵形至宽卵状披针形或披针形，顶端渐尖或长渐尖，基部圆形、截形至浅心形，有时楔形，边缘疏生粗锯齿或牙齿，有时3裂，两面近无毛或疏生短柔毛。圆锥状聚伞花序腋生或顶生，常比叶短；花梗有短柔毛；萼片4，开展，白色，狭倒卵形，两面均有短柔毛，内面较疏或近无毛；雄蕊无毛。瘦果卵形，密生柔毛。花期7～9月，果期9～10月。

分布：西藏产东部色季拉山，海拔2500～2700m，分布量较多。我国也分布于云南、四川、甘肃、青海东部、宁夏、陕西、河南、湖南、浙江（金华、杭州）、江苏、山西、河北、内蒙古和东北等地。朝鲜、蒙古、俄罗斯远东地区及日本也有。

生境及适应性：生山地灌丛或疏林中。喜阳，耐半阴，稍耐旱，喜冷凉气候，对土壤要求不严。

观赏及应用价值：观花类藤本植物。花白色至乳白色，花朵密集、花量大，可作为攀缘藤本应用。茎可入药。

中文名　**西藏铁线莲**
拉丁名　*Clematis tenaifolia*

基本形态特征：多年生木质藤本。叶多为对生。花单生或成圆锥状花序，无花瓣，萼片花瓣状。瘦果多数有宿存羽状花柱。茎有纵棱，常呈紫色，被短柔毛。叶为（一）二回羽状复叶，长达14cm；一回裂片2～3对，分裂的情况及形状均有很大变异，通常分裂为3个小叶，小叶狭卵形、披针形或狭椭圆形，稀线形，长达3.5cm，不分裂或下部2～3浅裂，偶尔2～3深裂，边缘通常全缘，偶尔下部有1～2小齿，背面疏被短柔毛；叶柄长达6cm。花单生茎或枝端；花萼钟形，黄褐色或橘黄色，萼片椭圆状卵形或狭卵形，长1.2～2.5cm，两面均疏被短柔毛，内面边缘被短茸毛；雄蕊长约1cm，花丝披针状条形，被短柔毛。花期6～9月。

分布：西藏产色季拉山地区，海拔3000～4300m，芒康、左贡、八宿、波密、米林、加查、朗县、隆子、林周、拉萨、江孜、昂仁、定日、康马、南木林、日喀则、聂拉木、吉隆、普兰、札达也产，分布量较多。喜马拉雅特有植物。尼泊尔至印度东北部也有分布记录。

生境及适应性：常生长于高山草地、灌丛或疏林中；喜光，耐贫瘠，适应性强，喜冷凉气候。

观赏及应用价值：铁线莲属植物观赏价值颇高，园艺用途广泛，不仅用于垂直绿化，而且广泛用于盆栽、切花等，素有"攀缘植物皇后"的美称，是世界著名的垂直绿化观赏植物。西藏铁线莲不但花期长，而且果实色泽多样，花果俱佳，延长了观赏期，目前，欧美及日本培育的园艺品种颇多，而作为原产地的中国则未见园艺品种报道。2008年以来，编者开展了育苗试验并取得成功。

西藏铁线莲

中文名　**大花绣球藤**
拉丁名　*Clematis montama* var. *grandiflora*

基本形态特征： 多年生木质藤本。枝条有纵棱；自2年生枝的叶腋抽生叶片和花。三出复叶，长5～14cm；小叶片草质，顶生小叶卵形或狭卵形，顶端渐尖，基部宽楔形或心形，有时3浅裂，边缘有牙齿，侧生小叶较小。花大，直径5～11cm；萼片长2.5～5.5cm，宽1.5～3.5cm；萼片4，花瓣状，白色开展，背面常带紫色。花期5～6月，果期7～8月。

分布： 在我国分布于西藏东南部，海拔2550～3800m，分布量较多。云南、四川、贵州、湖南西部、湖北西部、河南西部、陕西南部、甘肃等地也产。

生境及适应性： 常生长于山坡、山谷、沟边灌丛中或林边。喜阳，耐半阴，喜湿润冷凉气候，喜肥沃。

观赏及应用价值： 花大，花色由白色到淡紫色不等，欧美已有园艺品种，园林应用同西藏铁线莲。

中文名　小木通
拉丁名　*Clematis armandii*

基本形态特征： 木质藤本，高达6m。茎圆柱形，有纵条纹，小枝有棱，有白色短柔毛，后脱落。三出复叶；小叶片革质，卵状披针形、长椭圆状卵形至卵形，长4～12（16）cm，宽2～5（8）cm，顶端渐尖，基部圆形或宽楔形，全缘，两面无毛。聚伞花序或圆锥状聚伞花序，通常比叶长或近等长；腋生花序基部有多数宿存芽鳞，为三角状卵形、卵形至长圆形，长0.8～3.5cm；花序下部苞片近长圆形，常3浅裂，上部苞片渐小，披针形至钻形；萼片4（～5），开展，白色，偶带淡红色，长圆形或长椭圆形，大小变异极大，外面边缘密生短茸毛至稀疏。瘦果扁，卵形至椭圆形，宿存花柱长达5cm，有白色长柔毛。花期3～4月，果期4～7月。

分布： 西藏产林芝地区，海拔2300m左右，分布量中。我国云南、四川、陕西、湖北、湖南、贵州、广西、广东也有分布。

生境及适应性： 常生于山坡、山谷、路边灌丛中、林边或水沟旁；喜阳，耐半阴，稍耐旱，喜冷凉气候，喜疏松肥沃土壤。

观赏及应用价值： 观花类藤本植物。应用同短尾铁线莲。

侧金盏花属　*Adonis*

中文名　短柱侧金盏花
拉丁名　*Adonis brevistyla*

基本形态特征： 多年生草本。株高30～50cm，多数下部分枝，丛径50～80cm。茎下部叶片有长柄。叶片五角形或三角形，长达10cm，3全裂，全裂片有柄，二回羽状全裂或深裂，裂片边缘有深锯齿；叶柄长达7cm。花直径2.5～4cm，常单朵着生小枝枝头；萼片5～8；花瓣7～10，白色；雄蕊与萼片近等长。花期5～6月。

分布： 西藏产色季拉山地区，海拔2900～3500m，偶见3～5丛集群生长，波密也产，分布量偏少；我国云南、四川、甘肃、陕西有分布。不丹有分布记录。

生境及适应性： 常生长在灌丛、云杉林中；耐阴，喜肥，喜湿润，在疏松、腐殖质层厚的土壤中生长良好。

观赏及应用价值： 株型丰满，花大，适于开发为盆栽室内花卉，或经过适当配置，栽植在林下、灌丛中，群体效果良好。

碱毛茛属 *Halerpestes*

中文名 **水葫芦苗**
拉丁名 ***Halerpestes cymbalaria***

基本形态特征： 多年生草本。匍匐茎细长横走，节上生根长叶。叶多数基生，大多圆形或宽卵形，纸质或近革质；顶端有时3～5裂（或具3～7个圆齿）。花葶1～4，高5～15cm，直立；苞片线形。花小，直径6～8mm，花瓣狭椭圆形，与萼片等长，有爪，上端有点状密槽。聚合果椭圆形。花期5～7月。

分布： 西藏产色季拉山地区，海拔3000～4500m，吉隆、聂拉木、日喀则、南木林、林周、墨竹工卡、错那、察隅等地也产，分布量较多。四川、青海、陕西、新疆、河北、内蒙古、东北等有分布。蒙古、俄罗斯以及喜马拉雅周边地区有分布记录。

生境及适应性： 常生长于河边、湖边盐碱性沼泽地；喜光，喜盐碱性沼泽土，喜冷凉气候。

观赏及应用价值： 水生观赏植物。由于极耐盐碱和水涝，可以结合野生抚育技术进行高山盐碱性湖泊周边大量应用，在美化环境的同时，保障高原生态环境的安全。

毛茛属 *Ranunculus*

中文名 **高原毛茛**
拉丁名 ***Ranunculus tanguticus***

基本形态特征： 多年生草本。须根基部常肉质增厚，稍纺锤形。茎直立或斜升，高10～30cm，多分枝，生白色柔毛。基生叶和下部叶片长圆状倒卵形，长1～6cm，3全裂，裂片再2～3全裂或3中裂，末回裂片多披针形。花较多，生于茎顶和分枝顶端，直径1～2cm，花瓣宽倒卵形，顶端稍凹；花托无毛。聚合果长卵圆形，喙长达1mm。花期6～8月。

分布： 西藏产色季拉山地区，海拔3000～4500m，波密、察隅、芒康、昌都、丁青、类乌齐、拉萨、仁布、康马、吉隆、聂拉木等也产，分布量较多。云南、四川、甘肃、青海、山西及河北有分布。印度、土库曼斯坦等地有分布记录。

生境及适应性： 常成片生长在山坡草地、水边沼泽地；喜光，喜冷凉，喜疏松肥沃土壤条件。

观赏及应用价值： 毛茛属花卉在园林中常见应用。高原毛茛花期长，花量大，适于培育缀花草坪品种。

中文名 **三裂毛茛**
拉丁名 *Ranunculus hirtellus*

基本形态特征： 多年生草本。须根基部稍粗厚。茎直立或斜升。高5～20cm，大多生柔毛，有分枝。基生叶数枚，叶片近圆形，3深裂，裂片倒卵状楔形，有3齿或侧裂片再2深裂，顶端钝；上部叶片无柄，3深裂，裂片线状披针形至条形。花生于分枝和茎的顶端，数量多，花径1.5～2cm，黄色。聚合果长卵圆形。花期6～7月。

分布： 西藏产色季拉山地区，海拔4200m，拉萨、南木林、亚东、樟木也产，分布量较多。云南、四川、青海有分布。印度、尼泊尔等地有分布记录。

生境及适应性： 常生长于草甸上；喜光，喜冷凉，喜疏松肥沃土壤。

观赏及应用价值： 花量大，花期集中，颜色鲜亮，用于缀花草坪、花境等。

中文名 **云生毛茛**
拉丁名 *Ranunculus longicaulis* var. *nephelogenes*

基本形态特征： 多年生草本。茎直立或屈膝上升，高2～30cm，无分枝或仅1～2短分枝。基生叶多数，披针形至线形，全缘，有时3裂。茎生叶全缘，无柄，线形。花单生，黄色，直径1～1.5cm；萼片带紫色。聚合果长圆形。花期6～8月。

分布： 西藏产色季拉山地区，海拔3000～4200m，普兰、吉隆、聂拉木、定结、拉萨、江孜、仁布、安多、波密、芒康、类乌齐、江达也产，分布量较多。云南、四川、甘肃、青海也有分布。喜马拉雅周边各地有分布记录。

生境及适应性： 常生长于高山草甸、灌丛、沼泽地边缘、流石滩上；喜光，耐半阴；喜水湿，耐干旱，耐贫瘠，适应性极强。

观赏及应用价值： 适应性极强，在极端恶劣的气候条件下，能够在流石滩至沼泽地边缘生长，反映了其极强的生命力；因此，可以开发成为西藏城镇绿化的首选地被植物，用于园林建设。

水毛茛属 *Batrachium*

中文名 **伞叶水毛茛**
拉丁名 *Batrachium bungei*

基本形态特征：多年生草本。茎长30cm以上。叶片轮廓半圆形（常因水流影响表现为线条状），直径2～4cm。花径1～2cm，花梗长2～5cm；花瓣白色，花托有毛。聚合果卵球形。花期5～7月。

分布：西藏产色季拉山地区，海拔3000～4000m，波密、错那、拉萨、尼木、南木林、白朗等地也产，分布量较多。云南、四川、青海、甘肃、山西、湖北、辽宁、江苏等地也有分布。

生境及适应性：常生长于常年性山谷溪流边、水塘或湖边；耐寒，喜淤泥深厚的浅水域。

观赏及应用价值：西藏水域的水温极低，常在0～5℃之间，园艺品种的水生花卉应用效果差。伞叶水毛茛在长期的高原生长中已经形成了极耐低水温的习性。因此，可以结合园林水景的营造，大力发展伞叶水毛茛的应用，提高园林景观效果。

类叶升麻属 *Actaea*

中文名 **类叶升麻**
拉丁名 *Actaea asiatica*

基本形态特征：根状茎横走，质坚实，外皮黑褐色，生多数细长的根。茎高30～80cm，圆柱形，下部无毛，中部以上被白色短柔毛，不分枝。叶2～3枚，茎下部的叶为三回三出近羽状复叶，具长柄，叶片三角形，宽达27cm；顶生小叶卵形，三裂边缘有锐锯齿，侧生小叶卵形至斜卵形；叶柄长10～17cm；茎上部叶的形状似茎下部叶，但较小，具短柄。总状花序长2.5～4（6）cm；花轴和花梗密被白色或灰色短柔毛；苞片线状披针形；花瓣匙形，下部渐狭成爪，白色。果序长5～17cm，果实紫黑色。5～6月开花，7～9月结果。

分布：西藏产色季拉山东部海拔3000m左右，分布量中。在我国还分布于云南、四川、湖北、青海、甘肃、陕西、山西、河北、内蒙古南部、辽宁、吉林、黑龙江等地。在朝鲜、俄罗斯远东地区、日本也有分布。

生境及适应性：生山地林下或沟边阴处，河边湿草地。喜阴，喜湿润冷凉，喜腐殖质较多的土壤。

观赏及应用价值：观花观果，株型优美，可用于竖线条花卉应用，如花境、花坛等。

升麻属 *Cimicifuga*

中文名 **升麻**
拉丁名 ***Cimicifuga foetida***

基本形态特征：根状茎粗壮，坚实，表面黑色，有许多内陷的圆洞状老茎残迹。茎高1～2m，基部粗达1.4cm，微具槽，分枝，被短柔毛。叶为二至三回三出状羽状复叶；茎下部的叶片三角形，宽达30cm；顶生小叶具长柄，菱形，长7～10cm，宽4～7cm，常浅裂，边缘有锯齿，侧生小叶具短柄或无柄，斜卵形；上部的茎生叶较小，具短柄或无柄。花序具分枝3～20条，长达45cm，下部的分枝长达15cm；花两性；萼片倒卵状圆形，白色或绿白色；花药黄色或黄白色；花期7～9月。

分布：西藏主要产色季拉山地区，分布量中。在我国分布于云南、四川、青海、甘肃、陕西、河南西部和山西等地，海拔1700～2300m。在蒙古和俄罗斯西伯利亚地区也有分布。

生境及适应性：多生于山地林缘、林中或路旁草丛中。喜阴，喜湿润冷凉，喜腐殖质较多的土壤。

观赏及应用价值：观花大型草本，花序长而丰满，株型优美，可用于竖线条花卉应用，如花境、花坛等。根状茎可入药。

小檗科 BERBERIDACEAE 小檗属 *Berberis*

中文名 **林芝小檗**
拉丁名 ***Berberis temolaica***

基本形态特征：落叶灌木，高1～2m。枝圆柱形，暗紫色，光滑无毛；茎刺三分叉，长5～15mm，淡紫褐色。叶长圆状倒卵形，长2～4.2cm，宽0.8～1.5cm，先端圆钝，基部楔形，上面暗灰绿色，微被白粉，中脉扁平或微凹陷，侧脉清晰可见，网脉显著，背面密被白粉，中脉隆起，网脉不明显，叶缘平展，全缘，有时每边具有1～5刺状锯齿；叶柄长1～4mm或近无柄。花单生或1～3朵簇生；花梗长8～13mm，被白粉；花黄色；萼片3轮；花瓣阔倒卵形，长约7mm，宽约6mm，先端缺裂，基部具2枚腺体；浆果幼时绿色，后红色，长圆状卵形，长11～14mm，直径6～7mm，向顶端渐细而略弯曲，具粗短宿存花柱，被白粉。花期6～7月，果期8～9月。

分布：西藏产色季拉山地区，海拔4000m左右，西藏特有植物，察隅、波密、工布江达、朗县也产，分布量中。

生境及适应性：常生长于林缘；耐阴，耐贫瘠，喜冷凉气候。

观赏及应用价值：观花观果，花期鲜黄一片，秋季红果累累，此外林芝小檗叶片被白粉，叶脉明显，适于成片配置，有灰白色的效果。

中文名	**波密小檗**
拉丁名	*Berberis gyalaica*
别　名	三颗针

基本形态特征： 落叶灌木，高1.2～3m。枝深灰色或紫褐色，被短柔毛，后脱落；茎刺单生，偶三分叉，长6～12mm，淡黄色。叶纸质，倒卵状椭圆形，长1.2～4.2cm，宽7～17cm，先端急尖或圆形，基部楔形，上面暗绿色，背面灰绿色，中脉和侧脉明显隆起，两面网脉显著，叶缘平展，全缘，偶每边具2～4刺齿；叶柄短或近无柄。圆锥花序具花10～45朵，常下垂，长4～11cm，花序轴及总梗被短柔毛；苞片通常较花梗长；萼片2轮，外萼片卵形，内萼片倒卵形；花黄色，花瓣倒卵形，先端圆形锐裂，具2枚分离腺体。浆果长圆状卵形，紫黑色，微被白粉。花期6～7月，果期10月。

分布： 西藏特有植物，产色季拉山地区，海拔3000m左右，波密、米林也产，分布量较多。

生境及适应性： 常生长于灌丛中、路边、采伐迹地或林下；喜光，稍耐阴，耐贫瘠。

观赏及应用价值： 花大，色泽鲜黄，开花时花满枝头，常下垂；秋季叶色血红，甚是美丽。1924年，英国人在波密采集种子后回国进行了栽培，本种模式标本即为栽培品（Kingdon Ward 1962）。色季拉山国家森林公园中，外形近似的种还有刺黄花、细梗小檗，园林用途相近。

中文名	**珠峰小檗**
拉丁名	*Berberis everestiana*

基本形态特征： 半落叶灌木。茎黄色，无毛，具槽。齿3～5分叉，有时单刺，长8～12mm。叶片长12mm，宽4mm，倒卵形，全缘或偶有刺齿。花单生。外轮萼片长6～7mm，内轮萼片长7～8mm，花瓣长6～6.5mm，全缘。胚珠3～4。

分布： 西藏产色季拉山地区，海拔4200～4500m，西藏特有植物，定日、聂拉木、波密也有分布，分布量中。

生境及适应性： 常生长于山顶一带的山坡上；喜阳，耐寒，较耐旱耐贫瘠。

观赏及应用价值： 观花观果，且珠峰小檗为低矮高原高山灌丛，11月至翌年5月多数叶片不落，血红色，是组成色季拉山山顶一带秋、冬、早春季节的重要色叶树种；可选育在北方城市中应用的秋天至春天的长季节性观叶品种。

中文名	**工布小檗**
拉丁名	*Berberis kongboensis*

基本形态特征： 落叶灌木，高约2m。老枝暗紫红色，带光泽，无疣点，幼枝亮红色，无毛；茎刺三分叉，淡黄色，长1～2.5cm，腹面具槽。叶纸质，倒披针形，长1～5cm，宽0.5～1.5cm，先端急尖，具短尖头，基部狭楔形，上面深绿色，中脉侧脉明显，网脉不显，背面淡绿色或灰绿色，中脉和侧脉微隆起，网脉明显，叶缘平展，全缘；叶柄长2～5mm。总状花序稀疏，具7～25朵花，包括总梗长1～2cm；花梗细弱，长1～2cm，光滑无毛；花黄色；萼片2轮，外萼片长圆状卵形，内萼片长圆状椭圆形；花瓣倒卵形，先端圆形，浅缺裂，基部具2枚披针形腺体。浆果长圆形，红色，顶端无宿存花柱，不被白粉。花期5月，果期6～8月。

分布： 产于西藏色季拉山地区，海拔2680～3200m，米林、察隅等地也产，分布量中。

生境及适应性： 生于林下或杜鹃林下。耐寒，较耐阴，喜较湿润气候，要求土层深厚为宜。

观赏及应用价值： 观花观果，丛植或群植效果好，可开发应用于庭院公园美化绿化。

桃儿七属 *Sinopodophyllum*

中文名	**桃儿七**
拉丁名	*Sinopodophyllum hexandrum*
别　名	鬼臼

基本形态特征： 多年生草本。根状茎粗壮横走；茎高10～30cm，顶端具2（3）叶；叶心脏形，近3～5全裂，裂片又2（3）中裂。花单生茎顶，花叶同放，嫩芽古铜色至黄绿色，伞状，花期逐渐平展成全叶；花瓣6枚，边缘波状，粉红色，花朵直径5～6cm。浆果长卵圆形，大型，直径约4cm，鲜红色，下垂。花期5月，果期7～8月。

分布： 西藏产色季拉山地区，海拔3000～3500m，昌都、察隅、波密、米林、亚东、定结、隆子、吉隆也产，分布量较多。云南、四川、甘肃、陕西有分布。喜马拉雅周边各地有分布记录。

生境及适应性： 常生长于林缘草地或灌丛；喜冷湿，喜光，不耐干旱瘠薄。

观赏及应用价值： 花、果、叶俱美，适于成片配置，可用于早春观花，秋季观果。园林配置中，可种植于墙隅、水边、风景林林缘，丰富园林景观。

桃儿七

八角莲属 *Dysosma*

中文名　西藏八角莲
拉丁名　*Dysosma tsayuensis*

基本形态特征： 多年生草本，高50～90cm。根状茎粗壮，横走，茎不分枝。茎生2叶，对生，纸质，圆形或近圆形，几为中心着生的掌状，直径约30cm，叶两面被毛，上面尤密，叶片5～7深裂，几达中部。花紫红色，下垂。浆果椭圆形或卵形，2～4枚簇生于2叶柄交叉处，长约3cm，红色，宿存柱头大而呈流苏状，果梗长，3～8cm。花期5～6月，果期8～9月。

分布： 西藏特有植物，察隅、米林、波密、墨脱有分布，分布量中。

生境及适应性： 多生于海拔2500～3500m高山松林或云杉林下湿润处；喜阴，喜湿润，喜肥。

观赏及应用价值： 叶片大型，形态美丽，可用于园林花境；又为藏药的重要药源植物；可结合药源植物生产，在林下大面积配置，效果较好。

十大功劳属 *Mahonia*

中文名　尼泊尔十大功劳
拉丁名　*Mahonia napaulensis*

基本形态特征： 常绿灌木，高1～1.5m。奇数羽状复叶，长23～40cm，具小叶7～9对，最下面一对着生在叶轴基部，大小约为中部叶片的一半，第二对以上小叶革质，卵形至披针形，叶缘有3～7对粗锯齿。总状花序4～9簇生，花黄色。幼果深绿色，成熟浆果暗蓝黑色。花期10～11月，果期12月。

分布： 西藏产色季拉山地区，海拔2050～2700m的东坡下缘，通麦镇一带，分布量中。喜马拉雅特有植物。云南也有分布。尼泊尔有分布记录。

生境及适应性： 常生长于林下或山脚；极耐阴，喜温暖湿润环境。

观赏及应用价值： 叶片革质，叶大型，常绿，深绿色，适于培育为防护性绿篱，花期观赏效果也佳。

木通科 LARDIZABALACEAE
八月瓜属 *Holboellia*

中文名　**五风藤**
拉丁名　*Holboellia latifolia*
别　名　八月瓜

基本形态特征： 常绿木质藤本。茎与枝具明显的线纹。掌状复叶有小叶3～9片；叶柄稍纤细；小叶近革质，卵形至线状披针形，先端渐尖，基部圆，有时截形，上面暗绿色，有光泽；侧脉每边5～6条，至近叶缘处网结；小叶柄纤细，中间1枚最长。花数朵组成伞房花序式的总状花序；总花梗纤细，数枚簇生于叶腋，基部覆以阔卵形至近圆形的芽鳞片。雄花绿白色，花瓣极小，倒卵形。雌花紫色，外轮萼片卵状长圆形，花瓣小；心皮长圆形或圆锥状，柱头无柄，偏斜。果为不规则的长圆形或椭圆形，熟时红紫色，两端钝而顶常具凸头，外面密布小疣凸。花期4～5月，果期7～9月。

分布： 西藏分布于色季拉山东南、察隅、波密、墨脱等地，海拔600～2600m，分布量较多。我国云南、贵州、四川等地也产。印度东北部、不丹和尼泊尔有分布。

生境及适应性： 常生长于山坡、山谷密林林缘。喜阳，耐半阴，稍耐寒，喜稍湿润温暖气候，对土壤要求不高。

观赏及应用价值： 两性花奇特，花朵小巧美丽；叶质光亮可赏，覆盖效果也较好；果实奇特美丽，也具有较高观赏性。可作为观花观果的立体绿化材料应用。

罂粟科 PAPAVERACEAE　绿绒蒿属 *Meconopsis*

中文名　**藿香叶绿绒蒿**
拉丁名　*Meconopsis betonicifolia*

基本形态特征： 多年生草本。根茎短而肥厚，多数残存叶基包被。茎直立，不分枝，粗壮，高30～90cm，最高可达1.5m。叶片卵状披针形或卵形，边缘有宽缺刻状圆裂；叶片长5～15cm，基部宽4～8cm，下延并扩大成鞘。花3～6朵生于茎上部叶腋，直径5～6cm，花天蓝色或浅蓝紫色，花瓣4，花丝白色，花药橘红色或金黄色。花期6～7月。

分布： 西藏产色季拉山地区，海拔3300～4000m，通麦、米林、错那也产，分布量较多。云南西北部有分布。缅甸北部有分布记录。

生境及适应性： 常生长于林缘或林下；喜湿润、湿凉，不耐瘠薄。

观赏及应用价值： 花色美丽，花量大，是色季拉山国家森林公园中分布海拔带最宽的种类，适于开发为切花品种或林下花境、花坛花卉。

藿香叶绿绒蒿

中文名　**全缘叶绿绒蒿**
拉丁名　*Meconopsis integrifolia*

基本形态特征：一年生草本，高60～100cm，最高可达150cm。全株被黄色或锈色具短分叉的长柔毛。基生叶莲座状，其间常混生鳞片状叶，叶倒披针形、倒卵形或近匙形，全缘。花通常4～5朵或更多，生于茎上部叶腋；黄色，直径6～10cm；花丝线形，金黄色或成熟时为褐色，花药橘红色，后为黄色至黑色；子房被毛。蒴果宽椭圆状长圆形至椭圆形，长2～3cm，粗1～1.2cm，密被金黄色或褐色、平展或紧贴、具多短分枝的长硬毛。花期6月。

分布：西藏产色季拉山地区，海拔3800～5000m，芒康、左贡、昌都、类乌齐、索县、察隅也产，分布量较多。云南、四川、甘肃、青海有分布。缅甸有分布记录。

生境及适应性：常生长于山坡灌丛或草甸；喜光，喜冷湿，不耐瘠薄。

观赏及应用价值：花朵大型，花序花量多，最多达18朵，适于在花境中应用，也适于开发为切花。藏文名音译为"慕琼单圆"，是藏药的重要药源植物。

中文名　**多刺绿绒蒿**
拉丁名　*Meconopsis horridula*

基本形态特征：一年生草本，高15～20cm。全体被黄褐色或淡黄色平展的坚硬刺。主根肥而长。茎近无或极短。叶均基生，披针形，长5～12cm，宽约1cm，两面被硬刺；叶柄长0.5～3cm。花莛坚硬，常5～12条或更多，密被黄褐色平展的刺。花单生于花莛顶，半下垂，直径2.5～4cm，花瓣5～8，有时为4，蓝色或蓝紫色，宽倒卵形，长1.2～2cm，宽1cm。蒴果倒卵形或椭圆状长圆形，长1.2～2.5cm，也密被黄褐色平展的刺。花期6～8月。

多刺绿绒蒿的变种总状绿绒蒿*Meconopsis horridula* var. *racemosa* 在色季拉山一带也有标本记录，其主要区别是：植株有较高的茎，花主要生于1/3以上的叶腋内，有时有基生花莛，易于区别。

分布：西藏产色季拉山地区，海拔5000～5400m，散生，在西藏4100～5400m一带的高寒荒漠中广泛分布，分布量中。青海、甘肃、四川、云南有分布。尼泊尔、印度、不丹、缅甸有分布记录。

生境及适应性：常见于流石滩上生长；喜冷凉，喜光，喜疏松肥沃土壤。

观赏及应用价值：形态飘逸，花量大、花期长、花蓝色或蓝紫色，适于开发为盆栽观花花卉。但由于其自然生长环境难以人工模拟，至今未见人工栽培报道。

中文名	**单叶绿绒蒿**
拉丁名	*Meconopsis simplicifolia*

基本形态特征： 多年生草本，高20～50cm。主根细长。茎短而粗，为密集残枯的叶基所覆盖，其上密被棕色或金黄褐色具多短分枝的刚毛。叶均基生，呈莲座状；叶片倒披针形至卵状披针形，长达16cm，宽达5cm，边缘全缘状，两面被具多短分枝的长柔毛；叶柄条形，长达20cm。花葶1～5，被刚毛，刚毛初紧贴或伸展，后反折；花单生于基生花葶上，半下垂，直径5～8cm；花瓣5～8，紫色至天蓝色，倒卵形，长4～5cm，宽3～4cm；花丝丝状；子房狭椭圆形至长圆状椭圆形，长1.5～2cm，无毛至被刚毛。蒴果狭长圆形至长圆状椭圆形，被反曲的刚毛，长2.5～5cm。花期5～6月。

分布： 西藏产色季拉山地区西坡，海拔4500m，聂拉木、亚东、错那、墨脱也产，分布量较多。尼泊尔、不丹有分布记录。

生境及适应性： 常生长于灌丛中、路边、草地上；喜冷凉，耐半阴，喜肥沃疏松的深厚土壤。

观赏及应用价值： 花大色艳，植株低矮，适于培育盆栽花卉品种。

紫堇属 *Corydalis*

中文名	**米林紫堇**
拉丁名	*Corydalis lupinoides*

基本形态特征： 多年生草本，高20～36cm。须根多数成簇，狭纺锤状肉质增粗，长1.5～3cm，粗1.5～3mm。茎直立，压扁，明显具棱，有少数分枝，基部裸露且渐狭。基生叶少数，具长柄，叶片三回三出分裂；茎生叶少数，叶柄长0.5～3cm，形似基生叶。总状花序顶生，长达10cm，果期延长；下部苞片似叶，上部苞片披针形、全缘；花瓣淡紫色，舟状；背部具鸡冠状凸起，下部囊状；内花瓣先端紫黑色。花期7～8月。

分布： 西藏产色季拉山地区，海拔3800～4000m，西藏特有植物，米林、波密也产，分布量较多。

生境及适应性： 常生长于林下草地或砍伐迹地上；喜冷凉，喜疏松土壤。

观赏及应用价值： 紫堇属植物常在林下成片栽植，也可盆栽观赏。近年来，在屋顶花园中也已开始应用。米林紫堇花量大、花色淡紫，叶型美丽，同样适用于林下配置、盆栽观赏。

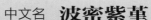

中文名	**波密紫堇**
拉丁名	*Corydalis pseudo-adoxa*
别　名	葵叶紫堇

基本形态特征：多年生草本，高5～45cm。须根多数成簇，棒状肉质增粗，具纤维状细根。根茎短，具鳞茎。茎1～4条，直立或弯曲，不分枝，近裸露，基部变细。基生叶2～6枚，叶柄长3～13cm，近基部变细；叶片轮廓近圆形至宽卵形，长1.5～3cm，二至三回三出分裂，第一回全裂片近无柄，第二回深裂片全缘或2～3浅裂，小裂片狭倒卵形至狭椭圆形，表面绿色，背面具白粉，纵脉明显；茎生叶通常1枚，生茎上部，近无柄，似基生叶。总状花序顶生，长2～5cm，有5～15花；苞片狭卵形，全缘；花梗纤细，长过苞片；距圆筒形，与花瓣片近等长；花瓣蓝色，舟状卵形，背部鸡冠状突起高；距圆筒形，与花瓣近等长；内花瓣先端紫褐色，具1侧生囊。花期7～8月。

分布：西藏产色季拉山地区东坡，海拔4100～4200m，米林、波密、察隅也产，分布量较多。云南有分布。

生境及适应性：常生长于草甸、塌方地上；喜冷凉，喜疏松肥沃土壤。

观赏及应用价值：同米林紫堇。地被效果好。

中文名	**条裂黄堇**
拉丁名	*Corydalis linarioides*
别　名	铜棒锤

基本形态特征：多年生草本。茎直立，细弱，高30～50cm。须根多数成簇，纺锤状肉质增粗，黄色，味苦。茎不分枝，在中部以上疏生数叶。茎生叶互生，通常2～3枚，背面被白粉，一回羽状全裂，裂片线形至狭披针形，长1.5～4cm；基生叶少数，二回羽状全裂，裂片似茎生叶。总状花序长2～9cm，花密集；苞片狭披针形或条形，有时狭卵形，全缘或疏生小裂片；萼片极小；花瓣黄色，上面花瓣长1.2～2.2cm，距近圆筒形，长0.6～1.5cm，末端圆形，稍向下弯，下面花瓣基部囊状。蒴果狭长圆形，成熟时下垂，长1～1.5cm。花期7～8月。

分布：西藏产色季拉山地区，海拔4200m，昌都、类乌齐、丁青、比如、当雄、拉萨也产。本种全国分布极其广泛，陕西、宁夏、甘肃、青海、四川有分布，在叶片的大小、叶形上均有不同的生态型出现，变异大。

生境及适应性：常生长于流石滩、高山草甸上；喜冷凉，喜疏松肥沃土壤。

观赏及应用价值：同米林紫堇。但花色为亮黄色，可与其他紫堇搭配应用。此外，此种块根可药用。

中文名	**多毛皱波黄堇**
拉丁名	*Corydalis crispa* var. *setulosa*

基本形态特征： 直立草本，普遍高达80cm。主根长，具少数纤维状分枝，茎直立，基部多开展分枝。基生叶早枯；茎生叶多数，三出分裂，第一回裂片顶端具较长柄，侧生的具较短柄，第二回裂片无柄，叶背沿脉被多数小刚毛，干时白色。总状花序生于茎和枝顶端，长4～10（20）cm，多花密集，单花长1.2～1.5cm，背部鸡冠状，花瓣边缘有时具浅波状齿，黄色，稀天蓝色或白色，内花瓣倒卵形，具1侧生囊。花期7～8月。

分布： 西藏产色季拉山地区，海拔（3100）4000～4800m，西藏特有植物，朗县、加查、错那、工布江达、拉萨、南木林、江孜、亚东、吉隆也产，分布量较多。

生境及适应性： 常生长于山坡草地或灌丛中；喜冷凉，喜肥沃疏松土壤。

观赏及应用价值： 同米林紫堇，但本种花量大，花期集中，应用价值更高。

中文名	**纤细黄堇**
拉丁名	*Corydalis gracillima*

基本形态特征： 铺散小草本，高10～30cm。具明显的主根，长达10cm，有少数纤维状分枝。茎纤细，近匍匐，基部具多数分枝。基生叶数枚，叶柄柔弱，长3～6cm，叶片三回三出分裂，末回裂片倒披针形；茎生叶多数，疏离，互生，形似茎生叶。总状花序生于茎和分枝的顶端，排列稀疏；花黄色，上花瓣具极短的鸡冠状凸起，距纤细，圆锥状，与花瓣近等长，内花瓣先端紫色，柱头2裂。花期9月。

分布： 西藏产色季拉山地区，海拔3000～3500m，察隅、错那、亚东、聂拉木也产，分布量较多。四川、云南有分布。

生境及适应性： 常生长于水沟、沙滩地上。喜水湿，耐贫瘠，在通透性好的沙地、河滩上生长良好。

观赏及应用价值： 花细小，铺散地面，耐贫瘠。适于在岩石园、屋顶花园、溪流沿岸等区域应用，模拟营造自然环境。

角茴香属 *Hypecoum*

中文名	**细果角茴香**
拉丁名	*Hypecoum leptocarpum*

基本形态特征： 一年生草本，略被白粉，高4～60cm。茎丛生，铺散，多分枝。基生叶多数，蓝绿色，叶片长5～20cm，二回羽状全裂，裂片4～9对，宽卵形或卵形，疏离，近无柄，羽状深裂，小裂片披针形、卵形、狭椭圆形至倒卵形；茎生叶同基生叶，较小，近无柄。花茎多数，高5～40cm；花小，排列成二歧聚伞花序，花径5～8mm，花梗细长，每花具数枚刚毛状小苞片；花瓣淡紫色；雄蕊4，与花瓣对生。蒴果直立，圆柱形，两侧压扁，成熟时在关节处分离成数小节，每节具1种子。花果期6～9月。

分布： 西藏产色季拉山地区，海拔4000～4500m，西藏广布，分布量较多。河北、山西、内蒙古、陕西、甘肃、青海、新疆、四川、云南有分布。中亚各国以及蒙古、尼泊尔、不丹、印度等有分布记录。

生境及适应性： 常生长于山坡、草地上；喜光，耐贫瘠，喜通透性好的沙地性壤土。

观赏及应用价值： 植物低矮，平铺地面，适于在岩石园、屋顶花园等区域应用。此外，细果角茴香全草入药，适于开发为药用型地被类观赏植物。

紫金龙属 *Dactylicapnos*

中文名	**紫金龙**
拉丁名	*Dactylicapnos scandens*
别　名	紫铃儿草

基本形态特征： 多年生草质藤本。根粗壮，木质，圆柱形，粗达5cm，多分枝，干时外皮呈茶褐色，木栓质，有斜向沟纹。茎长3～4m，攀缘向上，绿色，有时微带紫色，有纵沟，具多分枝。叶片三回三出复叶，轮廓三角形或卵形，第二或第三回小叶变成卷须；叶柄长4～5cm；小叶卵形，长0.5～3.5cm，宽0.4～2cm，先端急尖或圆，具小尖头，基部楔形，两侧不对称，全缘，基出脉5～8。总状花序具（2）7～10（14）花；苞片线状披针形；萼片卵状披针形，早落；花瓣黄色至白色，先端粉红色或淡紫红色，外面2枚先端向两侧叉开，基部囊状心形，里面具1钩状蜜腺体，里面2花瓣先端具圆突，爪具长约1mm的鸡冠状突起。蒴果卵形或长圆状狭卵形，成熟时紫红色，浆果状，具宿存花柱。花期7～10月，果期9～12月。

分布： 西藏产樟木，海拔2300～2700m，分布量偏少。我国广西西部、云南西北部也有分布。不丹、尼泊尔、印度、缅甸等地也有分布记录。

生境及适应性： 常生于林下、山坡、石缝或水沟边、低凹草地、沟谷；喜冷凉湿润，耐阴，较耐寒，对土壤要求不高。

观赏及应用价值： 观花观果类地被植物。植株叶形小巧整齐，花期花色明丽、量大，果期紫红色的小果挂满枝头，较具观赏性，可用于墙垣、岩石园或屋顶绿化。

桑科 MORACEAE　桑属 *Morus*

中文名　**裂叶蒙桑**
拉丁名　*Morus mongolica* var. *diabolica*
别　名　山桑

基本形态特征：小乔木或表现为灌木状，常见高3～5m。树皮灰褐色，纵裂。叶卵形至椭圆形，长8～18cm，宽6～8cm；多数叶片3～5裂，顶端渐尖或尾状渐尖，基部心形，边缘有粗牙齿，齿端有刺芒尖，尖刺长约2mm，两面均无毛；叶柄长4～6cm。雄花序长约3cm；雌花序长约1cm，花柱极短，柱头2。聚花果（桑椹）圆筒形，成熟时红色或近黑色，长2～2.5cm。花期4～5月，果熟期6～7月。

分布：西藏分布于色季拉山3000m左右的林芝县尼池村村边，在察隅、波密、米林等地海拔2600～3200m的村寨边也常见，分布量较多。东北、华北、西北、西南及湖北、湖南、江西等地也有分布。

生境及适应性：多生长于山坡林缘或路边。喜光，耐瘠薄，萌枝力强，抗旱、耐寒。

观赏及应用价值：是优良的庭院树种，野生植株常见有高大者，林芝等地城镇建设中常进行迁地栽培用于园林绿化。此外，果实可酿酒，韧皮纤维可作为造纸原料。

胡桃科 JUGLANDACEAE　胡桃属 *Juglans*

中文名　**核桃**
拉丁名　*Juglans regia*

基本形态特征：落叶乔木，高20～40m。树皮灰白色，浅纵裂；小枝髓部片状。奇数羽状复叶，长25～30cm，小叶5～9片，全缘，椭圆形，长5～15cm，叶脉7～15对。花单性，雌雄同株；雄柔荑花序下垂，雌花序直立，通常有花1～3枚。果实球形。花期5～6月，果期8～9月。

分布：西藏产色季拉山地区，海拔3000～3200m，常为粗壮古树；芒康、贡觉、墨竹工卡、林周、察隅、墨脱、米林、隆子、拉萨、曲水、聂拉木、吉隆以及扎达等地均产，分布量多。我国南北普遍栽培，中亚、西亚、南亚以及欧洲各地也有分布记录。

生境及适应性：多分布于林缘、路边，亦有林中分布。喜光，喜疏松肥沃的深厚土壤。

观赏及应用价值：树冠雄伟，树干灰白色，枝叶繁茂，绿荫盖地，气味清香，在园林中可作道路绿化或者庭荫树，西藏寺庙园林中偶见应用。此外，西藏是我国核桃的原产地，栽培历史起源也较早，在《月王药诊》、《晶珠草本》等书中均有相关记载。核桃栽植主要在藏南谷地和藏东高山峡谷区，为当地的主要经济树种。

壳斗科 FAGACEAE 栎属 *Quercus*

中文名 **川滇高山栎**
拉丁名 *Quercus aquifolioides*

基本形态特征： 又名巴朗栎，当地俗称"青冈"。常绿乔木，在干旱阳坡或经常砍伐的地方呈灌木状，高达30m，胸径达1m以上。树皮灰褐色，小片状剥裂。叶片椭圆形或者倒卵形，长2.5～7cm，叶缘有刺状锯齿或者全缘，背面被黄褐色鳞秕及星状毛，侧脉6～8对。壳斗碗状，包坚果1/2以下，成熟时顶端自然开裂。

分布： 西藏产色季拉山东、西坡海拔3000～4000m一带，昌都、波密、工布江达也产，四川、云南等地有分布。

生境及适应性： 常成片分布于山坡上；喜光，耐旱，耐寒，耐瘠薄，生长缓慢。

观赏及应用价值： 树冠浓密，叶片深绿色，是优秀的常绿庭荫树、孤景树，也可进行人工选育作为绿篱植物或树桩盆景。1999～2003年林芝地区八一镇作为行道树进行了迁地栽培试验，但成活率极低。因此，若进行园林应用开发，需要大量的后续栽培研究。

桦木科 BETULACEAE　桦木属 *Betula*

中文名　**糙皮桦**
拉丁名　*Betula utilis*

基本形态特征： 当地俗称桦木。落叶乔木，高达20m。树皮暗红褐色至灰白色，成层剥落，有多数横向白色线形皮孔；枝条红褐色，无毛；当年生小枝灰褐色，密被树脂腺体和短柔毛。叶片厚纸质，卵形，顶端渐尖，边缘具不规则的锐尖锯齿，侧脉8～14对。果序常单生，果苞革质，开展，长为中裂片的1/3。小坚果卵形，膜质翅宽及果实的1/2。花期5～6月，果期7～9月。

分布： 西藏产色季拉山东、西坡海拔3000～4500m一带，索县、波密、米林、隆子、亚东、定结、聂拉木、吉隆也产，分布量多；云南、四川、陕西、甘肃、河南、河北、山西、湖北有分布。尼泊尔、印度、不丹有分布记录。

生境及适应性： 多生于阴坡、半阴坡林中；耐阴，耐贫瘠，喜疏松土壤。

观赏及应用价值： 树皮绢质，暗红褐色至灰白色，片状剥落，秋季叶色金黄，因此，既是优良的观干树种，也是优秀秋色叶树种。园林应用中，播种繁殖容易，但移植技术难题有待进一步提高。

中文名　**长穗桦**
拉丁名　*Betula cylindrostachya*

基本形态特征： 落叶乔木，高达20m。树皮黑褐色，枝条暗紫色，有条棱，无毛，疏生皮孔；当年生小枝黄褐色，密被淡黄色长柔毛。叶片厚纸质，椭圆形或矩圆形，长5～14cm，宽2～8cm；顶端渐尖，基部圆形或近心形，边缘具刺毛状重锯齿；上面被短柔毛，下面密生树脂腺点，脉腋间具髯毛；侧脉13～14对。果序长圆柱形，总序穗梗长达1cm，通常2枚并生，下垂，长达10cm。果苞小，侧裂片不甚发育，长及中裂片的1/3，膜质翅宽为果的2倍。花果期5～10月。

分布： 西藏产色季拉山海拔3000～3400m一带，波密、察隅也产，分布量少。云南有分布。印度有分布记录。

生境及适应性： 多生于林缘；喜光，耐贫瘠，喜湿润疏松的土壤。

观赏及应用价值： 观姿类。长穗桦果序大型、下垂，当年生小枝黄褐色，秋季叶色金黄，因此，观赏价值优于糙皮桦。

商陆科 PHYTOLACCACEAE　　商陆属 *Phytolacca*

中文名　**商陆**
拉丁名　*Phytolacca acinosa*

基本形态特征： 多年生直立草本，高0.8～1.5m。全株无毛，根肥大，肉质，圆锥状，外皮淡黄色。茎直立，多分枝，绿色或紫红色，具纵沟。叶互生，椭圆形或卵状椭圆形，长11～30cm，宽4.5～10cm，先端急尖，基部楔形而下延，全缘，侧脉羽状，主脉粗壮；叶柄长1.5～3cm，上面具槽，下面半圆形。总状花序顶生或侧生，长10～35cm；花两性，小，具小梗，小梗基部有苞片1枚及小苞片2枚；萼通常5（4）片，卵形或长圆形，白色、黄绿色或淡红色，无花瓣；雄蕊8～10，稀10枚以上，花药淡粉红色（少数呈淡紫色）；心皮5～8（10），离生。浆果扁球形，熟时紫红色至黑色。花期6～8月，果期8～10月。

分布： 西藏产色季拉山地区，海拔3000～3200m，分布量较少，但近年来种群有扩大的趋势。我国大部分地区有分布。日本、印度有分布记录。

生境及适应性： 在疏林下、林缘、路旁、山沟等湿润的地方生长；喜光、耐半阴，喜湿润，喜肥，耐贫瘠。

观赏及应用价值： 叶片大型，果期果序多、大型、紫红色至黑色，兼有观叶观果的观赏价值；同时，商陆有助修复受锰污染的土壤。此外，商陆为藏药的重要原药材料，在《藏药志》、《晶珠本草》、《西藏常见中草药》等藏药著作中都有记载，主要为药用。

石竹科 CARYOPHYLLACEAE　无心菜属 *Arenaria*

中文名　**玉龙山无心菜**
拉丁名　***Arenaria fridericae***

基本形态特征：草本植物。全株被柔毛，间杂腺毛。根粗壮，圆锥状或纺锤状。茎常铺散状直立，高10～20cm，柔软，二歧分枝，四棱形，节间长1～2.5cm。叶片卵状或卵状长圆形，长1～2cm，宽0.5～1cm，基部圆形，先端渐尖；两面被毛，近无柄。花单生或者数朵呈单歧状聚伞花序；花萼片5，花瓣5，白色，长为萼片的1.5倍，顶端细齿裂或者撕裂状；花盘有5个2裂的肉质腺体；雄蕊10，花药黄褐色或黑褐色。花期7～8月。

分布：西藏产色季拉山地区，海拔4000～4500m，米林也产，分布量偏少。我国特有植物，云南西北部有分布。

生境及适应性：生于灌丛、石灰岩峭壁缝隙、流石坡或石缝中；耐阴，喜冷凉气候，喜疏松肥沃土壤。

观赏及应用价值：花型别致，花瓣顶端细齿裂或者撕裂状，适于开发为岩石园应用的地被植物。

中文名　**密生雪灵芝**
拉丁名　***Arenaria pulvinata***

基本形态特征：茎高4～5cm，分枝紧密结成圆团状。叶钻形，长5～10mm，顶端有刺状尖，边缘内卷。花单生枝顶，花梗长2～4mm，无毛；苞片披针形；萼片顶端具小尖头，基部膜质，具3脉；花瓣白色，花瓣长为萼片的2倍以上，花径约1cm；花药紫红色或者黄色。花期6～7月。

分布：西藏产色季拉山地区，海拔4200～5200m，察隅、错那、亚东、南木林、定日、聂拉木等也产，分布量中。我国青海有分布。尼泊尔、印度、不丹有分布记录。

生境及适应性：生于高山草甸、灌丛草地中；耐寒，耐贫瘠，生长缓慢，喜冷凉气候。

观赏及应用价值：为优良的高山草甸植物，其紧密的灌丛结构非常适宜高寒环境条件，在适当的野生抚育条件下，能够作为海拔4000m以上荒漠、流石滩、废弃矿山等的生态恢复植物。

卷耳属 *Cerastium*

中文名　藏南卷耳
拉丁名　*Cerastium thomsoni*

基本形态特征：一年生草本。茎高5～15cm，密被腺柔毛，密丛生。叶椭圆形或长圆形，长0.5～1.5cm，宽0.3～1cm，顶端钝圆，具细尖，茎下部的叶基部渐狭，呈短柄状，茎上部的叶基部较宽，抱茎，中脉突出，两面被长柔毛。聚伞花序，花较密集；苞片与叶同形而小；花梗密被腺柔毛；萼片长圆状披针形，顶端尖，边缘宽膜质，背面被稀疏的腺柔毛；花瓣白色，宽倒卵形，顶端2裂；雄蕊短于萼片；子房卵圆形，花柱线形。蒴果圆筒形。花期7～8月。

分布：西藏产吉隆、林周、林芝、波密、察雅，海拔2550～3500m，分布量中。尼泊尔、克什米尔地区、印度西北部也产。

生境及适应性：常生于山坡草地、林旁、沼泽草甸和灌丛间。喜阳，喜湿润，耐半阴，耐寒，喜疏松肥沃土壤。

观赏及应用价值：观花类地被植物。植株低矮，花期花朵较繁密，可用于园林地被覆盖或混合花境。

中文名　大花卷耳
拉丁名　*Cerastium fortanum* ssp. *grandiflorum*

基本形态特征：一年生草本。茎高20～40cm，被柔毛。茎下部的叶卵圆形或卵状匙形，长0.5～1.3cm，宽0.3～1cm，顶端钝圆，具细尖，基部渐狭，两面被柔毛；茎上部的叶卵圆形或长圆形，顶端钝圆，具细尖，基部较宽，两面被柔毛。聚伞花序，较开展；苞片卵形，长5～6mm，顶端尖，边缘窄膜质，被腺柔毛；花瓣白色，倒卵形，顶端2裂，长为萼片的1.5～2倍；雄蕊短于萼片；子房卵圆形，长约2mm，花柱线形，稍长于子房。花期7～8月。

分布：西藏产林芝、米林、吉隆，海拔3100～4360m，分布量多。尼泊尔也产。

生境及适应性：常生于山坡林下或林缘。喜阳，喜湿润，耐半阴，耐寒，喜疏松肥沃土壤。

观赏及应用价值：观花类地被植物。应用同藏南卷耳。

繁缕属 *Stellaria*

中文名 **垫状繁缕**
拉丁名 ***Stellaria decumbens* var. *pulvinata***

基本形态特征：多年生垫状植物。茎高5～8cm，淡黄色，有光泽，簇生。叶密集，在茎上呈覆瓦状排列，钻形，长3～5mm，顶端锐尖，边缘膜质，具缘毛。萼片4或5，顶端锐尖，边缘膜质，具3脉；花瓣4或5，白色，深2裂达基部，裂片线形，叉开；雄蕊8或10，花药黄色；花柱2或3。花期6～8月。

垫状繁缕外形极似无心菜属雪灵芝亚属*Eremogoneastrum*植物，但其花瓣深2裂达基部，裂片线形、叉开，易于和后者区别。

分布：西藏产色季拉山地区，海拔4000～4500m，左贡、泽当、隆子、加查、林周、安多、双湖地区、班戈、定日也产，分布量中。云南、四川、青海有分布。不丹、尼泊尔、印度有分布记录。

生境及适应性：生于高山草甸、灌丛草地中；耐寒，耐贫瘠，生长缓慢，喜冷凉气候。

观赏及应用价值：其生态功能同密生雪灵芝，同样是优良的高山草甸植物，适合应用于高山环境的人工恢复，也可用于岩石园。

中文名 **毛禾叶繁缕**
拉丁名 ***Stellaria graminea* var. *pilosula***

基本形态特征：多年生草本，高10～30cm，全株无毛。茎细弱，密丛生，近直立，具4棱。叶无柄，叶片线形，长0.5～4（5）cm，宽1.5～3（4）mm，顶端尖，微粉绿色，中脉不明显，下部叶腋生出不育枝。聚伞花序顶生或腋生，有时具少数花；苞片披针形，长约2（5）mm，边缘膜质，中脉明显；花梗纤细；花径约8mm；萼片5，披针形或狭披针形，具3脉，绿色有光泽，边缘膜质；花瓣5，稍短于萼片，白色，2深裂；雄蕊10，花丝丝状，花柱3。蒴果卵状长圆形，显著长于宿存萼。花期5～7月，果期8～9月。

分布：西藏产吉隆、聂拉木、亚东，海拔3000～3500m，分布量多。青海、四川西部也有分布。

生境及适应性：常生于山坡草地、林下或石隙中；喜阳，喜湿润，耐半阴，耐寒，喜肥沃土壤，稍耐贫瘠。

观赏及应用价值：观花类地被植物。应用同藏南卷耳。

蝇子草属 *Silene*

中文名 **变黑女娄菜**
拉丁名 *Silene nigerscens*
别　名 变黑蝇子草

基本形态特征： 多年生草本。茎高10～30cm，粗壮，多数，上升，密被腺柔毛。叶片卵状披针形，长2～4cm，宽1～1.5cm，顶端渐尖，变黑，基部无柄，两面被短柔毛，茎生叶2～3对，基部抱茎，顶部变黑。花单生，弯垂，偶有苞片1枚；萼囊膨大，长1.5～3cm，宽1～2cm，萼脉10，紫黑色；花瓣5，绿色，略伸出萼片外，先端缝瓣状，鳞片2裂，边缘浅波状，爪部具柔毛；雄蕊10，5长5短，长的略伸出喉部，成熟雄蕊褐色；花柱5，线形。种子肾形，具窄翅。花期8月。

色季拉山山顶一带还产无瓣女娄菜*Silene apetalum*、林芝女娄菜*Silene wardii*两种，区别在于：无瓣女娄菜萼脉棕色，花瓣不伸出萼筒；林芝女娄菜萼囊小，约1cm，花瓣淡青紫色，花期易于区别。

分布： 西藏产色季拉山地区，海拔4200～4500m，亚东、聂拉木也产。青海、四川、云南有分布。缅甸、印度、不丹、尼泊尔等有分布记录。

生境及适应性： 常生长于高山草甸、流石滩中；喜光，耐贫瘠，喜疏松肥沃的沙性壤土。

观赏及应用价值： 观花类。花型奇特，开花时如个个倒悬的风铃，适宜开发作为奇异花卉应用，花境效果较好。

中文名 **林芝女娄菜**
拉丁名 *Silene wardii*
别　名 林芝蝇子草

基本形态特征： 多年生草本，高10～15（22）cm。木质根粗壮，垂直，常具匍匐茎。茎疏丛生，常不分枝，带紫色，密被腺柔毛。基生叶花期枯萎；茎生叶常4～5对，叶片卵形或卵状披针形，长2～3（4.5）cm，宽1～1.5（2）cm，中脉明显。花单生，稀2～3朵，花梗长1.5～2cm，密被腺毛；花萼卵状宽钟形，口张开，基部脐形，纵脉10，紫色，沿脉密被腺毛，萼齿椭圆形，顶端钝，带紫色，边缘具腺缘毛；花瓣露出花萼8～10mm，爪楔形，具3脉，无或微具耳，基部具多细胞绵毛，瓣片淡紫色，深2裂，裂片具齿或细圆齿，副花冠片楔形，啮蚀状。蒴果卵形，5齿裂。花期8月。

分布： 西藏产林芝，海拔4200m左右，分布量较多。

生境及适应性： 常生于冰渍流石滩；喜光，耐寒，耐贫瘠，喜疏松的沙性壤土。

观赏及应用价值： 观花类地被植物。花朵奇特，应用同变黑女娄菜。

蓼科 POLYGONACEAE　荞麦属 *Fagopyrum*

中文名　金荞麦
拉丁名　*Fagopyrum dibotrys*

基本形态特征： 多年生宿根草本，高0.6～1.5m。主根粗大，呈结节状，横走，红棕色。茎直立，多分枝，具棱槽，淡绿微带红色。单叶互生，具柄，柄上有白色短柔毛；叶戟状三角形，长宽约相等，但顶部叶长大于宽，一般长4～10cm，宽4～9cm，先端长渐尖或尾尖状，基部心状戟形，托叶鞘抱茎。花顶生或腋生，花序总状组成圆锥状，分枝稀疏，花偏生于花序轴的一侧，花被片5，白色或者淡绿色；雄蕊8，2轮；雌蕊1，花柱3。瘦果呈卵状三棱形，黑褐色，长为花被片的2倍。花期8～9月，果期10月。

分布： 西藏产色季拉山地区，海拔3000～3200m，波密、米林、错那、亚东、聂拉木也产，分布量较多。我国黄河以南各地习见。印度、尼泊尔、越南、泰国有分布记录。

生境及适应性： 常生长于山坡灌丛或农田边缘；喜光，喜肥，在疏松肥沃的土壤上生长良好。

观赏及应用价值： 金荞麦花期处于夏秋季节，适于在园林中进行林下、林缘配置，增添野趣。同时，其块根药用，具清热解毒、健脾强胃的功效，是藏药产业的重要药源植物。

大黄属 *Rheum*

中文名　塔黄
拉丁名　*Rheum nobile*

基本形态特征： 当地俗称"大黄"。多年生草本，高1～2m。茎直立，粗壮，不分枝，具多数基生叶及大型苞片，莲座状。基生叶卵圆形或近圆形，不分裂，直径可达30cm，先端圆钝，基部浅心形，革质；叶柄粗壮，长8～15cm；托叶鞘膜质，红褐色；苞片卵圆形或圆形，膜质，淡黄色，具网状脉，直径10～20cm，反折，遮盖花序，是主要的观赏部位。花序圆锥状，包被于苞片中；花两性，花被片6，2轮；雄蕊9；花盘不发达，子房卵形，具3棱，花柱3，较短；花梗中下部具关节。瘦果连翅成宽卵形，长6～7mm。花期6～8月，果期9～10月。

分布： 西藏产于海拔4400～5200m地区，米林、朗县也产，分布量中。喜马拉雅特有记录。尼泊尔、不丹有分布记录。

生境及适应性： 常生长于乱石中或草地上；喜光，喜冷凉气候，耐贫瘠。

观赏及应用价值： 苞片有聚光隔热的作用，能很好地适应青藏高原的极端环境。花期的塔黄远观如座座黄色宝塔伫立山间，甚为醒目；可采用野生抚育技术进行人工扩大种群，增加种群数量，达到美化山川、保障西藏4500m以上区域生态安全的目的。也是藏药的重要药源植物。

蓼属 *Polygonum*

中文名 **长梗蓼**
拉丁名 *Polygonum griffithii*

基本形态特征： 具肥厚的根状茎，茎直立，高20～40cm，通常单生，不分枝，无毛。叶革质，椭圆形，长10～15cm，宽3～5cm，边缘常向下反卷，顶端渐尖。总状花序呈穗状，花序硕大，长3～5cm，最高达30cm以上，松散而俯垂，花紫红色。种子具3棱，黄褐色，有光泽。花期8～9月。

分布： 西藏产色季拉山地区，海拔4000～5000m，分布量中。云南也产。不丹、印度东北部有分布记录。

生境及适应性： 常生于山坡草地和石缝中；耐寒，喜湿润环境，稍耐瘠薄，喜肥沃疏松土壤。

观赏及应用价值： 观花类。长梗蓼不仅花色美丽，而且花序硕大，适于选择作优良的地被、花境花卉。

中文名 **翅柄蓼**
拉丁名 *Polygonum sinomontanum*

基本形态特征： 多年生草本，高30～50cm。根茎粗壮，横走，紫褐色；茎直立，无毛，不分枝或下部分枝。基生叶披针形或狭披针形，长6～12cm，宽1～3cm，先端长渐尖，边缘叶脉增厚而反卷，基部楔形或近圆形，沿叶柄下延成狭翅，上面绿色，下面灰绿色，茎生叶较小，近无柄；上部叶片叶柄短缩成抱茎状；托叶鞘筒状，膜质，棕褐色，先端偏斜，长2～5cm。总状花序呈穗状，紧密，长2～6cm，花粉红色至紫红色。瘦果卵形，有3棱，长3～3.5mm，棕褐色，有光泽。

其花型、花色极似长梗蓼，但花序直立，基生叶叶片下延成狭翅，且分布海拔低于长梗蓼*Polygonum griffithii*；同时，在外形上也极似抱茎蓼*Polygonum amplexicaule*，主要区别在于后者基生叶片基部心形，不下延成翅。

分布： 西藏产色季拉山地区，海拔3000～4200m，江达、芒康、昌都、察雅、洛隆、波密、米林也产，分布量较多。云南、四川有分布。

生境及适应性： 常生长于山坡草地阴湿处；喜光，耐水湿，耐寒，喜冷凉，喜肥沃疏松土壤。

观赏及应用价值： 园林应用同长梗蓼。

中文名 多穗蓼
拉丁名 *Polygonum polystachyum*

基本形态特征： 半灌木。茎直立，高80～100cm，具柔毛，多分枝。叶宽披针形或者长圆状披针形，顶端尾状渐尖，基部楔形或近戟状的心形，长6～15cm，宽3～4cm；下面密生短柔毛；叶柄粗壮，长约1cm。花序为大型开展的圆锥状，花白色至淡红色，外面两个较小，内面3个较大。瘦果三棱形，短于花被。

分布： 西藏产色季拉山地区，海拔3000～4500m，波密、米林、错那、亚东有分布，分布量较多。我国云南有分布。阿富汗、巴基斯坦、印度、不丹有分布记录。

生境及适应性： 常生长于山的东坡灌丛、林下；喜阳，较耐阴，耐旱，耐贫瘠。

观赏及应用价值： 大型圆锥花序白色至淡红色，有香味，盛花时宛若云絮浮动、吐送幽香，是优良的野生观赏植物。园林应用同长梗蓼*Polygonum griffithii*。

中文名 叉枝蓼
拉丁名 *Polygonum tortuosum*

基本形态特征： 半灌木。根粗壮。茎直立，高30～50cm，红褐色，无毛或被短柔毛，具叉状分枝。叶卵状或长卵形，长1.5～4cm，宽1～2cm，近革质，顶端急尖或钝，基部圆形或近心形，上面叶脉凹陷，下面叶脉突出，两面被短伏毛或近无毛，边缘全缘，近无柄。托叶鞘偏斜，膜质，褐色，具数条脉，脱落。花序圆锥状，顶生，花排列紧密；苞片膜质，被柔毛；花梗粗壮，无关节；花被5深裂，钟形，白色，花被片倒卵形，大小不相等。瘦果卵形，具3锐棱，包于宿存花被内。花期7～8月，果期9～10月。

分布： 西藏产左贡、比如、索县、拉萨、日喀则、南木林、聂拉木、萨嘎、吉隆、日土、普兰、札达、噶尔、措勤，海拔3800～4900m，分布量多。印度西北部、尼泊尔、伊朗、阿富汗、巴基斯坦也产。

生境及适应性： 常生于山坡草地、山谷灌丛；喜阳，耐旱，稍耐贫瘠。

观赏及应用价值： 观花类地被植物。应用同多穗蓼。

中文名　**窄叶圆穗蓼**
拉丁名　*Polygonum macrophyllum* var. *stenophyllum*
别　名　狭叶圆穗蓼

基本形态特征： 多年生草本。根状茎粗壮，弯曲。茎直立，高8～30cm，不分枝，2～3条自根状茎发出。基生叶长圆形或披针形，顶端急尖，基部近心形，有时疏生柔毛，边缘叶脉增厚，外卷；叶柄长3～8cm；茎生叶较小，线状披针形或线形，宽0.2～0.5cm，叶柄短或近无柄；托叶鞘筒状膜质，开裂，无缘毛。总状花序呈短穗状，顶生，长1.5～2.5cm；苞片膜质，卵形，每苞内具2～3花；花梗细弱，比苞片长；花被5深裂，淡红色或白色，花被片椭圆形；花柱3，基部合生，柱头头状。瘦果卵形，具3棱，黄褐色，有光泽，包于宿存花被内。花期7～8月，果期9～10月。

分布： 西藏产色季拉山海拔2300～5000m一带，分布量中。陕西、甘肃、青海、湖北、四川、云南、贵州也有分布。印度、尼泊尔、不丹也产。

生境及适应性： 多生山坡草地、高山草甸。喜阳，耐半阴，喜湿润肥沃土地。

观赏及应用价值： 观花类。花序白色至淡红色，成片地被效果好，可用于花坛、花境配置。

中文名　**大铜钱叶蓼**
拉丁名　*Polygonum forrestii*
别　名　圆叶蓼

基本形态特征： 多年生草本。茎匍匐，丛生；枝直立，高5～20cm，被长柔毛。叶近圆形或肾形，直径1～4cm，顶端圆钝，基部心形，两面疏生长柔毛或近无毛，边缘密生长缘毛，叶柄长3～5cm，疏生长柔毛；托叶鞘膜质，筒状，松散，具柔毛，偏斜。伞房状聚伞花序，顶生，苞片长圆形，薄膜质，花梗长4～5mm，顶部具关节，无毛，比苞片长；花被5深裂，稀4深裂，白色或淡黄色，被片宽倒卵形，长4～5mm，不相等；雄蕊6～8，花药紫色；花柱3，柱头头状。瘦果长椭圆形，下部较窄，具3棱，包于宿存花被内。花期7～8月，果期8～9月。

分布： 西藏产墨脱、察隅、波密、林芝、米林，海拔4300～4800m，分布量多。四川、云南也有分布。

生境及适应性： 常生于山坡草地、山顶草甸；喜冷凉，耐严寒，喜疏松肥沃土壤。

观赏及应用价值： 观花类地被植物。应用同窄叶圆穗蓼。

蓝雪科 PLUMBAGINACEAE
蓝雪花属 *Ceratostigma*

中文名	**架棚**
拉丁名	***Ceratostigma minus***
别　名	小蓝雪花、紫金标、九结莲、蓝花岩陀

基本形态特征： 直立小灌木；幼枝圆柱形，有时具棱，木质，被羽状糙伏毛和心状毛，芽鳞基部宿存。叶小，倒卵状至匙形，长0.5～3.5cm，宽0.5～2cm，叶面无毛或疏被糙伏毛，背面被糙伏毛，两面常布满灰白色钙质鳞片，叶柄基部不形成抱茎的鞘。头状花序顶生和腋生，小；顶生花序有花7～13朵，侧生花序基部常无叶片，多为单花或含2～9花，外苞片卵形，长2～4.5mm，沿龙骨被糙伏毛，边缘具睫毛，花冠蓝紫色，长6～7mm，宽4～5mm，近心状倒三角形，先端凹缺并具1枚丝状短尖，雄蕊略伸出花冠喉部，花药蓝色至紫色。花期7～10月。

分布： 西藏产色季拉山地区东坡下缘海拔2500～2800m的拉月一带，芒康、察雅、波密、米林、八宿、隆子、拉萨也产，分布量较多。中国特有植物，云南、四川、甘肃有分布。

生境及适应性： 常生长于干燥山坡上；喜光，耐贫瘠，喜钙质微碱性土壤。

观赏及应用价值： 观花、观姿类。架棚花色深蓝，花型别致，盛开时缀满枝头，稍加以修剪就能够用于盆栽，而且，其老干常自然弯曲成虬龙状，是制作树桩盆景的极佳材料。同时也可药用。此外，蓝雪花属的其他2种从株型、花量均类似于架棚，但其植株形态不及架棚整齐，观赏价值略低。从耐阴性上来看，紫金标的耐阴性较强，常生长在林缘灌丛中。

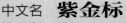

中文名	**紫金标**
拉丁名	***Ceratostigma willmottianum***
别　名	小蓝雪花

基本形态特征： 落叶灌木，高0.3～1.5m。老枝红褐色至暗褐色，较坚硬，新枝密被硬毛而呈灰褐色。叶倒卵形或近菱形，长2～3cm，宽（6）8～16mm，先端钝或圆，下部渐狭或略骤狭而后渐狭成柄；上面无毛或有分布不均匀的稀疏长硬毛，也可全面被伏生毛，下面通常被较密的长硬毛，罕仅中脉上有毛，两面均被钙质颗粒；叶柄基部不形成抱茎的鞘。花序顶生和侧生；顶生花序含（5）7～13（16）花，侧生花序基部常无叶，多为单花或含2～9花；苞片长圆状卵形；花冠筒部紫色，花冠裂片蓝色，近心状倒三角形。蒴果卵形，带绿黄色。花期7～10月，果期7～11月。

分布： 西藏产察雅、察隅、波密至加查，海拔1700～2200m，分布量中。我国甘肃、四川、云南、贵州有分布。

生境及适应性： 常生于松林缘或沙质基地上，多见于山麓、路边、河边向阳处；喜冷凉，耐严寒，喜疏松肥沃土壤。

观赏及应用价值： 观花、观姿类。应用同架棚。

芍药科 PAEONIACEAE　芍药属 *Paeonia*

中文名　**大花黄牡丹**
拉丁名　*Paeonia ludlowii*

基本形态特征： 落叶灌木，高1～2.5m，最高可达3.5m。二回三出复叶，带有美丽的青铜色。花（2）3～4朵生枝顶或叶腋，直径8～12cm；花瓣、花丝与花药均为黄色；心皮1，少数2。花期5月，果期8～9月。

分布： 西藏产色季拉山地区，海拔2900～3200m，西藏特有植物，特产于我国雅鲁藏布江藏布峡谷长约100km的一个狭小范围内。偶见单株（可能是当地群众移植而来）。

生境及适应性： 常生长在山坡、林缘；喜光，喜温暖，不耐瘠薄，畏炎热。

观赏及应用价值： 花大色艳，花枝长，不但能够直接园林应用，更能够选育黄色系、切花类牡丹品种，丰富我国的牡丹类群。

　　1936年，英国人Ludlow和Sherriff在西藏发现后多次引种到英国，由于其许多特性优于以往引种到西方的黄牡丹，因此在英国很受欢迎，并在园林中广为应用。中国目前处于选育栽培品种的起步阶段，1995年至今先后引种到了甘肃、哈尔滨、北京、河南、福建等地进行栽培。

大花黄牡丹

大花黄牡丹和黄牡丹形态特征比较

种类	黄牡丹	大花黄牡丹
株高	0.72~1.52m	植株高大，通常高1.7~1.9m，最高可达3.5m
一年生枝	多带紫红晕	黄绿色
基部萌生枝	高0.5~0.68m，粗1.1cm	高0.8~1.6m，粗1.8cm
叶片大小	长30~32cm，宽40~45cm	长25~37cm，宽30~43cm
总叶柄长	7~19cm	16~23cm
小叶裂片宽	2.0~2.5cm	2.5~5.5cm
叶面颜色	绿色至深绿色	黄绿色
花朵大小	直径5~8cm，花朵侧垂	直径8~10cm，花朵略垂
花色	瓣基有棕红斑，鲜黄色；近革质	黄色，或初开时黄绿色；纸质
心皮数目	（2）3~6	多为1~2
花盘形态	高3~5mm，黄色，齿裂，端紫红色	高约3mm，紫红色，乳突状
托叶	5，长披针形	5，长三角形

中文名 **黄牡丹**
拉丁名 *Paeonia delavayi* var. *lutea*
（*Paeonia lutea*）

基本形态特征： 黄牡丹和大花黄牡丹两种在色季拉山周边均有分布，但两者差异非常明显，特别是在株高、叶色、叶裂片宽度、花色变化、心皮数目、花盘形态等方面存在主要区别。

分布： 西藏多分布于西藏东南部、西南部木里等地海拔2000～3500m地带，分布量中。此外，云南、四川西南部等地都有分布。

生境及适应性： 同大花黄牡丹，但繁殖上较大花黄牡丹容易，可以利用根蘖等无性繁殖，大花黄牡丹一般只用播种繁殖。

观赏及应用价值： 同大花黄牡丹，此外由于黄牡丹的花瓣常带紫红色、棕红色斑，且在云南的居群发现变异更多，颜色丰富，因此是育种的优良材料。

黄牡丹

藤黄科 GUTTIFERAE　金丝桃属 *Hypericum*

中文名	**西藏遍地金**
拉丁名	*Hypericum himalaicum*
别　名	西藏金丝桃

基本形态特征： 多年生草本，无毛。茎长5～33cm，自基部分枝，匍匐生根，直立或上升，多分枝，圆柱形或有时具2～4（～6）条纵线棱。叶无柄或具短柄；叶片卵形或长圆形或椭圆形，长0.4～2（～2.4）cm，宽0.2～1（～1.7）cm，先端圆形，基部心形或截形，全缘，坚纸质，边缘有黑色腺点，全面散布不明显淡色腺点，侧脉每边2～3条。花序具1～12花，聚伞状顶生，常连同腋生小花枝组成复伞房状花序；苞片线状披针形，基部耳形，边缘有黑色腺毛或全缘；萼片5，卵状或线状披针形，长3.5～7mm，宽1～2.5mm，先端渐尖，边缘有黑色腺毛或全缘；花瓣5，花后宿存，黄色，长圆状倒披针形。蒴果椭圆形，有纵向腺纹。花期7～8月，果期9月。

分布： 西藏产米林、林芝，海拔3000～3400m，分布量中。尼泊尔有分布记录。

生境及适应性： 常生于山坡路旁、林缘、灌丛草地等处；喜光，喜冷凉，耐严寒，喜疏松肥沃土壤。

观赏及应用价值： 观花类地被植物。应用同多蕊金丝桃。

中文名	**多蕊金丝桃**
拉丁名	*Hypericum choisianum*

基本形态特征： 落叶。丛生形灌木，圆顶，高0.1～2m，有直立至开张的枝条。茎、枝圆柱形，红褐色至橙色，皮层灰褐色；幼枝常具4纵线棱。叶具柄，对生，卵圆形至卵圆状长圆形，边缘平坦，坚纸质，叶片背面淡绿色，主侧脉3～5对。近伞房状聚伞花序顶生，有花3～7朵。花径4～7cm；花瓣平坦，深金黄色，雄蕊长为花瓣的1/4～3/8，5束，每束60～80枚。蒴果卵球形，成熟时红褐色。花期7～8月，果期9月。

分布： 西藏产色季拉山地区，海拔3000～3400m，波密、米林、亚东也产，分布量较多。云南有分布。尼泊尔、印度、不丹、缅甸及巴基斯坦也有分布记录。

生境及适应性： 常生长于林缘、山坡灌丛中；喜光，耐寒，稍耐瘠薄。

观赏及应用价值： 观花类。黄花密集，花丝纤细，灿若金丝，绚丽可爱，可在庭院中丛植于草地边缘、树池边缘、路口，也是良好的花境材料。

多蕊金丝桃

董菜科 VIOLACEAE 董菜属 *Viola*

中文名 **戟叶堇菜**
拉丁名 ***Viola betonicifolia***

基本形态特征： 多年生草本。无地上茎。根状茎通常粗短，长1～2cm。叶多数均基生，莲座状；叶片狭披针形、长三角状戟形或三角状卵形，长2～4cm，宽1～3cm，先端尖，边缘有疏波状齿，两面被短毛或仅背面沿脉被硬毛。花梗略伸出基生叶叶丛，苞片生于近中部，狭条状披针形；萼片披针形至卵状披针形；花瓣紫色或淡紫色，上瓣倒卵形，侧瓣长圆状倒卵形，花瓣棒状，基部膝曲，顶端略平，具短喙。花期3月。

分布： 西藏产色季拉山地区东坡，海拔2500～3200m，波密、吉隆也产，分布量较多。喜马拉雅特有种，尼泊尔等地有分布记录。

生境及适应性： 常生长于山坡草地上；耐阴，喜冷凉，喜疏松肥沃土壤。

观赏及应用价值： 观花类地被植物。花紫色至淡紫色，叶片浓绿，在滑坡地上生长良好，且自繁能力强，适于在西藏公路沿线的滑坡地上大量应用，短期能达到较好的覆盖效果。

中文名 **光茎四川堇菜**
拉丁名 ***Viola szetschwanensis* var. *niducaulis***

基本形态特征： 多年生草本。茎直立较健壮，高约25cm，具3～4节，中部以下通常无叶。基生叶具长柄，叶片卵状心形、宽卵形，长2～2.5cm，先端短尖，基部深心形或心形；茎生叶叶片宽卵形或近圆形，宽1.5～3cm，先端短尖或渐尖，基部浅心形，边缘具浅圆齿，齿端具腺体，下面散生短柔毛；下部叶叶柄长2～3.5cm，上部叶叶柄长0.5～1.5cm，被短柔毛。花黄色，单生于上部叶的叶腋；花梗细，直立，远较叶为长，结果时长达4cm，近上部具2枚线形小苞片；萼片线形，具3脉，先端钝，基部附属物极短，截形；上方花瓣长圆形，具细的爪，侧方花瓣及下方花瓣稍短。花期6～8月。

分布： 西藏产林芝、通麦、察隅等地，海拔2500～3800m，分布量较多。我国四川西部、云南北部也有分布。

生境及适应性： 生于山地林下、林缘、草坡或灌丛间。耐半阴，喜冷凉，喜疏松肥沃土壤。

观赏及应用价值： 观花观姿类。应用同戟叶堇菜。

中文名 **米林堇菜**
拉丁名 *Viola milingensis*

基本形态特征： 多年生草本，植株高约25cm。根状茎较粗，具节，茎常4～6。托叶叶质，常长圆形；基生叶3～5，具长6～10cm的长柄，卵状心形，长约2.5cm，基部深心形或心形；茎生叶较小，具短柄，三角形或三角状卵形，长1～2cm，先端尖，边缘具浅缘齿，基部近于平截，两面平滑或边缘被硬毛。花多数，浅黄色或黄色，连距长约1.2cm；花梗通常高出于叶，中部以上有2枚狭线形小苞片；上瓣与侧瓣长圆形或倒卵形，下瓣稍短，里面有深色脉纹。蒴果椭圆形。花期5～6月。

分布： 西藏产米林，海拔3450m，分布量中偏少。

生境及适应性： 常生于林下、草地或路边；喜冷凉，喜湿润，喜疏松肥沃土壤。

观赏及应用价值： 观花类地被植物。花色亮黄，植株低矮，应用同戟叶堇菜，覆盖效果好。

中文名 **硬毛双花堇菜**
拉丁名 *Viola biflora* var. *hirsuta*

基本形态特征： 多年生草本，根状茎细或稍粗壮，垂直或斜生，具结节。地上茎较细弱，2或数条簇生，直立或斜升，具3（5）节。基生叶2至数枚，具长4～8cm的长柄，叶片肾形、宽卵形或近圆形，长1～3cm，宽1～4.5cm，先端钝圆，基部深心形或心形，边缘具钝齿；茎生叶具短柄，叶片较小；茎与叶柄均被展毛；托叶与叶柄离生，全缘或疏生细齿。花黄色或淡黄色，在开花末期有时变淡白色；花梗细弱，长1～6cm，上部有2枚披针形小苞片；萼片线状披针形或披针形，基部附属物极短，具膜质缘；花瓣长圆状倒卵形，具紫色脉纹，侧方花瓣里面无须毛，下方花瓣连距长约1cm；距短筒状。蒴果长圆状卵形。花果期5～9月。

分布： 西藏产林芝、聂拉木，海拔约3000m，分布量偏少。

生境及适应性： 常生于山坡、灌丛边；喜冷凉，耐严寒，喜疏松肥沃土壤。

观赏及应用价值： 观花类地被植物。应用同戟叶堇菜。

中文名 **羽裂堇菜**
拉丁名 *Viola forrestiana*

基本形态特征： 多年生草本，无地上茎，高5～12cm。根状茎缩短，直立；根细长。叶基生，多数；叶片三角状卵形或狭卵形，长3～5.5cm，宽2～3.5cm，先端尖，基部浅心形或有时近截形，稀呈宽楔形，边缘具不整齐的缺刻状圆齿，裂片长圆形具圆齿，仅上面被短柔毛；叶柄长2～7cm，无毛；托叶大部分与叶柄合生。花紫色或淡紫色；花梗被疏毛，通常高出于叶或与叶近等长，近中部有2枚小苞片；小苞片线状披针形；萼片披针形，基部附属物长，先端尖，边缘膜质；花瓣长圆状倒卵形，上方花瓣长1.2～1.4cm，侧方花瓣与上方花瓣近等长，里面近基部处有明显的须毛，下方花瓣基部的距粗大，稍弯曲，末端增粗。蒴果圆球形。花期5～6月。

分布： 西藏产林芝、波密、曲水、米林等地，海拔2200～3700m，分布量中。我国青海及云南也有分布。

生境及适应性： 常生于山坡草地、溪旁、河边等处；喜冷凉湿润，耐严寒，喜疏松肥沃土壤。

观赏及应用价值： 观花类地被植物。应用同戟叶堇菜，覆盖效果更好，且叶形也较为特别，可以利用堇菜属不同种进行科学配置。

柽柳科 TAMARICACEAE 水柏枝属 *Myricaria*

中文名 **小苞水柏枝**
拉丁名 *Myricaria wardii*

基本形态特征： 灌木，高达2.5m。叶小型，狭长圆形至椭圆状长圆形，长1.5～3mm，宽0.5～0.7mm，顶端钝。花序花量大，短而细，长1.5～3cm，果期长达10cm，顶生和侧生，在分枝顶端形成长达40cm左右的圆锥花序；下部苞片具膜质边缘；萼片披针状长圆形，长1.5～2mm，仅为花瓣长度的1/2以下；花瓣粉红色，匙形，长4～4.5mm；花丝约1/2～1/3合生。蒴果长约1cm。花期6～7月。

此外，色季拉山国家森林公园还分布有卧生水柏枝*Myricaria rosea*，两者叶片均小型，花粉红色；但后者匍匐地面，高不及1m，花序长度不及10cm，花萼长达花瓣的1/2以上，可以区别。

分布： 西藏产色季拉山地区西坡，海拔3000～3200m，察隅、波密、曲水、日喀则也产，最高分布海拔达4000m，分布量较多。喜马拉雅特有种，尼泊尔有分布记录。

生境及适应性： 常生长于河边沙地和石砾地上；喜光，喜水湿，耐寒，对土壤要求不严。

观赏及应用价值： 观花类。小苞水柏枝耐水湿，是西藏高海拔区域水域边缘优良的美化植物，可植于水池、水畔边，也可与假山、岩石合作造景。同时，《西藏常用中草药》中记载小苞水柏枝具有疏风、解表、止咳、清热解毒等功效，是西藏重要的藏药药源植物。

葫芦科 CUCURBITACEAE 栝楼属 *Trichosanthes*

中文名　红花栝楼
拉丁名　*Trichosanthes rubriflos*

基本形态特征：攀缘草质藤本，长达5～6m。茎粗壮，多分枝，具纵棱及槽，被柔毛。叶片纸质，阔卵形或近圆形，长宽近相等，3～7掌状深裂，裂片阔卵形或披针形，叶基阔心形；基出掌状脉5～7条，在背面隆起，侧脉弧曲，网结；叶柄较粗，长5～12（18）cm；卷须3～5叉，疏被微柔毛。花雌雄异株。雄总状花序粗壮，长10～25cm，中部以上有（6）11～14花。苞片阔卵形或倒卵状菱形，长2.5～4cm，宽约3cm，深红色，被短柔毛，边缘具锐裂的长齿；花梗直立，花冠筒长4～6cm，红色，顶端扩大；花冠粉红色至红色，裂片倒卵形，边缘具流苏；雌花单生；花冠筒管状，裂片和花冠同雄花。果实阔卵形或球形，成熟时红色，顶端具短喙；果梗粗壮，具纵棱及沟。花期5～7月，果期8～10月。

分布：西藏产色季拉山地区东坡下缘至通麦镇，海拔2050～2500m，分布量较多。广东、广西、贵州、云南等地有分布。印度、缅甸、泰国等有分布记录。

生境及适应性：常生长于山谷密林中攀附于乔木或大灌丛上；喜温暖，喜肥沃，稍耐贫瘠。

观赏及应用价值：观花观果类。花期红花满藤，流苏状花边较为美丽，果期红果累累且质地坚硬，在枝头的自然悬挂时间长，如彩灯悬挂，非常醒目，适宜于棚架栽培观赏。

赤瓟属 *Thladiantha*

中文名　刚毛赤瓟
拉丁名　*Thladiantha setispina*
别　名　西藏赤瓟

基本形态特征：草质藤本。茎、枝初时有稀疏微柔毛，有深棱沟。叶柄细，长3.5～5.5cm；叶片膜质或纸质，卵状心形，长6～8（14）cm，宽4～6（10）cm；基部心形；卷须纤细，光滑无毛，顶端2歧。雌雄异株。雄花：多数花生于长达17cm的圆锥花序上，花序轴上部多分枝，花序轴粗壮，花序分枝基部常有1枚叶状总苞片，花梗长达1～15cm；花萼筒浅钟形，具3脉；花冠黄色，裂片长圆形，长1.8～2cm，宽0.6～0.8cm，先端渐尖，5脉。雌花：单生或3～5朵聚生于长3～4cm的总梗顶端；花梗细；花萼筒钟状，裂片长6～7cm，具2脉；花冠黄色，形状同雄花，但显著比雄花大。果实长圆形。花果期6～10月。

分布：西藏产色季拉山地区下缘排龙至通麦一带，海拔2050～2500m，波密、错那也产，分布量较多。中国特有植物，四川有分布。

生境及适应性：常生长于阔叶林中或林缘；喜温暖，喜光，喜疏松肥沃土壤。

观赏及应用价值：观果、观花类。果实成熟前期鲜红色，如彩灯悬挂枝头，非常醒目，适宜于棚架栽培观赏。同时，开花时花量大，黄色花序长达17cm，观花效果也佳。

波棱瓜属 *Herpetospermum*

中文名 **波棱瓜**
拉丁名 ***Herpetospermum pedunculosum***

基本形态特征： 一年生攀缘草本。茎枝纤细，有棱沟。叶片膜质，互生，卵状心形，长6~12cm，宽4~9cm，先端尾状渐尖，基部心形，两面均粗糙；边缘具细圆齿或有不规则的角，叶脉在叶背隆起，具长柔毛；叶柄长4~10cm；卷须2歧。雌雄异株。雄花通常单生或与同一总状花序并生，花梗长10~16cm，具5~10朵花的总状花序长12~40cm，有疏柔毛；花梗长2~6cm，疏生长柔毛；花萼筒部膨大呈漏斗状，下部呈管状，长2~2.5cm，裂片披针形；花冠黄色，裂片椭圆形，急尖，长2~2.2cm，宽1.2~1.3cm；雄蕊花丝丝状；退化雌蕊近钻形；雌花单生，花被与雄花同，有3枚退化雄蕊或无。果实阔长圆形，三棱状，被长柔毛。花果期7~10月。

分布： 西藏产色季拉山地区下缘东久至排龙一带，海拔2300~3200m，波密、错那、聂拉木也产，分布量较多。喜马拉雅特有植物，云南有分布。印度、尼泊尔有分布记录。

生境及适应性： 常生长于林缘、山坡灌丛中；喜温暖，喜光，喜疏松肥沃土壤。

观赏及应用价值： 观花观果类。波棱瓜属植物是典型的亚热带起源种，生长过程中需要较高的积温才能够正常结果，如果积温不足，则花期滞后，雄花增加，雌花减少，结果量锐减，但观花效果明显提高，雄花序大量增加并成片布满枝头。同时，波棱瓜种子是藏药重要的药源植物。因此，在进行不同目的栽培时，可根据这一特性进行培育。

杨柳科 SALICACEAE 柳属 *Salix*

中文名 **乌柳**
拉丁名 ***Salix cheilophila***

基本形态特征： 灌木，有时小乔木状。幼枝被柔毛；老枝无毛，紫红色。叶线形至倒披针形，长1.5~3.5（6）cm，先端渐尖，边缘外卷；叶片上部具腺锯齿，下部全缘，背面灰白色；叶柄极短。花叶同放；花序近无梗，花苞片侧卵状椭圆形，黄褐色；雄蕊2，完全合生，花丝无毛，花药球形，黄色，腹腺1；子房近无柄，卵状椭圆形，密被短柔毛，花柱极短。蒴果长约3mm，密被短毛。花期4~5月，果期6月。

分布： 西藏产色季拉山地区海拔2800~4000m一带，集中分布于林芝八一镇周边，波密、隆子、拉萨、日喀则、江孜等地也产，分布量中。中国特有植物，云南、四川、甘肃、青海、山西、陕西、河南、河北、内蒙古等地也有分布。

生境及适应性： 多分布于水边、山沟溪边或林中。喜光，耐半阴，喜肥沃土壤。

观赏及应用价值： 树姿婆娑，树枝紫红色，冬芽银白色，果期柳絮挂满枝头，若积雪覆盖，西藏园林中可用于替代红瑞木*Swida alba*等装点园林。本种于1999年在西藏林芝地区园林建设中开始应用，效果良好。

中文名 **锡金柳**
拉丁名 *Salix sikkimensis*

基本形态特征： 落叶灌木，高1～2m。2年生小枝粗壮，有棱，节明显，暗紫红色，光滑，有光泽。幼叶椭圆形，表面绿色，全缘。花序粗，无梗，花先叶开放；雄花序长2～2.5cm，粗约1.5cm；雄蕊2，花药黄色或者部分红色，花丝2，离生；苞片近三角形，长4mm，先端有牙齿，3脉明显，背面白长毛，内面近无毛；有背腺和腹腺；雌花序长3.5～5（8）cm，粗1.6cm，子房有短柄，花柱2深裂，柱头不裂；苞片同雄花，只有1条腹腺。花期6月上旬，果期7～8月。

分布： 西藏产色季拉山地区海拔4000～4500m一带，林芝、定结等地，分布量中。喜马拉雅特有植物，印度、尼泊尔有分布记录。

生境及适应性： 主要生长在灌丛中，是高山灌丛的主要构成成分。喜光，极耐寒、耐贫瘠，喜疏松肥沃的沙性壤土。

观赏及应用价值： 观花、观姿。锡金柳基部抽枝，花芽肥大，苞片灰白色，先花后叶，柔荑花序粗壮、直立，春节前后苞片脱落露出银白色的未开放花序，极美丽，是适于开发利用的观芽类优秀野生植物。最佳观赏期2～3月。

杨属 *Populus*

中文名 **藏川杨**
拉丁名 *Populus szechuanica* var. *tibetica*

基本形态特征： 俗称藏青杨。落叶乔木，高达40m。树皮灰白色，上部光滑，下部粗糙，开裂；树冠卵圆形；幼枝微具棱，粗壮，绿褐色或淡紫色，有短柔毛，老枝圆，黄褐色，后变灰色。芽先端尖，淡紫色，有柔毛，有黏质。叶初发时带红色，两面具短柔毛；萌枝叶通常卵状长椭圆形，长11～20cm，宽5～11cm，先端急尖或短渐尖，基部近心形或圆形，边缘具圆腺齿；果枝叶宽卵形、卵圆形或卵状披针形，长8～18cm，宽5～15cm，先端通常短渐尖，基部圆形、楔形或浅心形，边缘有腺齿，初时有绿毛。果序长10～20cm，果序轴光滑；蒴果卵状球形，长7～9mm，近无柄，3～4瓣裂。花期4～5月，果期5～6月。

分布： 西藏产色季拉山地区海拔3000～3200m一带，其集中分布区域在八一镇周边，拉萨、林芝、日喀则、山南等地区都有分布，分布量中。

生境及适应性： 常分布于河边或者路边，常单株出现。喜光，抗旱、耐水湿、耐寒、抗病虫害、耐瘠薄、喜疏松肥沃的深厚土壤。

观赏及应用价值： 树干挺拔，耐干旱，也耐水湿，适应性强，既适于在水边进行种植，有可以作为固沙保土的基础栽植。目前已开展了硬枝扦插繁殖技术的研究，将来可以作为行道树、水土保持树种大量应用。

十字花科 CRUCIFERAE 碎米荠属 *Cardamine*

中文名 **山芥碎米荠**
拉丁名 *Cardamine griffithii*

基本形态特征： 多年生草本，高20~50cm；根状茎匍匐，生有多数须根。茎直立，不分枝，表面有纵棱。羽状复叶，基生叶有叶柄，小叶2~4对；着生于茎中部以上的叶无柄，小叶2~5对，顶生小叶近圆形或卵形。长7~25mm，宽5~13mm，顶端钝圆，基部宽楔形，全缘或有3~5钝齿，小叶柄长2~10mm，侧生小叶近圆形或卵形，长5~14mm，宽4~10mm，顶端圆，基部圆或宽楔形，全缘或呈浅波状，生于叶柄基部的1对小叶抱茎。总状花序顶生，花梗长4~7mm；萼片卵形，长约3mm，内轮萼片基部囊状；花瓣淡红色或紫色，倒卵形，顶端微凹，基部狭窄成楔形；雌蕊与长雄蕊近于等长，柱头扁球形，比花柱宽。长角果线形而扁，长2.5~4cm，宽约1mm；果梗长1~2cm，直立或稍弯、平展或上举。种子椭圆形或长圆形，长约1.5mm。花期5~6月，果期6~7月。

分布： 西藏产色季拉山地区，海拔3000~3700m，米林、波密、墨脱也产，分布量较多。湖北、四川、贵州、云南有分布。尼泊尔至印度各地有分布记录。

生境及适应性： 常生长于山坡林下、山沟溪边、多岩石的阴湿处；喜水湿，喜肥，耐阴。

观赏及应用价值： 植株低矮、紧密，花期花量大，地被效果好，适于开发为园林水景植物材料。此外，也可考虑进行盆栽开发。全草供药用。

中文名 **大叶碎米荠**
拉丁名 *Cardamine macrophylla*

基本形态特征： 多年生草本，高25~80cm。大型羽状复叶，小叶椭圆形或卵状披针形，长4~9cm，宽1~2.5cm，顶端钝或短渐尖，边缘具比较整齐的锐锯齿或钝锯齿，顶生小叶基部楔形，无小叶柄，侧生小叶基部稍不等，生于最上部的1对小叶基部常下延，生于最下部的1对有时有极短的柄。总状花序多花，花梗长10~14cm；外轮萼片淡红色，长椭圆形，长5~6.5cm，边缘膜质，外面有毛或无毛，内轮萼片基部囊状；花瓣淡紫色、紫红色，倒卵形，长9~14cm，顶端圆或微凹，向基部渐狭成爪。花期5~6月，果期7~8月。

分布： 西藏产色季拉山地区，海拔3000~4000m，米林、波密、察隅、墨脱、朗县、错那、索县、昌都、江达、左贡、芒康、察雅也产，分布量较多。除华南地区外多有分布。不丹、印度、朝鲜有分布记录。

生境及适应性： 常生长于山坡林下、山沟溪边、多岩石的阴湿处；喜水湿，也耐旱；喜肥；喜光，稍耐阴。自然条件下主要靠根蘖、自播繁殖等方式扩大种群。但在低海拔地区驯化移栽时，用分株繁殖常有退化现象，关于组培的研究效果较好。

观赏及应用价值： 植株高大，花期花量大，适于开发为岩石园、水景园的植物材料。同时，亦可药用及食用。

糖芥属 *Erysimum*

中文名 **山柳菊叶糖芥**
拉丁名 *Erysimum hieracifolium*

基本形态特征：多年生草本，高30～60（90）cm。茎直立，稍有棱角，不分枝或少有分枝，具2～4叉毛。基生叶莲座状，变化很大，叶片椭圆状长圆形至倒披针形，长4～6（8）cm，顶端圆钝有小凸尖，基部渐狭，疏生波状齿至近全缘；叶柄长1～1.5cm；茎生叶略似基生叶或线形，近无柄或无柄。总状花序有多数花，果期长达40cm；下部花有线形苞片，苞片长7～15cm；花瓣鲜黄色，倒卵形，长8～12mm，顶端圆形，具长爪。长角果线状圆筒形，具4棱，直立。花期6～7月。

分布：西藏产色季拉山地区，海拔2970～3200m，吉隆、聂拉木、定日、亚东、日喀则、仁布、浪卡子、尼木、曲水、拉萨、朗县、比如、左贡也产，分布量较多。新疆有分布。欧洲温带地区有分布记录。

生境及适应性：常生长于高山草地、沙砾质干坡地上；耐贫瘠，耐干旱，喜冷凉气候，喜深厚肥沃的土壤。

观赏及应用价值：花色金黄，株型整齐，自然分布海拔高，可以结合旅游开发在3000～4000m一带的旅游景区成片种植，丰富西藏景区的特色，甚至扩展到高原园林应用。山柳菊叶糖芥在我国的园林中还没有得到应用，但在美国、法国、俄罗斯等国家已经成功培育出丰花型的紫黑色、金黄色、橙色等观赏类型的品种，主要应用于花境、花坛。

遏蓝菜属 *Thlaspi*

中文名 **西藏遏蓝菜**
拉丁名 *Thlaspi andersonii*

基本形态特征：多年生草本，茎平铺或斜伸，长5～10（20）cm。叶互生，基生叶卵形，边缘稍有锯齿，茎生叶长卵形，基部耳状，抱茎。总状花序伞房状，花瓣白色（或粉红色）。短角果倒卵形，扁平，顶端凹陷，边缘具翅。花期6月。

分布：西藏产色季拉山地区，海拔2300～2450m，波密、米林、绒辖也产，分布量中。巴基斯坦、尼泊尔、印度、不丹有分布记录。

生境及适应性：常生长于山坡草地或石缝中；耐贫瘠，耐干旱，喜冷凉气候，喜深厚肥沃的土壤。

观赏及应用价值：株型丰满，叶片深绿，适于开发为岩石园、林下地被植物。此外，西藏遏蓝菜为藏药"菥蓂"的重要药源植物，鲍隆友（2004）等结合药用植物栽培研究进行了试验，取得了成功，为西藏遏蓝菜的园林应用奠定了基础。

杜鹃花科 ERICACEAE 越橘属 *Vaccinium*

中文名　**纸叶越橘**
拉丁名　***Vaccinium kingdon-wardii***

基本形态特征： 常绿灌木，有时附生，高2～3m。全株无毛，幼时疏被披针形宿存的叶芽鳞。叶片坚纸质，常5～6（8）枚在茎节上假轮生，椭圆形或长圆状披针形，长4～10cm，宽2～4cm，顶端锐尖至短渐尖，基部宽楔形，边缘疏生锯齿，侧脉多数，边缘网结，与中脉、网脉在叶面明显凹入，在下面凸起；叶柄粗短，长2mm左右。总状花序通常成对生于枝顶叶腋，且顶端有花序3～5，长3～5（8）cm，密生多数花，基部被覆瓦状排列的宿存鳞片；花梗顶端以关节着生于花萼基部，花冠乳黄色，圆柱形至坛状，顶端短5裂，雄蕊10枚，短于花冠。果实小，幼果紫红色，成熟后黑色。花、果期11～12月。

分布： 西藏产色季拉山地区东坡下缘排龙至通麦一带，海拔2200～3300m，分布量较多。西藏特有植物，波密、墨脱也产。

生境及适应性： 常生长于杂木林中；喜温暖，耐半阴，抗性强。

观赏及应用价值： 观叶、观花类植物。纸叶越橘叶片在枝顶呈假轮生状，叶片大型，网脉清晰，且花序大，稍加以修剪就可作为观叶、观花兼用的花灌木应用，花朵娇小可爱，果实鲜亮诱人，适宜配置于墙隅、林缘、假山边。东久至通麦一带还产粉白越橘 *Vaccinium glaucoalbum*，园林用途同纸叶越橘。

白珠树属 *Gaultheria*

中文名　**矮小白珠**
拉丁名　***Gaultheria nana***

基本形态特征： 披散型常绿灌木，植株高仅5cm左右。茎纤细，疏被褐色硬柔毛。叶革质，椭圆形或长卵形，长5～7mm，宽3mm，两端宽渐尖，边缘疏具锯齿，齿尖有睫毛，上面无毛，主脉和侧脉在上面下陷，背面无毛；叶柄极短，被柔毛。花单生叶腋，粉红色，无毛，苞片2，对生，阔卵形，生于花梗的顶端，先端有尖头，花冠钟状，长6mm，两面无毛，萼片5，雄蕊10，基部被10枚腺体所围，腺体小；子房无毛。浆果状蒴果，直径5～8mm。花期6～7月，果期8～10月。

分布： 西藏产色季拉山地区，海拔4200～4500m，分布量较多。西藏特有植物，米林、错那、定结、聂拉木也产。

生境及适应性： 常生长于高山灌丛草甸中；喜冷凉，耐瘠薄，喜湿润，耐干旱，耐贫瘠。

观赏及应用价值： 观果类地被植物。矮小白珠果实深蓝色，经冬不落，更是白珠树属植物中分布海拔最高的类型，最高分布海拔达4800m，同时，植株极其低矮，耐旱、抗旱，对高山寒冷气候适应性强，因此，可用于高海拔地区的矿区、水土流失场所以及滑坡地等绿化，是优良的高寒山地地被植物，也可考虑开发为屋顶绿化的观果类植物。

杜鹃花属 *Rhododendron*

中文名 黄杯杜鹃
拉丁名 *Rhododendron wardii*

基本形态特征： 常绿杜鹃亚属常绿杜鹃组碗花杜鹃亚组。常绿灌木，高2～5m。幼枝绿色，无毛，直径3～4mm。叶片纸质或薄纸质，卵形或圆形或长圆状椭圆形或长圆形，长5～8cm，宽3～5cm，先端圆形，具短尖头，基部心形或截形或圆形，叶面暗绿色，无毛，中脉凹陷，侧脉10～15对，叶背无毛，也无鳞片，粉绿色，具腺状小点，中脉凸起，侧脉和网脉清晰；伞形或总状伞形花序有花5～14朵；花萼5深裂，淡黄色；花冠宽杯状或碗状，鲜黄色，长3～4cm，5裂，裂片长1～2cm，宽2～3cm，先端微凹；雄蕊10，不等长，花丝无毛。果长圆形，短粗，具腺体，基部花萼宿存。花期6～7月。

分布： 西藏产色季拉山地区，海拔3500～4200m，墨脱、波密、米林也产，分布量较多。中国特有植物，四川、云南有分布。

生境及适应性： 常生长于灌丛或冷杉林下；喜光，喜疏松肥沃的酸性土壤。

观赏及应用价值： 观花类。黄杯杜鹃花量大，花期从6月中旬一直延续至7月上旬，花期长，适于在路边、林缘或花池中成片种植。但黄杯杜鹃具微毒，部分人群直接接触会导致皮肤过敏，应用时应注意。

中文名 雪山杜鹃
拉丁名 *Rhododendron aganniphum*
别 名 海绵杜鹃

基本形态特征： 常绿杜鹃组大理杜鹃亚组。常绿灌木，高1～4m。幼枝无毛。叶厚革质，长圆形或椭圆状长圆形，长6～9cm，宽2～4cm，具硬小尖头，基部圆形，边缘反卷，上面深绿色，中脉凹入，侧脉11～12对，下面被海绵状白色至淡黄色毛；叶柄长1～1.5cm，无毛。顶生短总状伞形花序，有花10～20朵；花梗无毛；花萼杯状，5裂；花冠漏斗状钟形，长3～3.5cm，白色或淡粉红色，筒部上方常具紫红色斑点，裂片5，圆形；雄蕊10，不等长。蒴果圆柱形，直立。花期6～7月，果期9～10月。

分布： 西藏产察隅、左贡、江达、昌都、类乌齐、错那等地，海拔3700～4500m，分布量中。云南西北部也有分布。

生境及适应性： 常生长于高山灌丛或林中；喜光，喜冷凉，喜疏松的偏酸性土壤。

观赏及应用价值： 观花类。叶片深绿、花大型，适于作为花灌木应用于庭院、公园中，但其受原生境因子限制较大，在迁地栽培中成活率极低，甚至在同海拔地带迁地栽培时成活率也一样。因此，若进行人工抚育，就需要从选育种和栽培技术等方面进行全面的研究。

中文名	**黄毛雪山杜鹃**
拉丁名	*Rhododendron aganniphum* var. *flavorufum*
别　名	黄毛海绵杜鹃

基本形态特征：常绿杜鹃组大理杜鹃亚组。常绿灌木，高1～4m。幼枝无毛。叶厚革质，长圆形或椭圆状长圆形，有时卵状披针形，长6～9cm，宽2～4cm，先端钝或者急尖，具硬小尖头，基部圆形或近心形，边缘反卷，上面深绿色，中脉凹入，侧脉11～12对，下面密被一层永存的具表膜的厚毛被，海绵状，初为黄色后变为深红棕色，不规则块状分裂；叶柄长1～1.5cm，无毛。顶生总状伞形花序有花10～20朵，无毛；花萼小，杯状，先端5裂；花冠漏斗状钟形，长3～3.5cm，白色或淡粉红色，筒部上方具多数红色斑点；裂片5，顶端微缺；雄蕊10。蒴果圆柱形，直立。花期6～7月，果期9～10月。

分布：西藏产色季拉山地区，海拔3800～4500m，察隅也产，分布量较多。中国特有植物，云南西北部、四川西南部有分布。

生境及适应性：常生长于高山杜鹃林中，为上层优势种；喜冷凉，喜光，喜疏松的酸性土壤。

观赏及应用价值：观花类。应用同雪山杜鹃。

中文名	**裂毛雪山杜鹃**
拉丁名	*Rhododendron aganniphum* var. *schizopeplum*
别　名	裂毛海绵杜鹃

基本形态特征：常绿杜鹃组大理杜鹃亚组。常绿灌木，高1～4m。幼枝无毛。叶厚革质，长圆形或椭圆状长圆形，长6～9cm，宽2～4cm，先端钝或急尖，具硬小尖头，基部圆形或近于心形，边缘反卷，上面深绿色，无毛，微有皱纹，中脉凹入，侧脉11～12对，微凹，下面密被一层永存的毛被，毛被白色至淡黄白色，海绵状，具表膜，中脉凸起，被毛，侧脉隐藏于毛被内；叶柄长1～1.5cm，无毛。顶生短总状伞形花序，有花10～20朵，无毛；花萼小，杯状，5裂，裂片圆形或卵形，花冠漏斗状钟形，长3～3.5cm，白色或淡粉红色，筒部上方具多数紫红色斑点，内面基部被微柔毛，裂片5，圆形，稍不相等，长1.2～1.4cm，宽1.5～1.8cm，顶端微缺；雄蕊10，不等长。蒴果圆柱形，直立，长1.5～2.5cm，直径5～7mm。花期6～7月，果期9～10月。

分布：西藏产色季拉山东南部，林芝、通麦、察隅、波密等地，海拔2700～4700m，分布量较多。青海东南部和南部、四川西南部、西部和西北部、云南西北部。模式标本采自云南德钦。

生境及适应性：常生长于高山杜鹃灌丛中或针叶林下。

观赏及应用价值：观花类。应用同黄毛雪山杜鹃。

中文名 **鲁朗杜鹃**
拉丁名 *Rhododendron lulangense*

基本形态特征： 常绿杜鹃亚属常绿杜鹃组大理杜鹃亚组。常绿小乔木或灌木，高3～4m。小枝近圆形，幼枝密被紧贴的白色茸毛；老枝无毛。叶厚革质，长圆状椭圆形或窄长圆形，长8.5～15.5cm，宽2.5～5cm，先端急尖，具小尖头，基部宽楔形或近于圆形，边缘反卷，上面光亮，下面密被白色毛被；叶脉在表面凹入，侧脉13～14对。顶生短总状伞形花序，有花6～10朵，总花梗长约1cm，被微柔毛；苞片早落；萼片小，无毛；花梗红色，长达3cm；花冠漏斗状钟形，长3～4cm，淡粉红色或白色，里面向基部红紫色，被微柔毛，无斑点，裂片5，近于圆形，长1.4～1.5cm，宽1.8～2cm，顶端微凹；雄蕊10，不等长，花药紫褐色或紫红色，花柱粉红色。花期5月。

分布： 西藏产色季拉山地区东坡鲁朗镇至排龙，分布量较多。西藏特有植物。

生境及适应性： 常生长于路边、林缘或灌丛中；喜半阴，喜温暖湿润，喜肥沃疏松的酸性土壤。

观赏及应用价值： 观花类。鲁朗杜鹃花期花朵层层叠叠布满枝头，甚为美观，适于丛植于园林绿地。同时，其分布海拔较低，开发利用的技术要求比黄毛雪山杜鹃简单。

中文名 **喉斑杜鹃**
拉丁名 *Rhododendron faucium*

基本形态特征： 常绿杜鹃亚属常绿杜鹃组蜜腺杜鹃亚组。常绿小乔木或灌木，高1.5～6（10）m，胸径达20cm。幼枝灰白色，有腺体，老枝树皮层状剥落后露出淡棕色至褐红色的干；叶常3～15枚密生于枝顶，薄革质，窄倒卵状椭圆形或倒卵状披针形，长7～9cm，宽1.5～3cm，先端圆形有短小尖头，边缘常向下反卷，上面无毛，下面基部有疏茸毛和腺体，中脉基部在上面陷成沟纹，在下面显著隆起，侧脉13～14对；叶柄疏被长柔毛。总状伞形花序有花5～10朵，花序总轴长1～2cm；花冠管状钟形，5裂，长3～4cm，玫瑰红色、粉红色或乳白色，基部具不明显的5个蜜腺囊，上部有多数深紫红色的斑点；雄蕊10。蒴果圆柱形。花期4～5月，果期9～11月。

分布： 西藏产色季拉山地区，主要产波密、林芝，海拔2600～3360（4220）m，分布量中偏少。西藏特有植物。

生境及适应性： 常生长于针叶林、西藏箭竹林、杂木林中；喜温暖，喜半阴，喜疏松肥沃的酸性土壤。

观赏及应用价值： 观花类。喉斑杜鹃植物大小差异极大，有低矮不足1m的，也有高达10m、胸径15cm左右的大植株，是色季拉山一带高度最高、最粗壮的杜鹃花属植物。同时，其叶片大型，花色多样，老干颜色鲜艳有光泽，是一种既适于观花，又可观干的观赏植物。可进行孤植、丛植，也可制作树桩盆景。

中文名　紫玉盘杜鹃
拉丁名　*Rhododendron uvarifolium*

基本形态特征： 常绿杜鹃亚属常绿杜鹃组镰果杜鹃亚组。常绿灌木或乔木，高2～10m。叶革质，倒披针形至倒卵形，长11～24cm，宽3.5～6.5cm，先端钝或急尖，有小尖头，基部楔形，上面深绿色，无毛，微皱，中脉凹入，侧脉14～18对，微凹，下面密被灰白色至灰褐色连续毛被，中脉和侧脉凸起；叶柄长1～2cm，被灰白色柔毛。顶生总状伞形花序有花8～18朵，总轴长约1cm，被毛；花萼小，无毛或疏被丛卷毛；花冠钟形，长3～3.5cm，在花期由蔷薇色逐渐变化至白色，基部具深红色斑块，向上逐渐变化为紫红色斑点，裂片5，顶端微缺；雄蕊10，花丝基部被白色微柔毛，花柱无毛。蒴果狭长，极度弯弓型，无毛。花期4～6月，果期8～10月。

分布： 西藏产色季拉山地区，海拔3100～3200m，波密也产，分布量较多。中国特有种，云南、四川有分布。

生境及适应性： 常生长于川滇高山栎、西藏箭竹、林芝云杉等构成的林内或林缘；喜半阴，喜湿润，喜酸性肥沃土壤。

观赏及应用价值： 观花类。紫玉盘杜鹃花期的花色发生连续变化，适于开发为观花类庭院树种，但其生长中需要半阴环境、酸性土壤以及湿润的空气条件，在城镇绿化中应用时，忌直射光，忌干热风，也忌盐碱土，需要适当选择适宜的环境才能够正常生长。若在非适宜条件下栽培，常导致叶片卷曲、花期花朵败育甚至"假活"等现象。

中文名　林芝杜鹃
拉丁名　*Rhododendron nyingchiense*

基本形态特征： 小灌木，高30～100cm，有时高达2m。小枝被暗红褐色鳞片，叶芽鳞早落。叶片长圆状椭圆形或椭圆形，长0.8～2cm，宽0.5～0.8cm，先端钝，具小尖头，基部宽楔形或圆形，上面暗绿色，密被鳞片，下面密被暗红褐色鳞片；叶柄长4～5mm，密被暗红色鳞片。花序顶生，头状，有花3～4朵，花梗密被鳞片，花冠狭筒形，长1.2cm，红色、粉红色至粉白色渐变，筒内外均被密柔毛；雄蕊5，内藏，光滑；子房密被鳞片，无毛。花期5～6月。

分布： 西藏产色季拉山地区，海拔3400～5300m，嘉黎也产，分布量较多。西藏特有植物。

生境及适应性： 常生长于乱石丛、矮灌丛中；喜冷凉，喜光，抗性强。

观赏及应用价值： 观花类。林芝杜鹃主要生长在海拔4200m一带的色季拉山山顶，常为上层灌木，是该海拔段上重要的植被组成部分，提高了高山灌丛中物种的丰富度。因此，它适宜于作为高山生态恢复的主要植物材料之一。2005年林芝地区旅游局联合旅游公司在该区域内318国道两侧进行了大量的简单迁地栽培，但几乎没有获得成功，其栽培技术难题较多，需要继续进行相关研究。

中文名 **雪层杜鹃**
拉丁名 *Rhododendron nivale*

基本形态特征： 小灌木，高60～90cm。密集多分枝，当年生枝条被褐色鳞片。叶常密集生于短枝的末端，叶片椭圆形或宽椭圆形，卵圆形至圆形，长3.8～9mm，稀达12mm，宽2～5mm，先端钝或圆，稀具小尖头，上面暗灰绿色具白色或金色的鳞片，下面密被邻接或稍分开的淡金黄色鳞片，并均匀分布大量的暗色鳞片。花序有花1～2朵，稀3朵，花梗长0.5～1.5mm，有鳞片；花芳香，花期花色由紫色渐变为淡紫色，宽漏斗形，裂片长于管筒，通常喉部和外面有短柔毛；雄蕊10（8～11）枚；花柱通常长于雄蕊。花期5～6月底。

分布： 西藏产色季拉山地区山顶，海拔4000～5300m，西藏各地区均产，常在4200m的林线带形成本种为优势的大面积杜鹃矮灌丛。青海有分布。尼泊尔、印度、不丹有分布记录。

生境及适应性： 常生长于山坡灌丛中；喜冷凉，耐贫瘠，抗性强，忌干热风。

观赏及应用价值： 观花类地被植物。雪层杜鹃植株低矮，花期花量大，适宜于培育盆栽花卉或作为地被植物应用。但栽培上存在一定的难度，如：1999～2000年，西藏农牧学院移植300余株在八一镇"福建园"栽培，未取得成功；2005～2007年，林芝地区旅游局、林芝地区公路局在海拔4200m一带的318国道两侧进行迁地栽培也未获成功。

中文名 **蜿蜒杜鹃**
拉丁名 *Rhododendron bulu*
别　名 散鳞杜鹃

基本形态特征： 小灌木，高达1.6m。当年生枝亮褐色，有鳞片。叶沿短枝散生，叶片椭圆形或长圆状椭圆形，长8～21mm，宽4～7mm，先端圆，具不明显的小尖头，基部宽楔形，上面暗绿色，具分开或邻近的鳞片，下面具邻接或稍分开的鳞片，暗色鳞片分布不均匀。花序有花1～3（5）朵，花梗长1～2mm，被短柔毛和淡色的鳞片；花期花冠由紫色渐变为淡紫色，或由洋红色渐变为白色，喉部有短柔毛，外面也有短柔毛，裂片长是花冠筒的3～4倍，雄蕊（8～）10，花丝基部有毛；子房基部也有柔毛。花期5～6月。

分布： 西藏产色季拉山地区，海拔3000～3600m，分布量较多。西藏特有植物，米林、工布江达也产。

生境及适应性： 常生长于桦木林、川滇高山栎林或针阔混交林下；喜半阴，喜疏松肥沃的酸性壤土，忌干热风。

观赏及应用价值： 观花类地被植物。园林用途同雪层杜鹃，且栽培难度不及后者。1995年开始邢震、陈晓阳等在西藏农牧学院花圃进行栽培实验获得成功，1999年在林芝地区"福建园"中成功应用，在高山松、油松林下片植后效果良好。

中文名　**山育杜鹃**
拉丁名　*Rhododendron oreotrephes*

基本形态特征： 常绿灌木，高1.5～4m。幼枝带紫红色或稍带粉白色，被极小的鳞片，有微柔毛或无毛。叶片革质，椭圆形、长圆形或卵形，长2～4.5cm，宽1.1～2.2cm，顶端钝圆或有时锐尖，基部圆形有时微凹，下面鳞片中等大小，等大，相距为其半径或直径；叶柄紫红色带粉白色，有少数鳞片。顶生3～4花；萼片小，波状5齿，花期花色由淡紫色渐变为紫红色；花冠长2～3cm，外面无毛和鳞片。花期3～4月。

分布： 西藏产色季拉山地区东坡下缘东久至排龙一带，海拔2500～3300m，波密、芒康也产，分布量较多。云南、四川有分布。缅甸有分布记录。

生境及适应性： 常生长于林芝云杉林下或林缘；喜温暖，喜半阴，在酸性肥沃的土壤上生长良好。

观赏及应用价值： 观花类。山育杜鹃分布海拔较低，花期较早，其花型飘逸，缀生枝头，适宜开发为盆栽，也可在风景林林缘成片种植，形成紫色花带。

中文名　**三花杜鹃**
拉丁名　*Rhododendron triflorum*

基本形态特征： 常绿灌木，高2～4m。幼枝有鳞片。叶片革质，卵形、长圆形、卵状披针形或长圆状披针形，长2.5～6.5cm，宽1.5～2.5cm，顶端渐尖、锐尖或稍钝，有短小尖头，基部钝圆或浅心形，上面无鳞片，下面灰白色，密被鳞片；叶柄长4～9mm。花序有花2～3朵；萼片小，被鳞片；花期花冠淡黄色，有时带杏红色，裂片开展，花瓣内面有大量黄绿色或猩红色斑点；雄蕊10；花柱细长，光滑。花期5～6月。

分布： 西藏产色季拉山地区，海拔3000～3500m，亚东、错那、隆子、朗县、米林、波密、察隅、墨脱也产，分布量较多。喜马拉雅特有植物。印度、尼泊尔、不丹等地有分布记录。

生境及适应性： 常生长于川滇高山栎林、高山松林或林芝云杉林下；喜半阴，稍耐水湿，忌干热风，喜疏松肥沃的酸性土壤。

观赏及应用价值： 观花类。三花杜鹃的花色随着栽培环境发生变化，在林内花色表现为浅黄色带黄绿色斑点，在林缘表现为浅黄色兼杏红色并带猩红色斑点，甚是可爱，适于作为花灌木在园林中应用。此外，三花杜鹃已经在林芝地区园林建设中得到应用，栽培试验过程同蜿蜒杜鹃。

三花杜鹃

中文名 纯黄杜鹃
拉丁名 *Rhododendron chrysodoron*

基本形态特征： 常绿小灌木，高0.2～1.7m。幼枝被鳞片，通常疏被细长的硬毛。叶芽鳞早落。叶革质，宽椭圆形至长圆状椭圆形，长4～9cm，宽2～5cm，先端圆或钝，具明显的小突尖，基部圆形或钝，幼叶边缘常具刚毛，叶上面绿色，有光泽，无毛或疏被鳞片，下面苍白色，密被金黄色至淡褐色鳞片；叶柄长0.6～1.6cm，常在两侧具细长刚毛，有鳞片。短总状花序顶生，具3～6花；花梗短，粗壮，密被鳞片，无刚毛；花萼小，碟状，外面密被鳞片，裂片浅波状，长约2mm，不反折，边缘具流苏状长缘毛；花冠宽钟状，长1.5～3（4）cm，鲜黄色，5裂，花管外面被鳞片，管内外均被柔毛；雄蕊10，不等长；子房6室，密被鳞片，花柱长约2cm，粗壮，强度弯弓，基部被鳞片。蒴果长圆形，被鳞片。花期5月。

分布： 西藏产色季拉山、林芝地区，海拔2000～2800m，分布量较多。我国云南西北部也有分布。缅甸东北部也有分布。

生境及适应性： 生于杂木林或竹丛中。喜温暖，喜半阴，在酸性肥沃的土壤上生长良好。

观赏及应用价值： 观花类。花色亮丽，花朵较大，适宜于培育作为地被灌木应用。

中文名 乳突紫背杜鹃
拉丁名 *Rhododendron forrestii* subsp. *papillatum*

基本形态特征： 常绿小灌木，高20（15）～90cm。茎可自由生根，茎上有宿存的芽鳞；1年生枝黄褐色，有稀疏的茸毛及腺体，花序下小枝直径约2mm，老枝灰色。叶革质，坚硬，倒卵形至圆形，长1.3～2.5cm，宽1.2～1.7cm，先端圆或微凹，有小突尖头，基部宽楔形，边缘反卷，上面绿色，略呈水泡状，下面紫红色或淡绿色，有白色微柔毛，中脉在上面凹入，下面凸出，侧脉6～7对；叶柄长4～8mm，有微柔毛和腺体。单花（稀2花）顶生；花梗长1（2.5）cm，密被有柄腺体及微柔毛；花萼小，碟形，肉质，长1～3mm，裂片5，近于圆形，边缘有腺体；花冠管状钟形，长2.9～3.8cm，深红色，基部内面有5枚蜜腺囊，裂片5，近于圆形，长9～10mm，宽约15mm，顶端有缺刻；雄蕊10，不等长。蒴果长圆柱形，有肋纹及腺体残迹。花期5～7月，果期10～11月。

分布： 产西藏东南部，色季拉山、林芝地区，海拔3050～4200m，分布量较多。云南西北部也有分布。缅甸东北部亦有分布，模式标本采自云南德钦。

生境及适应性： 生于有苔藓的岩石上或苔原及草地上。喜温暖，喜阳耐半阴，在酸性肥沃的土壤上生长良好。

观赏及应用价值： 观花类。应用同三花杜鹃。

乳突紫背杜鹃

中文名　**藏南杜鹃**
拉丁名　*Rhododendron principis*
别　名　紫斑杜鹃

基本形态特征： 常绿灌木或小乔木，高1～2.5m。叶片革质，长圆状椭圆形或长圆状倒卵形，长5～7.5cm，宽2～3cm，先端钝或急尖，有小尖头，边缘略反卷，上面无毛，中脉凹入，微皱，侧脉12～13对，微凹；下面密被2层毛被，外层为具表膜的灰白色至肉桂色海绵状毛被，内层为灰白色；中脉明显，被毛，侧脉不显；叶柄上面具纵沟，被灰白色茸毛，下面近圆形，无毛。顶生总状花序有花8～12朵，总轴长0.5cm，花梗长1～1.5cm，疏被微茸毛；花萼小，裂片5，边缘具睫毛；花冠漏斗状钟形，长2.5～3cm，花期花色由粉红色渐变为白色，内面上方具紫色斑点，裂片5，顶端微缺，基部有白色微柔毛；雄蕊10，花丝基部疏被白色微柔毛。蒴果圆柱形，直立。花期5～6月，果期7～9月。

藏南杜鹃在《西藏植物志》记载为"紫斑杜鹃"，而且《西藏植物志》中收录的白背紫斑杜鹃 *Rhododendron principis* var. *vellereum* 已在《中国植物志·五十七卷第二分册》中归入原种内；需要进一步说明的是：色季拉山一带分布的均为叶背灰白色海绵状毛被，与《中国植物志》中的描述存在差异。

分布： 西藏产色季拉山地区，海拔3200～4400m，昌都、察雅、八宿、波密、嘉黎、隆子、错那也产。分布量较多。喜马拉雅特有植物。西藏特有植物。

生境及适应性： 常生长于林缘或高山灌丛中；喜冷凉，喜半阴，抗性强。

观赏及应用价值： 观花类。园林用途同紫玉盘杜鹃。

岩须属 *Cassiope*

中文名 **扫帚岩须**
拉丁名 ***Cassiope fastigiata***

基本形态特征： 常绿矮丛生灌木，高15~30cm。枝条多而密集，上升呈扫帚状，叶在枝上呈4行覆瓦状排列，硬革质，卵状长圆形，长5~6mm，背面龙骨状凸起，有1条纵深槽，叶缘有银白色宽膜质边，边缘上被柔毛状睫毛。花单生叶腋，下垂；苞片5，紫色；花冠钟状，白色；雄蕊10，藏于花冠中。花期6~7月。

分布： 西藏产色季拉山地区，海拔4200~4500m，错那、亚东、定结、聂拉木也产，分布量较多。云南有分布。尼泊尔、印度、不丹、巴基斯坦有分布记录。

生境及适应性： 常生长于高山灌丛中、岩石边或陡坎上；喜冷凉，喜光，耐半阴，喜酸性土壤。

观赏及应用价值： 观花地被植物。扫帚岩须在色季拉山海拔4200~4500m一带是优势种，成片分布，适于培育为高山草甸的水土保持植物。此外，其植株为重要的藏药药源植物。

珍珠花属 *Lyonia*

中文名 **毛叶米饭花**
拉丁名 ***Lyonia villosa* var. *villosa***
别　名 毛叶珍珠花

基本形态特征： 灌木或小乔木，高1~2m。树皮灰色或灰褐色，常成薄片脱落；小枝纤细，当年生枝条被淡灰色短柔毛，1年生以上枝条黄色或灰褐色，无毛。叶纸质或近革质，卵形或倒卵形，长3~4.5cm，宽1~2cm，先端钝，具短尖头，稀短渐尖，基部阔楔形，表面深绿色，除叶脉上疏被短柔毛外，其余无毛，背面淡绿色，被灰褐色长柔毛，脉上通常较多，中脉在表面下陷，在背面凸起，侧脉羽状，4~5对，在背面显著；叶柄长4~10mm，被毛，腹面有沟槽，背面圆形。总状花序腋生，长1~4（~7）cm，下部有2~3枚叶状苞片，小苞片早落；花序轴密被黄褐色柔毛；花萼5裂，裂片长圆形或三角状卵形；花冠圆筒状至坛状，长5~8mm，直径3~4mm，外面疏被柔毛，顶端浅5裂，裂片钝尖；雄蕊10枚，被长柔毛。蒴果近球形，直径约4mm，微被柔毛。花期6~8月，果期9~10月。

分布： 西藏产林芝、波密、朗县、亚东，分布量较多。我国四川西南部、云南也有分布。印度、尼泊尔、不丹也产。

生境及适应性： 生于灌丛中；喜光，耐半阴，耐寒也耐旱，喜疏松肥沃的土壤。

观赏及应用价值： 观花类。毛叶米饭花花期花朵如串串风铃悬挂其间，且有清香；萼片有淡绿色和淡粉红色两种，随总花梗的颜色发生变化，若总花梗粉红色，则萼片粉红色；总花梗绿色，萼片绿色，相对稳定。适于结合香花类植物开发进行品种选育。

紫金牛科 MYRSINACEAE 铁仔属 *Myrsine*

中文名 **针齿铁仔**
拉丁名 *Myrsine semiserrata*

基本形态特征：大灌木或小乔木，高3～7m。小枝圆柱形，常下垂；无毛，常具由叶柄下延而成的棱角。叶片坚纸质至近革质，椭圆形至披针形，有时棱形，长5～9cm，宽2～2.5cm，有时长达14cm，宽达4cm；顶端长渐尖，基部楔形，边缘中部以上有刺状细锯齿，两面无毛，背面中脉隆起，侧脉弯曲上升，顶端联接成边缘脉，网脉明显，具疏腺点；叶柄短或近无。伞形花序或花簇生，腋生，有花3～7朵，每花基部有1枚苞片；花4数，小，白色至淡黄色，花冠裂片在花期强烈展开，柱头2裂，流苏状。果球形，直径5～7mm，果期由红色渐变为紫黑色，具密腺点。花期2～4月，果期10～12月。

分布：西藏产色季拉山地区下缘排龙至通麦一带，海拔2100～2300m，墨脱、察隅也产，分布量较多。湖北、湖南、四川、贵州、云南、广西、广东等地有分布。印度、缅甸有分布记录。

生境及适应性：常生长于阔叶林林缘或林下；喜光，耐半阴，喜温暖，喜肥沃土壤，稍耐贫瘠。

观赏及应用价值：观果、观叶类。针齿铁仔叶片常绿，叶脉清晰，果期果实由红色渐变为紫黑色，经冬不落，适于作为室内观果植物进行栽培；亚热带区域也可配置于林缘，弱化乔木与灌木之间的层次空隙。此外，针齿铁仔是重要的经济植物，其果实可用于体内驱虫，树皮、树枝可提炼栲胶。

杜茎山属 *Maesa*

中文名 **凹脉杜茎山**
拉丁名 *Maesa cavinervis*

基本形态特征：常绿灌木，高3～4m。小枝纤细，常拱形下垂，圆柱形，幼时被柔毛。叶片坚纸质至革质，披针形，长10～17cm，宽2～4cm，顶端渐尖或尾尖，基部楔形，边缘疏被细锯齿，齿尖具腺点，叶面无毛，中脉及侧脉下凹，其余微皱，背面被小鳞片，银白色，脉隆起，侧脉8～11对，细脉网状，明显。总状花序或有1～2分枝，长1.5～2.5（6）cm，腋生及顶生；花梗长约2.5mm，疏被微柔毛，中部具2枚小苞片；花小，黄绿色；柱头3裂。果实球形，包被于宿存的萼片内。花期3～4月。

分布：西藏产色季拉山地区下缘排龙一带，海拔2100～2300m。西藏特有植物，主要分布在墨脱。

生境及适应性：常生长于阔叶林林缘或林下；喜温暖，喜半阴，稍耐干旱，喜疏松肥沃土壤。

观赏及应用价值：观叶类。凹脉杜茎山小枝俯垂，叶片大，叶脉明显下凹，网脉清晰，先端渐尖或尾尖，适于开发为室内观叶植物。杜茎山属植物的驯化栽培相对容易，曹建春（2008）等在浙江进行杜茎山*Maesa japonica*的驯化栽培试验，获得了90%的成活率；可以参照其方法进行凹脉杜茎山的相关试验。

　　此外，相关资料表明（来国防，2002），杜茎山属常用中药类植物的提取物具有抗病毒和抗菌的功效，但凹脉杜茎山是否具有此功效则尚待研究。

报春花科 PRIMULACEAE 点地梅属 *Androsace*

中文名 **柔软点地梅**
拉丁名 *Androsace mollis*

基本形态特征： 多年生草本。植株由着生于根出条上的莲座状叶丛形成密丛，根出条节间长4~35mm，初被白色或带褐色的长柔毛，渐变无毛，呈暗紫色。莲座状叶丛直径8~13mm，叶呈不明显的两型：外层叶倒卵状匙形，草质，长2.5~5mm，宽1.5~2mm，先端圆形，上面近于无毛，下面上半部被稀疏长硬毛，边缘具开展的长缘毛；内层叶倒卵形或倒卵状匙形，长5~7mm，宽2~2.5mm，毛被与外层叶相同。花葶单一，高5~35（50）mm，疏被长硬毛和短柄腺体；伞形花序2~4（7）花；苞片线形至匙状长圆形，长3~4mm，草质，略呈叶状，基部具小囊状突起；花梗纤细，初花期较苞片短，后渐伸长，长可达6mm，疏被硬毛和短柄腺体；花萼杯状，长2.5~3mm，分裂达中部，裂片阔卵形或长圆状卵形，先端钝圆，背面及边缘被短硬毛；花冠粉红色，直径5~8mm，筒部比花萼短，裂片阔倒卵形，先端圆形或微呈波状。蒴果近球形，约与花等长。花期6~7月。

分布： 西藏产色季拉山地区，海拔3800~4700m，分布量较多。中国特有植物，云南有分布，模式标本采自云南德钦。

生境及适应性： 常生长于山顶草地和灌丛中；喜冷凉，耐严寒，耐贫瘠。

观赏及应用价值： 观花类地被植物。柔软点地梅花密集，花量大，花期花色由粉红色向白色渐变，适宜于在岩石园应用，也是极好的微型盆栽材料。目前无栽培应用报道。

中文名 **疏花点地梅**
拉丁名 *Androsace limprichtii* var. *laxiflora*

基本形态特征： 多年生草本。植株生于根出条上的莲座状叶丛形成疏丛，根出条节间长1~3cm，幼时被白色长柔毛，老时近于无毛，紫褐色。叶3型：外层叶卵形或阔椭圆形，长4~6mm，先端锐尖，中肋明显，下半部膜质，近于无毛，先端边缘具疏缘毛；中层叶舌状匙形，多数，长5~7mm，中部以上密被白色长柔毛；内层叶具柄，叶片椭圆形或倒卵状椭圆形，长12~25mm，先端钝，基部渐狭，两面被白色长柔毛并杂有短伏毛；叶柄与叶片近等长；新枝上的叶同内层叶，但较小。花葶单一，高3~7cm，疏被白色长柔毛；伞形花序3~5花；苞片椭圆形，长2~4mm；花梗纤细，长6~12mm，密被毛；花萼钟状，长约3mm，分裂达中部，裂片狭卵形，先端钝，背面被柔毛，近顶端稍密，边缘具缘毛；花冠白色至淡红色，裂片倒卵形，喉部微隆起。花期5~6月，果期7~8月。

分布： 西藏产色季拉山地区，海拔4500~4600m，聂拉木也产，分布量较多。中国特有植物，四川西部有分布，模式标本采自康定。

生境及适应性： 常生长于岩须、杜鹃林边或岩石旁；喜冷凉，喜光，稍耐贫瘠，喜疏松肥沃的酸性土壤。

观赏及应用价值： 观花类地被植物。既适于在高海拔地区作为水土保持植物成片抚育，也可进行微型盆栽选育或在岩石园应用。

中文名　**糙伏毛点地梅**
拉丁名　*Androsace strigillosa*

基本形态特征： 多年生草本。主根粗壮，灰褐色，直径6～7mm，具少数支根。莲座丛通常单生。叶3型，外层叶卵状披针形或三角状披针形，长6～9mm，宽3～4mm，干膜质，先端及边缘疏被毛；中层叶舌形或卵状披针形，长6～15mm，宽2～2.5mm，草质，两面被白色柔毛，边缘具缘毛；内层叶大，绿色或灰绿色，椭圆状披针形，长5～10（15）cm，先端锐尖或稍钝而具骤尖头，下部渐狭，基部下延成明显的柄，两面密被糙伏毛和短柄腺体。花葶1至数枚，高10～40cm，稍粗壮，被开展硬毛和短柄腺体；伞形花序多花，苞片线状披针形，长2～5mm，先端被短柔毛；花梗长1～5cm，被稀疏柔毛和腺体；花萼圆锥形或陀螺形，长3.5～4cm，外面疏被短柔毛和腺毛，分裂约达全长的1/3，裂片阔卵形至卵状三角形，先端锐尖或稍钝，边缘密被小睫毛；花冠紫红色至粉红色渐变，直径8～9mm，裂片楔状阔倒卵圆形，近全缘。花期6月，果期8月。

分布： 西藏产色季拉山地区，海拔3000～3500m，吉隆、加查、米林也产，分布量较多。喜马拉雅特有植物。印度、不丹、尼泊尔有分布记录。

生境及适应性： 常生长于山坡草地、林缘和灌丛中；喜阴，不耐干旱，喜疏松肥沃土壤。

观赏及应用价值： 观花类。糙伏毛点地梅的莲座丛常单生，花葶长达40cm，野生环境中的观赏效果不及疏花点地梅，仅适宜于林缘群植或在林下点缀；但其为藏药传统药源植物之一，民间常用其全草治疗水肿。

报春花属 *Primula*

中文名　**紫钟报春**
拉丁名　*Primula waltonii*

基本形态特征： 多年生草本。根状茎粗壮，向下发出成丛的纤维状长根。叶丛高7～30cm，叶片圆状矩圆形至倒披针形，连同叶柄长3.5～18cm，先端圆，基部楔形渐窄，边缘有齿，上面绿色，无粉，下面淡绿色，具稀疏的小腺体，网脉纤细；叶柄具狭翅，短于叶片或有时与叶片等长。花莛高18～70cm，伞形花序顶生，少花或多花；苞片披针形至线状披针形，常染紫色，多少被粉；花梗长1～7cm，花时下垂，果期直立；花萼钟状，两面被粉，常染紫色，分裂达全长的1/3～2/5，裂片三角形或披针形，锐尖，常反卷；花冠深蓝紫色或紫红色，长8～11mm，裂片长圆形或广卵形，全缘或微凹，花柱两型。花期7～9月。

分布： 西藏产色季拉山地区，海拔3000～4000m，拉萨、南木林等也产，分布量较多。喜马拉雅特有植物，不丹也产。

生境及适应性： 常生长于山坡草地和水沟边；喜冷凉，喜湿润，不耐干旱。

观赏及应用价值： 观花类。紫钟报春的伞形花序不大，但花冠深蓝紫色或紫红色，叶片较大，喜水湿，适于在水景园中配置。

中文名 **条裂垂花报春**
拉丁名 *Primula cawdoriana*

基本形态特征：多年生草本。具粗短的根状茎和多数须根。叶片倒卵形至倒披针形至匙形，长2～4cm，宽5～15mm，先端钝或圆形，基部渐窄，边缘有不整齐的深牙齿，中肋明显，侧脉8～10对；叶柄具翅，长仅叶片的1/2或更短。花莛高6～15cm，近顶端稍被粉；花序头状，花3～6朵，下垂；苞片卵状披针形或近圆形，常染紫色；花萼杯状，长6～8mm，外面绿色或带紫色，内面被粉，分裂达全长的1/3，裂片大小稍不相等，矩圆形至阔披针形，先端钝；花冠狭钟状，长2～3cm，上部蓝紫色，下部绿白色，冠筒下部5～8mm呈管状，向上渐增宽，冠檐直径2～3cm，裂片狭距圆形，长5～10mm，先端分裂成2～3个线状三角形小裂片；花柱两型。花期7～8月。

分布：西藏产色季拉山地区，海拔4000～4500m，分布量较多。西藏特有植物，仅产于西藏的隆子、朗县、林芝等地，林芝是模式标本采集地。

生境及适应性：常生长于高山暗针叶林下、灌丛下或多石草地上；喜冷凉，耐阴，喜湿润。

观赏及应用价值：观花类。头状花序小，下垂如沉思状，适于作为异型微盆栽植物应用，也可在岩石园、水景园中配置。

中文名 **宽裂掌叶报春**
拉丁名 *Primula latisecta*

基本形态特征：多年生宿根草本。具细长匍匐状的根状茎。叶2～4枚丛生，叶片近圆形，直径4～8cm，基部深心形，掌状7深裂达中部，裂片再次3深裂，小裂片边缘具粗齿，中肋和3对近基出的侧脉在背面显著；叶柄长5～14cm，密被褐色多细胞长柔毛。花萼纤细，高7～20cm，疏被柔毛；伞形花序2～4花；苞片披针形；花梗直立，被柔毛；花几钟状，长6.5～8.5mm，疏被毛，分裂略超过中部，裂片披针形，具明显的中肋和2条纤细的纵脉；花冠淡红色或紫红色，冠筒口周围白色或紫黄色，冠筒长9～11mm，冠檐直径1.5～2cm，裂片倒卵形，长约7mm，宽约6mm，先端具深凹缺；凹缺间常有1小齿；花柱两型。蒴果长圆形，与花萼近等长。花期5～6月，果期9月。

分布：西藏产色季拉山地区，海拔3100～3500m，分布量较多。西藏特有植物，仅产于西藏东南部的工布江达、米林、林芝、波密等县。

生境及适应性：常生长于林下、林缘阴湿处；喜温凉、湿润的环境和排水良好、富含腐殖质的土壤，不耐高温和强烈的直射阳光，生长期要求50%～70%的遮光率，花期适宜温度15～20℃左右。

观赏及应用价值：观花、观叶类。花色鲜艳，叶片缺裂、大型，盆栽时极易达到"裙叶遮盆"的效果，可作为花叶共赏的室内观赏植物。近年来的栽培试验表明（邢震，2009）：在冷凉气候下适宜土壤条件中能够正常生长并开花，但在中国大部分地区栽培时，需适当防高温措施。且具有典型的克隆生长习性，地下匍匐根状茎仅分布在地下5～10cm的表土中，因此，注意防止表土板结。

中文名　**杂色钟报春**
拉丁名　*Primula alpicola*

基本形态特征： 多年生粗壮草本。具粗短的根状茎和多数长根，除花序外，无粉状附属物。叶矩圆形至矩圆状椭圆形，长10～20cm，先端圆形，基部截形至圆形，有时微心形或短楔形，边缘具小牙齿或小圆齿，下面多少被小腺体，中肋稍宽，侧脉10～20对；叶柄与叶片近等长至长于叶片1倍，具狭翅。花莛高15～90cm，顶端微被粉；伞形花序通常2～4轮，每轮5至多花；苞片窄披针形或矩圆形，绿色或带红褐色，通常被粉；花梗长1～8cm，被淡黄色粉；花萼钟状或窄钟状，具5脉，外面被小腺体和稀薄黄粉，内面密被黄粉，分裂达全长的1/4～1/3，裂片三角形至披针形，先端锐尖，微向外翻；花冠黄色、紫色或白色，管口被黄粉，裂片阔倒卵形至近圆形，先端凹缺，花柱两型。花期7～8月。

分布： 西藏产色季拉山地区，海拔3100～4100m，朗县、米林也产，分布量较多。喜马拉雅特有种。不丹有分布记录。模式标本采自林芝。

生境及适应性： 常生长于湿草地、林缘或灌丛中；喜光，喜水湿，喜肥。

观赏及应用价值： 观花类。本种在同一生境的同一群体中常同时出现黄花、紫花和白花的个体，国外庭园已引种栽培供观赏。

中文名　**白心球花报春**
拉丁名　*Primula atrodentata*

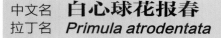

基本形态特征： 多年生草本。具粗短的根状茎和成丛的长根。叶片椭圆形或匙形，连叶柄长1.5～6cm，先端圆形或钝，基部渐狭，边缘具小牙齿，两面均被短柄小腺体；叶柄通常极短或不明显。花莛高（1）4～8（15）cm，果时稍增长，少数长可达20～30cm；花序近头状，少花至多花；苞片线状披针形，先端锐尖，基部稍膨大或有时成耳状；花梗不明显；花萼钟状，疏被小腺体或微被粉，分裂略超过中部，裂片披针形，先端通常染深紫色；花冠淡紫色或蓝紫色，有时淡红色，极少白色，冠筒约长于花萼1倍，筒口周围白色，裂片阔倒卵形，先端2深裂；花柱两型。花期5～6月。

分布： 西藏产色季拉山地区，海拔3000～4000m，西藏东南部其他各地也产，分布量多。喜马拉雅特有植物。不丹、尼泊尔和印度有分布记录。

生境及适应性： 常生长于高山草甸和矮林、灌丛中；喜光，喜冷凉，耐贫瘠。

观赏及应用价值： 观花类。白心球花报春植株低矮，常具有紧密的头状花序，花期花色由淡紫色或蓝紫色向白色、浅红色渐变，盛花期更如彩珠缀满草坪，极适于作为草坪点缀植物，也可在岩石园、水景园中配置，作为微型盆栽植物应用效果亦佳。此外，为藏药药源植物之一。

白心球花报春

中文名　**巨伞钟报春**
拉丁名　*Primula florindae*

基本形态特征： 多年生粗壮草本，根状茎粗短，具多数纤维状须根。叶丛高6～50cm；叶片阔卵形至卵状矩圆形，长3～15（20）cm，先端圆形，基部心形，边缘具稍钝的牙齿，上面绿色，下面淡绿色，多少被小腺体，中肋稍宽，侧脉11～13对，网脉明显；叶柄长5～30cm，稍短于叶片至长于叶片1～2倍。花莛粗壮，高30～120cm，有时顶端微被粉；伞形花序多花（通常15～30朵，不少于10朵，最多可达80朵），有时出现第2轮花序；苞片阔披针形至矩圆形，先端常具小齿，基部膨大或稍下延成垂耳状；花梗长2～10cm，多少被黄粉，开花时下弯，果时直立；花萼钟状，具不明显的5脉，外面密被黄粉，分裂略超过全长的1/3，裂片三角形至狭三角形，先端锐尖；花冠鲜黄色，长25～27mm，裂片卵状矩圆形至阔倒卵形，内面密被黄粉，先端微凹；花柱两型。花期6～7月，果期7～8月。

分布： 西藏产色季拉山地区，海拔3000～4000m，朗县、工布江达、波密也产，分布量中。西藏特有植物，模式标本采自米林。

生境及适应性： 常生长于山谷水沟边、河滩地和云杉林下潮湿处；喜光，喜水湿，喜肥。

观赏及应用价值： 观花类。巨伞钟报春花序大型，叶片排列紧密，适于作为在岩石园、水景园中配置。

中文名　**葶立钟报春**
拉丁名　*Primula firmipes*
别　名　葶立报春

基本形态特征： 多年生草本，根状茎短，具纤维状须根。叶丛高3～25cm；叶片卵形或卵状矩圆形至近圆形，长1～7cm，先端圆形，基部浅心形，边缘具稍深的圆齿状牙齿，上面深绿色，近于秃净，中肋及侧脉微下陷，下面淡绿色，多少被小腺体，中肋及4～8对侧脉明显隆起；叶柄长2～20cm，具膜质狭翅，基部增宽成鞘状。花莛纤细，高10～40cm，顶端微被黄粉；伞形花序2～8花；苞片披针形至卵状披针形，先端渐尖，常具小齿；花梗纤细，长1～4cm，被小腺体，有时顶端被粉，开花时下弯，果期直立；花萼钟状，具5脉，外面密被小腺体，多少被黄粉，分裂达中部，裂片披针形或三角状披针形，具小缘毛；花冠黄色，冠筒长约10mm，喉部无环状附属物，裂片倒卵形，近直立，先端凹缺或小圆齿；花柱两型。花期5～6月。

　　巨伞钟报春的较弱小植株有时与葶立钟报春近似，巨伞钟报春花萼外面通常被较密的黄粉，裂片稍宽，呈三角形。

分布： 西藏产色季拉山地区，海拔4000～4500m，察隅、墨脱也产，分布量中。云南有分布。缅甸有分布记录。模式标本采自察瓦龙。

生境及适应性： 常生长于多石的草地上；喜光，喜冷凉，不耐水湿。

观赏及应用价值： 观花类。伞形花序较疏逸，花莛直立，淡黄色至鲜黄色小花常下垂，适于作为花境材料应用，也可在水景园中配置，宜丛植、片植。

中文名　**雅江粉报春**
拉丁名　*Primula involucrata ssp. yargongensis*

基本形态特征：多年生草本，全株无粉。根状茎短，具多数须根。叶丛基部无越年枯叶；叶片卵形、矩圆形或近圆形，长1～3.5cm，宽5～22mm，先端钝或圆形，基部楔形、圆形或近心形，全缘或具不明显的稀疏小牙齿，鲜时带肉质，两面散布小腺体，中肋扁宽，侧脉5～7对，纤细；叶柄纤细，与叶片近等长至长于叶片2～3倍。花莛高10～30cm；伞形花序2～6花，极少出现第2轮；苞片卵状披针形，长8～15mm，宽1.5～4mm，基部下延成垂耳状附属物；花梗长1～2cm，果时显著伸长；花萼狭钟状，长5～7mm，明显具5棱，绿色，常有紫色小腺点，分裂深达全长的1/3或更深，裂片披针形或三角形，直立或稍外反，先端锐尖，边缘具腺状小缘毛；花期花冠由蓝紫色或紫红色渐变为粉红色，冠筒口周围黄色，喉部具环状附属物，冠筒长于花萼不足1倍，裂片倒卵形，先端深2裂；花柱两型。花期6～8月。

分布：西藏产色季拉山地区，海拔3360～4000m，芒康、察隅也产，分布量较多。四川、云南有分布。缅甸有分布记录。

生境及适应性：常生长于山坡湿草地、沼泽地、水沟边；喜冷凉，喜水湿，喜肥。

观赏及应用价值：观花类地被植物。雅江粉报春植株低矮，花型别致，适于作为微型盆栽植物应用，也可在岩石园、水景园中配置。

中文名　**西藏粉报春**
拉丁名　*Primula tibetica*

基本形态特征：多年生草本，具极短的根状茎和多数须根。叶多数，形成较密的莲座丛，叶片矩圆状倒卵形或矩圆状披针形，先端近圆形或钝，基部渐狭窄，边缘具稀疏小牙齿或近全缘，下面被青白色或黄色粉；叶柄甚短或与叶片近等长。花莛稍纤细，无毛，近顶端通常被青白色粉；伞形花序顶生，通常多花；苞片多数，狭披针形或先端渐尖成钻形，基部增宽并稍膨大呈浅囊状；花萼钟状，具5棱，内面通常被粉，分裂达全长的1/3～1/2，裂片卵状矩圆形或三角形，有时带紫黑色，边缘具短腺毛；花冠淡紫红色，冠筒口周围黄色，裂片楔状倒卵形，先端2深裂；花柱两型。花期5～6月。

分布：西藏产扎达、噶尔、仲巴、吉隆、聂拉木、定日、尼木、拉萨、错那、加查、八宿等地，海拔3200～4800m，分布量较多。我国吉林长白山地区也有分布。分布于蒙古、俄罗斯和欧洲。

生境及适应性：生长于低湿草地、沼泽化草甸和沟谷灌丛中。

观赏及应用价值：观花类地被植物。植株低矮，花型别致，适于作为微型盆栽植物应用，也可在岩石园、水景园中配置。

中文名　**中甸灯台报春**
拉丁名　*Primula chungensis*

基本形态特征： 多年生草本，根茎极短，向下发出一丛粗长的支根。叶椭圆形、矩圆形或倒卵状矩圆形，长4.5～5（20）cm，宽2～3（5）cm，先端圆形，基部楔状渐窄，边缘具不明显的波状浅裂和不整齐的小牙齿，中肋和侧脉宽扁，在下面稍隆起；叶柄不明显至长达叶片的1/4。花莛通常1枚，自叶丛中抽出，高15～30cm，节上微被粉；伞形花序（1）2～5轮，每轮具3～12花；苞片三角形至披针形，长1.5～3.5mm，微被粉；花梗长8～15mm，果时弯拱上举；花萼钟状，内面密被乳黄色粉，外面微被粉或无粉，分裂达全长的1/3，裂片三角形，锐尖；花冠橙黄色，冠筒长11～12mm；喉部具环状附属物，冠檐直径1.5～2cm，裂片倒卵形，先端微凹；花多为同型花，雄蕊着生处距冠筒基部约9mm，花柱略高出花药之上。花期5～6月。

分布： 西藏产色季拉山地区，海拔3200～3500m，波密、察隅也产，分布量较多。中国特有植物，云南、四川也有分布。

生境及适应性： 常生长于林间草地或水边；喜半阴，稍耐水湿，喜肥沃土壤。

观赏及应用价值： 观花类地被植物。花莛长达30cm，花金黄色具猩红色的环状附属物，适于营造竖向景观，可用于花境或风景林缘、水景园配置。2007年开始进行的驯化试验表明：中甸灯台报春能够在人工环境中自然繁殖，并能够取得良好的观赏效果。

中文名　**暗紫脆蒴报春**
拉丁名　*Primula calderiana*

基本形态特征： 多年生草本，具粗短的根状茎和肉质长根。叶丛基部有鳞片包叠；叶矩圆形或倒披针形，连柄长5～20（30）cm，先端钝圆，有时稍锐尖，基部渐狭窄，边缘具近于整齐的小圆齿；叶柄具宽翅，与叶片近等长。花莛高5～30cm，近顶端被粉；伞形花序1轮，（2）4～25花；苞片披针形或狭三角形，多少被粉；花梗长5～35mm，被乳黄色粉或粉质腺体，开花时稍下弯，果时直立，顶端稍增粗；花萼钟状，常染紫色，分裂近达中部，裂片卵形至卵状矩圆形，内面和外面边缘被乳黄色粉；花冠暗紫色或酱红色，冠筒口周围黄色，喉部具不明显的环状附属物，裂片阔倒卵形至近圆形，先端微凹缺；花柱两型。花期5～6月，果期7～8月。

分布： 西藏产色季拉山地区，海拔3800～4500m，亚东、错那、隆子、朗县、米林、墨脱也产，分布量较多。喜马拉雅特有植物。尼泊尔、印度、不丹有分布记录。

生境及适应性： 常生长于高山草地或水沟边；喜冷凉，喜光，喜肥，不耐干旱。

观赏及应用价值： 观花类。暗紫脆蒴报春花色常暗紫色，花量大，常成片沿高山灌丛带的季节性水沟分布，适于作为盆栽花卉栽培。2007～2009年的栽培试验表明：其在全光照温室中能够正常生长，并出现春秋两季花现象，而且能够承受40℃左右的短时高温；但花莛缩短，花量减少。

暗紫脆蒴报春

中文名	**林芝报春**
拉丁名	*Primula ninguida*
别　名	尖萼大叶报春

基本形态特征： 多年生草本，根状茎粗短，具多数长根。叶丛基部外围有鳞片和少数枯叶；鳞片卵形至披针形，长2.5～5cm，先端锐尖或稍渐尖，带肉质，背面和腹面先端密被乳黄色粉。叶片披针形至倒披针形，长3.5～9cm，宽1～1.5cm，先端稍渐尖，基部渐狭窄，边缘具小圆齿，上面被微柔毛，下面初被乳黄色粉，老时近于无粉，中肋宽扁，侧脉不明显；叶柄具宽翅，与叶片近等长或稍长于叶片。花莛高约15cm，顶端微被粉；伞形花序1轮，3～15花；苞片狭披针形，长约1cm，腹面被粉，背面微被粉或仅具粉质小腺体；花梗长5～10mm，被乳白色粉；花萼筒状，合生部分长仅1.5mm，裂片线状被针形，宽约1mm，先端锐尖，外面疏被微柔毛，内面密被白粉；花冠深紫红色，冠筒窄长，喉部具环状附属物，筒口周围橙黄色，冠檐直径15～20mm，裂片矩圆状椭圆形，长8～12mm，宽3～5mm，全缘；花柱两型。花期6月。

分布： 西藏产色季拉山地区，海拔3800～4500m，分布量较多。西藏特有植物，模式标本采自米林。

生境及适应性： 常生长于高山草地或水沟边；喜冷凉，喜光，喜肥，不耐干旱。

观赏及应用价值： 观花类。园林用途同暗紫脆蒴报春，且盆栽效果优于后者，也可在岩石园、水景园中配置。

景天科 CRASSULACEAE　红景天属 *Rhodiola*

中文名	**长鞭红景天**
拉丁名	*Rhodiola fastigiata*

基本形态特征： 多年生草本。根系较发达，肉质主根的长度可达主轴的5倍，主轴伸长可达50cm以上，老花茎脱落或有少数宿存，基部鳞片三角形。花茎4～15，着生在多年生主轴顶端，长8～20cm。叶互生，线状长圆形、线状披针形至倒披针形，先端钝，基部无柄，全缘。花序伞房状，雌雄异株，偶有同株。花密生，萼片5，线形或长三角形；花瓣5，红色，长圆披针形，雄蕊10，长达5mm，对瓣着生基部上1mm处；心皮5，披针形，直立，花柱长8mm，直立，先端稍向外弯。花期6～8月，果期9～10月。

分布： 西藏产色季拉山地区，海拔3800～4500m以上，日土、普兰、聂拉木、错那、拉萨、加查、米林、波密、察隅、改则、索县、比如也产，分布量较多。云南、四川有分布。不丹、尼泊尔等有分布记录。

生境及适应性： 常生长于山坡湿润石缝、山坡草地、山坡水沟边、高山灌丛、高山草甸、高山流石滩中，多密集生长；喜凉润，畏炎热，喜肥，耐瘠薄。

观赏及应用价值： 植株整齐、茎红色、花期花量大，红果宿存，是优良的园林植物。既可在庭园中作为花带，增加景观效果，又是点缀草坪、岩石园和堤岸保护的良好材料。同时也是优良的抗高原反应药源植物，室内栽培能平衡CO_2浓度，辅助预防高原反应。

长鞭红景天

中文名 **大花红景天**
拉丁名 *Rhodiola crenulata*
别　名 圆齿红景天

基本形态特征：多年生草本。地上多年生主轴短，宿存老枝多，黑色，有不育枝。花茎高5～20cm或更高，常扇状排开。叶互生，肥厚，近椭圆形至近圆形，长1～3cm，宽9～22mm，全缘或波状或有圆齿；夏季绿色，入秋后血红色。伞房花序多花，长2cm；花大，有长梗，花瓣红色，倒披针形，有长爪，长6～8mm。蓇葖果直立，干后红色，经冬不落。花期6～7月，果期7～8月。

分布：西藏产色季拉山地区山顶，海拔4600～4800m，普兰、聂拉木、定日、南木林、亚东、拉萨、朗县、嘉黎、巴青、左贡、察隅也产，分布量较多。云南、四川有分布。不丹、印度、尼泊尔等有分布记录。

生境及适应性：常生长于冰碛石滩、高山灌丛及山坡草地中；喜冷湿，畏炎热，耐贫瘠。

观赏及应用价值：叶片大型、肥厚，花期花量大，叶片在秋季红色，蓇葖果冬季宿存，观赏价值高；更是藏药"索罗玛保"的主要药源植物，因此，开发利用的价值大。但其分布海拔高，生长缓慢，在当前的研究中，未见成功栽培的报道。

中文名 **菊叶红景天**
拉丁名 *Rhodiola chrysanthemifolia*

基本形态特征：多年生草本。主根粗，分枝。根颈长，直径6～7mm，在地上部分及先端被鳞片，鳞片三角形，长宽各4mm。花茎高4～10cm，被微乳头状突起，仅先端着叶。叶长圆形、卵形或卵状长圆形，长10～15mm，宽8～13mm，先端钝，基部楔形，入于长5～8mm的叶柄，边缘羽状浅裂。伞房状花序，紧密；花两性；苞片圆匙形，连柄长约1cm；萼片5，线形至三角状线形或狭三角状卵形，长4mm，宽0.6～1mm；花瓣5，长圆状卵形，全缘或上部啮蚀状；雄蕊10，较花瓣短，花期8月，果期9～10月。

分布：西藏产色季拉山地区，海拔3000～3200m，中国特有植物，西藏新记录种，分布量偏少。云南、四川有分布。

生境及适应性：常成片生长在岩石石缝、山坡草地中；耐贫瘠，畏炎热，适应性强。

观赏及应用价值：植株丰满，株型整齐，叶片浓绿，适于开发为室内盆栽植物。在当前的研究中，未见成功栽培的报道。

中文名　线萼红景天
拉丁名　*Rhodiola chrysanthemifolia var. chingii*

基本形态特征：多年生草本。根颈细，地下部分横走，出土部分上升或直立，先端被三角形鳞片。花茎上升或近直立，不分枝，高5～25cm。叶聚生枝顶端，有柄，长圆形至椭圆形，长3～5cm，宽1.2～2.5cm，先端钝，基部渐狭，下延于长达1.5cm的叶柄，边缘有3～4个浅裂全中裂，裂片有时再有1个钝锯齿。两歧聚伞花序长宽各2cm，花紧密，花两性；萼片5，线形；花瓣5，绿白色，狭长圆状卵形，长5mm，宽1.5mm，全缘；雄蕊与雌蕊同长或稍短；鳞片5，长方形，先端平或有微缺；心皮5，直立。花期7～9月。

分布：西藏产色季拉山地区，海拔3000～3200m，米林也产，分布量中。中国特有植物，云南也有分布。

生境及适应性：常成片生长在岩石缝隙中；耐贫瘠，畏炎热，适应性强。

观赏及应用价值：植株丰满，株型整齐，叶片较菊叶红景天大，浓绿，适于开发为室内盆栽植物。在当前的研究中，未见成功栽培的报道。

中文名　柴胡红景天
拉丁名　*Rhodiola bupleuroides*

基本形态特征：多年生草本。高5～60cm，主轴粗壮、直立。叶互生，厚草质，表型变异大，有时明显被白粉。伞房花序，雌雄异株，花瓣暗紫红色。花期6～8月。

分布：西藏产色季拉山地区，海拔3500～4200m，西藏广布。云南、四川有分布。印度、尼泊尔、不丹、缅甸有分布记录。

生境及适应性：常生长于草甸、石缝、灌丛、草丛中；喜冷凉，喜半阴。

观赏及应用价值：植株变异极大，适于开发为林下地被类观赏植物。未见栽培的报道。

169

景天属 *Sedum*

中文名	**道孚景天**
拉丁名	*Sedum glaebosum*

基本形态特征： 多年生草本。不育茎形成密丛，长1～2cm；花茎近直立，常单生，高4～6mm。叶卵形（不育茎上）至线状披针形，长3～6mm，先端渐尖，边缘有疏腺毛状缘毛，基部具钝或3浅裂至微3裂的距。花序密伞房状，有数花，苞片披针形，有疏腺毛状缘毛；花为不等的五基数，近无梗，花瓣黄色，近长圆形，先端突尖头，下部宽爪状，基部合生约0.5mm；心皮直立，卵状披针形。种子光秃，有狭翅。花期8～9月，种子成熟期10月。

分布： 西藏产聂拉木、类乌齐、比如、索县、昌都、江达等地，海拔3200～3500m，分布量中。中国特有植物，青海、四川西部有分布。

生境及适应性： 生长在林缘岩石缝隙中；耐贫瘠，耐旱。

观赏及应用价值： 植株矮小，生长缓慢，茎红色，花密集，适于开发为岩石园花卉，未见栽培报道。

中文名	**巴塘景天**
拉丁名	*Sedum heckelii*

基本形态特征： 多年生草本。不育茎1～5，长1～2.5cm。花茎直立或下部弓形，分枝或不分枝，高7～13cm，生较密叶。叶卵状披针形或狭三角形，先端渐尖，基部有短和截形或浅3裂的距。花序伞房状，较紧密；苞片叶形；花为不等的五基数，有短花梗；萼片线状倒披针形至线状披针形，先端短渐尖，基部有短和截形的距；花瓣黄绿色，狭卵状披针形，长6.5～8.2mm，先端尖有突尖头，下部较狭，基部微合生，雄蕊10，2轮，外轮的较长，鳞片线状匙形，先端凹陷；心皮长圆形，先端突狭为长约2mm的花柱，基部合生达1.1mm。种子倒卵形。花期9月，果期10月。

分布： 西藏产察隅、米林、墨脱、波密、昌都、类乌齐等地，海拔3000～4400m，分布量中。中国特有植物，四川西部有分布。

生境及适应性： 常生长在水沟河滩上；喜光，极耐贫瘠，耐水湿，在肥沃沙性壤土中生长良好。

观赏及应用价值： 植株矮小，生长缓慢，花密集，耐水湿，适于开发为岩石园、水景花卉，未见栽培报道。

虎耳草科 SAXIFRAGACEAE
金腰属 *Chrysosplenium*

中文名 **肾叶金腰**
拉丁名 ***Chrysosplenium griffithii***

基本形态特征：多年生草本，高8.5～16cm，丛生。茎不分枝，无毛。基生叶1枚或无，叶片肾形，长0.7～2cm，宽1.2～3.8cm，7～19浅裂，叶柄疏生褐色柔毛和乳头状突起；茎生叶互生，叶片肾形，长2.3～5cm，宽3.2～6.5cm，11～15浅裂，裂片先端通常微凹且具1疣点，稀具3圆齿，两面无毛，但裂片间弯缺处有时具褐色柔毛和乳头状突起，叶柄长3～5cm。二歧聚伞花序长3.8～10cm，具多花（较疏离）；花黄色，小；雄蕊8，子房半下位；种子黑褐色，卵球形，有光泽。花果期5～9月。

分布：西藏产色季拉山地区，海拔4000～4200m，定结、察隅也产，分布量中。云南、四川、新疆、青海、甘肃、陕西有分布。尼泊尔、不丹、缅甸、印度有分布记录。

生境及适应性：常生长于采伐迹地湿处、林下；喜冷凉，喜肥沃疏松的土壤。

观赏及应用价值：植株矮小，叶片肾形，肥厚，根系发达，耐水湿，适于开发为沼泽地、林下地被植物，或作为迷你植物开发。未见栽培报道。

岩白菜属 *Bergenia*

中文名 **岩白菜**
拉丁名 ***Bergenia purpurascens***

基本形态特征：多年生常绿草本，高15～50cm。根茎粗而长，紫红色，节间短。叶基生，肉质而厚，倒卵形或长椭圆形，长5～16cm，宽3.8～9.7cm，先端钝圆，基部楔形，全缘或有细齿，叶柄基部扩大成鞘状。花茎通常圆锥状，偏向一侧，长3～8cm，花序红色；花萼钟状，先端5裂；花通常下垂，花瓣5，粉红色至紫红色，宽阔卵形；雄蕊10；雌蕊由2心皮组成，离生，花柱长，柱头头状，2浅裂。蒴果；种子多数。花期6～7月。

分布：西藏产色季拉山地区，海拔3800～4500m，米林、波密、察隅、亚东、定结也产；分布量中。云南、四川有分布。尼泊尔、不丹、印度、缅甸有分布记录。

生境及适应性：常生长于岩石旁、杜鹃林下；喜冷凉，耐寒性强，忌高温和强光，不耐干旱，喜肥沃疏松的土壤。

观赏及应用价值：叶片肥厚，花色鲜艳，花期长，且常绿耐严寒，是优良的观叶观花类植物，适于在岩石园、花境、高灌丛下进行配置，也可以作为室内观叶植物进行栽培。同时，岩白菜的提取物是特效药物，近年来受到了严重的资源破坏，色季拉山一带已经难觅其踪，急需进行人工野生抚育，恢复原有的群落。

虎耳草属 *Saxifraga*

中文名	**色季拉虎耳草**
拉丁名	***Saxifraga sheqilaensis***

基本形态特征: 多年生草本,丛生,高29~45cm,植株被长腺毛。基生叶有长柄,近椭圆形,叶柄长2.1~2.3cm;茎生叶,下部叶与基生叶相似,上部叶近无柄,披针形至窄卵形。聚伞花序长6~9cm,具7~13花,花序分枝和花梗均有短腺毛;萼片在花期反卷,具3脉,花瓣黄色,具斑点,椭圆形至卵状椭圆形,先端圆钝,5脉,具6~7痂体。花期7~9月。

分布: 西藏产色季拉山地区,海拔4200m,色季拉山特有植物,分布量中偏少。

生境及适应性: 常生长于林下岩石缝隙中;喜冷凉、喜半阴,耐贫瘠。

观赏及应用价值: 植株矮,可作为观赏地被,但花期植株不够整齐,观赏价值不如其他虎耳草,但为本区域特有种,具备一定奇特型花卉的价值。

中文名	**林芝虎耳草**
拉丁名	***Saxifraga isophylla***

基本形态特征: 多年生草本,丛生,高4~20cm,植株被长腺毛。基生叶少,全缘,具长柄;茎生叶10~13枚,全缘,具柄,叶片披针形至线状长圆形。聚伞花序伞房状,具3~6花,萼片在花期直立,3~5脉;花瓣黄色,近椭圆形,先端微凹,基部近截形,5~8脉,具4~8痂体,最下部1对痂体2分叉。花期8~9月。

分布: 西藏产色季拉山地区,海拔4200~4450m,西藏特有植物,墨脱也产,分布量中。

生境及适应性: 常生长于杜鹃林下岩石苔藓中;喜冷凉、喜半阴,耐贫瘠。

观赏及应用价值: 林芝虎耳草是色季拉山国家森林公园虎耳草属植物中观赏价值最高的,也是色季拉山高山灌丛中习见的野生花卉,盛花期尤其壮观。

林芝虎耳草

鬼灯檠属 *Rodgersia*

中文名	**索骨丹**
拉丁名	*Rodgersia aesculifolia*
别 名	七叶鬼灯檠、滇西鬼灯檠

基本形态特征：多年生草本。高60～120cm，根茎粗壮，横走，径达5cm。茎不分枝，无毛。基生叶1，茎生叶1～2，均为掌状复叶，薄革质；小叶3～7，狭倒卵形或倒披针形，长8～27（38）cm，宽3～9（15）cm，先端短渐尖，基部楔形，边缘有不整齐重锯齿，表面无毛，背面中脉隆起，沿脉有毛；基生叶柄长达40cm，茎生叶柄短。聚伞状圆锥花序顶生，长18～38cm，密被褐色柔毛，花多数，密集；花梗极短，被柔毛；萼片6～5（4），粉红色至白色，腹面有近无柄腺毛，具弧曲脉，脉于先端汇合。蒴果卵形，具2喙；种子多数，褐色。花期6～7月；果熟期9～10月。

分布：西藏产色季拉山地区，海拔3000～3200m，米林、波密也产，分布量中。云南有分布。缅甸有分布记录。

生境及适应性：常生长于采伐迹地湿处、林下、灌丛中；喜冷凉，喜光，耐半阴，喜湿润，喜肥沃疏松的土壤。

观赏及应用价值：叶片大型、整齐、薄革质，春季古铜色，秋季金黄色；花序大型，花期花色由粉红色渐变为白色，美观，可作为观叶、观花类花卉在花境、花坛应用，但植物有异味，不宜作为室内观赏。同时，索骨丹耐水湿，可以与落新妇、蕨类植物等配合美化水景。同属植物鬼灯檠*R. sambucifolia*在园林中已见应用，但前者花白色，观赏价值不及索骨丹；鬼灯檠耐低温能力弱，在4℃以下生长不良，而索骨丹喜冷凉，耐寒性优于前者。

梅花草属 *Parnassia*

中文名	**三脉梅花草**
拉丁名	*Parnassia trinervis*

基本形态特征：多年生草本。高5～20cm，根状茎块状、圆锥状或呈不规则形状，有褐色膜质鳞片。基生叶4～9，丛生，具柄；叶片椭圆形、卵形、阔卵形，长1.4～2.7cm，宽0.8～1.2cm，光滑；叶柄长1.7～5cm，下部疏具柔毛。单花生于茎顶；萼片卵形至狭卵形，具3脉，并于先端汇合；花瓣白色，3脉；退化雄蕊先端3浅裂，基部有爪。花期7月。

分布：西藏产色季拉山地区，海拔3500～4200m，仲巴、南木林、亚东、耐东、那曲也产，分布量中。中国特有植物，云南、四川、青海、陕西有分布。

生境及适应性：常生长于草地、沼泽地、河滩地上；喜光，耐水湿，喜疏松肥沃土壤。

观赏及应用价值：植株矮小，根系发达，是优良的高原地被植物。具体应用中，可结合水土保持工程，在滑坡地、冲积扇区域埋根繁殖，用于植被恢复，促进植被的自我构建。三脉梅花草是高寒草甸、沼泽地边缘的主要建群种之一，但在园林中未见应用。

绣球花属 *Hydrangea*

中文名 **微绒绣球**
拉丁名 ***Hydrangea heteromalla***
别 名 毛叶绣球

基本形态特征： 落叶灌木，有时乔木状，高2～6m。叶对生，叶片椭圆形至卵形，边缘有带刚毛的细锯齿，先端渐尖，背面密被茸毛；叶柄长2.5～4cm。复伞房花序长7～14cm，多花；不育花有长梗，萼片4，花瓣状，白色，全缘，网脉明显；孕性花淡黄色，花瓣5，内面凹陷；雄蕊10；子房半下位。花期7～8月。

分布： 西藏产色季拉山地区，海拔3000～3200m，吉隆、定结、亚东、错那、隆子、米林、墨脱、波密、察隅也产，分布量多。云南、四川、东北有分布。印度、尼泊尔、不丹、缅甸、越南有分布记录。

生境及适应性： 常生长于林下、灌丛中；喜温暖，耐寒，喜湿润和半阴环境，喜肥沃湿润、排水良好的轻壤土，适应性较强。

观赏及应用价值： 植株整齐，株型高大，花期花量大，醒目，是优良的庭院花灌木，值得大力推广。其栽培、繁殖技术近似东陵八仙花*H. bretschneideri*。

中文名 **粗枝绣球**
拉丁名 ***Hydrangea robusta***
别 名 粗壮绣球

基本形态特征： 落叶灌木或小乔木，高2～5m。小枝四棱形，有柔毛。叶对生，叶片阔卵形，长5.5～15cm，宽4.3～11cm，基部通常圆形、楔形或截平，边缘有小牙齿，齿端有硬尖，背毛。大型复伞房花序长11～19cm，多花，不育花萼片4，白色，花瓣状，边缘有锯齿，基部具短爪，网脉明显；孕性花小，萼裂片5，花瓣白色，腹面凹陷；雄蕊10，蓝色；子房下位。花期7～10月。

分布： 西藏产波密、察隅等地，分布量中。西南、华中、台湾有分布。印度、尼泊尔、不丹、缅甸、中南半岛有分布记录。

生境及适应性： 喜温暖，喜湿润和半阴环境；喜肥沃湿润、排水良好的轻壤土。

观赏及应用价值： 植株较高大，花序大，不育花多数经冬不落，观赏期长于微绒绣球，但耐寒性比后者弱。适于在湿润、半阴环境中大量应用，宜于林缘、池畔、庭园角隅及墙边孤植或丛植。

山梅花属 *Philadelphus*

中文名 **云南山梅花**
拉丁名 *Philadelphus delavayi*
别 名 西南山梅花

基本形态特征： 落叶灌木，高2～5m。1年生小枝褐色，近无毛；树皮褐色，条状剥落。叶对生；叶柄长约9mm，被长柔毛；叶片卵形至狭卵形，长3～9cm，宽1～6cm，先端渐尖，基部圆形，边缘有锯齿，上面近无毛，下面密生长柔毛。聚伞花序总状或伞房状，长约11cm，具7～11花；花梗长5～6cm，疏被柔毛；萼筒长约3mm，疏被柔毛或白粉，裂片4，近卵形，长约5mm，宽约4mm，先端渐尖，边缘和两面或多或少具柔毛；花瓣4，白色，菱状阔椭圆形，长约1cm，宽约9cm，先端微缺；雄蕊30～35，长4～6mm；子房半下位，花柱长3～5mm，仅上端2裂，或联合至近柱头处，柱头4，长1～3mm。蒴果，4瓣裂。种子小，多数。花期6～8月。

此外，色季拉山一带还产柔毛山梅花（毛叶山梅花）*Philadelphus tomentosus*，两者的区别是：前者花柱上部稍有分裂为2，或者联合至近柱头处；叶片边缘具锯齿；后者花柱上部约有1/3分裂为4，或者仅基部合生；叶片边缘具疏齿和睫毛，易于区别。

分布： 西藏产色季拉山地区东坡，海拔2500～3000m，波密、察隅、吉隆、错那也产，分布量较多。云南、四川有分布。缅甸有分布记录。

生境及适应性： 常生长于林下、林缘；耐阴，耐贫瘠，喜深厚肥沃的土壤。

观赏及应用价值： 云南山梅花老枝黄褐色、树皮条状剥落，花量大、芳香，花期长，为优良的观赏花灌木。宜栽植于庭园、风景区。亦可作切花材料。宜丛植、片植于草坪、山坡、林缘地带，若与建筑、山石等配植效果也好。同时，为中药药源植物。

云南山梅花

溲疏属 *Deutzia*

中文名 密序溲疏
拉丁名 *Deutzia compacta*

基本形态特征： 落叶灌木，高1～2.5m。1年生小枝红褐色，近无毛；老枝褐色，无毛，花枝长10～22cm，具6～10（12）枚叶。叶对生；狭卵形，长1.8～7cm，宽1～2.6cm，先端渐尖，基部圆形，边缘有细锯齿，两面疏生具射线的星状毛。伞房花序具花20～80朵，密集；萼裂片5，背面被星状毛；花瓣5，覆瓦状排列，两面均被星状毛，阔卵形至圆形，粉红色；雄蕊10，外轮雄蕊的花丝先端具2长齿，内轮花丝较短，先端具2～4小齿；子房下位，花柱3。花期6～7月。

分布： 西藏产色季拉山地区东坡，海拔2500～3000m，吉隆、亚东、察隅也产，分布量较多。云南有分布。尼泊尔、不丹、印度、缅甸有分布记录。

生境及适应性： 常生长于山坡草地、林下、林缘；耐阴，耐贫瘠，喜深厚肥沃的土壤。

观赏及应用价值： 冠型整齐，花量大，适于开发为观花类花灌木，也可作为切花栽培。同时，密序溲疏冠为较早参与溲疏属栽培品种育种的植物之一，是重要亲本。

中文名 伞房花溲疏
拉丁名 *Deutzia corymbosa*

基本形态特征： 落叶灌木，高1～2m。树皮褐色，脱落。叶有短柄，叶片狭卵形，长1.3～3.5cm，基部圆形，边缘有细锯齿；先端急尖至短渐尖，两面具射线的星状毛。花序伞房状，萼裂片5，外面被星状毛；花瓣白色，覆瓦状排列；雄蕊10，外轮雄蕊上端无齿或有1～2齿，内轮花瓣花丝先端通常具2齿，稀3齿，齿不高出花药；子房下位，花柱3。花期3～4月。

分布： 西藏产色季拉山地区东坡外缘，海拔2100～2650m，波密也产，分布量中偏少。印度有分布记录。

生境及适应性： 常生长于林下、林缘；耐阴，耐贫瘠，喜深厚肥沃的土壤。

观赏及应用价值： 园林应用效果优于密序溲疏，也是较早参与育种的植物之一，是溲疏栽培品种的重要亲本。

茶藨子属 *Ribes*

中文名 **刺茶藨子**
拉丁名 *Ribes alpestre*

基本形态特征： 落叶灌木，高0.4～4m。枝具3刺，刺长1.5～2cm；老树皮灰色，条状或片状剥落；小枝通常具刺毛或腺毛。叶片阔卵形至近圆形，3～5裂，边缘具牙齿，有茸毛和腺毛。花1～2朵，通常腋生；花梗长1cm，萼裂片反曲，长圆形；花瓣白色；子房下位，花柱伸出花瓣外，先端2裂。浆果先期嫩绿色，成熟后红色，被腺毛。花期5～8月，果期9～10月。

分布： 西藏产色季拉山地区，海拔3000～3800m，扎达、隆子、工布江达、嘉黎、比如、米林、波密、察隅、类乌齐、昌都、察雅、左贡、芒康、江达也产，分布量较多。云南、四川、青海、甘肃、陕西、湖北有分布。阿富汗、印度、尼泊尔、不丹等有分布记录。

生境及适应性： 常生长于林下、林缘、灌丛中或沟边；喜冷凉，耐阴，喜肥沃疏松土壤。

观赏及应用价值： 花小、花量也小，花期观赏价值不高；但秋季果实血红色，透明，观赏价值较高。可利用刺茶藨子多刺的特性，开发隔离性植篱。此外，刺茶藨子果实可食用，藏族人民偶用于酿酒。

中文名 **冰川茶藨子**
拉丁名 *Ribes emodense*

基本形态特征： 落叶灌木，高1～3m。枝近无毛，小枝红色或紫红色。叶片圆形至卵形，长3～8.7cm，宽3～7.6cm，基部心形或截形，3～5裂，边缘有重锯齿和睫毛，腹面疏被短腺毛，背面仅脉上具短腺毛。总状花序长1.5～4.5cm，3至多花；花序梗与花梗均被柔毛和腺毛；苞片长圆形，无毛；花单性，雌雄异株；花瓣红色，雄花花柱先端2浅裂。浆果红色。花期5～6月，果期7～9月。

分布： 西藏产色季拉山地区，海拔3000～3500m，米林、波密有产，分布量较多。云南、四川、山西、陕西、湖北、甘肃有分布。印度、不丹、尼泊尔有分布记录。

生境及适应性： 常生长于林下、林缘中；喜冷凉，耐阴，喜肥沃疏松土壤。

观赏及应用价值： 观花观果类。冰川茶藨子果实成熟后鲜红色，适于培育观果类花卉品种，丛植、片植于草坪、山坡、林缘地带。此外，果实味酸，可食用。

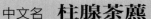

中文名　**柱腺茶藨**
拉丁名　*Ribes orientale*
别　名　东方茶藨子

基本形态特征：落叶低矮灌木，高0.5～2m。枝粗壮，小枝灰色或灰褐色，皮纵裂，嫩枝红褐色，被毛或腺体，无刺；芽卵圆形至长圆形，具数枚红褐色鳞片。叶近圆形或肾状圆形，长1～3（4）cm，宽几与长相等，基部截形至浅心脏形，掌状3～5浅裂，裂片先端圆钝，边缘具不整齐的粗钝单锯齿或重锯齿；叶柄长1～2（3）cm。花单性，雌雄异株，稀杂性，组成总状花序；雄花序直立，长2～5cm，具花15～30朵；雌花序稍短，长2～3cm，具花5～15朵；果序长达4cm；花序轴和花梗被短柔毛和短腺毛；花萼紫红色或紫褐色，萼筒近碟形或辐状；花瓣近扇形或近匙形；花柱先端2裂。果实球形，红色至紫红色。花期4～5月，果期7～8月。

分布：西藏产林芝、类乌齐、昌都、八宿、察雅、江达、贡觉、芒康、察隅、亚东、南木林、当雄、拉萨、洛扎、措美、错那、隆子、工布江达、索县、比如、米林、扎达、普兰、吉隆、聂拉木、定结、定日等地，海拔2150～4900m，分布量多。我国新疆、青海也有分布。蒙古、俄罗斯、尼泊尔、不丹、印度、阿富汗、土耳其、东南欧等国家和地区也有分布记录。

生境及适应性：常生于高山林下、林缘、路边或岩石缝隙；喜冷凉，耐寒，较耐阴，喜疏松肥沃土壤。

观赏及应用价值：观花观果类。应用同冰川茶藨子。

薔薇科 ROSACEAE　绣线菊属 *Spiraea*

中文名　**光秃绣线菊**
拉丁名　*Spiraea mollifolia* var. *glabrata*

基本形态特征：落叶灌木，高1～2m。小枝有明显棱角，褐色，幼时被柔毛，老时脱落无毛；冬芽卵状披针形，具2枚褐色鳞片。叶卵形、卵状长圆形，长1～2cm，宽4～6mm，全缘，稀顶端有少数锯齿；叶片下面无毛或者近无毛。伞形总状花序具总梗，具10～18朵花，花径5～7mm，白色；雄蕊20，几与花瓣等长；花盘具10个圆形裂片；子房微被细柔毛。蓇葖果直立，花柱生于背部近顶端，具直立萼，无毛。花期6～8月。

分布：西藏产色季拉山地区，海拔4200～4500m，比如、波密、错那、定结、定日、吉隆、聂拉木也产，分布量较多。中国特有植物，四川、云南等地也有分布。

生境及适应性：常生长于山坡灌丛或河谷林缘；喜光，耐寒，稍耐干旱，对土壤要求不高。

观赏及应用价值：绣线菊属观赏植物在园林中应用较多，本种花期繁花簇簇，宛若积雪，可丛植于池畔、山坡、路旁或者在草坪上成片种植，也可以在建筑物或者路边列植成花篱。

中文名	**裂叶绣线菊**
拉丁名	*Spiraea lobulata*

基本形态特征: 灌木,高1.5~3m。枝条开展,棕褐色,幼时密被黄灰色紧贴茸毛状柔毛,老时逐渐脱落;冬芽短小,卵形或长卵形,密被茸毛状柔毛,有2枚外露鳞片。叶片宽卵形至菱状卵形,长4~7cm,宽3~5cm,顶端急尖至短渐尖,基部楔形至近圆形,两面被毛,不脱落,边缘浅裂,有缺刻状重锯齿。复伞房花序,直径可达16cm,具多数密集花朵,密被柔毛,苞片亦被柔毛。蓇葖果开张被毛。花期6~8月,果期8~10月。

分布: 西藏产波密、林芝等地,海拔2000~2500m,分布量中。

生境及适应性: 常生于河边、灌丛及杂木林内,也常见高山松林内;喜阳、耐严寒,稍耐干旱,喜疏松肥沃土壤。

观赏及应用价值: 观花类灌木。应用同绣线菊类。

珍珠梅属 *Sorbaria*

中文名	**高丛珍珠梅**
拉丁名	*Sorbaria arborea*

基本形态特征: 落叶灌木,高达6m。小枝稍有棱角,幼时黄绿色,老时暗红褐色。羽状复叶,小叶13~17枚,连叶柄长20~32cm;羽状网脉,侧脉明显,20~25对,秋季红色。顶生大型圆锥花序,分枝开展15~25cm,长20~30cm;花白色。花期7~8月。

分布: 西藏产色季拉山地区,海拔2900~3800m,米林、工布江达也产,分布量中。中国特有植物,新疆、甘肃、陕西、湖北、江西、四川、云南、贵州有分布。

生境及适应性: 常生长于河滩灌丛、林下、路边;喜温暖、湿润的环境。

观赏及应用价值: 树姿美丽,繁花似锦,花期长,可丛植墙角、窗前,也可以做切花,《中国花经》中已经收录(陈俊愉,程绪珂,1990)。2000年,在林芝地区园林建设中开始应用,配置于建筑物阴面墙角处,异地栽培效果良好。

枸子属 *Cotoneaster*

中文名　**红花枸子**
拉丁名　***Cotoneaster rubens***

基本形态特征： 落叶至半常绿灌木，直立或匍匐，高0.5～2m。常具不规则分枝；小枝粗壮，圆柱形，灰黑色，幼时常有毛。叶片近圆形或宽椭圆形，长1～2.3cm，宽0.8～1.8cm，先端圆钝而常具小突尖，基部圆形，全缘，上面无毛，叶脉下陷，下面密被黄色茸毛。花多数单生，具短梗；萼筒钟状，萼片三角形；花瓣直立，圆形至宽倒卵形，先端钝，深红色；雄蕊比花瓣短，花柱2，离生。果实倒卵形，熟时红色。花期6～7月，果期9～10月。

分布： 西藏主要产南部，波密、林芝、工布江达、拉萨、错那等地，海拔2700～3200m，分布量较多。云南西北部也有分布。缅甸、不丹也产。

生境及适应性： 多生于山坡灌丛、山麓或高山栎林下；喜光，耐半阴，较耐旱，耐寒，稍耐贫瘠。

观赏及应用价值： 观果、观花类。花小却较为艳丽，盛花期时比较美观，秋季硕果累累，绿叶期株型较为紧凑整齐，是优良的绿篱植物。

中文名　**小叶枸子**
拉丁名　***Cotoneaster microphyllus***

基本形态特征： 常绿矮小灌木，高30～100cm。枝条开展，红褐色至黑褐色。叶厚革质，倒卵形至长圆倒卵形，长4～10mm，宽4～7mm，下面具灰白色短茸毛，叶边反卷。花常单生，稀2～3朵，白色；雄蕊15～20，花柱2，稍短于雄蕊；子房顶端有短柔毛。果球形，直径5～6mm，红色，2小核。花期5～6月，果期8～9月。

分布： 西藏中部以南地区广布，分布海拔2500～4500m，东南部雅鲁藏布江河谷一带，色季拉山国家森林公园东、西坡均有分布，分布量较多；四川、云南有分布。缅甸、不丹、尼泊尔、印度、欧洲也有分布。

生境及适应性： 多生于山坡灌丛、林缘、针叶树或者针阔混交林内；喜光，耐旱，耐寒。

观赏及应用价值： 观果、观花类。优良绿篱植物，西藏园林中已经大量应用。小叶枸子植株低矮铺散，枝横展，具有广阔开展枝条和较大叶片及果实，夏季繁花密集枝头，秋季红色硕果累累，经冬不落，观赏价值很高，是布置岩石园、庭院、水土保持绿地等的良好材料，也是制作盆景的优良材料。此外。木材坚韧，可做手杖等，果实可以酿酒。

小叶枸子

中文名 **大果小叶栒子**
拉丁名 *Cotoneaster microphyllus var. conspicuus*

基本形态特征： 本变种有广阔开展的枝条和较大的叶片及果实，叶片长6~10（16）mm，果实直径8~10mm。

分布： 西藏产米林，分布海拔2700~3300m，东南部雅鲁藏布江河谷一带，分布量中。

生境及适应性： 多生于山坡灌丛、林缘、针叶树或者针阔混交林内；喜光，耐旱，耐寒。

观赏及应用价值： 观果、观花类。优良绿篱植物，应用同小叶栒子。

中文名 **黄杨叶栒子**
拉丁名 *Cotoneaster tibeticus*

基本形态特征： 常绿至半常绿矮生灌木，高达1.5m。小枝圆柱形，深灰褐色或棕褐色，幼时密被白色茸毛。叶片椭圆形至椭圆状倒卵形，长5~10（15）mm，宽4~8mm，先端急尖，基部宽楔形至近圆形，上面幼时具伏生柔毛，老时脱落，下面密被灰白色茸毛；叶柄长1~3mm，被茸毛；托叶细小，钻形，早落。花3~5朵，少数单生，直径7~9mm，近无柄；萼筒钟状，外面被茸毛；萼片卵状三角形；花瓣平展，近圆形或宽卵形，长4mm，宽约与长相等，先端圆钝，白色；雄蕊20，比花瓣短；子房先端有柔毛；花柱2，离生，几与雄蕊等长。果实近球形，红色。花期4~6月，果期9~10月。

分布： 西藏产色季拉山地区，海拔2500~3300m，分布量中。我国四川、贵州、云南等地也有分布。印度亦有分布。

生境及适应性： 生于多石砾坡地、灌木丛中。喜光，耐旱，耐寒，喜肥沃土壤。

观赏及应用价值： 观花观果类。应用同大果小叶栒子。

中文名 **尖叶栒子**
拉丁名 *Cotoneaster acuminatus*

基本形态特征： 落叶直立灌木，高2～3m。枝条开张，小枝圆柱形，灰褐色至棕褐色，幼时密被黄色糙伏毛，老时无毛。叶片椭圆卵形至卵状披针形，长3～6.5cm，宽2～3cm，先端渐尖，稀急尖，基部宽楔形，全缘，两面被柔毛，下面毛较密；叶柄长3～5mm，有柔毛；托叶披针形，至果期尚宿存。花1～5朵，通常2～3朵，呈聚伞花序，总花梗和花梗被黄色柔毛；苞片披针形，边缘有柔毛；花梗长3～5mm；萼筒钟状，萼片三角形；花瓣直立，卵形至倒卵形，基部具爪，粉红色；雄蕊20，比花瓣短；花柱2，离生。果实椭圆形，红色，内具2小核。花期5～6月，果期9～10月。

分布： 西藏产江达、类乌齐、索县、比如、波密、工布江达、林芝、米林、朗县、错那、聂拉木、吉隆，海拔2700～4200m，分布量中。四川、云南也有分布。尼泊尔、不丹、印度、欧洲也产。

生境及适应性： 常生于杂木林内；喜光，半耐阴，耐寒，喜湿润，喜疏松肥沃土壤。

观赏及应用价值： 观花观果类。可用于街道、庭院的绿化美化，秋色叶也较漂亮，可列植、丛植或孤植。

花楸属 *Sorbus*

中文名 **西南花楸**
拉丁名 *Sorbus rehderiana*

基本形态特征： 落叶小乔木，高3～8m。奇数羽状复叶，具小叶7～10对；小叶边缘自基部1/3以上部位每侧有10～20个细锐锯齿，齿尖内弯。复伞房花序具密集的花朵；花白色，雄蕊20，稍短于花瓣。果实近卵形，排列紧密，直径6～8mm，粉红色至深红色。花期6～7月，果期8～9月。

分布： 西藏产色季拉山地区，海拔3300～4400m，类乌齐、昌都、察雅、贡觉、八宿、芒康、察隅、波密、米林、比如、嘉黎、工布江达、隆子、错那、亚东、聂拉木也产，分布量多。缅甸北部有分布记录。

生境及适应性： 常生长于山坡暗针叶林下，河谷林缘及灌丛中；喜凉润，喜肥，畏炎热。

观赏及应用价值： 观果、观花类。西南花楸树姿优美，树干光滑，春季花白如雪，秋季更是红叶映山，果实累累，鲜红夺目，是优良的园林观赏树种，宜群植或作为公园、庭院的风景树。2000年始，西南花楸在林芝地区园林建设中已经简单异地栽培，通过适宜栽培时期、适宜取苗地的选择，克服了影响成活率的主要因素，保证了成活率；人工育苗技术尚未见报道。

中文名 康藏花楸
拉丁名 *Sorbus thibetica*

基本形态特征： 乔木。小枝粗壮，有少数皮孔，幼时被白色茸毛，逐渐脱落；冬芽长大，卵形，外有数枚深红褐色鳞片。叶片椭圆卵形或长椭圆形，先端急尖，基部下延为楔形，稀近圆形，边缘有不整齐的浅重锯齿，齿边微向下卷并有短尖头，下面被灰白色茸毛；叶柄扁而宽，被灰白色茸毛。复伞房花序有花20～30朵，总花梗和花梗均被灰白色茸毛；萼筒钟状，外面密被灰白色茸毛，内面近无毛；萼片三角状披针形，先端长渐尖，外面近无毛，内面先端微具柔毛；花瓣匙形或长倒卵形，白色，先端圆钝，内面近先端处具灰白色茸毛；稍短于花瓣；花柱2，基部合生，无毛。果实卵形，深红色，有少数斑点，2室，先端萼片宿存。花期6～7月，果期9～10月。

本种与白叶花楸*S. cuspidata*近似，但后者叶脉较少 （10～15对），花柱3～5，基部有毛，可以区别。

分布： 西藏产东南部色季拉山地区，海拔2500～3600m，分布量中。我国云南西北部也产。

生境及适应性： 多生疏密杂木林内或山谷及斜坡。喜阳，较耐阴，耐寒，喜肥沃土壤。

观赏及应用价值： 观花观果观姿类。春季花量大，花色亮白，秋季红果累累，秋色叶也异常美丽，是优良的园林观赏树种，宜群植或作为公园、庭院的风景树。

中文名 西康花楸
拉丁名 *Sorbus prattii*

基本形态特征： 灌木，高2～4m。小枝细弱，圆柱形，暗灰色，具少数不明显的皮孔，老时无毛；冬芽较小，卵形，先端急尖，具数枚暗红褐色鳞片。奇数羽状复叶，连叶柄长8～15cm，叶柄长1～2cm；小叶片9～13 （17） 对，长圆形，稀长圆卵形，长1.5～2.5cm，宽5～8mm，先端圆钝或急尖，基部偏斜圆形，边缘仅上半部或2/3以上部分有尖锐细锯齿；叶轴有窄翅，上面具沟；托叶草质或近于膜质，脱落。复伞房花序多着生在侧生短枝上，排列疏松；花梗长2～3mm；萼筒钟状；萼片三角形，先端圆钝；花瓣宽卵形，先端圆钝，白色，无毛；雄蕊20，长约为花瓣之半；花柱5或4，几与雄蕊等长。果实球形，白色，先端有宿存闭合萼片。花期5～6月，果期9月。

分布： 西藏产江达、昌都、贡觉、察雅、波密、林芝、米林、错那、亚东、聂拉木，海拔2900～4100m，分布量较多。川西、滇西北也有分布。

生境及适应性： 常生于高山杂木丛林 （高山栎、桦木或冷杉、云杉林） 内；喜阳，较耐阴，耐寒，喜肥沃土壤。

观赏及应用价值： 观花观果观姿类。应用同西南花楸，但秋果为白色，可以相互配置应用。

苹果属 *Malus*

中文名	**山荆子**
拉丁名	***Malus baccata***

基本形态特征： 乔木，高达10～14m。幼枝细弱，微屈曲。叶片卵形或者椭圆形，顶端急尖，稀尾状渐尖，基部楔形或者圆形，边缘有圆钝锯齿；托叶膜质，披针形，早落。伞形花序无总梗，具4～6朵花，花梗无毛，花白色，雄蕊15～20，柱头5或4，果实红色。花期5月。

色季拉山国家森林公园中，也见丽江山荆子*Malus rockii*分布，其主要区别是：小枝多下垂；伞形花序4～8朵花，花梗被柔毛，雄蕊25，柱头3～4。

分布： 西藏产色季拉山地区东、西坡，海拔3000m左右，波密也产，分布量较多。黑龙江、吉林、辽宁、内蒙古、河北、山西、陕西、山东、甘肃有分布。印度、不丹、日本、朝鲜、俄罗斯有分布记录。

生境及适应性： 常生长于疏林、路旁；喜光，耐寒，稍喜肥沃土壤。

观赏及应用价值： 山荆子在林芝地区常作为苹果的砧木，种子播种后1～2年就可以用于嫁接繁殖苹果优良品种。园林应用时，可作为孤景树，也可丛植。

木瓜属 *Chaenomeles*

中文名	**西藏木瓜**
拉丁名	***Chaenomeles thibetica***

基本形态特征： 落叶灌木或小乔木，高1.5～3m。通常多刺，刺锥形，长1～1.5cm。小枝屈曲，圆柱形，红褐色或者紫褐色；多年生枝条黑褐色。叶片革质，卵状披针形或长圆状披针形，顶端急尖，基部楔形，全缘；托叶大型，草质，近镰刀形或者肾形，长约1cm，宽1.2cm，边缘有不整齐的锐锯齿，下面被褐色柔毛。花3～4朵簇生，猩红色；花柱5，基部合生。果长圆形或梨形，黄色，芳香。萼片宿存，反折。花期5月。

色季拉山国家森林公园中也有毛叶木瓜*Chaenomeles cathayensis*分布，主要形态区别是：后者叶片边缘有锯齿，萼片直立。

分布： 西藏产色季拉山地区东坡下沿，海拔2100～3000m，察隅、波密、拉萨、米林也产，分布量较多。中国特有植物，四川也有分布。

生境及适应性： 常生长于林下、灌丛、沟谷中；喜光，喜肥沃，耐贫瘠。

观赏及应用价值： 观花观果，果有清香，优良的园林植物，既可庭院栽培，也可制作大型盆栽室内陈设。西藏民间采摘果实泡水饮用。西藏园林中未见应用。

西藏木瓜

悬钩子属 *Rubus*

中文名 **粉枝莓**
拉丁名 ***Rubus biflorus***

基本形态特征： 攀缘灌木，高1~3m。枝条紫褐色至棕褐色，无毛，具白粉霜，疏生粗壮钩状皮刺。小叶3~5枚，长2.5~5cm，宽1.5~4cm，顶生小叶常3裂，疏生皮刺；托叶线形或线状披针形，具柔毛。花2~5（~8）朵，腋生时2~3花；花梗无毛，疏生小钩刺；萼片顶端急尖，结果期包于果实上；花瓣白色，比萼片长许多；花柱基部及子房顶部密被白色茸毛。果实球形，直径1.5~2cm，黄色，顶端有花柱残存。4~5月萌芽，花期5~6月，果期7~8月。

分布： 西藏产色季拉山地区，海拔2200~3200m，察隅、波密、米林、拉萨也产，分布量较多。陕西、甘肃、云南、四川有分布。缅甸、不丹、尼泊尔、印度等有分布记录。

生境及适应性： 常生长于山谷或者山坡灌丛、杂木林或者针叶林下；喜肥沃、湿润、富含腐殖质的土壤，耐干旱，适应性强，根蘖生长旺盛。

观赏及应用价值： 观花、观果类。粉枝莓枝干密集，具白粉霜，春季白花点点，秋季一片金黄色的果实，可配合宣石、白色花岗岩等营建冬景；丛植于墙垣、屋角，或者片植于林缘、草坪边缘，也富有山林野趣。此外，粉枝莓果实Vc含量高，是极好的野生果树资源，也是药用资源树。

中文名 **凉山悬钩子**
拉丁名 ***Rubus fockeanus***

基本形态特征： 多年生匍匐草本，无刺无腺。茎细，平卧，节上生根，有短柔毛。小叶3枚，近圆形，顶生小叶长2.5cm。花1~2朵顶生，直径2cm，白色。果球形，红色。花期5~6月，果期7~8月。

分布： 西藏产色季拉山地区，海拔2700~3500m，察隅、波密、米林、亚东、定结、聂拉木也产，分布量较多。湖北、四川、云南有分布。缅甸、不丹、印度、尼泊尔有分布记录。

生境及适应性： 常生长于山谷、针叶林内；喜肥沃、湿润、富含腐殖质的土壤，耐阴，适应性强，可采用分株繁殖方法进行大量繁殖。

观赏及应用价值： 观花、观果类地被植物，优良铺地、垂直绿化材料。

中文名 **黑腺美饰悬钩子**
拉丁名 *Rubus subornatus var. melandenus*

基本形态特征： 灌木，高1～3m。小枝疏生细长皮刺，小叶3枚，小叶片宽卵形。花（1）6～10朵顶生呈伞房状花序，或1～3朵花腋生，紫红色，直径2～3cm。果红色，卵球形。本变种小枝、花梗和花序上有紫黑色腺毛。花期5～6月，果期8～9月。

分布： 西藏产色季拉山地区，海拔2800～3800m，芒康、察隅、波密也产，分布量中。中国特有植物，四川、云南有分布。

生境及适应性： 常生长于山坡灌丛、河边；喜光，喜肥沃疏松的土壤，生长力旺盛。

观赏及应用价值： 观花、观果类。黑腺美饰悬钩子小枝紫红色，花形别致，果色鲜艳，可食用，可配置在风景林缘、墙角，也可制作整型花篱，是一种优良的野生观赏植物。

中文名 **茅莓**
拉丁名 *Rubus parvifolius*

基本形态特征： 灌木，高1～2m。枝呈弓形弯曲，被柔毛和稀疏钩状皮刺。小叶3枚，在新枝上偶有5枚，菱状圆形或倒卵形，顶端圆钝或急尖，基部圆形或宽楔形，上面伏生疏柔毛，下面密被灰白色茸毛，边缘有不整齐粗锯齿或粗重锯齿，常具浅裂片；叶柄顶生小叶柄，均被柔毛和稀疏小皮刺；托叶线形。伞房花序顶生或腋生，具花数朵至多朵，被柔毛和细刺；花梗具柔毛和稀疏小皮刺；苞片线形，有柔毛；花萼外面密被柔毛和疏密不等的针刺；萼片卵状披针形或披针形，顶端渐尖，有时条裂，在花果时均直立开展；花瓣卵圆形或长圆形，粉红至紫红色，基部具爪；雄蕊花丝白色，稍短于花瓣。果实卵球形，红色。花期5～6月，果期7～8月。

分布： 西藏产林芝东南、察隅、波密、墨脱等地，分布海拔400～2600m，分布量中偏多。我国吉林、辽宁、黑龙江、河南、河北、江西、安徽、山西、江苏、山东、陕西、甘肃、广东、广西、四川、湖北、湖南、贵州、浙江、福建、台湾等地都有分布。日本、朝鲜也有。

生境及适应性： 生山坡杂木林下、向阳山谷、路旁或荒野。喜光，稍耐阴，对土壤要求不高，腐殖质土最好，生长力旺盛。

观赏及应用价值： 观花、观果类。茅莓小枝紫红色，花形别致，果色鲜艳，可食用，可配置在风景林缘、墙角，也可制作整型花篱，是一种优良的野生观赏植物。

路边青属 *Geum*

中文名 **路边青**
拉丁名 *Geum aleppicum*
别　名 水杨梅、蓝布政

基本形态特征： 草本植物。茎直立，高30～100cm，常被开展粗硬毛。基生叶为大头羽状复叶，通常有小叶2～6对；小叶大小极不相等，顶生小叶最大，菱状广卵形或宽扁圆形，长4～8cm，宽5～10cm，边缘常浅裂，有不规则粗大锯齿；茎生叶羽状复叶，向上小叶逐渐减少，顶生小叶披针形或倒卵披针形；茎生叶托叶大，绿色，叶状，卵形，边缘有不规则粗大锯齿。花序顶生，疏散排列，花梗被短柔毛或微硬毛；花径1～1.7cm；花瓣黄色，几圆形，比萼片长；萼片卵状三角形。聚合果倒卵球形，瘦果被长硬毛，花柱宿存部分无毛，顶端有小钩；果托被短硬毛。花果期7～10月。

分布： 西藏产色季拉山地区，海拔3000～3600m，察隅、江达、昌都、波密、米林、错那也产，分布量较多。北半球温带、暖温带广布。

生境及适应性： 常生长于路边草地、沟边或林下阴湿处；喜阴湿凉爽环境，喜肥沃疏松土壤。

观赏及应用价值： 观花地被植物。花开时鲜亮夺目，喜阴凉环境，适于作为林下或林缘地被，作为野趣花境应用，也可以作为阴湿环境下的水迹植物配置。此外，路边青全株草入药，种子可制肥皂和油漆，鲜嫩叶可食用。

草莓属 *Fragaria*

中文名 **西南草莓**
拉丁名 *Fragaria moupinensis*

基本形态特征： 多年生草本，高5～15cm。茎被开展的白色绢状柔毛。通常为5小叶，或3小叶，小叶具短柄或无柄，小叶片椭圆形或倒卵圆形，长0.7～4cm，宽0.6～2.5cm，顶端圆钝，顶生小叶基部楔形，侧生小叶基部偏斜；边缘具缺刻状锯齿，上面绿色，被疏柔毛，下面被白色绢状柔毛，沿脉较密；叶柄长2～8cm；被开展白色绢状柔毛。花序呈聚伞状；花1～4朵，基部苞片绿色呈小叶状；花梗被白色开展的毛，稀伏生；花两性，直径1～2cm；萼片卵状披针形，副萼片披针形或线状披针形；花瓣白色，倒卵圆形或近圆形，基部具短爪；雄蕊20～34枚，不等长。聚合果椭圆形或卵球形，宿存萼片直立，紧贴于果实；瘦果卵形，表面具少数不明显脉纹。花期5～6（8）月，果期6～7月。

分布： 西藏产色季拉山地区，海拔1400～4000m，八宿、波密、米林也产，分布量较多。中国特有植物，陕西、甘肃、四川、云南有分布。

生境及适应性： 常生长于山坡、草地、林下；喜肥沃，耐阴。

观赏及应用价值： 地被植物，用于风景林下、林缘裸露地覆盖，花、果观赏价值均很高。西藏民间采摘果实食用。

中文名　**西藏草莓**
拉丁名　*Fragaria nubicola*

基本形态特征： 多年生草本，高4～26cm。匍匐枝细，花茎被紧贴白色绢状柔毛。3小叶复叶，小叶具短柄或无柄，小叶片椭圆形或倒卵形，长1～6cm，宽0.5～3cm，顶端圆钝，基部宽楔形或圆形，边缘有缺刻状急尖锯齿，上面绿色；伏生疏柔毛，下面淡绿色，脉上被紧贴白色绢状柔毛，脉间较疏；叶柄被白色紧贴绢状柔毛，稀开展。花序有花1至数朵，花梗被白色紧贴绢状柔毛，萼片卵状披针形或卵状长圆形，顶端渐尖，副萼片披针形，顶端渐尖，全缘，稀有齿，外面被疏长毛；花瓣倒卵椭圆形；雄蕊20枚；雌蕊多数。聚合果卵球形；宿存萼片紧贴果实；瘦果卵珠形，光滑或有脉纹。花果期5～8月。

分布： 西藏产色季拉山地区，海拔2500～3900m，波密、米林、聂拉木、吉隆也产，分布量较多。云南有分布。不丹、印度、尼泊尔、巴基斯坦、阿富汗有分布记录。

生境及适应性： 常生长于沟边林下、林缘及山坡草地；喜肥沃、湿润、疏松的土壤，耐阴。

观赏及应用价值： 西藏草莓是良好的地被植物，花、果观赏价值均很高，既能用于风景林下、林缘裸露地覆盖，也可用于布置花坛、花境。花期长，结果量大，生长期积温要求低，耐低温，抗病虫害能力强，也是优良的抗性育种材料，2014年开展了引种栽培研究。

蛇莓属 *Duchesnea*

中文名　**皱果蛇莓**
拉丁名　*Duchesnea chrysantha*

基本形态特征： 多年生草本。匍匐茎长30～50cm，有柔毛。小叶片菱形、倒卵形或卵形，长1.5～2.5cm，宽1～2cm，先端圆钝，有时具凸尖，基部楔形，边缘有钝或锐锯齿，近基部全缘，下面疏生长柔毛，中间小叶有时具2～3深裂，有短柄；叶柄长1.5～3cm，有柔毛；托叶披针形。花径5～15mm；花梗长2～3cm，疏生长柔毛；萼片卵形或卵状披针形，长3～5mm，先端渐尖，外面有长柔毛，具缘毛；副萼片三角状倒卵形，长3～7mm，外面疏生长柔毛，先端有3～5锯齿；花瓣倒卵形，长2.5～5mm，黄色，先端微凹或圆钝，无毛；花托在果期粉红色。瘦果卵形，红色，具多数明显皱纹。花期5～7月，果期6～9月。

分布： 西藏产波密、林芝，海拔2100～3300m，分布量较多。我国四川、陕西、广东、广西、福建、台湾等地也有。日本、朝鲜、印度、印度尼西亚等地也有分布记录。

生境及适应性： 常生于草地上、小溪边等；喜冷凉，耐严寒，喜疏松肥沃土壤，也稍耐贫瘠。

观赏及应用价值： 观花观果类地被植物。植株匍匐低矮，覆盖效果好，花果观赏性都较好，可用于缀花草坪或坡面绿化美化。

委陵菜属 Potentilla

中文名 **伏毛金露梅**
拉丁名 ***Potentilla fruticosa* var. *arbuscula***

基本形态特征：灌木，高0.5～2m，多分枝，树皮纵向剥落。小枝红褐色，幼时被长柔毛。羽状复叶，有小叶2对，稀3小叶，上面一对小叶基部下延与叶轴汇合；叶柄被绢毛或疏柔毛；小叶片上面密被伏生白色柔毛，下面网脉较为明显突出，被疏柔毛或无毛，边缘常向下反卷；单花或数朵生于枝顶，花梗密被长柔毛或绢毛；花径2.2～3cm；萼片卵圆形，顶端急尖至短渐尖，副萼片披针形至倒卵状披针形，顶端渐尖至急尖，与萼片近等长，外面疏被绢毛；花瓣黄色，宽倒卵形，顶端圆钝，比萼片长。瘦果近卵形，外被长柔毛。花果期7～8月。

分布：西藏产色季拉山地区，海拔400～4600m，分布量中。我国新疆、四川、云南等地也有分布。

生境及适应性：生高山草地、干旱山坡、林缘及灌丛中。

观赏及应用价值：适宜作庭园观赏灌木，或作矮篱也很美观。嫩叶可代茶叶饮用。花、叶入药。

中文名 **蕨麻委陵菜**
拉丁名 ***Potentilla anserina***

基本形态特征：多年生草本。根延长，常在根的下部形成纺锤形或椭圆形的块根。茎匍匐，节上生根，向上长出新的植株，伏生长柔毛或者近无毛，基生叶有小叶6～11对，小叶片边缘有缺刻状锯齿或者呈裂片状，上面绿色，下面密被紧贴银白色绢毛，茎生叶与基生叶相似，唯小叶对数较少，一般5～6对。单花腋生，偶见2～3花腋生，花瓣黄色。花期5～6月。

分布：西藏产色季拉山地区，海拔2600～4700m，芒康、察雅、江达、昌都、八宿、波密、朗县、措美、隆子、索县、嘉黎、那曲、拉萨、康马、日喀则、仁布、拉孜、定日、聂拉木、吉隆、仲巴、札达也产，分布量较多。黑龙江、吉林、辽宁、内蒙古、山西、河北、陕西、宁夏、甘肃、青海、新疆、云南、四川有分布。北半球温带、智利、大洋洲等均有分布记录。

生境及适应性：常生长于草地、草甸及河滩、沟谷；喜光，喜潮湿，喜深厚的沙性壤土。

观赏及应用价值：低矮观花地被，既可做地被植物点缀草坪，也可以成片种植覆盖裸露地，进行水土保持。地下块根俗称"人参果"，是藏族食品中的重要组成部分。

中文名 **狭叶委陵菜**
拉丁名 *Potentilla stenophylla*

基本形态特征： 多年生草本。根粗大，圆柱形，木质化，常分枝。茎直立，高6～15cm，密被长柔毛。基生叶为羽状复叶，小叶7～21对，排列紧密；小叶无柄，密被绢状长柔毛，顶端边缘有2～3（4～6）齿，下半部全缘，茎生叶退化成小叶状；基生叶托叶膜质，褐色，茎生叶托叶草质，绿色。单花或2～3朵组成聚伞花序；花径1.5～2.5cm，花瓣黄色。花期6月。

分布： 西藏产色季拉山地区，海拔3800～5000m，察隅、米林、错那也产，分布量较多。中国特有植物，云南、四川也有分布。

生境及适应性： 常生长于山坡草地、灌丛下；喜冷凉，喜光，耐贫瘠。

观赏及应用价值： 植株整齐，叶片排列紧密，花大，单株花量大；园林应用时，可做地被植物点缀草坪，观赏价值优于蕨麻委陵菜。

中文名 **银叶委陵菜**
拉丁名 *Potentilla leuconota*

基本形态特征： 多年生草本。根粗壮，圆柱形。茎直立或上升，高10～45cm，被长柔毛。基生叶为间断羽状复叶，稀不间断，小叶10～17对，小叶无柄，最上面2～3对小叶基部下延与叶柄合生；小叶长圆形，边缘有锯齿，上面伏生长柔毛，下面密被银白色绢毛；果期叶片常全部银白色。基生叶托叶膜质，褐色，茎生叶托叶草质，绿色，常不规则分裂。花多数，呈顶生假伞形花序，花黄色。花期7月。

分布： 西藏产色季拉山地区，海拔3500～4300m，察隅、波密、亚东、聂拉木、吉隆也产，分布量较多。云南、四川、贵州、甘肃、湖北、台湾有分布。尼泊尔、印度、不丹等有分布记录。

生境及适应性： 常生长于山坡草甸或灌丛中；耐半阴，喜冷凉，喜肥沃。

观赏及应用价值： 银叶委陵菜植株整齐，花期花量大，果期叶片全部银白色，是色季拉山委陵菜属中观赏价值较高的种类。适于作为地被在林下、灌丛边缘配置，适当选育后可以培育出优良的盆栽品种。

中文名 **多茎委陵菜**
拉丁名 *Potentilla multicaulis*

基本形态特征：多年生草本。根粗壮，圆柱形。花茎多而密集丛生，上升或铺散，常带暗红色，被白色长柔毛或短柔毛。基生叶为羽状复叶，有小叶4～6对，稀达8对，叶柄暗红色，被白色长柔毛，小叶片对生稀互生，无柄，椭圆形至倒卵形，边缘羽状深裂，裂片带形，排列较为整齐，顶端舌状，边缘平坦，上面绿色，主脉侧脉微下陷，被稀疏伏生柔毛，下面被白色茸毛，脉上疏生白色长柔毛，茎生叶与基生叶形状相似，唯小叶对数较少；基生叶托叶膜质，棕褐色，外面被白色长柔毛；茎生叶托叶草质，绿色，全缘，卵形，顶端渐尖。聚伞花序多花，初开时密集，花后疏散；萼片三角状卵形，顶端急尖，副萼片狭披针形，顶端圆钝，比萼片短约一半；花瓣黄色，倒卵形或近圆形，顶端微凹；花柱近顶生，圆柱形，基部膨大。瘦果卵球形，有皱纹。花果期4～9月。

分布：西藏产林芝地区，海拔200～3800m，分布量较多。产辽宁、内蒙古、河北、河南、山西、陕西、甘肃、宁夏、青海、新疆、四川。

生境及适应性：常生于沟谷阴处、向阳砾石山坡、草地及疏林下。耐半阴，喜冷凉，喜肥沃。

观赏及应用价值：观花地被。适于作为地被在林下、灌丛边缘配置，宜片植。

中文名 **楔叶委陵菜**
拉丁名 *Potentilla cuneata*

基本形态特征：矮小多年生草本或丛生亚灌木。根纤细，木质。花茎木质，直立或上升，高4～12cm，被毛。基生叶为三出复叶，连叶柄长2～3cm，叶柄被毛，小叶片亚革质，倒卵形或长椭圆形，长0.6～1.5cm，宽0.4～0.8cm，顶端有3齿，其余全缘，基部楔形，两面疏被毛或脱落，侧生小叶无柄，顶生小叶有短柄；基生叶托叶膜质，褐色，外面被毛或脱落；茎生叶托叶草质，绿色，卵状披针形，全缘，顶端渐尖。顶生单花或2花，花梗长2.5～3cm，被长柔毛；花径1.8～2.5cm；萼片三角卵形，副萼片长椭圆形，比萼片稍短，外面被平铺柔毛；花瓣黄色，宽倒卵形，顶端略为下凹，比萼片稍长。瘦果被长柔毛，稍长于宿萼。花果期6～10月。

分布：西藏产察隅、波密、墨脱、错那、亚东、定结、定日、吉隆、聂拉木等地，海拔2700～4500m，分布量较多。四川、云南也有分布。克什米尔地区、尼泊尔、印度、不丹也产。

生境及适应性：常生于高山草地、岩石缝中、灌丛下及林缘；喜阳，喜冷凉，耐寒，喜疏松肥沃土壤。

观赏及应用价值：观花类地被植物。应用同多茎委陵菜，或可用于岩石园。

中文名 **小叶金露梅**
拉丁名 *Potentilla parvifolia*

基本形态特征： 落叶或半落叶小灌木，高0.3～1.5m。分枝多，树皮纵向剥落。小枝灰色或灰褐色，幼时被毛。叶为羽状复叶，有小叶2对，常混生有3对，基部两对小叶呈掌状或轮状排列；小叶小，披针形，或倒卵状披针形，顶端常渐尖，基部楔形，边缘全缘，明显向下反卷，两面被绢毛或下面粉白色。顶生单花或数朵，花梗被柔毛；花径1.2～2.2cm；萼片卵形，副萼片披针形或倒卵状披针形，顶端尖，外面被毛；花瓣黄色，宽倒卵形，顶端微凹或圆钝，比萼片长1～2倍。瘦果表面被毛。花果期6～8月。

分布： 西藏产八宿、察雅、洛隆、比如、索县、工布江达、尼木、南木林、班戈、双湖、定日、聂拉木、吉隆、仲巴、萨嘎、普兰、扎达、日土等地，海拔3800～5500m，分布量较多。我国黑龙江、内蒙古、甘肃、青海、四川也有分布；俄罗斯、蒙古、克什米尔地区、尼泊尔也产。

生境及适应性： 常生于干燥山坡、岩石缝中、林缘及林中；喜阳，喜冷凉，耐寒，耐贫瘠。

观赏及应用价值： 观花类灌木。夏天观花，花量繁密，全株观赏效果较好，盛花期后还有零星开花，可用于道路绿化或庭院栽培，作为花篱应用；或用于岩石园配置。

蔷薇属 *Rosa*

中文名 **绢毛蔷薇**
拉丁名 *Rosa sericea*

基本形态特征： 直立灌木，高1～2m。枝粗壮，弓形；皮刺散生或对生，基部稍膨大，有时密生针刺。小叶（5）7～11，连叶柄长3.5～8cm；小叶片卵形或倒卵形，稀倒卵长圆形，长8～20mm，宽5～8mm，先端圆钝或急尖，基部宽楔形，边缘仅上半部有锯齿，基部全缘，仅下面被丝状长柔毛；叶轴、叶柄有极稀疏皮刺和腺毛；托叶大部贴生于叶柄，仅顶端部分离生。花单生于叶腋，无苞片；花梗长1～2cm，无毛；花径2.5～5cm；萼片卵状披针形，先端渐尖或急尖，全缘，外面有稀疏柔毛或近于无毛，内面有长柔毛；花瓣白色，宽倒卵形，先端微凹，基部宽楔形；花柱离生，比雄蕊短。果倒卵球形或球形，红色或紫褐色，无毛，有宿存直立萼片。花期5～6月，果期7～8月。

该种与峨眉蔷薇（*R. omeiensis*）为近缘，但后者小叶片一般9～17，叶边全部有锯齿，下面无毛或在中脉上稍有短柔毛，果实较大，梨形，具肥厚果梗与果实近等长，是其异点。

分布： 西藏产林芝、察隅等地，海拔2000～3800m，分布量较多。我国云南、四川、贵州有分布。印度、缅甸、不丹有分布记录。

生境及适应性： 多生于山顶、山谷斜坡或向阳燥地。喜光，耐寒，较耐旱，对土壤要求不高。

观赏及应用价值： 观花观果类，花瓣四数比较特别，花量较大，适应性强，秋季红果累累，可用于庭院绿化美化、道路绿化及公园。

绢毛蔷薇

中文名 **腺叶绢毛蔷薇**
拉丁名 **Rosa sericea f. glandulosa**

基本形态特征: 落叶灌木,高1~2m。枝条散生基部膨大或呈翼状的皮刺,有时密生针刺。叶片下面被腺毛和柔毛。花单生叶腋,4基数,白色或乳白色,直径2.5~5cm。果倒卵球形或球形,红色或带紫色,直径8~15mm。花期6~8月,果期8~9月。

分布: 西藏产察隅、八宿、波密、米林、比如、隆子、洛扎、林周、定日、聂拉木、吉隆等地,海拔2600~4200m,分布量较多。

生境及适应性: 常生长于林缘灌丛、河谷滩地灌丛;喜湿润,喜光,耐瘠薄。

观赏及应用价值: 观花观果类,园林用途同绢毛蔷薇。

中文名 **峨眉蔷薇**
拉丁名 **Rosa omeiensis**

基本形态特征: 直立灌木,高3~4m。小枝细弱,无刺或有扁而基部膨大的皮刺,幼嫩时常密被针刺或无针刺。小叶9~13(17),连叶柄长3~6cm;小叶片长圆形或椭圆状长圆形,边缘有锐锯齿,上面无毛,中脉下陷,中脉突起;叶轴和叶柄有散生小皮刺;托叶大部贴生于叶柄,顶端离生部分呈三角状卵形,边缘有齿或全缘,有时有腺。花单生于叶腋,无苞片;花梗长6~20mm,无毛;花径2.5~3.5cm;萼片4,披针形,全缘;花瓣4,白色,倒三角状卵形,先端微凹,基部宽楔形;花柱离生,比雄蕊短很多。果倒卵球形或梨形,直径8~15mm,熟时变红,果成熟时果梗肥大,萼片直立宿存。花期5~6月,果期7~9月。

分布: 西藏产色季拉山地区,海拔2600~4500m,米林、芒康、贡觉、昌都、察隅、拉萨、波密、工布江达、林周、错那、亚东、定结、聂拉木、基隆等地都有分布,分布量多。我国云南、四川、湖北、陕西、宁夏、甘肃、青海等地也有分布。

生境及适应性: 多生于山坡、山脚下或高山灌丛中。喜湿润,喜光,耐寒,稍耐瘠薄。

观赏及应用价值: 观花观果类,其花4瓣,其果成熟时颜色多样,包括红色、橘红色、橘黄色甚至黄红相间,且果梗肥大,亦同果色连为一体,较为奇特,整株鲜亮美丽;园林用途同绢毛蔷薇。

峨眉蔷薇

中文名 **腺果大叶蔷薇**
拉丁名 *Rosa macrophylla* var. *glandulifera*

基本形态特征： 落叶灌木，高1.5～3m。羽状复叶具（7）9～11小叶，叶片下面具腺体，通常为重锯齿。花单生或2～3朵簇生，直径3.5～5cm，深红色至浅红色；萼片全缘，果期宿存；萼筒和花梗密被腺毛；花柱离生，被柔毛，比雄蕊短很多。果实大，长圆卵球形至长倒卵形，先端有短颈，紫红色，有光泽。花期7～9月，果期8～9月。

分布： 西藏产色季拉山地区，海拔2400～3800m，米林、工布江达、错那、吉隆、亚东也产，分布量较多。

生境及适应性： 常生长于林下、林缘、灌丛；喜凉润，喜光，喜肥。

观赏及应用价值： 观花类。腺果大叶蔷薇是色季拉山国家森林公园中习见的野生观赏植物，开花期花团锦簇，鲜艳夺目，在园林中可以种植为花架、花格、绿门等，也可以种植在围墙、院墙旁，既美化墙垣又可当防护篱。

中文名 **西藏蔷薇**
拉丁名 *Rosa tibetica*

基本形态特征： 落叶小灌木。小枝稍弯曲，无毛，有成对或散生的浅黄色直立皮刺，常混有针刺。羽状复叶具5～7小叶，边缘重锯齿，齿尖常有腺体，下面密被腺毛；小叶柄和叶轴散生腺毛和稀疏小皮刺；托叶大部贴生于叶柄，离生部分卵形。花单生叶腋，5基数，白色；花有苞片，苞片顶端常3裂；萼片卵状披针形，顶端伸展成尾状，全缘或者顶端有不明显的齿；花柱离生，密被白色长柔毛。果卵球形，直径1～1.2cm，光滑无毛，萼片直立宿存。花期7～9月，果期8～9月。

分布： 西藏产色季拉山地区，海拔3800～4000m，西藏特有植物，波密、八宿也产，分布量中。

生境及适应性： 常生长于云杉林下或者杨、桦次生林下。喜凉润，喜光，喜肥。

观赏及应用价值： 观花观果类，花量大，果色鲜明，园林用途同腺果大叶蔷薇。

地榆属 *Sanguisorba*

中文名	**矮地榆**
拉丁名	***Sanguisorba filiformis***

基本形态特征： 多年生草本。根圆柱形。茎高8～35cm，纤细。基生叶为羽状复叶，有小叶3～5对，叶柄光滑；小叶片宽卵形或者近圆形，顶端圆钝，边缘有圆钝锯齿；茎生叶1～3，与基生叶相似。花单性，雌雄同株，花序头状，近球形，直径3～7mm；周围为雄花，中央为雌花，萼片4枚，白色。花期7～8月。

分布： 西藏产色季拉山地区，海拔2300～4400m，吉隆也产，分布量较多。欧洲、亚洲温带广布种。

生境及适应性： 常生长于林下、沼泽草甸、草丛、冰川谷地；耐阴，耐水湿。

观赏及应用价值： 地被类。矮地榆可用于湿地园、岩石园配置。

龙芽草属 *Agrimonia*

中文名	**黄龙尾**
拉丁名	***Agrimonia pilosa* var. *nepalensis***
别　名	龙芽草

基本形态特征： 多年生草本。多侧根；根茎短，基部常有1至数个地下芽。茎高30～120cm，茎下部密被粗壮硬毛。叶片为间断奇数羽状复叶，通常有小叶3～4对，稀2对，向上逐渐减少为3小叶，叶下面脉上被长硬毛或微硬毛，脉间被柔毛或茸毛状柔毛；托叶草质，绿色，镰形，稀卵形。顶生穗状总状花序，花瓣黄色，雄蕊5～8（～15）枚，花柱2丝状，柱头头状。

分布： 西藏产色季拉山地区，海拔3000m左右，察隅、波密、隆子、亚东也产，分布量较多。我国广布。中亚、东南亚各地有分布记录。

生境及适应性： 常生长于山坡草地、河谷针阔混交林内以及田边、路旁等处；喜冷凉，耐阴。

观赏及应用价值： 观花类地被植物，适于在林下做地被应用。

扁核木属 *Prinsepia*

中文名	**青刺尖**
拉丁名	*Prinsepia utilis*

基本形态特征： 小灌木，高1～5m。小枝绿色，有棱，有片状髓，具长达3.5cm的枝刺，刺上生叶。叶片长圆形或者卵状披针形，长3.5～9cm，宽1.5～3cm，先端急尖或渐尖，边缘具锯齿。总状花序花多数，下垂，白色带绿色。核果长圆形，长1～1.5cm，先期蓝色，成熟后紫褐色或者黑紫色。花期2～4月。

分布： 西藏产色季拉山地区东坡下沿，海拔2000～3100m，墨脱、波密、吉隆、亚东也产，分布量较多。云南、贵州、四川有分布。印度、巴基斯坦、不丹有分布记录。

生境及适应性： 常生长于山坡、林缘、路旁、灌丛中；喜光，喜温暖，喜肥沃。

观赏及应用价值： 观花、观叶类。花期和梅花同期，可考虑与梅花配置，丰富植物景观。当地采摘果实食用。

李属 *Prunus*

中文名	**细齿稠李**
拉丁名	*Prunus vaniotii*
别　名	西南稠李

基本形态特征： 落叶乔木，高可达15m。树皮灰褐色或黑褐色。冬芽卵圆形，无毛。叶片长椭圆形，长3～12cm，宽2～5cm，先端急尖、骤尖或短渐尖，边缘有细锯齿，无毛或下面脉腋有簇生毛。总状花序基部有叶，长10～15cm，花梗长2～4mm；花瓣白色，倒卵状长圆形，雄蕊20～25。核果卵球形，黑色或者紫黑色，直径约0.6cm。花期4～5月，果期6～7月。

分布： 西藏产色季拉山地区，海拔2950～3200m，察隅、波密、错那也产，分布量较多。中国特有植物，陕西、甘肃、安徽、浙江、江西、湖南、湖北、四川、贵州、云南也有分布。

生境及适应性： 常生长于山坡落叶阔叶林下；喜光也耐阴，抗寒力较强，怕积水涝洼，不耐干旱瘠薄，在湿润肥沃的沙质壤土上生长良好，萌蘖力强，病虫害少。

观赏及应用价值： 观花、观叶类。花期花序长而下垂，花白如雪，极为壮观，目前尚未有人工引种栽培；但同属植物稠李已经在园林中得到应用。入秋叶色黄带微红，十分美丽，是良好的观花、观叶树种，也是一种蜜源植物，种仁含油，叶片可入药。

中文名 **毛萼红毛樱**
拉丁名 *Prunus rufa* var. *trichantha*

基本形态特征： 落叶灌木，高2～8m。叶卵形，长4～10cm，边缘有重锯齿，齿端有圆锥形或者球形腺体，叶脉下面有锈色长柔毛。花单生或2朵并生，花瓣白色或淡红色；花柱下部有疏柔毛。核果卵球形，红色，核表面有显著的棱纹。花期5月，果期7～9月。

分布： 西藏产色季拉山地区，海拔3060～3500m，隆子、吉隆也产，分布量中。喜马拉雅特有植物，尼泊尔、印度、缅甸有分布记录。

生境及适应性： 常生长于山坡杂木林内或河谷针阔混交林中；喜温暖、湿润，土壤肥沃的环境，耐寒性强。

观赏及应用价值： 观花、观果类。毛萼红毛樱是优良的园林观花树种，适宜种植于山坡、庭院、建筑物前，也可以作为步行街行道树配置。

中文名 **川西樱**
拉丁名 *Prunus trichostoma*

基本形态特征： 落叶乔木，高3～7m。叶椭圆卵形，侧脉6～10对，长4～9cm，边缘有重锯齿，重锯齿由2～3齿组成，先端尾尖。花2（3）朵簇生，稀单生；花瓣白色或者粉红色，萼片三角形，边缘有腺体，雄蕊短于花瓣，花柱下部或者基部有疏柔毛。核果卵球形，紫红色；核表面有显著突出的棱纹。花期5～6月，果期6～9月。

分布： 西藏产色季拉山地区，海拔3000～3800m，察隅、墨脱、波密、米林、昌都、左贡也产，分布量较多。中国特有植物，甘肃、云南、四川有分布。

生境及适应性： 常生长于林内、林缘、草坡、沟谷；喜阳，喜湿润，耐寒性强，喜土壤肥沃、排水良好的环境。

观赏及应用价值： 观花、观果类。川西樱是优良的观花、观果类园林树种，果若珊瑚，秋叶丹红，在巴松措湖边也有集中分布，适宜种植于山坡、庭院、建筑物前，也可以作为步行街行道树配置。

中文名 **高盆樱**
拉丁名 *Prunus cerasoides*

基本形态特征： 乔木，高3～10m。枝幼时绿色，被短柔毛，不久脱落；老枝灰黑色，叶片卵状披针形或长圆状披针形，长（4）8～12cm，宽（2.2）3.2～4.8cm，先端长渐尖，基部圆钝，叶边有细锐重锯齿或单锯齿，齿端有小头状腺，侧脉10～15对，无毛，网脉细密，近革质；叶柄长1.2～2cm，先端有2～4腺，托叶线形，基部羽裂并有腺齿。总苞片大形，先端深裂，花后凋落；花1～3朵伞形排列，与叶同时开放；花梗长1～2cm，果期长达3cm，先端肥厚；萼筒钟状，萼片三角形，常带红色；花瓣卵圆形，先端圆钝或微凹，淡粉色至白色。核果圆卵形，熟时紫黑色。花期10～12月。

分布： 西藏产林芝、米林、隆子、定结、吉隆，海拔2850～3700m，分布量多。云南西北部也有分布。印度（西北至东北部）、尼泊尔、不丹、缅甸也产。

生境及适应性： 常生于沟谷密林中；喜阳，喜冷凉，耐严寒，喜疏松肥沃土壤。

观赏及应用价值： 观花、观果类。应用同川西樱。色季拉山国家森林公园中，同类园林植物还有锥腺樱*P. conadenia*、细齿樱*P. serrula*、姚氏樱桃*P. yaoiana*等种，观赏价值均较高，但均没有在西藏园林建设中得到应用，从资源开发利用和高原生态安全的角度出发，均是值得研究的内容。

中文名 **梅**
拉丁名 *Prunus mume*

基本形态特征： 小乔木，高3～7m。树皮灰褐色，常有枝刺，枝条细长；小枝绿色，无毛。叶片卵形或椭圆状卵形，长3.5～7cm，宽1.5～3.5cm，先端尾尖或长渐尖，基部近圆形或宽楔形，边缘有细尖锯齿，幼时两面有疏短柔毛，以后脱落无毛，叶柄长6～12cm，无毛，托叶早落。花单生或2朵并生，先叶开放，具有极短花梗，花径2～2.5cm，香味浓，萼筒宽钟状，被短柔毛，萼片近卵形；花瓣白色或淡粉色，倒卵形；雄蕊多数，花柱基部被柔毛，子房密被柔毛。核果近球形，直径2～3cm，黄色或绿黄色，被柔毛，果肉不易与核分离，核卵圆形，两侧微扁，有蜂窝状穴孔。果期6月。

分布： 西藏产色季拉山地区，海拔2030～2760m。中国特有植物，在长江以南各地均有栽培，西南山区有野生。日本和朝鲜也有栽培。

生境及适应性： 常生长于阳坡杂水林中或山坡地边；喜光，喜温暖湿润的环境，在深厚肥沃的腐殖质土壤中生长良好。

观赏及应用价值： 梅是中国传统名花之一，变种和品种极多，可分花梅及果梅两类。花梅主要用于观赏。果梅其果实主要作加工或药用。

西藏林芝地区通麦镇是野生梅花分布最西缘，主要变种或变型有：

蜡叶梅（*P. mume* var. *pallidus*）此变种与原种之主要区别，在于叶片两面均被白粉而呈现蜡白色。远观时，梅丛中片片灰白，

闪烁于绿枝之间，形成一派奇景。此一变种之梅树与典型梅（原变种）在原产地处于混生状态。此变种叶片上下均蜡白色，有一定观赏效果，但迄今未见有栽培者。

西藏通麦野梅 分布于西藏自治区波密县通麦镇海拔2100～2300m山坡或河谷地带，坡向西南，与蜡叶梅呈混生状态。叶窄卵圆形，尾尖，具重齿，较小，叶柄红色有毛。小枝正面古铜红色，下面绿色，花单瓣，白色。果几无梗，较小，圆形，果沟浅，顶端平；果核大小中等，蜂窝状小孔明显。树干皮孔颇多，枝刺多。此类型的主要特点是果较小，枝刺多，具典型野梅之特征，是迄今发现的分布最西的野梅类型。

梅花树型种内差异比较

树型	生境	特点
小乔木状	裸地、片林	主干明显且通直，枝条少，植株高大
灌木状	林缘	主干不明显，枝条多且散生，植株低矮
半藤本状	密林内	主干细弱、藤本状，斜上伸出林冠

中国是梅的原产地，这是国内外学术界所公认的、也已被充分的事实根据所证实。近年来，中国园林、园艺工作者进行了大量的调查研究（刘青林，陈俊愉，2000），发现在云南省洱源、嵩明、德钦、泸水、剑川、祥云、云龙、宁蒗、宾川等县（市）有野梅分布，四川省丹巴、会理、木里、松潘、平武等县市也有野梅集中分布；另据张启翔、俞德浚等考证，在与中国接壤的越南北部等地也有梅的自然分布。此外，在湖北罗田和咸宁、江西景德镇、安徽黄山、福建南平、广西兴安山区和那坡山区、陕西城固、甘肃汶县及康县等地也发现有梅花的自然分布。由此看来，梅在中国的自然分布范围包括西藏、云南、四川、甘肃、陕西、湖北、安徽、江苏、浙江、江西、福建、台湾、广东、广西、湖南、贵州等地；其分布的北界是秦岭南坡，西起西藏通麦，南至广东、云南以及越南南部。在此分布范围之内，川、滇、藏交界的横断山区是梅的自然分布中心和变异中心（陈俊愉，1997；王其超，包满珠，1998）。

梅

中文名　**光核桃**
拉丁名　*Prunus mira*

基本形态特征： 落叶乔木，高3～10m。小枝细长，绿色。叶片披针形或卵状披针形。花单生或2朵并生，直径2～2.5cm，有短梗，萼筒紫红色，花瓣粉红色至白色，倒卵形，先端圆钝。核果近球形，数量多；果实直径3～4cm，密被茸毛；核卵状椭圆形，扁而平滑，偶有浅沟。花期3～4月，果期7～8月。

分布： 西藏产色季拉山地区，海拔2600～3500m，江达、芒康、察隅、八宿、波密、米林、加查、琼结、拉萨、曲水、隆子、错那、洛札、亚东、聂拉木、吉隆也产，分布量较多。中国特有物种。四川、云南有分布。尼泊尔有其亚种的分布记录。

生境及适应性： 常生长于针阔混交林中或山坡林缘；适应性强，耐干旱，喜光，在生境优越的地方生长迅速。

观赏及应用价值： 观花类。光核桃花期芳菲烂漫，是优良的园林树种，宜种植于山坡、河畔、石旁、墙缘，可以在庭院、草坪群植，也是盆栽、制作桩景、切花的好材料。西藏民间常采摘果实制成干果脯，种仁入药。光核桃生长迅速，抗寒力、抗病性强，既是栽培品种桃的优良砧木，也是选育早实、抗寒、抗病品种的优秀育种材料。

豆科 LEGUMINOSAE　槐属 *Sophora*

中文名　**砂生槐**
拉丁名　***Sophora moorcroftiana***

基本形态特征： 落叶灌木，高30～120cm。多分枝，小枝密被灰色短柔毛，顶端刺状，托叶硬化为针刺状，宿存；叶片长3～5cm，叶柄、叶轴被长柔毛；小叶11～19枚，矩圆形至倒卵形，长4～10mm，宽2～4mm，两面被白色或者淡黄褐色开展的长柔毛，顶端具刺芒。总状花序顶生，花萼钟形，密被长柔毛；花冠蓝紫色，旗瓣顶端凹。翼瓣与龙骨瓣近等长，稍短于旗瓣；子房密被白色长柔毛。荚果念珠状，具1～7枚种子。花期5月底至6月，种子成熟期7月。

分布： 西藏产色季拉山西坡外沿，海拔3000～3200m，波密、米林、扎囊、拉萨、江孜、仁布、日喀则、拉孜等地也产，分布量较多。西藏特有植物，尼泊尔有1变种。

生境及适应性： 常生长于路边山坡灌丛、河边沙质地以及石质干山坡上，常成大居群生长；喜温凉、湿润的气候，极耐干旱，耐贫瘠。砂生槐在原生地具有种子繁殖和根蘖繁殖的双重特性。在没有根蘖条的流沙上主要靠种子繁殖，固定沙面；待沙面基本稳定后就以根蘖繁殖为主。即在沙地上，砂生槐是发生于种子繁殖，发展于根蘖繁殖。

观赏及应用价值： 观花类。花色美丽，花量大，花期整株蓝紫色较为美丽，可应用于园林绿化美化。砂生槐能够忍受一定的沙埋，是一种极为宝贵的防风固沙、保持水土的植物，适于在河边沙质地以及石质干山坡上大量应用，既可美化又保护生态环境。目前已开展了繁殖生物学研究并成功进行人工扩繁。

黄花木属 *Piptanthus*

中文名　**黄花木**
拉丁名　*Piptanthus nepalensis*

基本形态特征： 灌木，高1.5～2m。当年生小枝密被白色短柔毛；枝条绿色，无毛。托叶披针形，长约1cm，下面被白色贴伏柔毛，彼此连合至中部以上，早落；小叶3枚，椭圆形至近披针形，长4～15cm，宽1.5～4.5cm，顶端渐尖，基部楔形，下面密被柔毛。花序顶生，先花后叶，花序梗、花序轴均密被柔毛，苞片3～4枚轮生，两面密被柔毛；花2～4轮，每轮2～4朵；花萼密被柔毛；花冠黄色，翼瓣稍短于旗瓣，龙骨瓣长于旗瓣；子房密被柔毛。荚果线形，扁，直或稍弯曲，密被柔毛。花期5月，果期7月。

分布： 西藏产色季拉山地区，海拔2800～3450m，察隅、芒康、波密、朗县、米林、隆子、亚东、吉隆也产，分布量较多。云南、四川、陕西、甘肃有分布。印度、尼泊尔、缅甸有分布记录。

生境及适应性： 常生长于林下或灌丛中；喜光、喜冷凉，耐贫瘠，不耐旱，喜疏松的沙质壤土。

观赏及应用价值： 观花类。适于在庭院中成片种植，用于早春观赏。在栽培技术研究中发现：黄花木迁地栽培的成活率极低，但2～3年生种子苗就能够进入花期，因此，在应用时可考虑直接播种，若进行苗木培育需要采用营养钵育苗，防止土球破碎，提高移栽苗木的成活率。

苜蓿属 *Medicago*

中文名 **天蓝苜蓿**
拉丁名 *Medicago lupulina*

基本形态特征： 一或二年生草本。高5～45（60）cm，茎细弱，常伏卧地面。茎通常多分枝，被细柔毛或腺毛，稀近无毛。3小叶羽状复叶，托叶卵状披针形至狭披针形，下部与叶柄合生，先端长渐尖，基部边缘常有牙齿；小叶广倒卵形、倒卵形或倒卵状楔形，长7～16mm，宽4～14mm，两面有伏毛，有时亦有腺毛。总状花序腋生，有花10～20余朵，超出叶，花很小，密生于总花梗上端；花梗比萼短，密生毛；萼钟状，被密毛，与花冠等长或短于花冠；萼齿5，线状披针形或线状锥形，比萼筒长；花冠黄色，长1.7～2mm，旗瓣圆形，顶端微凹，基部具短爪，翼瓣比旗瓣显著短，龙骨瓣与翼瓣近等长或比翼瓣稍长；花柱弯曲稍成钩状。荚果肾形，成熟时近黑色，长1.8～2.8mm，宽1.3～1.9mm，表面具纵纹，有多细胞腺毛，并有时混生细柔毛，稀无毛，内含1粒种子。花期7～8（9）月，果期8～10月。

分布： 西藏产色季拉山地区，海拔3000～3500m，芒康、波密、米林、隆子、泽当、拉萨、尼木、日喀则、谢通门等也产，分布量较多。黑龙江、吉林、华北、西北及西南有分布。日本、蒙古、俄罗斯及欧洲其他一些国家和地区亦有分布记录。

生境及适应性： 常生长于林下湿草地、河岸及路旁；耐阴，也耐干旱，喜湿润、疏松土壤。

观赏及应用价值： 地被类。适于在酸性至微碱性土壤条件下的林下、湿润处进行栽培应用；同时，也为优良牧草，可结合牧草生产应用于房前屋后。此外，天蓝苜蓿的全草可治毒蛇咬伤及蜂螫。

胡卢巴属 *Trigonella*

中文名 **毛果胡卢巴**
拉丁名 *Trigonella pubescens*

基本形态特征： 铺散或倾斜草本，长40～50cm。多分枝，茎和分枝被柔毛。小叶倒卵状矩圆形，长5～10mm，顶端平截，具短尖，叶缘有锯齿，主脉和侧脉明显，脉上被柔毛，叶柄长约3mm，被长柔毛；托叶卵状披针形。总状花序腋生，生1～3朵花；总花梗长1～2cm；花小，黄色。荚果扁平，矩圆形，具横网脉，先端具短尖，直或略弯曲，被柔毛。花期6～7月，果期7～8月。

分布： 西藏产色季拉山地区，海拔3000～3200m，比如、丁青、波密、米林、拉萨、江孜、日喀则、定日、聂拉木、吉隆、普兰也产，分布量较多。喜马拉雅特有植物，尼泊尔、印度等有分布记录。

生境及适应性： 常生长于农家院落、山坡湿润草地、河滩地或者云杉林下；耐阴，耐贫瘠，喜湿润环境，在肥沃疏松的酸性土壤中生长良好。

观赏及应用价值： 地被类。也为优良牧草，园林用途同天蓝苜蓿。

草木犀属 *Melilotus*

中文名 **印度草木犀**
拉丁名 *Melilotus indicus*

基本形态特征： 二年生草本。茎高30～80cm，无毛。小叶宽倒卵形，长1.5～2cm，宽5～15mm，顶端截形或者微凹，中部边缘中部以上具疏锯齿。总状花序腋生，长达20cm，花冠黄色，旗瓣与翼瓣等长，龙骨瓣最短，卵圆形，小，网脉明显，无毛。花期7月，果期8月。

分布： 西藏产色季拉山地区，海拔3000～3500m，八宿、隆子、拉萨、日喀则也产，分布量较多。江苏、山东、陕西、山西、河北、云南、湖北、台湾、福建也有分布。印度、西亚至中亚、地中海地区有分布记录。

生境及适应性： 常成片生长在果园、农场、水沟旁草地上；耐阴，耐贫瘠，喜湿润环境，在肥沃疏松的酸性土壤中生长良好。

观赏及应用价值： 观花类地被植物，芳香。也为优良牧草，适于在林下、墙垣、水沟边片植，整体观花效果良好。

土圞儿属 *Apios*

中文名 **肉色土圞儿**
拉丁名 *Apios carnea*

基本形态特征： 多年生缠绕草本。有块根，茎细长。羽状复叶互生，叶柄、叶轴疏被短粗毛。小叶通常5枚，有时3枚，椭圆形，长8～12cm，宽4～6cm，近革质，被短粗毛，顶端尾状渐尖，基部圆形或楔形；小叶柄初时密被短粗毛。花稀疏排列成腋生总状花序，在序轴的每个膨大的节上有1～3朵花；花萼钟状，萼齿顶端具芒尖，上部2枚萼齿完全连合，下部的3枚通常连合，有时分离；花冠肉红色。

分布： 西藏产色季拉山地区下缘排龙、易贡、通麦等地，海拔2100～3000m，波密、察隅（察瓦龙、上察隅等）、墨脱也产，分布量较多。云南、贵州、四川、广西有分布。尼泊尔、印度、中南半岛有分布记录。

生境及适应性： 常生长于林下或灌丛中；喜温暖、湿润的环境条件，在疏松肥沃的土壤上生长良好。

观赏及应用价值： 观花植物。土圞儿不仅是篱垣栅架垂直绿化的良好材料，也适宜盆栽观赏，摆设庭院阳台。在西藏主要城镇（拉萨、日喀则、泽当镇等）均需要在室内或者保护地条件下栽培。

中文名 **云南土圞儿**
拉丁名 *Apios delavayi*

基本形态特征： 缠绕草本。茎纤细。托叶钻形；羽状复叶常具5小叶；小叶坚纸质，狭卵状披针形，长2～5cm，宽1.1～1.9cm，先端渐尖，基部圆形，边缘具短睫毛；小叶柄具绢毛。总状花序比叶长，具5～10朵排列稀疏的花；每节有花1～3朵；花萼膜质，阔钟状，2唇形，上面具2齿合生，呈三角形，具短尖头，侧生2齿线状钻形，中央1齿阔三角形，具芒，内弯；花冠黄白色，长约2cm，为花萼的6倍，旗瓣广圆形，龙骨瓣狭，稍长于旗瓣，旗瓣、翼瓣常粉红色。荚果长可达15cm，线形，直立。花、果期9月。

分布： 西藏产波密、察隅、林芝，海拔2100～3000m，分布量中。我国云南西北部及四川（木里、康定）也有分布。

生境及适应性： 常生长于林下或灌丛中；喜温暖、湿润的环境条件，在疏松肥沃的土壤上生长良好。

观赏及应用价值： 观花藤本，应用同肉色土圞儿。

野豌豆属 *Vicia*

中文名 **窄叶野豌豆**
拉丁名 *Vicia angustifolia*

基本形态特征： 一年生攀缘或铺散草本，卷须发达。小叶8～14，对生或近于对生，狭长矩圆形或者条形，长1～3.5cm，宽2～7mm，顶端截形，有短尖，基部圆形，两面被疏柔毛；托叶具齿，齿端披针形，被毛。花1～3朵生于叶腋，几无总花梗；花萼筒状，萼齿5枚，狭三角形，短于萼筒，被毛；花冠紫红色，旗瓣倒卵形，具爪；翼瓣短于旗瓣，龙骨瓣最短；雄蕊10枚，为（9+1）2组，花柱顶端背面有一丛髯毛。荚果成熟时黑色。

分布： 西藏产色季拉山地区，海拔3000～3500m，丁青、拉萨、亚东、泽当等地也产，分布量较多。我国北部、华东和西南地区有分布。欧洲、亚洲以及非洲有分布记录。

生境及适应性： 常生长于河滩荒地或者山坡灌丛下；耐阴，耐贫瘠。

观赏及应用价值： 地被类。适于在土壤贫瘠的林下作为防止水土流失的地被植物，也为优良的牧草。

木蓝属 *Indigogfera*

中文名 **苏里木蓝**
拉丁名 *Indigogfera souliei*

基本形态特征： 直立灌木，高1～2m。奇数羽状复叶，长4～8cm，小叶7～11枚，有时达13枚，对生，叶柄长1.5～2cm，近椭圆形，顶端近圆形，具尖头，基部楔形，两面被白色丁字毛。总状无限花序，腋生，长7～15cm，生多数花；小苞片条状披针形；花梗长达3～4mm；萼筒长1.5～2mm；花冠紫红色，长达1cm，旗瓣背面被毛；子房被毛。荚果直，条形，长4～5cm，被毛。花期7～8月，果期9～10月。

分布： 西藏产色季拉山地区下缘排龙，海拔2500～2800m，波密也产，分布量中。中国特有植物，四川有分布。

生境及适应性： 常生长于山坡灌木林中；喜温暖，耐贫瘠，喜疏松肥沃的土壤。

观赏及应用价值： 观花类。苏里木蓝植株整齐，花期花量大，在栽培条件下有花量增加的趋势。适于丛植、群植于林缘、墙垣或者溪流边。亦可入药。

锦鸡儿属 *Caragana*

中文名 **二色锦鸡儿**
拉丁名 *Caragana bicolor*

基本形态特征： 落叶灌木，直立，高1～1.5m。枝条伸长，被短柔毛；树皮灰褐色或深灰色。叶片长3～4cm，羽状排列；叶轴仅在长枝上者宿存并硬化成针刺，粗壮，被毛；小叶8～16枚，倒卵状椭圆形，长6～8mm，顶端急尖，具针尖；托叶短，在长枝上者硬化成针刺，在短枝上者膜质，顶端无针尖。花梗单生，密被短柔毛，每梗具花2朵（有时1朵）；苞片2枚，膜质，卵状披针形；小苞片2枚，长2～3mm，被毛；花萼筒状，长约1cm；花冠黄色，旗瓣带紫红色或橙黄色，顶端凹，长约2cm，有爪；翼瓣与旗瓣近等长，具耳片1枚。花期5～7月，果期8～9月。

分布： 西藏产色季拉山地区，海拔3000～3600m，芒康、江达、贡觉、波密、米林、朗县、加查、泽当、洛札等也产，分布量较多。中国特有植物，四川西部以及云南西北部也有分布。

生境及适应性： 常生长于林下或者山坡灌丛中；喜光，耐贫瘠，耐干旱，适应性强。

观赏及应用价值： 观花类。二色锦鸡儿花期花量大，花二色，具有较高的观赏价值；但其全株被针刺、落叶等特点，难以广泛应用，仅适宜作为维护性围篱，或者点缀于偏僻的全光环境下。

棘豆属 *Oxytropis*

中文名　**毛瓣棘豆**
拉丁名　*Oxytropis sericopetala*

基本形态特征：草本植物。密丛生，高10～20cm。茎短缩，具多分枝的木质茎基。叶长10～15cm；托叶草质，与叶柄分离，彼此连合至上部，密被白色绢质长柔毛；叶柄、叶轴均密被白色绢质长柔毛；小叶13～31枚，狭矩圆形或者矩圆形披针形，长达3cm，两面密被白色绢质长柔毛。花序梗长于叶，密被白色开展的长柔毛；花多数，排列成紧密的矩圆状总状花序；花萼密被白色绢质长柔毛和黑色的短柔毛，萼齿条形；花冠紫红色或白色，旗瓣长达1cm，瓣片宽卵形，背面密被绢质短柔毛；翼瓣稍短，顶端微凹，无毛；龙骨瓣短于翼瓣，背面疏被绢质短柔毛，先端具喙；子房密被绢质长柔毛。荚果矩卵形，微膨胀，几无柄，密被白色绢质长柔毛。

分布：西藏产色季拉山地区，海拔3000～4000m，偶见生长，分布量少。西藏特有植物，曲水、江孜、米林、拉萨、日喀则、泽当、萨迦、白朗、定日等也产。

生境及适应性：常生长于河滩沙质地、干旱山坡草地、冲积扇沙砾地上；极耐贫瘠，极耐干旱，耐盐碱。

观赏及应用价值：观花类地被植物。毛瓣棘豆花量大，植株整齐，但有毒，仅适于开发为地被植物，在盐湖河滩地边缘或者干旱的石质山坡上进行小面积点缀种植。

米口袋属 *Gueldenstaedtia*

中文名　**高山米口袋**
拉丁名　*Gueldenstaedtia himalaica*

基本形态特征：多年生草本。根圆锥状，粗壮，直径达15mm左右；植株高10～15cm，植株大部密被长茸毛。奇数羽状复叶，常9～13枚，顶端微凹或深裂，密被长柔毛，边缘膜质。伞形花序腋生，常2～3朵，有时1朵，稀4朵，花蓝紫色，龙骨瓣只有翼瓣长的一半以下，子房密被长柔毛。花期5～7月，果期8～10月。

分布：西藏产色季拉山地区，海拔2900～4300m，芒康、江达、察雅、左贡、巴青、类乌齐、贡觉、丁青、察隅、米林、林周、拉萨、亚东、聂拉木也产，分布量较多。四川、青海、甘肃有分布。尼泊尔、不丹、印度有分布记录。

生境及适应性：常生长于沙滩草地、阳坡灌丛地、沟谷草甸或山坡草地；喜光，喜疏松肥沃的酸性土壤。

观赏及应用价值：地被类。高山米口袋根系深，植株铺散地面，极其有利于防止水土流失，适于在西藏水土保持工程中大量应用。

黄芪属 *Astragalus*

中文名 **朗县黄芪**
拉丁名 *Astragalus nangxiensis*

基本形态特征： 多年生直立草本。茎高约30cm，多分枝，略木质，具条棱，仅当年生小枝被疏短柔毛，其余光滑。托叶披针形，长约4mm；叶片长5～7cm；小叶片27～29枚，条状矩圆形，顶端钝，基部楔形，上面无毛，下面疏被平伏短柔毛或几无毛。总状花序腋生，多花；总花梗长于叶，疏被短柔毛；花冠淡紫色带白色，旗瓣反折，长约8mm；翼瓣与龙骨瓣近等长。荚果卵形，有短柄，内有0.3mm宽的隔膜，种子有花纹。花期8～9月，果期10月。

分布： 西藏产色季拉山地区，海拔3000m，分布量少。西藏特有植物。

生境及适应性： 常生长于半干旱裸露山坡上；喜光，耐贫瘠，耐旱，肥沃土壤生长更旺。

观赏及应用价值： 观花类地被植物。朗县黄芪花期花量集中，植株整齐，适应性强，也可开发为秋季花境花卉，或者作为荒坡水土保持、植被恢复的先锋植物。

中文名 **笔直黄芪**
拉丁名 *Astragalus strictus*
别　名 茎直黄芪

基本形态特征： 多年生草本。根圆柱形，淡黄褐色。茎丛生，直立或上升，高15～28cm，疏被白色伏毛，有细棱，分枝。羽状复叶，具小叶19～31片，长5～6（10）cm；叶柄长15～20（40）mm，被白毛；托叶基部或中部以下合生，三角状卵形；小叶对生，长圆形至披针状长圆形，长6～9（15）mm，宽2～5mm，上面常无毛或脉有毛，下面疏被白色伏毛或半伏毛；小叶柄短，约1mm。总状花序生多数花，密集而短；苞片线状钻形，膜质；花梗长约1mm；花萼钟状，萼齿钻形，与筒部近等长；花冠紫红色，旗瓣宽倒卵形，中部以下渐狭，瓣柄短，翼瓣先端钝，基部耳向内弯，龙骨瓣片半圆形。荚果狭卵形，微弯，疏被褐色短柔毛。花期7～8月，果期8～9月。

分布： 产西藏东部及南部，海拔2900～4800m，分布量中。我国云南西北部（德钦）也有分布。尼泊尔、印度、克什米尔地区、巴基斯坦均有分布。

生境及适应性： 常生长于山坡草地、河边湿地、石砾地及村旁、路旁、田边。喜光，耐贫瘠，耐旱，对土壤要求不高。

观赏及应用价值： 观花类地被植物。花量较多，植株整齐，颜色鲜艳，可作为地被用于花境及岩石园。

中文名 **波密黄芪**
拉丁名 *Astragalus bomeensis*

基本形态特征： 半灌木状草本，高1～1.5m。茎直立，上部有分枝，中空，有条棱，幼时密被长柔毛，以后变为无毛。叶长6～12cm；托叶细小，分离，披针形，长5～6mm，疏被长柔毛；叶柄和叶轴疏被白色和黑色短柔毛；小叶19～21枚，矩圆形、披针状矩圆形，顶端圆或钝，基部圆形，上面无毛，下面密被白色长柔毛。总状花序腋生，密生下垂的、偏向一侧的花；总梗长10～15cm，幼时密被白色和黑色长柔毛；花萼密被白色和黑色长柔毛，基部稍呈囊状；花冠紫红色或粉红色；旗瓣瓣片矩圆形，基部截状楔形；翼瓣具长耳。荚果矩圆形或卵状矩圆形，膨大，无毛，顶端具尖锐长喙，基部具短柄，2室。花期6～7月，果期8～9月。

分布： 西藏产察隅、波密、米林、林芝、聂拉木，海拔1700～3500m，分布量中。

生境及适应性： 常生于河边、田边、山坡草地或灌丛中。喜光，稍耐贫瘠。

观赏及应用价值： 观花类地被植物。应用同朗县黄芪。

中文名 **米林黄芪**
拉丁名 *Astragalus milinfensis*

基本形态特征： 多年生草本。根木质，粗壮。茎平卧，纤细，基部多分枝，长10～25cm，密被白色开展的短柔毛；叶长1～2cm；叶柄极短，叶轴密被短柔毛；小叶11～15枚，倒卵形，顶端凹或截形，基部楔形，下面密被短柔毛。总状花序腋生，有1～4朵花；总花梗长2～4cm，疏被短柔毛；苞片披针形，长约2mm，萼下的2枚小苞片长不及1mm，疏被短柔毛；花萼长约7mm，疏被白色短柔毛，萼齿稍短于萼筒；花冠紫色；旗瓣长瓣片扁圆形，爪长仅及瓣片的1/4；翼瓣瓣片矩圆形；龙骨瓣较翼瓣宽，与之等长，均具短爪；子房疏被白色短柔毛，具短柄，柱头具画笔状髯毛。荚果圆柱形，密被短柔毛，具短柄，1室。花期6～7月，果期9月。

分布： 西藏产昌都、林芝、米林，海拔3000～3500m，分布量中。

生境及适应性： 常生于山坡草地。喜光，耐贫瘠，耐旱，对土壤要求不高。

观赏及应用价值： 观花类地被植物。应用同朗县黄芪。

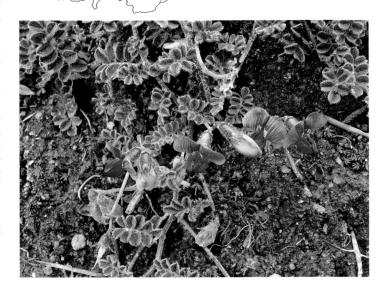

山蚂蝗属 *Desmodium*

中文名　**雅致山蚂蝗**
拉丁名　*Desmodium elegans*
别　名　圆锥花山蚂蝗

基本形态特征：灌木，高1～3（4）m。具较多的分枝；枝条无毛，疏生皮孔；当年生小枝常被毛。托叶条形、椭圆形或矩圆披针形，或被毛；叶柄长1～8cm，常密被短柔毛；小叶3，形状和大小变异很大，侧生小叶微偏斜，具小尖或微凹，上面疏被短毛，下面密被长柔毛；侧脉4～9对。总状花序腋生，或在分枝的顶端排成大型圆锥花序；通常每2～3（4）朵花在花序轴的每节上排成伞形，花梗长1～2cm；花萼钟状；花冠长10～15mm，蓝紫色、紫红色、淡紫色。荚果扁平，常被毛，腹缝线在荚节之间明显缢缩，具4～9荚节。花期6～7月。

分布：西藏产色季拉山地区，海拔3000～3500m，芒康、察隅、波密也产，分布量较多。云南、贵州、四川、陕西、甘肃等地有分布。印度、尼泊尔等地有分布记录。

　　雅致山蚂蝗以中国西南山区和东喜马拉雅山为分布中心，种内形态变异极其多样，是一个多型性的种（《西藏植物志》，1985）。同时，雅致山蚂蝗在林芝地区的分布海拔带幅极宽，调查中，在西藏农牧学院、农牧学院后山、色季拉山东、西坡均有分布。

生境及适应性：常生长于川滇高山栎、川滇柳、白桦等林下、林缘；喜光，耐阴，耐干旱，喜疏松肥沃的弱酸性土壤。

观赏及应用价值：观花类。花期花量大，是色季拉山夏季重要的野生观赏植物，生长缓慢，常成片分布，可开发为庭院应用的花灌木，也是制作盆景的优良植物。其分布的不同生境居群有利于培育不同生境要求下的新品种。2008年在西藏农牧学院进行过育苗试验，种子萌发时间14天，无需破除休眠，但发芽不整齐。

杭子梢属 *Campylotropis*

中文名	**蜀杭子梢**
拉丁名	***Campylotropis muehleana***

基本形态特征： 灌木，高1～3m。多分枝，幼枝具棱角，密被短柔毛，老枝圆柱状，黑褐色。3小叶羽状复叶；小叶椭圆形或倒卵形，先端圆钝或微凹，长1.5～2cm，宽5～10mm，具短尖，顶生小叶长2～3.5cm，宽1～1.5cm，上面无毛，下面被短柔毛，叶柄长1.5～2.5cm；托叶披针形，暗褐色，外面被毛；小托叶2个，披针形。总状花序腋生，长5～8cm，有多数花；花梗长1cm以下，有短柔毛。花冠粉红色或紫红色，为花萼长的3倍以上；萼齿与萼筒近等长或略短；旗瓣和翼瓣近等长；龙骨瓣弯曲。荚果椭圆形，边缘有纤毛，脉网不明显。花果期8～10月。

分布： 西藏产色季拉山地区东坡下缘，海拔2600～3000m，芒康、波密、错那、樟木也产，分布量中。中国特有植物，四川有分布。

生境及适应性： 常生长于东久、通麦等地的林缘草丛、灌木林中；喜光，喜温暖，耐干旱，耐贫瘠。

观赏及应用价值： 观花类。蜀杭子梢花量大，耐干旱，适于开发为观花类灌木，配置于林缘、墙隅，也可进行群植。

酢浆草科 OXALIDACEAE 酢浆草属 *Oxalis*

中文名	**山酢浆草**
拉丁名	***Oxalis griffithii***

基本形态特征： 多年生草本，无地上茎。根状茎较粗壮，横卧，常褐棕色，节上有褐色有毛的宿存叶柄基部。叶全部基生，掌状三出复叶，小叶无柄，倒三角形或宽倒三角形，顶端圆钝，有微凹，基部宽楔形，两面被伏生长柔毛，近基部毛稍密，边缘具贴伏缘毛。花单生；萼片5，卵形，膜质；花瓣5，倒卵形，白色或淡黄色；雄蕊10，花丝基部合生；花柱5，离生。蒴果宽卵形至椭圆形，具5～6条不规则纵肋；成熟时背裂。花期5月，果期6～8月。

分布： 西藏产色季拉山地区东坡，海拔3000～3200m，波密也产，分布量多。我国各地多有分布。尼泊尔、不丹、印度、缅甸、日本等地有分布记录。

生境及适应性： 常生长于林下苔藓层中；耐阴、耐寒，喜温暖湿润和半阴环境，喜富含腐殖质、排水良好的沙质壤土。

观赏及应用价值： 观花观叶地被类。山酢浆草生长迅速，能够在短时间内迅速覆盖地面，抑制杂草生长，是一种优良的园林及水土保持植物。此外，山酢浆草全草药用，是重要的藏药药源植物。

胡颓子科 ELAEAGNACEAE　胡颓子属 *Elaeagnus*

中文名　**牛奶子**
拉丁名　*Elaeagnus umbellate*

基本形态特征： 落叶直立灌木，高可达4m。枝具1～4cm长的针刺，小枝开展，多分枝，黄褐色，或一部分密被银白色鳞片。叶互生，纸质，椭圆形至倒卵状披针形，长3～9cm，宽1.5～3cm，先端钝至短尖，基部圆形至阔楔形，边缘通常波状，上面幼时有银白色鳞片或星状毛，老时或脱落，下面有银白色或杂有褐色鳞片，侧脉5～7对；叶柄长5～7mm。花腋生，黄白色，芳香，外面有鳞片，长约1.2cm；萼筒圆筒状漏斗形。果实近球形至卵圆形，长6～8mm，初有银白色或杂有褐色的鳞片，成熟时红色。花期4～5月，果期9～10月。

分布： 西藏产色季拉山地区，海拔2700～3000m，墨脱、察隅、波密、米林、亚东、吉隆也产，分布量较多。我国除新疆、黑龙江、广东、广西、湖南外其他各地均有分布。日本、朝鲜、中南半岛、印度、阿富汗、意大利等地有分布记录。

生境及适应性： 常生长于林缘、灌丛中；喜光，喜温暖，耐贫瘠。

观赏及应用价值： 观花、观果类。牛奶子叶片具银白色鳞片，在阳光下格外明显；其花芳香，果实红色，缀满枝头，是一种优良的观赏树木。牛奶子果实味酸甜，富含抗坏血酸、去氢抗坏血酸等物质，食用有利于身体健康，也是优良的野生果树资源和药用植物。

沙棘属 *Hippophae*

中文名　**云南沙棘**
拉丁名　*Hippophae rhamnoides* ssp. *yunnanensis*

基本形态特征： 落叶灌木或乔木，高1～2m，最高可达8m。棘刺较多，粗壮，顶生或侧生；嫩枝褐绿色，密被银白色而带褐色鳞片或有时具白色星状毛，老枝鳞片脱落，灰黑色，粗糙；冬芽大，金黄色或锈色。单叶互生或近对生，常在枝顶簇生；叶柄极短；叶片纸质，狭披针形或长圆状披针形，长3～8cm，宽4～8mm，上面绿色，初被白色星状毛，下面银白色或淡白色，密被鳞片。果实圆球形，直径5～8mm，橙黄色；果梗长2～4mm；种子小，黑色，有光泽。花期4～5月，果期9～10月。

分布： 西藏产色季拉山地区，海拔2350～3500m，察隅、波密也产，分布量较多。甘肃、青海、四川、云南有分布。

生境及适应性： 常生长于沟边、路边；喜光，耐水湿，耐贫瘠。

观赏及应用价值： 观果、观姿类。沙棘树体遒劲，10月橙黄色果实缀满枝头，非常醒目。适于作为孤景树在水边进行配置。同时，沙棘果实含有多种维生素、多种微量元素、多种氨基酸和其他生物活性物质，有"维生素宝库"的美称，是国家卫生部确认的药食同源植物。西藏农牧学院自1995年开始，进行了大量栽培和营养成分研究，并成功开发了沙棘饮料。

瑞香科 THYMELAEACEAE　瑞香属 *Daphne*

中文名　长瓣瑞香
拉丁名　*Daphne altaica*

基本形态特征：常绿灌木，高1～2m。多分枝；茎淡绿白色至淡紫色、棕色，微发亮，被灰黄色短柔毛。叶窄披针形至线状椭圆形，长5～9cm，宽不及2cm，先端稍尖，侧脉8～9条，隐于叶肉中。头状花序着生在枝顶，具8～10mm的总花梗；花长1.5cm左右，白色至淡黄绿色，被伏贴短柔毛，裂片4，披针形，先端尖。成熟核果红色，椭圆形，长约1.2cm。花期6～7月，果期11～12月。

分布：西藏产色季拉山地区东坡下缘的排龙至通麦，海拔2300～3100m，波密、察隅也产，分布量较多。中国特有植物，四川、云南也有分布。

生境及适应性：常生长于灌丛中；喜温暖，耐阴，忌干热风，在湿润肥沃的土壤中生长良好。

观赏及应用价值：观花观果类。长瓣瑞香植株常绿，耐修剪，花期花量大，芳香，果期红果满枝，在林芝、拉萨等城市种植在背风处生长良好，在全光照、干热河谷风风口以及干旱盐碱地上生长极其不良；适宜于配置在墙隅，也是良好的整形盆栽观赏植物。

狼毒属 *Stellera*

中文名　狼毒
拉丁名　*Stellera chamaejasme*

基本形态特征：多年生草本，通常具木质的根茎。叶散生，稀对生，披针形，全缘。花白色、黄色或淡红色，顶生无梗的头状或穗状花序，花萼筒筒状或漏斗状，在子房上面有关节，果实成熟时横断，下部膨胀包围子房，果实成熟时宿存，裂片4，稀5～6，开展，大小近相等；无花瓣；雄蕊2轮，包藏于花萼筒内；花盘生于一侧，膜质，全缘或近2裂；子房几无柄，花柱短，柱头头状或卵形，具粗硬毛状突起。小坚果干燥，果皮膜质。花期7～8月。

分布：西藏产色季拉山地区西坡，海拔3000～3200m，工布江达、亚东、江孜也产，分布量较多。我国北方各地以及西南其他省份也有分布。俄罗斯西伯利亚有分布记录。

生境及适应性：常生长于裸露石砾地中；喜光，耐贫瘠，耐盐碱。

观赏及应用价值：观花类。狼毒花期花量大，美丽，但剧毒，西藏历来有采摘其植株驱虫的习俗，适宜在人为控制下少量种植。

柳叶菜科 ONAGRACEAE　柳兰属 *Chamaenerion*

中文名　柳兰
拉丁名　*Chamaenerion angustifolium*

基本形态特征： 草本，根状茎匍匐。茎高约1m，直立，通常不分枝，表皮薄，撕裂状脱落；叶无柄或近无柄，叶片披针形，全缘或有细锯齿，长8～14（23）cm，无毛，上面暗绿色，背面灰绿色，中脉凸起，侧脉明显。总状花序顶生，无限花序，花序轴被短柔毛；苞片线形；花径1.5～2cm，两性，紫红色或淡红色；萼几裂至基部，裂片4，线状倒披针形，微带紫红色，花瓣倒卵形，顶端微缺或近圆形，基部具短爪；雄蕊8，向一侧弯曲，基部具短柔毛；子房被毛，柱头4裂。蒴果圆柱形，长7～10cm，略具4棱，有长梗，皆被毛。花期6～9月。

分布： 西藏产色季拉山地区，海拔2000～3200m，加查、波密、察隅、左贡、芒康、昌都、江达、索县、比如也产，分布量较多。我国西南、西北、华北至东北地区有分布，欧洲、小亚细亚、外高加索、伊朗、喜马拉雅山脉南坡、高加索至西伯利亚、蒙古、日本、直至北美等区域的北温带均有分布记录。

生境及适应性： 常生长于山坡林缘、林窗及河谷湿草地；喜光，耐水湿，喜肥沃疏松的土壤条件。

观赏及应用价值： 观花类。柳兰花序大而艳丽，色彩丰富，花期长，可群植于花坛或花境中，亦可作切花用材。

中文名　网脉柳兰
拉丁名　*Chamaenerion conspersum*

基本形态特征： 茎圆柱形，被柔毛，高可达1m，有时分枝。叶近无柄，叶片狭椭圆形，锐尖，边缘具细腺齿，长4～11cm，宽0.7～1.6cm，上面近无毛，背面沿脉被柔毛，侧脉和网脉在背面隆起，上表面下凹。花生叶腋（此叶不为苞片状，也不脱落）和枝顶，无限花序，长40～70cm，最长达100cm；花萼裂片宽披针形，渐尖、紫色；花瓣粉红色至紫色，倒卵形，长1.3～1.6cm；雄蕊8，花丝弯曲；花柱基部以上被长柔毛，柱头4裂，展开成漏斗状。蒴果无棱，被柔毛，长4～14cm，果梗长1.5～4cm。花期7～9月。

分布： 西藏产色季拉山地区，海拔3200～4000m，吉隆、聂拉木、亚东、墨脱也产，分布量较多。喜马拉雅特有种，尼泊尔、印度、不丹、缅甸北部有分布记录。

生境及适应性： 常生长于林缘、草地；喜光，喜凉爽湿润的气候条件，忌干旱，不耐炎热，耐寒性强，适生于湿润肥沃、腐殖质丰富的土壤，在土壤肥沃、排水良好地方生长良好。

观赏及应用价值： 观花类。园林用途同柳兰，但网脉柳兰花序更为密集，花量大于柳兰，整体效果优于柳兰。2009年，邢震、刘灏、张启翔等对网脉柳兰育苗技术进行了探索，研究表明：网脉柳兰在7～12℃、空气湿度60%条件下，从播种到开始萌芽需要40d，萌芽期长达30d以上；此外，网脉柳兰总状花序长度、花量变异大，可以进行优良单株选育。

柳叶菜属 *Epilobium*

中文名	**锡金柳叶菜**
拉丁名	***Epilobium sikkimense***
别　名	鳞片柳叶菜

基本形态特征： 多年生草本。直立或上升，呈丛生，自茎基部地面或地面下生出粗壮的肉质根出条，次年鳞叶变褐色。茎不分枝或有时有少数分枝，棱线2，有时上部花花序周围被曲柔毛与腺毛。叶对生，花序上的互生，无柄，稍抱茎，先端钝形或锐尖，基部宽楔形或圆形，边缘每边有10～35枚细锯齿，侧脉每侧4～5（6）条，脉上与边缘有曲柔毛。花序常下垂，开始与苞片密集于茎顶端；花在芽时直立或下垂；花蕾长圆状卵形；萼片长圆状披针形，龙骨状；花瓣粉红色至玫瑰紫色，宽倒心形至倒卵形，先端凹缺。花期（6）7～8月，果期8～9月。

分布： 西藏产色季拉山地区，海拔2800～4700m，分布量中。广布于横断山区与喜马拉雅高山地区，陕西、甘肃、山东、四川、云南等地也有分布，缅甸、印度北部、不丹、尼泊尔、巴基斯坦北部都广泛分布。

生境及适应性： 生于高山区草地溪谷、砾石地、冰川外缘砾石地湿处。喜光，喜凉爽湿润的气候条件，忌干旱炎热，耐寒性强，在土壤肥沃、排水良好的地方生长良好。

观赏及应用价值： 观花类。可作为水边地被点缀，丛植或片植，地被效果好。

山茱萸科 CORNACEAE
四照花属 *Dendrobenthamia*

中文名	**头状四照花**
拉丁名	***Dendrobenthamia capitata***

基本形态特征： 常绿小乔木，高3～10m。树干暗灰色或暗褐色，当年生小枝密被白色平伏丁字毛。单叶对生，革质或薄革质，矩圆形或矩圆状披针形，长5.5～12cm，宽2～4cm，先端渐尖或短尾状，基部楔形，全缘，上面深绿色，下面灰绿色，两面均被贴生白色柔毛，侧脉3～5对（常4对），在叶下面隆起，与中脉交汇处有明显的腋窝。头状花序近球形，直径约1.2cm，具4枚大型黄白色花瓣状总苞片（初花期绿色），总苞片倒卵形，先端尖，长3～4cm，宽2～3cm；花萼4；花瓣4，黄色。肉质聚花果扁球形，直径2～3cm，先期绿色，中期紫红色，成熟后黄色；总果柄粗壮。花期5～6月，果期7～9月。

分布： 西藏产察隅、墨脱、吉隆等地海拔，1700～2600m，分布量较多。云南、四川有分布。印度、尼泊尔、不丹、缅甸、越南有分布记录。

生境及适应性： 常生长于山坡杂木林中；喜光，耐半阴，忌干热风，喜温暖湿润环境，在疏松肥沃的土壤上生长良好。

观赏及应用价值： 观花类。头状四照花苞片大型，萼片、果实色彩变化多，是优良的庭院观花类植物。20世纪80年代，西藏农牧学院引种以来，表现良好；但冬季半落叶，苞片增宽、短缩，且顶芽宜受冻害而呈灌木状，注意冬季防寒。

棶木属 *Swida*

中文名 **高山棶木**
拉丁名 *Swida alpine*

基本形态特征： 落叶乔木或灌木，高2～8m。枝条暗褐色，无毛；当年生小枝紫褐色，密被白色平伏的丁字毛。叶对生，薄纸质，长圆形或椭圆形，长7～12cm，宽3～5cm，顶端渐尖，基部圆形或圆楔形，上面绿色，疏被平伏的丁字毛或几无毛，下面粉白色，有乳头状突起，密被平伏的丁字毛，侧脉6～7对；叶柄长1.5～2cm，疏被丁字毛。伞房状聚伞花序顶生；花萼以及各级花梗均被白色短柔毛；花多数，花冠白色或淡黄绿色，花瓣4，分离；雄蕊4；子房下位，花柱短于花瓣。核果近球形，成熟时近黑色。花期7月，果期8～10月。

分布： 西藏产色季拉山地区下缘，海拔2050～3100m，察隅、波密、米林、隆子也产，分布量较多。云南、四川、湖北、陕西、甘肃有分布记录。

生境及适应性： 常生长于山谷林中、林缘；喜光，喜冷凉环境，在疏松肥沃的土壤上生长良好。

观赏及应用价值： 观花类植物。高山棶木花期花量大，盛花期远观如白雪皑皑，适宜群植，也可孤植。

蛇菰科 BALANOPHORACEAE
蛇菰属 *Balanophora*

中文名 **筒壳蛇菰**
拉丁名 *Balanophora involucrata*
别　名 文王一支笔

基本形态特征： 寄生草本，高约15cm。根茎肥厚，干时脆壳质，近球形，常不分枝，径2.5～5.5cm，黄褐色，密集颗粒状小疣瘤和皮孔，顶端裂鞘2～4裂，裂片呈不规则三角形或短三角形，长1～2cm，花茎长3～10cm，径0.6～1cm，黄色、黄白色或者红色；鳞状苞片2～5，轮生，基部连合呈筒鞘状，顶端离生呈撕裂状。花雌雄异株（序）；花序卵圆形，长1.4～2.4cm；雄花3数，径约4mm；具短梗；花被裂片卵形或短三角形，宽不及2mm，开展；聚药雄蕊无柄，扁盘状，花序横裂；雄花子房卵圆形，有细长的花柱和子房柄；附属体倒圆锥形，先端截形或稍圆形。花期7～8月。

分布： 西藏分布于色季拉山海拔3000～3600m一带，分布量少。我国福建、河南、湖北、湖南、广西、贵州、云南、四川及陕西也有分布。印度有分布记录。

生境及适应性： 多生于灌木林或林缘；喜阴，喜高空气湿度，喜酸性土壤，常寄生在杜鹃属植物的根系上。

观赏及应用价值： 异形寄生植物，形态奇特，可结合盆栽杜鹃进行室内盆栽观赏。此外，全株入药。

卫矛科 CELASTRACEAE　卫矛属 *Euonymus*

中文名　**八宝茶**
拉丁名　***Euonymus przwalskii***

基本形态特征： 小灌木，高1～5m。茎常具4棱栓翅，小枝具4窄棱。叶窄卵形至披针形，长1～4cm，宽0.5～1.5cm，先端急尖，侧脉3～5对，叶缘有细锯齿，叶柄短。聚伞花序多为一次分枝，有花3～7朵，花序梗长丝状，长1.5～2.5cm，小花梗长5～6mm，花深紫色。蒴果紫色，无翅，顶端4裂，种子黑紫色，包被于橙色假果皮中。花期6～7月，果期9～10月。

分布： 西藏产色拉山东坡，海拔2800～3500m，波密、米林、朗县也产，分布量较多。中国特有植物，甘肃、河北、山西、新疆、青海、四川、云南有分布。

生境及适应性： 常生长于林下、灌丛中；喜温暖，耐半阴，喜疏松肥沃土壤。

观赏及应用价值： 观果类。八宝茶果实开裂时如串串鲜艳的风铃悬挂林间，甚是美丽，适盆栽观赏。

中文名　**血色卫矛**
拉丁名　***Euonymus sanguineus***
别　名　石枣子

基本形态特征： 小乔木或灌木，高3～6m。幼枝紫褐色或灰褐色。顶芽大型，灰色，长6～7mm；芽鳞卵圆形，边缘褐色膜质，啮蚀状。叶纸质，椭圆形、卵状椭圆形或卵形，长4～8cm；宽2.5～3cm，先端渐尖，边缘具尖细锯齿或重锯齿；叶柄长5mm。聚伞花序腋生，总花梗长1.5～3cm；小花梗长0.5cm，花白色或白绿色，4数；花盘方形；雄蕊无花丝。蒴果扁球形，粉红色，直径约1cm，具4翅，翅三角形。花期5～6月，果期9～10月。

分布： 西藏产色季拉山地区东坡下缘，海拔2400～3500m（鲁朗至排龙），吉隆、定日、定结、亚东、墨脱、波密也产，分布量多。中国特有植物，云南、四川、甘肃、陕西、河南、湖北有分布。

生境及适应性： 常生长于冷杉林缘、灌丛中；喜光，耐半阴，喜疏松肥沃的湿润环境。

观赏及应用价值： 观果类。秋色叶鲜红或橘红，也较具观赏性。园林用途同八宝茶。

南蛇藤属 *Celastrus*

中文名 **显柱南蛇藤**
拉丁名 *Celastrus stylosus*
别　名 荃花南蛇藤

基本形态特征： 藤本。小枝通常光滑，稀具短硬毛；冬芽小，卵球状，直径约2mm。叶在花期常为膜质，至果期常为近革质，叶片长方椭圆形，稀近长方倒卵形，长6.5～12cm，宽3～6.5cm，先端短渐尖或急尖，边缘具钝齿，侧脉5～7对；两面光滑无毛，叶脉背面幼时被短毛，叶背浅绿色。聚伞花序腋生及侧生，花3～7朵，花序梗长7～20mm，小花梗长5～7mm，关节位于中部以下；花绿色或淡绿色，小，花瓣边缘啮蚀状；花盘浅杯状，裂片浅；雄蕊稍短于花冠。蒴果近球状，成熟后开裂；种子一侧凸起，包被于红色的假果皮内。花期5～6月，果期8～10月。

分布： 西藏产色季拉山东坡下缘（通麦），海拔2100m左右，定结、隆子、错那、察隅、墨脱也产。安徽、江西、湖南、湖北、贵州、四川、云南、广东、广西有分布。尼泊尔、印度等地有分布记录。

生境及适应性： 常生长于山坡灌丛中；喜光，耐瘠薄，较耐水湿。

观赏及应用价值： 观果类。秋季叶片经霜变黄时，美丽壮观；成熟的累累硕果，竞相开裂，露出鲜红色的假种皮，宛如颗颗宝石；宜植于棚架、墙垣、岩壁等处进行垂直绿化。若剪取成熟果枝瓶插，装点居室，也较有观赏性。20世纪70年代西藏农牧学院从通麦一带移栽数株至校园，生长状况良好；90年代，在其中选择5株栽培在林芝地区"福建园"中进行花架栽培，也取得了良好的效果。

冬青科 AQUIFOLIACEAE　冬青属 *Ilex*

中文名 **纤齿冬青**
拉丁名 *Ilex ciliospinosa*

基本形态特征： 常绿灌木或小乔木，高2～7m。分枝被柔毛。顶芽卵形，被毛。叶互生，革质，椭圆形至卵状椭圆形，长2～4.5cm，先端短渐尖至急尖，端为1刺，每侧有4～6个刺状锯齿。聚伞花序2～3花，生于当年枝叶腋，花4数。果绿色，椭圆形，有核1～3枚。果期7月。

分布： 西藏产色季拉山地区东坡下缘，海拔2400～3000m，察隅也产，分布量中。云南、四川、湖北有分布。

生境及适应性： 常生长于路边、冷杉林中；喜温暖，耐半阴，喜疏松肥沃的土壤。

观赏及应用价值： 观叶类。纤齿冬青叶片常绿，叶形奇特，适于进行盆栽或作为防护性绿篱应用于庭院和城市绿化中。同时，纤齿冬青是西藏冬青属植物中分布海拔带辐最广的植物之一，因此，是西藏进行冬青属植物选育的首选。此外，纤齿冬青也是藏药药源植物。

大戟科 EUPHORBIACEAE　大戟属 *Euphorbia*

中文名　**大果大戟**
拉丁名　***Euphorbia wallichii***

基本形态特征： 多年生草本。具乳汁，高30～50cm；茎直立粗壮，上部被短柔毛。叶片椭圆形至倒卵状长圆形，无柄，互生；大型，长达5～10cm，叶脉明显；花序基部的叶卵形、菱状卵形，通常3～4枚轮生，长2～6cm，宽2～4cm。总苞半球状，内面被毛。花、果期5～8月。

分布： 西藏产色季拉山地区，海拔2700～4600m，察隅、波密、米林、拉萨、定日、聂拉木、吉隆也产，分布量较多。喜马拉雅特有植物，印度、尼泊尔有分布记录。

生境及适应性： 常生长于山坡林下及山坡草地上；耐干旱、耐贫瘠，喜温暖、喜酸性土壤。

观赏及应用价值： 观叶、观果类地被植物。大果大戟的叶脉清晰，果实大型，适于在干旱山坡的水土保持工程中应用，也可作为针叶林下地被植物。

鼠李科 RHAMNACEAE　勾儿茶属 *Berchemia*

中文名　**云南勾儿茶**
拉丁名　***Berchemia yunnanensis***

基本形态特征： 落叶藤状灌木，高达5m。小枝平展，淡黄绿色，老枝黄褐色。叶纸质，卵状椭圆形、椭圆形或卵形，顶端锐尖，具小尖头，基部圆形或宽楔形，侧脉8～12条，背面凸起；托叶膜质，披针形。花通常数朵簇生，密集成近无总花梗的聚伞总状花序；花序常生于具叶的侧枝顶端，长2～5cm；花芽卵球形。核果圆柱形。花期6～8月，果期翌年5～7月。

分布： 西藏产色季拉山地区，海拔3000～3200m，隆子、米林、波密、察隅、芒康、江达也产，分布量较多。中国特有植物，陕西、甘肃、四川、贵州、云南有分布。

生境及适应性： 常生长于林下、山坡灌丛中；喜光，喜肥，稍耐干旱，喜温暖湿润环境。

观赏及应用价值： 观果类。云南勾儿茶春夏季节花果俱备、硕果累累，果实由鲜红色逐渐变为黑紫色，适宜于花架栽培观果。同时，云南勾儿茶的成熟果实味甜、口感好，是西藏习见的野生果树之一，俗称"谷朗"，夏季在西藏多地均可见销售。因此，可以结合野生果树资源的开发，进行云南勾儿茶品种的选育。

鼠李属 *Rhamnus*

中文名	**圆齿刺鼠李**
拉丁名	*Rhamnus dumetorum* var. *crenoserrata*

基本形态特征： 具刺落叶灌木，高3～5m。小枝浅灰色或灰褐色，树皮粗糙。叶片纸质，在长枝上对生或近对生，在短枝上簇生，椭圆形或长卵形，长2.5～6cm，宽1～2.5cm，顶端锐尖或渐尖，稀圆形，边缘有粗圆齿状锯齿，叶片上面和下面沿叶脉、叶柄被粗柔毛。花单性，雌雄异株，4基数，有花瓣，通常数朵簇生短枝顶端。核果球形，2分核，种子黑色或紫黑色。花期4～5月，果期7～8月。

分布： 西藏产色季拉山西坡下缘八一镇，海拔3000～3200m，波密也产，分布量较多。中国特有植物，云南、四川有分布。

生境及适应性： 常生长于灌丛中；耐半阴，喜温暖，耐贫瘠。

观赏及应用价值： 观姿类。圆齿刺鼠李枝干具刺，叶片浓绿，适于开发为防护性绿篱，应用于水土保持或生态防护。

葡萄科 VITACEAE　葡萄属 *Vitis*

中文名	**绒毛葡萄**
拉丁名	*Vitis retordii*

基本形态特征： 木质藤本。小枝疏被蛛丝状毛；卷须长达17cm，分叉。叶片卵形或三角状卵形，有时3裂达中部；长达11cm，宽达8.5cm，顶端渐尖，基部心形，边缘有不等小牙齿，背面有棕色短柔毛，侧脉约5回；叶柄长约5cm。圆锥花序长约7cm。花期6月。

分布： 西藏产色季拉山地区下缘的排龙至通麦镇，海拔2500～2700m，吉隆、定结也产，分布量较多。喜马拉雅特有植物，印度、尼泊尔有分布记录。

生境及适应性： 常生长于山坡岩石旁；喜温暖，喜疏松肥沃土壤。

观赏及应用价值： 观叶类藤本观赏植物。适宜于垂直绿化或者荒山护坡。

爬山虎属 *Parthenocissus*

中文名 **三叶爬山虎**
拉丁名 ***Parthenocissus himalayana***

基本形态特征： 木质藤本。小枝无毛或被短柔毛；卷须长达12cm，有数分枝，先端常膨大成吸盘状。三出复叶具长柄；小叶纸质，有短柄，顶端渐尖，边缘有牙齿，侧脉约6对，中部小叶大，两侧小叶小，斜卵形。聚伞花序长3～12cm，有多数花；花淡绿色。浆果近球形。花期6～7月。

分布： 西藏产色季拉山地区下缘的东久至通麦，海拔2500～3000m，隆子、亚东、樟木、吉隆也产，分布量较多。甘肃、陕西、湖北、四川、贵州、云南有分布。印度、尼泊尔也有分布记录。

生境及适应性： 常生长于林中、灌丛中或岩石旁；喜光，耐贫瘠。

观赏及应用价值： 观叶类藤本观赏植物。春色叶及秋色叶可赏，适宜于垂直绿化美化或者荒山护坡。

崖爬藤属 *Tetrastigma*

中文名 **狭叶崖爬藤**
拉丁名 ***Tetrastigma serrulatum***

基本形态特征： 草质藤本。枝条细弱，卷须长达12cm，细，不分枝或在上部有1分枝。鸟足状复叶有细柄，无毛；小叶5，草质或纸质，顶生小叶披针形，长5～8cm，顶端渐尖，基部楔形，边缘有短刺状小齿，侧脉7～9对，两侧的2枚侧生小叶分别共1个小叶柄，下侧生小叶最小，斜狭卵形。聚伞花序长3～5cm，具长梗；花淡绿色，花瓣三角状卵形。浆果球形，先期绿色，后红色，完全成熟后紫黑色。花期5月，果期9～10月。

分布： 西藏产色季拉山地区下缘的排龙一带，海拔2100m，察隅、樟木也产，分布量较多。中国特有植物，云南、四川、广西、贵州、湖北有分布。

生境及适应性： 常生长于林中；耐阴，喜温暖湿润环境。

观赏及应用价值： 观果类藤本观赏植物。适宜于垂直绿化，但要求环境温暖湿润，在当前条件下进行品种选育存在一定困难。

槭树科 ACERACEAE 槭属 *Acer*

中文名 **太白深灰槭**
拉丁名 ***Acer caesium* ssp. *giraldii***

基本形态特征： 高大乔木，高15～20m。树皮纵裂，灰色，具黄色疣点，当年生枝嫩绿色，被白粉。叶片宽11～12cm，常5深裂，稀3裂；先端锐尖，边缘有齿，下面有白粉。伞房花序顶生，紫红色。翅果大，长4～5cm，开展角度45～90°。花期5～6月，果期7～9月。

分布： 西藏产色季拉山地区，海拔2000～3700m，察隅、米林、隆子有分布，分布量较多。陕西和甘肃西部、湖北西部、四川、云南西北部也有分布。

生境及适应性： 常生长于疏林中；喜光、耐半阴，喜肥沃土壤。

观赏及应用价值： 春季新叶嫩黄色，夏季灰绿色，秋季金黄色，为优秀的庭荫观叶树种。其生长迅速，叶大，叶片形态美观，适于在园林中应用。林芝当地群众有埋干式扦插繁殖的历史，栽培容易。

中文名 **长尾槭**
拉丁名 ***Acer caudatum***

基本形态特征： 乔木，高达20m。老枝灰白色，当年生小枝红色。叶长、宽均12cm左右，薄纸质；常5深裂，稀7裂；先端尾尖，边缘有锐尖的重锯齿。总状圆锥花序长达15cm，直立，花梗红色，直立。翅果小，约2.5～2.8cm，红色，开展角度15～45°。花期6月，果期8月。

分布： 西藏产色季拉山地区东坡，海拔3000～4200m，分布量中偏少。喜马拉雅特有植物，不丹和印度北部也有分布。

生境及适应性： 常生长于冷杉、云杉林缘或林下；喜光、耐半阴，耐寒，喜疏松肥沃的土壤。

观赏及应用价值： 观果观姿。优秀庭荫树。其株型、叶型均较太白深灰槭雅致，观赏价值优于后者，但栽培较难。1999年在林芝地区异地栽培时未获得成功。

长尾槭

中文名　**细齿锡金槭**
拉丁名　*Acer sikkimense* var. *serulatum*

基本形态特征：乔木或灌丛状小乔木，高达10m。老枝灰白色至黄绿色，当年生小枝红色。叶片不裂，基出3脉，侧脉5～6对；长9～12cm，宽5～6cm；先端尾尖，叶边缘全部有紧密的锯齿。翅果小，长2.3～2.5cm，开展角度120～150°。花期4～5月，果期6～7月。

分布：西藏产色季拉山地区东坡，海拔2500～3000m，亚东、察隅也产，分布量中。喜马拉雅特有植物，印度、缅甸北部有分布记录。

生境及适应性：常生长于疏林中；喜光，耐寒，喜酸性肥沃土壤，耐贫瘠。

观赏及应用价值：观果观姿。树形优美，果奇特，秋色叶绚丽，为优秀庭荫树，适于庭院美化，未见栽培报道。

牻牛儿苗科 GERANIACEAE　牻牛儿苗属 *Erodium*

中文名　**牻牛儿苗**
拉丁名　*Erodium stephanianum*

基本形态特征：多年生草本，高20～50cm。直根，粗壮，少分枝。茎多数，仰卧或者蔓生，具节；枝、叶被扩展长毛及倒垂、白色、纤细的短毛，无腺毛。叶对生，二至三回羽状深裂。伞型花序腋生，花梗有花2～5朵，花梗、萼片在花后明显伸长；花瓣淡蓝紫色。花期6～8月，果期8～9月。

分布：西藏产色季拉山地区，海拔3000～3200m，左贡、贡觉也产，分布量多。我国黄河以北各地多有分布。中亚各国、喜马拉雅周边也有分布记录。

生境及适应性：常生长于山坡、路边、河滩地上；喜光，耐旱也耐涝，耐贫瘠。

观赏及应用价值：观花地被类。适于在河滩地、干旱山坡、石砾地等恶劣环境条件下进行园林绿化美化，宜片植。此外，牻牛儿苗全草入药，是藏药药源植物之一。

老鹳草属 *Geranium*

中文名 **老鹳草**
拉丁名 *Geranium sibiricum*
别 名 鼠掌老鹳草

基本形态特征：一年生或多年生草本，高30～70cm。根为直根，有时具不多的分枝。茎纤细，仰卧或近直立，多分枝，具棱槽，被倒向疏柔毛。叶对生；托叶披针形，基部抱茎，外被倒向长柔毛；基生叶和茎下部叶具长柄，柄长为叶片的2～3倍；下部叶片肾状五角形，基部宽心形，长3～6cm，宽4～8cm，掌状5深裂，裂片倒卵形或长椭圆形，中部以上齿状羽裂或齿状深缺刻，两面被疏伏毛；上部叶片具短柄，3～5裂。总花梗丝状，单生于叶腋，长于叶，被毛，具1花或偶具2花；苞片对生，生于花梗中部或基部；萼片具短尖头；花瓣倒卵形，淡紫色或白色，等于或稍长于萼片，先端微凹或缺刻状，基部具短爪。蒴果果梗下垂。花期6～7月，果期8～9月。

分布：西藏广布，海拔2000～3900m，分布量多。我国长江以北大部分地区有分布。欧洲、亚洲其他国家和地区也有分布记录。

生境及适应性：常生于林缘、疏灌丛、河谷草甸或为杂草；喜光，喜冷凉，耐寒，对土壤要求不高。

观赏及应用价值：观花类地被植物。花较小，但量较多，秋色叶亦有一定观赏性，应用同牻牛儿苗。

中文名 **反瓣老鹳草**
拉丁名 *Geranium refractum*

基本形态特征：多年生宿根草本，高30～40cm。根茎粗壮，斜生。茎多数，斜生，直立，被倒向开展的糙毛和腺毛。叶对生，通常五角圆形，裂片深达叶片的2/3～3/4。花白色，盛花时花瓣反折，花药、花柱紫黑色，花丝紫红色，花梗、萼片及果实的喙均被具腺头的长毛兼倒垂的短柔毛；雄蕊10，全部具花药。果长达4cm。花期7～8月，果期8～9月。

分布：西藏产色季拉山地区，海拔3500～4100m，亚东也产，分布量中。喜马拉雅特有植物，尼泊尔、印度等地有分布记录。

生境及适应性：常生长于林缘草地和灌丛中；喜凉润，喜光，喜疏松肥沃的沙性壤土。

观赏及应用价值：观花类。反瓣老鹳草花瓣反折、花型奇特、花期长，且为多年生草本，耐阴性强。适于在室内进行盆栽观赏，或者作为林下花境、建筑物阴面花坛中配置。目前，相关栽培研究未见报道。

中文名　**长根老鹳草**
拉丁名　*Geranium donianum*

基本形态特征： 多年生草本。根茎粗壮，具分枝。茎直立或基部仰卧。叶对生；托叶披针形；基生叶和茎下部叶具长柄，柄长为叶片的3～4倍，密被短柔毛；叶片圆形或圆肾形，7深裂近基部，裂片倒卵形，基部楔形，上部通常3深裂，小裂片近条形，先端钝圆，具不明显尖头，表面被短伏毛，背面被糙柔毛。花序基生、腋生或顶生，明显长于叶；苞片狭披针形；花梗与总花梗相似，长为花的2～3倍，直立或向上弯曲；萼片椭圆形或卵状椭圆形；花瓣紫红色，倒卵形，长为萼片的2倍，先端截平或微凹，基部楔形；雄蕊稍长于萼片；子房密被短柔毛。蒴果长约2cm，花梗基部下折，上部向上弯曲。花期7～8月，果期8～9月。本种叶形和花的大小因土壤肥沃程度和水分状况不同会有很大变化。

分布： 西藏产色季拉山地区，海拔3000～4200m，波密、通麦等地也产，分布量中。我国云南和四川西部、甘肃南部、青海东南部也有分布。尼泊尔、印度、不丹也有分布。

生境及适应性： 生于高山草甸、灌丛和高山林缘。喜湿润冷凉、喜半阴、喜肥沃土壤。

观赏及应用价值： 观花类。花形奇特、花色艳丽，秋色叶亦具有一定观赏性，园林用途同反瓣老鹳草。

凤仙花科 BALSAMINACEAE　凤仙花属 *Impatiens*

中文名　**西藏凤仙花**
拉丁名　*Impatiens cristata*

基本形态特征： 一年生草本，高30cm左右。茎直立，较粗壮，多分枝。叶互生，具柄，卵形，顶端渐尖，叶柄基部有2个球状腺体，边缘具锯齿，侧脉7～11对，两面被柔毛。总花梗短，具2～5花，花梗细，中部具刚毛状苞片；花金黄色，长2.5cm，萼片2，圆形；旗瓣圆形，中肋背面鸡冠状凸起，翼瓣背面有反折的小耳；唇瓣囊状，基部急窄成内弯的短距。花期7～10月。

分布： 西藏产色季拉山地区东坡，海拔3000～3200m，樟木、错那、米林也产，分布量较多。喜马拉雅特有种，印度、尼泊尔、不丹等地有分布记录。

生境及适应性： 常生长于林缘水沟边；喜水湿、喜肥。

观赏及应用价值： 观花类。西藏凤仙花花量大，花期长，金黄色花朵具红色斑点，甚是可爱，可种植于园林水湿处，增加野趣。

中文名 **锐齿凤仙花**
拉丁名 *Impatiens arguta*

基本形态特征： 一年生草本，高可达70cm。茎坚硬，直立，有分枝。叶片互生，卵形或卵状披针形，顶端急尖或渐尖，侧脉5～7对，两面无毛；叶柄长1～4cm，基部有2个具柄腺体。总花梗极短，腋生，具1～2花，花梗细长，基部具2个刚毛状苞片；花大，蓝色至紫红色；萼片4，外层2个半卵形，顶端长突尖，内面2个狭披针形；旗瓣圆形，背面中部有窄龙骨状凸起，先端具小突尖；翼瓣无柄，2裂，上部裂片大，斧形，先端2浅裂，背面有明显的小耳；唇瓣囊状，基部延长成内弯的短距。花期8～10月。

分布： 西藏产色季拉山地区东坡下缘（东久、排龙、通麦），海拔2500～3000m，波密、墨脱、察隅也产，分布量较多。喜马拉雅特有种，云南也有分布。印度、尼泊尔、不丹、缅甸等地有分布记录。

生境及适应性： 常生长于山坡灌丛中或水沟边；喜水湿，喜肥。

观赏及应用价值： 观花类。适于进行园林中水体边缘配置，也可盆栽。2006年进行盆栽试验后发现，锐齿凤仙花在盆栽过程中花量增大，植株高度不及20cm，能够适应盆栽环境。

中文名 **荨麻叶凤仙花**
拉丁名 *Impatiens urticifolia*

基本形态特征： 一年生草本，高50～100cm。茎直立，有分枝。叶互生或对生，椭圆状卵形或椭圆形，长8～20cm，顶端尾状渐尖，边缘有圆齿，齿基部有刚毛，侧脉9～12对；叶柄长2～5cm，基部具腺体。总花梗通常腋生或近顶生，纤细，开展，具3～5花；苞片宿存，卵状披针形；花较大，直径达2.5cm，淡紫色（或淡黄色），具红色纹条；萼片2，斜卵形，一侧边缘通常有腺体；旗瓣圆形，背面具龙骨瓣凸起低矮，翼瓣上裂片斧形，顶端尖，背面具反折的小耳；唇瓣短斜囊状，基部急窄成内弯的短距。花期6～8月。

此外，该海拔段中也常见分布草莓凤仙花*Impatiens fragicolor*，两者营养期植株形态很接近，但后者苞片4枚，披针形，旗瓣顶端龙骨瓣凸起呈喙状，花期易于区别。

分布： 西藏产色季拉山地区，海拔3000～3500m，吉隆、樟木也产，分布量较多。喜马拉雅特有植物，尼泊尔、印度等地有分布记录。

生境及适应性： 常生长于林缘、水沟边、岩石旁；喜湿润，稍耐旱，喜疏松肥沃的土壤。

观赏及应用价值： 观花类。荨麻叶凤仙花较高大，适宜于开发在花坛、花境中群植。

中文名 **米林凤仙花**
拉丁名 *Impatiens nyimana*

基本形态特征： 一年生草本，高20～60cm。茎粗壮，不分枝或偶有分枝。叶片互生，具短柄或近无柄，卵形至卵状披针形，长4～10cm，顶端渐尖，稀尾状渐尖，基部楔形，叶柄基部具腺体，边缘有粗圆齿，齿尖有小刚毛，侧脉7～9对。总花梗腋生或顶生，具2～5花，花梗基部具卵状披针形苞片；花开展，长达2.8cm，浅黄色或白色，喉部黄色，具红褐色斑点；萼片2，卵形至卵状披针形，具小尖头；旗瓣圆形，中肋背部顶端喙状尖头；翼瓣下裂片扩展呈耳状，上裂片圆形，唇瓣囊状漏斗形，基部急窄成弯曲的短距。花期6～8月。

分布： 西藏产色季拉山地区，海拔3200～3500m，波密、米林也产，分布量较多。西藏特有植物。

生境及适应性： 常生长于林下水边或山谷草丛中；耐阴，喜湿润环境。

观赏及应用价值： 观花类。米林凤仙花花大，单花姿态飘逸，适于作为盆栽观赏或在林下配置，但其花量偏少，需要进行人工选择，以选育花量大的品种。

中文名 **脆弱凤仙花**
拉丁名 *Impatiens infirma*

基本形态特征： 一年生草本，高30～60cm。茎直立，有分枝。叶互生，具柄，卵形或卵状披针形，长3～13cm，宽1.5～3cm，顶端渐尖或长渐尖，边缘有圆齿，齿端有小尖，侧脉6～8对；叶柄长2～3cm。总花梗生于上部叶腋，伞房状排列，长5～7cm，多花；花梗细，苞片卵状披针形，宿存；花黄色，长1.5～2cm；萼片2，斜卵形或镰刀形；旗瓣倒宽圆形，盔状，中肋背面具钝鸡冠状凸起；翼瓣基部裂片宽圆形，上部裂片斧形，背面有反折的小耳；唇瓣檐部舟状，基部狭长成长达2cm的内弯或旋曲的长距。花期7～9月。

分布： 西藏产色季拉山地区，海拔3100～3500m，米林、加查、工布江达也产，分布量较多。中国特有种，四川西部有分布。

生境及适应性： 常生长于山谷林下或水沟边；耐阴，喜湿润。

观赏及应用价值： 观花类。脆弱凤仙花植物低矮，适于开发应用为林下或林缘地被，覆盖性和成片观赏性均较好。

中文名 草莓凤仙花
拉丁名 *Impatiens fragicolor*

基本形态特征： 多年生匍匐草本，全体被短柔毛。茎纤细，多分枝，节上生根，茎皮薄，老后易于破损剥落。叶2型；主茎上的叶对生，叶柄短或有时近于无柄，叶片圆形至肾形，长8～20mm，顶端钝或渐尖，基部截形或宽楔形，边缘共有锯齿5～9对，叶脉不明显；分枝上的叶簇生，稠密，针形，有时枝顶端的叶稍扩大为条状披针形。花单生叶腋，近于无梗；花萼裂片5，近于相等，三角状狭披针形；花冠白色至玫瑰色，辐射对称，长约6mm，花冠裂片5，圆形至矩圆形，近于相等，大而开展，有时上有透明小点。果实卵球形，红色，近于肉质，有光泽。花期4～6月，果期6～8月。

本种是一多变种，尤以叶片的大小、形状、质地、锯齿的多少及茎、枝叶疏密度变化很大；蒴果的大小和开裂的方式也很不一致。

分布： 西藏产色季拉山，海拔3000～4000m，分布量较多。我国云南、西藏、四川、贵州、湖北、陕西、甘肃及台湾也有分布。尼泊尔、印度、菲律宾也产。

生境及适应性： 多生于高山草地或石缝中。喜阳稍耐阴，喜湿润。

观赏及应用价值： 观花地被。本种花色、叶片大小等性状多变，适合于做自然花境材料、野趣园素材。

五加科 ARALIACEAE 人参属 *Panax*

中文名 珠子参
拉丁名 *Panax japonicus* var. *major*

基本形态特征： 多年生宿根草本。根状茎为长串珠状或前端为短竹鞭状，横走。地上茎单生，高约40cm。叶常4～6枚轮生，具5小叶，叶柄长5～10cm，无毛；中央小叶片倒披针形、倒卵状椭圆形，稀倒卵形，最宽处在中部以上，先端长渐尖，叶片边缘重锯齿。伞型花序单个生于茎顶，多数花。果实球状，成熟后由红变黑。花期7月，果期8月。

此外，色季拉山国家森林公园下缘的鲁朗至排龙一带还分布有另一变种疙瘩七（羽叶三七）*Panax japonicus* var. *bipinnatifidus*，其叶片羽状深裂，易于区别。

分布： 西藏产色季拉山地区东坡，海拔3200～3600m，芒康、察隅、墨脱、波密、米林、隆子、错那、亚东、定结、聂拉木、吉隆的林区也产，分布量较多。云南、贵州、四川、甘肃、陕西、山西、河南、湖北有分布。尼泊尔、缅甸、越南有分布记录。

生境及适应性： 常生长于槭属、花楸属等植物林下；喜阴凉，喜腐殖质深厚的疏松肥沃土壤。

观赏及应用价值： 观果类地被植物。叶秀雅，果实鲜亮，适于疏林下配置。根茎为藏药的药源植物之一。

常春藤属 *Hedera*

中文名 **常春藤**
拉丁名 ***Hedera nepalensis* var. *sinensis***

基本形态特征： 常绿攀缘灌木。茎长3～20m，灰棕色至灰白色，有气生根；一年生小枝疏生锈色鳞片，鳞片常有10～20条辐射肋。叶片革质，在不育枝上通常三角状卵形或三角状长圆形，长5～12cm，宽3～10cm，先端短渐尖，基部截形，边缘全缘或3裂；在花枝上的叶片通常为椭圆状卵形至椭圆状披针形，略歪斜而带菱形，长5～16cm，宽1.5～11cm，先端渐尖或长渐尖，基部楔形，全缘或有1～3浅裂，上面深绿色，有光泽，下面淡绿色，无毛或疏生鳞片，侧脉和网脉两面明显。伞形花序单个顶生或2～7个组成总状或伞房状圆锥花序；花瓣5，花淡黄色或淡绿白色，芳香；花柱全部合生成柱状，宿存。果实球形，红色或黄色（西藏产的常为橙黄色）。花期9～11月，果期翌年3～5月。

分布： 西藏产色季拉山地区东坡下缘排龙至通麦一带，海拔2100～2600m，吉隆、樟木、亚东、错那、波密、察隅也产，分布量较多。我国黄河以南地区多有分布。越南有分布记录。

生境及适应性： 常生长于常绿阔叶林或混交林中；喜温暖、较耐寒，喜散射光、忌阳光直射，抗性强，对土壤和水分的要求不严。

观赏及应用价值： 优美的攀缘性植物，其叶色和叶形变化多端，果实橙黄色，四季常青，已经在园林中大量应用。既用作棚架或墙壁的垂直绿化，又可作盆栽、吊篮、整形植物等用于室内盆栽培养，也可与其他植物配合种植作为地被。此外，常春藤全株可入药，室内摆放可以净化室内空气，吸收由家具及装修散发出的苯、甲醛等有害气体。

五加属 *Acanthopanax*

中文名 **吴茱萸叶五加**
拉丁名 ***Acanthopanax evodiaefolius***

基本形态特征： 落叶乔木，高2～12m，无刺。掌状复叶在短枝上簇生，在长枝上互生，小叶3枚，稀5；椭圆形至长椭圆状披针形，长7～17cm，宽3～7cm，先端渐尖至长渐尖，边缘有锐尖的细锯齿，侧脉8～10对，两面显著，网脉显著，上面无毛，下面脉叶有锈色茸毛，小叶无柄或近无柄。伞形花序1至数个簇生枝顶，形成复伞型花序；总花梗纤细，长2～16cm，和总叶柄均为紫红色，小花梗长1～2.3cm，绿色；花绿色，花瓣4（5），长圆形；雄蕊4（5），与花瓣等长；子房2～4室，花柱2～4，下部合生。果实近球形，紫红色或紫黑色。花期6～7月，果期8～10月。

分布： 西藏产色季拉山东坡下缘，海拔2700～3500m，察隅、墨脱、错那、亚东、定结、聂拉木、吉隆也产，分布量较多。云南、四川、贵州、甘肃、江西、浙江、安徽等地有分布。

生境及适应性： 常生长于针阔混交林中；耐半阴，喜疏松肥沃土壤。

观赏及应用价值： 观叶类。吴茱萸叶五加叶片排列整齐，可丛植园林赏其掌状复叶。果期亦有一定观赏性。

伞形科 UMBELLIFERAE 天胡荽属 *Hydrocotyle*

中文名 **怒江天胡荽**
拉丁名 *Hydrocotyle salwinica*

基本形态特征： 多年生草本，高60～70cm。茎平卧或直立，被紫褐色柔毛。叶片心形或肾圆形，长1.5～3.5cm，宽2.5～6cm，边缘7～9浅裂，裂片圆钝，有锯齿，两面有毛；叶柄长1～7.5cm，密被紫褐色柔毛。伞形花序单生于茎顶或枝节上，花序梗纤细，长1.5～8cm，被柔毛，花白色或浅绿色。果实心形至卵圆形，侧面扁压，光滑。

分布： 西藏产色季拉山地区，海拔2500～3000m，察隅、波密、米林也产，分布量较多。中国特有植物，云南有分布。

生境及适应性： 常生长于沟边草丛、林下或石缝处；耐阴，喜水湿。

观赏及应用价值： 观叶类地被植物。怒江天胡荽叶片整齐，密集，自繁能力强，适宜于在水边、沟谷旁配置进行地面覆盖。

山茉莉芹属 *Oreomyrrhis*

中文名 **林芝山茉莉芹**
拉丁名 *Oreomyrrhis nyingchiensis*

基本形态特征： 多年生草本，高达20cm。主根粗壮，无茎或近无茎。叶脉、羽轴和叶鞘上被短柔毛；叶片轮廓长圆形，长5～6cm，宽1～1.5cm，一回羽状复叶，羽片11～13，卵形，长1cm，宽0.5cm左右，羽状深裂，末回裂片线形至线状披针形，渐尖，有短尖头；叶柄粗壮，长2～3cm，下部有膜质叶鞘。花序梗粗壮，长1～8cm，密被硬毛；总苞片5～8，倒卵形，长0.5cm，3～5深裂，背面贴生硬毛；单伞形花序，偶有3个伞形花序组成的复伞形花序，花序有花11～13朵，花瓣蓝紫色，中部白色。果实长圆状卵形，长4～4.5mm，宽约2mm；心皮有5条紫色的棱，花期7～8月，果期8～10月。

分布： 西藏产色季拉山地区，海拔4200m，分布量较多。西藏特有植物。

生境及适应性： 常生长于灌丛、草地上；喜阴凉，喜疏松肥沃土壤。

观赏及应用价值： 观叶类地被植物。林芝山茉莉芹叶裂片纤细，株型紧凑，花蓝紫色，适于培育为林下地被植物，也可盆栽欣赏。

独活属 *Heracleum*

中文名 **白亮独活**
拉丁名 *Heracleum candicans*

基本形态特征：多年生草本，高达1m。茎直立，中空，有棱槽，绿色或紫褐色。茎下部叶的轮廓为宽卵形或长椭圆形，长20～30cm，羽状分裂，末回裂片长卵形，长5～7cm，不规则羽状浅裂，裂片先端钝圆，下面密被灰白色柔毛，茎上部叶有宽叶鞘。复伞房花序顶生或侧生，直径达20～30cm；花序梗长15～30cm，有柔毛；总苞片1～3，线形，长约3mm；小苞片少数，线形；伞辐17～23cm，不等长；花白色，有辐射瓣。果实倒卵形，侧棱广阔，翅宽约0.5mm；胚乳腹面平直。花期5～6月，果期7～8月。

分布：西藏产色季拉山地区，海拔2150～3200m，波密、米林、错那也产，分布量较多。云南、四川有分布。印度、巴基斯坦等地有分布记录。

生境及适应性：常生长于灌丛、林缘、路边；喜光，喜疏松肥沃土壤。

观赏及应用价值：观花类。白亮独活有大型的复伞房花序，花量大，植株高大，适宜于作为风景林林缘配置，也是花境的竖线条花材。此外，独活属植物是西藏藏药药源植物，俗称"藏当归"，根系有特殊烈香味。

棱子芹属 *Pleurospermum*

中文名 **美丽棱子芹**
拉丁名 *Pleurospermum amabile*

基本形态特征：多年生草本，高15～60cm。基生叶宽三角状卵形，长4～10cm，三回羽状分裂，末回裂片狭长圆形，长5～8mm，边缘羽状深裂，裂片长约1mm；叶柄长4～10cm；茎上部叶柄短或仅有宽卵形具紫色脉纹的叶鞘。顶生复伞形花序直径达10cm；总苞片6～12，与上部叶同型，下部鞘状，顶端多少羽状分裂；伞辐20～25cm，长2～4cm；小总苞近圆形，有紫色脉纹，先端边缘啮蚀状，长6～10mm，花瓣紫红色或白色，雄蕊长达花瓣的2倍。果棱有微波状翅。花期7～8月，果期9～10月。

分布：西藏产色季拉山地区，海拔4300～5300m，米林、朗县、错那也产，分布量较多。中国特有植物，云南西北部有分布。

生境及适应性：常生长于高山草甸、乱石中；喜冷凉，极耐寒，对土壤要求不严。

观赏及应用价值：观花类。美丽棱子芹花期花量大，总苞片、小总苞片、膜质叶鞘上均有鲜明的紫色脉纹，适宜作为异型花卉栽植。但美丽棱子芹生长受高海拔限制较大，栽培难度高，目前无成功栽培记录。

当归属 *Angelica*

中文名	**牡丹叶当归**
拉丁名	***Angelica paeoniifolia***

基本形态特征： 多年生草本。根长圆柱形，粗1～2cm，外皮棕褐色，断面黄白色，疏松，纤维性，有浓烈香气。茎直立，高60～150cm，粗0.5～1cm，带紫红色，有细条纹，光滑。叶一至二回三出式羽状分裂，基生叶与茎生叶形状相似，叶片长10～15cm，宽13～18cm，叶柄长5～15cm，基部扩大成管状鞘，宽1～1.5cm，厚膜质，带紫红色，光滑；羽片2～3对；末回裂片常3深裂，表面淡绿色，背面深绿色，边缘有3～5锯齿；顶部叶多简化成短管状叶鞘。复伞形花序有花14～26；总苞片3至数个，线状披针形，膜质；小总苞片4～8，线形，膜质；花白色或黄绿色带紫色，花瓣顶端凹入，花柱短而反折，花柱基扁圆锥形。果实长圆形，背棱线形，稍隆起，侧棱宽翅状，薄膜质。花期6～8月，果期7～9月。

分布： 西藏产色季拉山地区，海拔3200～4000m，比如、索县、波密、米林、丁青也产，分布量较多。西藏特有植物。

生境及适应性： 常生长于河边石砾草丛、林下和灌丛中；喜肥，喜湿润，在疏松的土壤中生长良好。

观赏及应用价值： 观花类。牡丹叶当归植株具香气，花序较大而美丽，应用同美丽棱子芹。且是藏药重要的药源植物，适宜结合藏药材人工抚育进行大面积栽培，既可保证药源植物的市场需要，又能提供园林美化环境。

柴胡属 *Bupleurum*

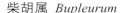

中文名	**窄竹叶柴胡**
拉丁名	***Bupleurum marginatum* var. *stenophyllum***

基本形态特征： 多年生草本，高25～60cm。茎基部木质化，实心。单叶，全缘；基生叶排列呈两列，叶披针形，长3～10cm，宽3～6mm，骨质边缘窄，顶端有尖头；茎生叶似基生叶。复伞房花序少，伞辐3～4（7），不等长；总苞片2～5，小，不等大，披针形；小花柄短，小总苞片5，长度超过小花梗；花瓣浅黄色，小舌片较大，方形；花柱基厚盘状，宽于子房。果实长圆形，棕褐色，棱槽中油管3，合生面油管4。花期6～7月。

分布： 西藏产色季拉山地区，海拔2350～3100m，西藏广布。中国特有植物，我国西部及西南各地有分布。

生境及适应性： 常生长于松林下、河边草地、山坡灌丛或荒地上；耐贫瘠，耐水湿，喜深厚疏松土壤。

观赏及应用价值： 观花类地被植物。俗称"西藏柴胡"，是藏药的重要药源植物，可结合药材生产进行规模栽培，或配置于林下、林缘观赏。

马钱科 LOGANIACEAE　醉鱼草属 Buddleja

中文名　**皱叶醉鱼草**
拉丁名　*Buddleja crispa*

基本形态特征： 半落叶灌木，高1～3m。枝条通常对生，幼枝近四棱形，老枝圆柱形或近圆形，灰色或灰黑色；幼枝、叶片两面、叶柄、花序、花萼外面和花冠外面均密被淡黄色至灰白色丝状短茸毛；老枝无毛或近无毛。叶对生，叶片卵形、卵状长圆形，长1.5～20cm，宽1～8cm，顶端短渐尖至圆钝；基部宽楔形、截形或近心形，边缘具粗而不规则的波状锯齿，幼叶有时全缘；侧脉每边（5）9～11条；叶柄长5～40mm。圆锥状聚伞花序顶生或腋生，长1～8cm，宽1～2.5cm；小苞片少而短，线状披针形，长约4mm，远短于花冠管；花冠高脚碟状，淡紫红色，喉部白色，芳香；花冠管长0.9～1.2cm；雄蕊着生于花冠管内壁中部，子房有星状毛。蒴果卵形。花期2～6月（盛花期4月），果期6～11月。

分布： 西藏产色季拉山地区西坡下缘，海拔3000m左右的八一镇周边以及东坡下缘海拔2500m左右的排龙一带，察雅也产，分布量较多。甘肃、四川、云南有分布。喜马拉雅周边有分布记录。

生境及适应性： 常生长于山地路旁或干旱河谷灌木丛中；喜光，喜沙性土壤，较耐水湿，在干旱河谷中生长良好。

观赏及应用价值： 观叶、观花类。皱叶醉鱼草叶型变异大，植株密被淡黄色至灰白色丝状短茸毛，如霜雪常年覆盖，花淡紫色，花期花量大，适于开发为盆栽观叶植物，或配置于宣石周边营造冬景，也可作为花灌木成片种植。

中文名　**密香醉鱼草**
拉丁名　*Buddleja candida*
别　名　喜马拉雅醉鱼草

基本形态特征： 半落叶灌木，高1～2m。枝条圆柱形，褐色；幼枝、叶片下面、叶柄和花序均密被灰白色至橙红色短茸毛；老枝条近无毛。叶对生，叶片纸质，披针形或长圆形，长12～24cm，宽3～6cm，顶端渐尖，基部楔形，边缘具不明显的小圆齿，上面灰绿色，初时被灰白色星状毛，后脱落，具明显的皱纹；侧脉每边10～12条，上面明显，扁平，干后凹陷，下面全被星状短茸毛覆盖；叶柄长5～15mm，带黄色。总状或圆锥状聚伞花序顶生，长8～20cm，宽3～11cm；花梗极短；苞片和小苞片披针形；花萼外面和花冠外面均密被星状短茸毛和腺毛；花芳香，花冠紫色，圆筒状，长约6mm，内面中部以上被星状毛和腺毛，喉部较密，花冠裂片卵形至近圆形。蒴果长圆形。花期4～9月，果期9～12月。

分布： 西藏产色季拉山地区下缘排龙至通麦一带，海拔2050～2500m，波密、墨脱也产，分布量较多。云南、四川有分布。印度有分布记录。

生境及适应性： 常生长于山地常绿阔叶林缘、沟旁灌木丛中或路边；喜温暖，较耐干旱，喜疏松肥沃的土壤。

观赏及应用价值： 观花类。密香醉鱼草花芳香、花序大型，叶片披针形，顶芽橙红色，花期如珠帘垂挂，适于种植于岩石园或园林中陡坎坡地。

龙胆科 GENTIANACEAE　龙胆属 *Gentiana*

中文名　粗壮秦艽
拉丁名　*Gentiana robusta*

基本形态特征： 多年生草本，高10～30cm，全株光滑无毛。枝少数丛生，粗壮，斜上升，上部常紫红色。丛生叶莲座状，卵状椭圆形或狭椭圆形，长8～23cm，宽2～4.5cm，叶柄宽，长2～3cm；茎生叶披针形，长3.5～6.5cm，宽0.7～1.7cm，叶脉1～3条，无叶柄至叶柄长达2cm，愈向上柄愈短。花多数，无花梗，簇生枝顶呈头状或腋生作轮状；花萼黄绿色，一侧开裂呈佛焰苞状，先端钝，萼齿常5个；花冠黄白色或黄绿色，筒状钟形，长2.1～3.8cm，裂片卵形全缘；雄蕊着生于冠筒下部，柱头2裂。蒴果椭圆状披针形。花果期7～10月。

分布： 西藏产贡觉、萨迦、昂仁、聂拉木等地，海拔3500～4300m，分布量较多。不丹、印度有分布记录。

生境及适应性： 常生长于灌丛中、草地上或田边；喜半阴，稍耐水湿，喜疏松肥沃土壤。

观赏及应用价值： 观叶、观花类。叶大型光亮，地被效果好，观赏期较长，可用于高原地区城镇的绿化，尤其是西藏园林中应用前景较好的观叶植物。根亦可药用。

中文名　西藏秦艽
拉丁名　*Gentiana stellulata*
别　名　西藏龙胆

基本形态特征： 多年生草本，高40～50cm。全株光滑无毛、光亮，须根数条黏结成一个粗大、圆柱形的根。枝少数，丛生，直立，黄绿色，近圆形。莲座丛叶为卵状椭圆形，长9～16cm，宽4～5.5cm，先端急尖或渐尖，边缘微粗糙，叶脉7～9条，两面均明显，并在下面突起，叶柄宽，长5～7cm；茎生叶卵状椭圆形至卵状披针形，长8～13cm，宽3～4cm，先端渐尖至急尖，基部钝，边缘微粗糙，叶脉3～5条，愈向茎上部愈大、柄愈短，至最上部叶密集呈苞叶状包被花序。花多数，无花梗，簇生枝顶呈头状，或派生作轮状；花萼筒膜质，黄绿色，一侧开裂呈佛焰苞状，先端截形或圆形，萼齿片5～6个，甚小；花冠内面淡黄色或黄绿色，冠檐外面带紫褐色，宽筒形，裂片卵形，先端钝，全缘，褶偏斜，三角形，边缘有少数不整齐齿或截形。花果期7～9月。

分布： 西藏产色季拉山地区，海拔3000～4200m，米林、隆子、错那、亚东也产，分布量较多。喜马拉雅特有植物，不丹、印度有分布记录。

生境及适应性： 常生长于林缘、灌丛中、草地上或路边；喜半阴，稍耐水湿，喜疏松肥沃土壤。

观赏及应用价值： 观叶、观花类。西藏秦艽的茎生叶大型，深绿色，有光泽，且为多年生，适于西藏主要城镇的绿化应用，是西藏园林中应用前景较好的观叶植物，及可药用。同时，栽培技术上，鲍隆友等（2005）已经在西藏农牧学院试验地中摸索出成套的栽培技术，有一定的推广应用前景。

中文名	**聂拉木龙胆**
拉丁名	*Gentiana nyalamensis*

基本形态特征： 多年生草本，高5～10cm。根略肉质，须状。花枝多数、丛生，铺散，斜升，光滑。叶先端钝，边缘粗糙，叶脉1～3条，细，在下面明显，叶柄背面具乳突，莲座状丛叶发达，线状披针形，长30～40mm，宽4～6mm，茎生叶多对，愈向茎上部愈密、愈长，下部叶卵形，中、上部叶椭圆形至线状披针形，长10～20mm，宽3～5.5mm。花单生枝顶，下部包围于上部叶丛中；无花梗；花萼长为花冠之半，冠筒常带紫红色，倒锥形，长11～14mm，裂片与上部叶同形；花冠上部淡蓝色，下部黄绿色，具蓝色条纹和斑点，钟形，长4.2～4.7cm，中部膨大，裂片卵形，长5～6mm，先端钝，具短小尖头，褶整齐，宽卵形，深2裂或全缘；雄蕊着生于冠筒中下部，整齐；花丝基部连合成短筒包围子房或彼此离生。蒴果内藏，椭圆形，有光泽，矩圆形或近圆球形表面具蜂窝状网隙。花果期8～9月。

分布： 分布在色季拉山地区，海拔3500～3600m，分布量较多。西藏特有植物，模式标本产自聂拉木。

生境及适应性： 常生长于山坡草地上；喜光，喜疏松肥沃土壤。

观赏及应用价值： 观花类。聂拉木龙胆植株低矮，花枝量大，花型别致、整齐，花冠裂片上的线条清晰，适于作为盆栽花卉应用。

中文名	**蓝玉簪龙胆**
拉丁名	*Gentiana veitchiorum*

基本形态特征： 多年生草本，高5～10cm。根略肉质，须状。花枝多数、丛生，铺散，斜升，黄绿色，具乳突。叶先端急尖，边缘粗糙，叶脉在两面均不明显或仅中脉在下面明显，叶柄背面具乳突。莲座状丛叶发达，线状披针形，长30～55mm，宽2～5mm；茎生叶多对，愈向茎上部叶愈密、愈长，下部叶卵形，中部叶狭椭圆形或椭圆状披针形，上部叶窄线形或线状披针形。花单生枝顶，下部包围于上部叶丛中；无花梗；花萼长为花冠的1/3～1/2，萼筒常染紫红色，裂片与上部叶同形；花冠上部深蓝色，下部黄绿色，具深蓝色条纹和斑点，稀淡黄色至白色，狭漏斗形或漏斗形，长4～6cm，裂片卵状三角形，边缘啮蚀形。蒴果内藏，椭圆形或卵状椭圆形。花果期8～10月。

分布： 西藏产色季拉山东坡，海拔3300～4000m，江达、芒康、左贡、八宿、隆子、泽当、林周、南木林也产，分布量较多。云南、四川、青海及甘肃有分布。尼泊尔有分布记录。

生境及适应性： 常生长于林间、林缘或草地上；喜光，喜冷凉，喜疏松肥沃土壤。

观赏及应用价值： 观花类。蓝玉簪龙胆在《中国农业百科全书·观赏园艺卷》中已经收录，其植株呈密丛状，花枝多，适于作为室内盆栽花卉或地被。相关研究上，为开发其观赏价值，邢震、郑维列等（2000）进行了蓝玉簪龙胆的组织培养，并获得了成功，并于2007年在西藏农牧学院栽培成功。

蓝玉簪龙胆

中文名　**林芝龙胆**
拉丁名　*Gentiana nyingchiensis*

基本形态特征：一年生草本，高2～3cm。茎在海拔3500m以下区域常绿色，在海拔4000m以上区域染紫红色，密被乳突，自基部多分枝，枝铺散，斜升。叶先端三角状急尖，具小尖头，四面特别是上面密被乳突，叶脉在两面均不明显或仅中脉在下面明显，叶柄膜质，边缘具短睫毛，连合成长0.5～1mm的短筒；基生叶大，在花期枯萎，宿存，卵状椭圆形，长4～6mm，宽2.5～3mm；茎生叶小，匙形，反折，密集，长于节间。花多数，单生于小枝顶端；花梗密被乳突，藏于最上部叶中；花萼倒锥状筒形，萼筒黄绿色，膜质，光滑，裂片反折，绿色，叶状，整齐，卵形，先端三角状急尖，基部圆形；花冠上部蓝色，下部黄绿色，喉部有不明显的蓝灰色环纹，筒形，长5.5～6mm，裂片半圆形，先端圆形，具硬尖，褶卵圆形，先端圆形，边缘有不整齐细齿；雄蕊着生于冠筒中部，整齐。蒴果外露或内藏，矩圆形，先端截形，有宽翅，两侧边缘有狭翅，柄粗壮；种子矩圆形，表面有细网纹。花果期7～8月。

分布：西藏产色季拉山地区，海拔3000～4500m，分布量较多。西藏特有植物。

生境及适应性：常生长于高山草甸、石缝、林缘灌丛或草地上；喜冷凉，耐严寒。

观赏及应用价值：观花类地被植物。林芝龙胆植株低矮，分布海拔高，适宜于在高海拔山区结合珠芽蓼、垫状繁缕、扫帚岩须、岩白菜、长鞭红景天、雪层杜鹃、青藏垫柳等野生观赏植物的野生抚育进行地面覆盖，防止水土流失。

中文名　**倒锥花龙胆**
拉丁名　*Gentiana obconica*

基本形态特征：多年生草本，高4～6cm。根略肉质，须状。花枝多数丛生，铺散或斜升，仅少数枝开花。叶先端急尖，边缘平滑或微粗糙，叶脉在两面均不明显，叶柄背面具乳突；莲座丛叶极不发达，三角形或披针形；茎生叶多对，密集，中、下部叶卵形，上部叶椭圆形或卵状椭圆形。花单生枝顶，基部包围于上部叶丛中；无花梗；花萼长为花冠的1/3～3/5，萼筒黄绿色或紫红色，筒形，裂片与上部叶同形，弯缺截形；花冠深蓝色，有黑蓝色宽条纹，或有时基部黄绿色，有蓝色斑点，宽倒锥形，长3～4cm，在花萼内的冠筒细筒状，花萼以上逐渐膨大，裂片卵圆形，先端钝圆，具短小尖头，全缘，褶微偏斜，截形或宽三角形。花期8～9月。

分布：西藏产东南部，色季拉山、林芝地区，海拔4000～5500m，分布量较多。我国云南、四川、西藏和青海等地也有分布。

生境及适应性：生于林下、沟边、草坡地及灌丛中。喜光，喜水湿，喜肥沃土壤。

观赏及应用价值：观花类地被植物。其花冠上的条纹极其美丽奇特，应用同林芝龙胆。

中文名　**肾叶龙胆**
拉丁名　*Gentiana crassuloides*

基本形态特征： 一年生草本，高2～6cm。茎常带紫红色，密被黄绿色、有时夹杂紫红色乳突，在基部多分枝，枝铺散，斜升。叶基部心形或圆形，突然收缩成柄；基生叶大，在花期枯萎，宿存，先端急尖，具小尖头；茎生叶近直立，疏离，短于节间。花数朵，单生于小枝顶端；花梗常带紫红色，藏于最上部一对叶中；花萼宽筒形或倒锥状筒形，萼筒膜质常带紫红色，裂片绿色；花冠上部蓝色或蓝紫色，下部黄绿色，高脚杯状，冠筒细筒形，冠檐突然膨大，裂片卵形，先端钝，边缘啮蚀形；雄蕊着生于冠筒中上部，整齐，花丝丝状。蒴果外露或内藏。花果期6～9月。

分布： 西藏产色季拉山、林芝地区，海拔3700～4500m，分布量较多。我国云南西北部、四川西部及西北部、青海、甘肃、陕西、湖北西部等地也有分布。

生境及适应性： 生于林下、沟边、草坡地及灌丛中。喜光，喜水湿，喜肥沃土壤。

观赏及应用价值： 观花类地被植物。花色为鲜艳的蓝色，花朵密集，植株紧凑低矮，是很好的花境材料，也可作为缀花草坪或小盆栽观赏。

花锚属　*Halenia*

中文名　**椭圆叶花锚**
拉丁名　*Halenia elliptica*
别　名　卵萼花锚

基本形态特征： 一年生草本，高15～60cm。根具分枝，黄褐色。茎四棱形，直立，上部常分枝。基生叶椭圆形，有时略呈圆形，长2～3cm，宽5～15mm，先端圆形或急尖，基部渐狭呈宽楔形，全缘，具宽扁的柄，柄长1～1.5cm，叶脉3条；茎生叶卵形、椭圆形或卵状披针形，长1.5～7cm，宽0.5～3cm，先端圆钝或急尖，基部圆形或宽楔形，全缘，叶脉5条，抱茎。聚伞花序腋生和顶生；花梗长短不一；花4数，直径1～1.5cm；花萼裂片椭圆形或卵形，长（3）4～6mm，宽2～3mm，先端通常渐尖，常具小尖头，具3脉；花冠蓝色或紫色，花冠筒长约2mm，裂片卵圆形或椭圆形，先端具小尖头，距长5～6mm，向外水平开展；雄蕊内藏。蒴果宽卵形，淡褐色。花果期7～9月。

分布： 西藏产色季拉山地区，海拔3000～3200m，错那、米林、墨脱、察隅、八宿、察雅、昌都、类乌齐、那曲也产，分布量较多。云南、四川、贵州、青海、新疆、陕西、甘肃、山西、内蒙古、辽宁、湖南、湖北均有分布。尼泊尔、不丹、印度等地有分布记录。

生境及适应性： 常生长于林缘、草地，山沟水边或沼泽地边缘；喜光，喜水湿，喜肥沃土壤。

观赏及应用价值： 观花类地被植物。卵萼花锚花形奇特，花期长，花量大，缺点是植株高度不统一，需要人工控制，适于培育为缀花草坪材料。此外，其全草入药。

扁蕾属 *Gentianopsis*

中文名	**湿生扁蕾**
拉丁名	*Gentianopsis paludosa*

基本形态特征：一年生草本，高3.5～40cm。茎单生，直立或斜升，近圆形，在基部分枝或不分枝。基生叶3～5对，匙形，长0.4～3cm，宽2～8mm，先端圆形，边缘具乳突，微粗糙，基部狭缩成柄，叶脉1～3条，不甚明显；茎生叶1～4对，无柄，矩圆形或椭圆状披针形，长0.5～5.5cm，宽2～14mm，先端钝，边缘具乳突，微粗糙，离生。花单生茎及分枝顶端；花梗直立，长1.5～20cm；花萼筒形，长为花冠之半，裂片近等长，外对狭三角形，较大，内对卵形，较小，全部裂片先端急尖，有白色膜质边缘，背面中脉明显，并向萼筒下延成翅；花冠蓝色，或下部黄白色，上部蓝色，宽筒形，长1.6～6.5cm，裂片宽矩圆形，长1.2～1.7cm，先端圆形，有微齿，下部两侧边缘有细条裂齿。花果期7～10月。

分布：西藏产色季拉山地区，海拔3500～3900m，拉萨以南各地也产，分布量较多。云南、四川、青海、甘肃、陕西、宁夏、内蒙古、山西、河北有分布。尼泊尔、印度、不丹有分布记录。

生境及适应性：常生长于林缘沟谷边或沼泽地边缘；喜光、喜水湿，不耐贫瘠，喜疏松肥沃土壤。

观赏及应用价值：观花类。湿生扁蕾的花枝高度变化极大，有时高达1m，花型在初花期明显呈螺旋状排列，适于选育或人工培育品种，增加长花枝量，形成新型的切花品种。此外湿生扁蕾是藏药重要的药源植物之一。

喉毛花属 *Comastoma*

中文名	**高杯喉毛花**
拉丁名	*Comastoma traillianum*

基本形态特征：一年生草本，高5～30cm。基部多分枝，枝直立，常紫红色，具条棱。基生叶在花期凋落；茎生叶无柄，宽卵形或矩圆形，长0.6～2.8cm，宽0.5～1（1.3）cm，先端急尖或钝，全缘，基部半抱茎，叶脉1～3条。聚伞花序顶生和腋生，稀单花；花5数；花梗常带紫红色，有条棱，长达5cm；花萼绿色，长为花冠的1/4～1/3，深裂近基部，裂片不整齐，卵形或卵状披针形；花冠蓝色，高脚杯状，长1.5～2.6cm，冠筒长，裂片椭圆形或矩圆形，先端钝圆，喉部具一圈白色副冠，副冠10束，上部流苏状深裂，冠筒基部具10个小腺体；雄蕊着生于冠筒中部，花丝线形，基部下延于冠筒上成狭翅，翅的两侧疏生长柔毛，子房无柄，椭圆状披针形。花期8～10月。

分布：西藏产色季拉山地区，海拔3800～4200m，藏东南、藏南各地也产，分布量较多。中国特有植物，云南、四川有分布记录。

生境及适应性：常生长于草地、灌丛中；喜冷凉，耐半阴，喜肥。

观赏及应用价值：观花类地被植物。高杯喉毛花花小，但花型别致，适宜于作为营建缀花草坪的植物材料。

肋柱花属 *Lomatogonium*

中文名 **大花肋柱花**
拉丁名 ***Lomatogonium macranthum***

基本形态特征： 一年生草本，高7～25cm。茎带紫红色，从基部分枝。叶无柄，卵状三角形或卵状披针形至披针形，长7～17mm，宽2～10mm，先端钝或急尖。聚伞花序生分枝顶端；花梗带紫红色，不等长，最长达10cm；花不等大，一般直径2～2.5cm，5数；萼筒极短，裂片线状披针形，先端急尖，边缘粗糙；花冠蓝紫色，具纵向细脉纹，裂片2色，长圆形或长圆状倒卵形，长1.3～1.8cm，先端急尖，基部有2枚具裂片状流苏的腺窝，冠筒短，不明显。蒴果无柄，狭长圆状披针形；种子深褐色，表面光滑。花果期8～10月。

分布： 西藏产色季拉山地区，海拔3800～4200m，浪卡子、林周、边坝也产，分布量较多。中国特有植物，四川、青海、甘肃有分布。

生境及适应性： 常生长于林缘、灌丛中或草地上；喜光，喜冷凉，耐半阴，耐贫瘠。

观赏及应用价值： 观花类地被植物。园林用途同高杯喉毛花。

獐牙菜属 *Swertia*

中文名 **抱茎獐牙菜**
拉丁名 ***Swertia franchetiana***

基本形态特征： 一年生草本，高10～40cm。茎直立，四棱形，棱上具窄翅，从基部起分枝。基生叶在花期枯萎，具长柄，匙形，长1～1.5cm，先端钝，基部渐窄；茎生叶无柄，披针形或卵状披针形，长1～3.7cm，宽1.5～8mm，先端急尖，基部耳形，半抱茎。聚伞花序顶生和腋生，组成圆锥花序；花5数；花梗长4cm左右，花萼形似茎生叶，先端急尖具小尖头；花冠淡蓝色，长1～1.5cm，裂片披针形或卵状披针形，先端渐尖，具小尖头，每裂片基部有2枚腺窝，基部囊状，中部以上边缘有长柔毛状流苏；花丝线形。蒴果椭圆状披针形；种子近圆形，表面具细网纹。花果期8～11月。

分布： 西藏产色季拉山地区，海拔3000～3800m，米林、工布江达、拉萨也产，分布量较多。中国特有植物，青海、甘肃、四川有分布。

生境及适应性： 常生长于林缘、河滩或草地上；喜光，喜水湿，喜疏松肥沃土壤。

观赏及应用价值： 观花类。园林用于同湿生扁蕾。

中文名 **青叶胆**
拉丁名 *Swertia mileensis*

基本形态特征： 一年生草本。主根棕黄色。茎直立，四棱形，具窄翅，下部常紫色，从基部起呈塔形分枝。叶无柄，叶片狭矩圆形、披针形至线形，先端急尖，基部楔形，具3脉。圆锥状聚伞花序多花，开展，侧枝生单花；花梗细，果时略伸长，基部具1对苞片；花4数，直径约1cm；花萼绿色，叶状，稍短于花冠，裂片线状披针形，先端急尖，背面中脉明显；花冠淡蓝色，裂片矩圆形或卵状披针形，先端急尖，具小尖头，下部具2个腺窝，腺窝杯状，仅顶端具短柔毛状流苏；花丝扁平，花药蓝色，椭圆形；子房卵状矩圆形，花柱明显，柱头小。蒴果椭圆状卵形或长椭圆形，长达1cm。花果期9～11月。

分布：《西藏植物志》未记载，调查产通麦、波密，分布量少。我国云南南部也有分布。

生境及适应性： 生于山坡草丛中。喜光，耐半阴，喜疏松肥沃土壤。

观赏及应用价值： 观花地被类。花形奇特，可用于花境及盆花开发。此外全株入药。

双蝴蝶属 *Tripterospermum*

中文名 **尼泊尔双蝴蝶**
拉丁名 *Tripterospermum volubile*

基本形态特征： 多年生缠绕草本，根纤细、淡黄色。茎黄绿色或暗紫色，圆形，具细条棱，节间长6～13cm，茎生叶卵状披针形，长6～9cm，宽2～2.5cm，先端尾状渐尖，基部近圆形或心形，全缘或有时呈微波状，叶脉3～5条，叶柄扁平。花腋生和顶生、单生或成对着生；花梗短，长5～8（20）mm，小苞片披针形；花萼钟形，绿色有时带紫色，具宽翅，裂片披针形；花冠淡黄绿色，长2.5～3cm，裂片卵状三角形，长约4mm，宽约3mm，褶长约2mm，宽约3mm，先端偏斜呈波状；雄蕊着生于冠筒下部，不整齐；子房椭圆形。浆果紫红色或红色。花果期8～10月。

分布： 偶见西藏产色季拉山地区下缘的排龙至通灯一带，海拔2300～3100m，樟木、察隅也产，分布量较多。喜马拉雅特有植物，国内仅产西藏。印度、尼泊尔、不丹、缅甸有分布记录。

生境及适应性： 常生长于林缘陡坎上；喜温暖湿润环境，在疏松肥沃的土壤中生长良好。

观赏及应用价值： 观花类。尼泊尔双蝴蝶形态飘逸，花期如串串风铃垂挂林间，甚是醒目，可作为悬挂式栽培或立篱栽培。

萝藦科 ASCLEPIADACEAE　鹅绒藤属 *Cynanchum*

中文名　**大理白前**
拉丁名　*Cynanchum forrestii*

基本形态特征： 多年生直立草本。单茎，稀在近基部分枝，被有单列柔毛，上部密被柔毛。叶对生，薄纸质，宽卵形，长4～8cm，宽1.5～4cm，基部近心形或钝形，顶端急尖，近无毛或在脉上有微毛；侧脉5对。伞形状聚伞花序腋生或近顶生，有花10余朵；花长和直径均约5mm；花萼裂片披针形，先端急尖；花冠黄色、辐状，裂片卵状长圆形，有缘毛且基部有柔毛；副花冠肉质，裂片三角形，与合蕊柱等长；花粉块每室1个，下垂；柱头略隆起。蓇葖果单生或双生，披针形，上尖下狭，无毛。花期4～7月，果期6～11月。

分布： 西藏产色季拉山地区西缘林芝县尼池村至尼西一带，海拔3000～3500m，分布量较多。中国特有植物，甘肃、四川、贵州和云南等地也有分布。

生境及适应性： 常生长于高原或山地、灌木林缘、干旱草地或路边草地上，有时也在林下或沟谷林下水边草地上；喜光，耐干旱，耐贫瘠，喜疏松的沙性壤土。

观赏及应用价值： 观花观果类。大理白前花小，但花期花量大，且自然状态下多数植物集群呈丛生态生长，增加了群体观赏效果，适宜于在花境、花池或风景林的阳面林缘成片种植，也适宜种植于岩石园、河边沙滩景观带。同时，根可药用，是藏药的药源植物。

中文名　**牛皮消**
拉丁名　*Cynanchum auriculatum*

基本形态特征： 蔓性半灌木。宿根肥厚，呈块状；茎圆柱形，被微柔毛。叶对生，膜质，被微毛，宽卵形至卵状长圆形，长4～12cm，宽4～10cm，顶端短渐尖，基部心形。聚伞花序伞房状；萼片卵状长圆形；花冠白色，辐状，裂片反折，内面疏被柔毛；副花冠浅杯形，裂片椭圆形至长三角形，肉质，钝头，每裂片内面中部有1个三角形的舌状裂片。蓇葖果双生，披针形，长8cm，直径1cm。花期8～9月，果期9～11月。

分布： 西藏产色季拉山地区，海拔3000～3500m，波密、米林、错那、亚东、樟木、吉隆也产，分布量较多。我国除东北、内蒙古、新疆、青海外，其他各地均有分布。印度有分布记录。

生境及适应性： 常生长于河谷针阔叶混交林或灌丛中；喜肥沃，喜半阴，耐贫瘠。

观赏及应用价值： 观叶、观花类。牛皮消叶片大型，花期花量较大，适于作为观叶兼观花地被植物应用。此外，牛皮消的块根含有萝藦毒素，可药用。

中文名 **青羊参**
拉丁名 *Cynanchum otophyllum*

基本形态特征： 多年生藤本。根圆柱形。茎被两列毛。叶片卵状披针形至宽卵形，长7～10cm，宽4～8cm，顶端长渐尖，基部深耳状心形，叶耳圆形，下垂，两面被柔毛。聚伞花序伞形状，腋生；萼片外面被微毛；花冠白色，裂片长圆形，内面微被柔毛；副花冠杯状，长于合蕊柱，裂片中间具1小齿。蓇葖果短披针形，长达8cm，直径1cm。花果期8～10月。

分布： 西藏产色季拉山地区东坡下缘排龙至通麦一带，海拔2400～3200m，朗县、波密也产，分布量较多。中国特有植物，广西、云南、贵州、湖南、四川有分布。

生境及适应性： 常生长于河谷针阔叶混交林或灌丛中；喜温暖，耐阴，喜疏松肥沃土壤。

观赏及应用价值： 垂直绿化材料。可观花观叶，观赏效果较好。根可做外用药。

中文名 **竹灵消**
拉丁名 *Cynanchum inamoenum*

基本形态特征： 直立草本，基部分枝甚多。根须状；茎干后中空，被单列柔毛。叶薄膜质，广卵形，长4～5cm，宽1.5～4cm，顶端急尖，基部近心形，在脉上近无毛或仅被微毛，有边毛；侧脉约5对。伞形聚伞花序，近顶部互生，着花8～10朵；花黄色，长和直径约3mm；花萼裂片披针形，急尖，近无毛；花冠辐状，无毛，裂片卵状长圆形，钝头；副花冠较厚，裂片三角形，短急尖；花药在顶端具1圆形的膜片；花粉块每室1个，下垂，花粉块柄短，近平行，着粉腺近椭圆形；柱头扁平。蓇葖果双生，稀单生，狭披针形，向端部长渐尖，长6cm，直径5mm。花期5～7月，果期7～10月。

分布： 西藏产拉萨、江达、察雅、昌都、林芝、八宿、波密、隆子、亚东、曲水等地，海拔2800～3600m，分布量较多。我国山西、河南、河北、辽宁、山东、安徽、浙江、湖北等地也有分布。日本、朝鲜也有分布记录。

生境及适应性： 常生于华山松林下、灌木丛中或山顶、山坡草地上；喜冷凉，耐严寒，喜疏松肥沃土壤。

观赏及应用价值： 观花类地被植物。花多黄绿色不太起眼，但整体效果较好，竹灵消可以作为道路绿篱、林缘灌丛复层绿化。

茄科 SOLANACEAE 天仙子属 *Hyoscyamus*

中文名	**天仙子**
拉丁名	***Hyoscyamus niger***
别　名	莨菪

基本形态特征： 二年生草本。全株被具短腺毛和长柔毛；根粗壮，圆锥形，肉质，直径达3cm。茎高30～80cm，茎基部具莲座状叶丛，茎生叶互生，长圆形，长4～10cm，宽2～6cm，基部半抱茎或截形，边缘羽状深裂或不规则浅裂。花在茎中下部叶腋单生，在茎顶端聚集成偏向一侧的蝎尾状总状花序；花萼筒状钟形，长1.5～2cm，5浅裂，裂片大小不等，果期增大成壶状，基部圆形；花冠漏斗状，黄绿色，脉纹紫堇色，5浅裂；雄蕊稍伸出花冠。蒴果卵球形，藏于宿存的萼片内。花果期6～8月。

分布： 西藏产昌都、八宿、波密、拉萨、普兰等地，色季拉山地区偶见，海拔3000～3700m，分布量较多。我国华北、西北及西南各地有分布。蒙古、俄罗斯、印度有分布记录。

生境及适应性： 常生长于山坡、路旁；喜光，耐贫瘠，耐干旱，喜疏松肥沃的沙性壤土。

观赏及应用价值： 观花类。适于在园林花坛、草地边缘、墙隅等栽培应用。此外，全草入药，是藏药重要药源植物之一。

茄参属 *Mandragora*

中文名	**茄参**
拉丁名	***Mandragora caulescens***
别　名	曼陀茄

基本形态特征： 多年生草本，高20～60cm，全体生短柔毛。根粗壮，肉质。茎长10～17cm，上部常分枝，分枝有时较细长。叶在茎上端不分枝时则簇集，分枝时则在茎上者较小而在枝条上者宽大，倒卵状矩圆形至矩圆状披针形，连叶柄长5～25cm，宽2～5cm，顶端钝，基部渐狭而下延到叶柄成狭翼状，中脉显著，侧脉细弱，每边5～7条。花单独腋生，通常多花同叶集生于茎端似簇生；花梗粗壮，长6～10cm。花萼辐状钟形，直径2～2.5cm，5中裂，裂片卵状三角形，顶端钝，花后稍增大，宿存；花冠辐状钟形，暗紫色，5中裂，裂片卵状三角形。浆果球状，多汁液。花果期5～8月。

分布： 西藏产林芝地区，海拔2200～4200m，分布量中。我国四川西部、云南西北部都有分布。印度也有。

生境及适应性： 常生长于山坡草地及林缘。喜半阴，喜湿润冷凉气候，喜肥沃疏松土壤。

观赏及应用价值： 观花。花朵大而奇特，颜色为暗紫色，与叶混为一体，植株也较低矮，可开发作为盆栽观赏或用于花境点缀。根药用。

旋花科 CONVOLVULACEAE
打碗花属 *Calystegia*

中文名 **长裂旋花**
拉丁名 ***Calystegia sepium* var. *japonica***

基本形态特征： 多年生草本。茎缠绕，伸长，有细棱。叶形多变，三角状卵形或宽卵形，长4～10（15）cm，宽2～6（10）cm，顶端渐尖或锐尖，基部截形或心形，叶强烈3裂，具伸展的侧裂片和长圆形顶端渐尖的中裂片；叶柄常短于叶片或两者近等长。花单生叶腋；花梗通常稍长于叶柄，长达10cm，有细棱或具狭翅；苞片宽卵形，长1.5～2.3cm，顶端锐尖；萼片卵形，长1.3～1.6cm，顶端圆钝或渐尖或有时锐尖；花冠通常白色或淡红至紫色，漏斗状，长5～6（7）cm，冠檐微裂；雄蕊花丝基部扩大，被小鳞毛；子房无毛，柱头2裂，裂片卵形，扁平。蒴果卵形，长约1cm，为增大宿存的苞片和萼片所包被。花期8～9月。

分布： 可能是逸生种，西藏产色季拉山地区周边，海拔3000m，分布量较多。湖北、湖南、江苏、浙江、贵州、云南等地也有分布。

生境及适应性： 常生长于农家或单位的绿篱、篱笆上；喜光，耐贫瘠，喜湿润疏松的土壤。

观赏及应用价值： 缠绕攀缘类垂直绿化材料，花朵鲜艳，盛花期花量较大，可增添园林中的野趣。

紫草科 BORAGINACEAE 滇紫草属 *Onosma*

中文名 **丛茎滇紫草**
拉丁名 ***Onosma waddellii***

基本形态特征： 多年生草本，高15～25cm。植株茎紫红色，被稠密的伏毛及散生的硬毛。茎常数条丛生并基部分枝，分枝较密。叶披针形或倒披针形，无柄；长1～3cm，宽3～6mm，先端钝或圆，基部楔形，上面被伏毛，有时具向上贴伏的基盘硬毛，下面密生伏毛，中脉及叶缘生硬毛。花序多数，生茎顶及枝顶；苞片卵状披针形；花梗极短，密生开展的硬毛；花萼长7～8mm，裂至近基部，裂片披针形；花冠蓝色，筒状钟形，长8～12mm，裂片宽三角形，下弯，边缘反卷，裂片外面中肋被1列短伏毛，其余部分有不明显的短柔毛，内面除腺体外无毛；花药大部或全部伸出花冠外。小坚果淡黄褐色，具光泽，有稀疏的瘤状突起及不明显的皱纹。花果期8～9月。

分布： 西藏产色季拉山地区下缘尼池村至大柏树园林一带，拉萨、扎囊、乃东、加查、米林也产，分布量较多。西藏特有植物。

生境及适应性： 常生长于山坡草地、灌丛、干旱路边及林缘；喜光，耐干旱，喜湿润疏松土壤。

观赏及应用价值： 观花类。丛茎滇紫草花期花量密集，花色由蕾期深紫红色逐渐变化为蓝色，在水源充沛的时候，能够形成更加稠密的花序，适于在林缘配置，也可培育为花境花卉。

聚合草属 *Symphytum*

中文名 **聚合草**
拉丁名 ***Symphytum officinale***

基本形态特征： 多年生草本，丛生型，高30～90cm，全株被向下弧曲的硬毛和短伏毛。根发达，主根粗壮，淡紫褐色；茎数条，直立或斜升，有分枝。基生叶通常50～80枚，具长柄，叶片带状披针形、卵状披针形至卵形，长30～60cm，宽10～20cm，稍肉质，先端渐尖，茎中部和上部叶较小，无柄，基部下延。蝎尾状花序具多数花；花萼深裂至基部，裂片披针形，先端渐尖；花冠长14～15mm；淡紫色、紫红色，裂片三角形，先端外卷，喉部附属物披针形，长约4mm，不伸出花冠。小坚果歪卵形，长3～4mm，黑色，平滑，有光泽。花期5～6月。

分布： 西藏产色季拉山地区下缘，分布量较多。原产俄罗斯欧洲部分及高加索地区，西藏20世纪70年代引进后逸生。

生境及适应性： 常生长于山坡草地、山地灌丛及林缘；耐旱也耐涝，在半阴环境下生长旺盛。

观赏及应用价值： 观花类。聚合草尽管为外来植物且已经逸生，但从十多年的观察来看，其主要通过地下根茎扩大种群，对西藏生态环境构成入侵的可能性小，故适于在西藏进行园林应用，适用于风景林缘、水沟边或作为裸露地地被覆盖。

琉璃草属 *Cynoglossum*

中文名 **倒提壶**
拉丁名 ***Cynoglossum amabile***

基本形态特征： 多年生草本，高15～60cm。茎单一或数条丛生，密生贴伏短柔毛，花期常紫红色。基生叶具长柄，长圆状披针形或披针形，长5～20cm（包括叶柄），宽1.5～4cm；两面密生短柔毛，叶片两面网脉明显；茎生叶形似基生叶，略小，无柄。花序锐角分枝，分枝紧密，向上直伸，集为圆锥状，无苞片；花梗长2～3mm，果期稍增长；花萼长2.5～3.5mm，外面密生柔毛，裂片卵形或长圆形，先端尖；花冠常蓝色，长5～6mm，檐部直径8～10mm，裂片圆形，长约2.5mm，有明显的网脉，喉部具5个梯形附属物，附属物长约1mm；花丝着生花冠筒中部。小坚果卵形，背面微凹，密生锚状刺。花期6～9月，果期10月。

分布： 西藏产色季拉山地区，海拔3000～3200m，吉隆、聂拉木、康马、拉萨、米林、波密也产，分布量较多。云南、贵州、四川、甘肃南部有分布。不丹有分布记录。

生境及适应性： 常生长于山坡草地、山地灌丛、干旱路边及针叶林缘；喜光，耐旱，喜湿润疏松土壤。

观赏及应用价值： 观花类。适于在林缘营造花境或在花坛中丛植，效果极好；也可培育成切花。此外，琉璃草为藏药药源植物。

齿缘草属 *Eritrichium*

中文名	**异型假鹤虱**
拉丁名	*Eritrichium difforme*
别 名	异果假鹤虱、异果齿缘草

基本形态特征： 多年生草本，高30～120cm。茎中空，疏生短毛。基生叶具长柄，叶片心形至卵形，长（5）8～9cm，宽（2.5）5～6cm，先端急尖，基部心形，两面疏生短毛；茎生叶具短柄或近无柄，卵形至狭卵形，长4～14cm，宽2～7cm，基部近圆形或宽楔形，先端渐尖；全部叶片明显具6～8条弧曲脉。花序生枝梢和上部叶腋，一至二回二叉分枝，或不分枝，花序花量少；分枝中部或中部稍下有1枚苞叶；花梗纤细，果期常偏于一侧，长0.5～1cm，具微毛；花萼裂片披针形；花冠蓝紫色，钟状辐形，裂片圆卵形，附属物梯形，边缘密生曲柔毛。小坚果异型，3或4枚发育，长刺型2（3）枚，短刺型（1）2枚；背盘微凸，生短硬毛或光滑无毛，有时中肋生短刺数个，腹面无毛；着生面卵状三角形，位于腹面中部，棱缘刺锚状。花果期6～7（8）月。

异果齿缘草植株形态与倒提壶略接近，但前者花期茎秆绿色，叶脉弧曲，网脉不明显，花期花量偏少，小坚果异型且边缘具两型的锚状刺，可以区别。

分布： 西藏产色季拉山地区，海拔3000～3600m，吉隆、聂拉木、米林、察隅也产，分布量较多。中国特有植物，四川、云南有分布。

生境及适应性： 常生长于路边草地、山坡、林下、沟谷河边及阴湿石缝中；喜半阴，喜湿润疏松土壤。

观赏及应用价值： 观花型。异果齿缘草观赏用途与倒提壶相同，但群体效果不及后者。

中文名	**宽叶假鹤虱**
拉丁名	*Eritrichium brachytubum*
别 名	大叶假鹤虱

基本形态特征： 多年生草本，高40～70cm。茎多分枝，疏生短毛。基生叶柄长可达25cm，叶片心形，长5～10（13）cm，宽4～9cm，先端急尖，基部心形，两面疏生短毛，侧脉5～9条，基出或近基出；茎生叶叶柄较短，叶片卵形或狭卵形，长4～10cm，宽2～5cm。花序生茎或分枝顶端，二叉状，苞片缺如；花梗纤细生短毛；花萼裂片三角状披针形或线状披针形，果期增大；花冠蓝色或淡紫色，钟状辐形，裂片圆形或近圆形，附属物梯形，花柱高出小坚果。小坚果背腹二面体形，除棱缘的刺外，腹面具龙骨突起。花果期7～8月。

分布： 西藏产南部地区，海拔2900～3800m，分布量较多。我国四川、云南有分布。尼泊尔也有分布。

生境及适应性： 常生长于山坡、林下及沟谷河边阴湿石缝中；喜阳，耐半阴，喜湿润疏松土壤。

观赏及应用价值： 观花型。应用同异型假鹤虱，但群体效果明显较好，植株成丛较紧凑，观赏性强。

附地菜属 *Trigonotis*

中文名　**西藏附地菜**
拉丁名　***Trigonotis tibetica***

基本形态特征：一年生草本，弱，铺散。茎多分枝，高10～25cm，被短糙伏毛。基生叶及茎下部叶具柄，叶片椭圆状卵形至线形或披针形，长0.8～2cm，宽2～6mm，先端尖，基部楔形，两面被灰色短伏毛。花序顶生，疏松，仅基部具3～5个叶状苞片；花梗细，通常斜升；花萼5深裂，裂片狭卵形或披针形，直立，花冠浅蓝色或白色，钟状，裂片倒卵形，喉部黄色，附属物5，半月形；雄蕊生于花冠筒中部。小坚果4，斜三棱锥状四面体形，成熟后暗褐色，有光泽，通常平滑无毛，背面凸呈卵形，具3锐棱，腹面基底面向下方隆起，其余2个侧面近等大，中央1纵棱，具短柄，柄向一侧急弯。花期7月。

分布：西藏产色季拉山地区，海拔3000～3200m，察雅、波密、米林也产，分布量较多。青海、四川有分布。印度、尼泊尔及克什米尔地区也有分布记录。

生境及适应性：常生长于山坡草地、林缘灌丛或路边陡崖边缘；喜冷凉，喜水湿，较耐贫瘠。

观赏及应用价值：观花类地被植物。适宜于在林缘水湿处成片种植，也可作盆栽花卉，缺点是花小，花梗纤细，管理难度较大。

中文名　**高山附地菜**
拉丁名　***Trigonotis rockii***
别　名　高原附地菜

基本形态特征：多年生密丛草本。茎直立，基部常斜升，散生稀疏的糙伏毛。基生叶椭圆形或卵形，厚纸质，先端钝，具短尖，基部圆，两面均绿色，疏被糙伏毛，叶脉不明显，具长1～3cm的叶柄，茎生叶似基生叶，但较狭小，具短柄或几无柄。花序呈总状，仅下部花具叶状苞片，其余部分无苞片；花梗通常斜升，被糙毛；花萼5深裂，裂片狭长圆形或倒披针状长圆形，先端钝，密被长糙伏毛；花冠大，淡蓝紫色，裂片近圆形，呈辐状开展，喉部附属物5，梯形，被短柔毛；雄蕊着生花冠筒中部以上，花丝极短，花药椭圆形；花柱稍长于花冠筒。花期7～8月。

分布：西藏产察隅、林芝、亚东、定日等地，海拔3300～4900m，分布量较多。云南西北部也有分布，模式标本采自云南丽江。

生境及适应性：生高山冰碛丘、冰川谷地或沟边沙质地，低海拔地区则生沟边草地或灌丛下。喜冷凉，喜水湿，稍耐贫瘠。

观赏及应用价值：观花类地被植物。应用同西藏附地菜，但覆盖效果更好。

微孔草属 *Microula*

中文名　**微孔草**
拉丁名　***Microula sikkimensis***

基本形态特征：一年生草本。茎高6～65cm，直立或斜升，常自基部多分枝，被刚毛。基生叶和茎下部叶具长柄，卵形至宽披针形，顶端急尖、渐尖，稀钝，基部圆形或宽楔形，中部以上叶渐变小，具短柄或无柄，狭卵形或宽披针形，基部渐狭，全缘，两面有毛。花序密集生长，直径0.5～1.5cm，生茎顶端及无叶的分枝顶端，基部苞片叶状，其他苞片小；花梗短，密被短糙伏毛；花萼果期增长，5深裂近基部，裂片线形或狭三角形，被毛；花冠蓝色或蓝紫色，檐部直径5～9（11）mm，裂片近圆形，无毛，附属物低梯形或半月形。小坚果卵形。花期5～9月。

分布：西藏色季拉山、林芝、山南、日喀则、昌都等大部分地区均产，海拔3500～3900m，分布量较多。我国青海、甘肃、陕西、四川、云南也有分布。印度有分布记录。

生境及适应性：常生长于林缘湿润处；耐瘠薄，抗性强。

观赏及应用价值：观花类。适于在花境或风景林缘以及园内湿地边缘应用，但观赏效果不及倒提壶。

毛果草属 *Lasiocaryum*

中文名　**毛果草**
拉丁名　***Lasiocaryum densiflorum***
别　名　密花毛果草

基本形态特征：一年生草本，高3～6cm。茎通常自基部强烈分枝，有伏毛。茎生叶无柄或近无柄，卵形、椭圆形或狭倒卵形，长5～12mm，宽2～5mm，两面有疏柔毛，先端钝或急尖，基部渐狭，脉不明显。聚伞花序生于每个分枝的顶端，总花梗长约5mm，果期伸长明显，通常具多数花；小花梗长约1mm；花萼长约2mm，果期也伸长，裂片线形，稍不等长，基部有纵龙骨突起，花冠蓝色，无毛，筒部与萼近等长，喉部直径约3mm；裂片倒卵圆形，开展，先端钝，有时微凹；喉部黄色，有5个微2裂的附属物；花药卵圆形。小坚果狭卵形，淡褐色。花期8月。

分布：西藏色季拉山、林芝、山南、日喀则、昌都等大部分地区均产，海拔3500～3900m，分布量较多。我国四川有分布。不丹、印度、巴基斯坦及克什米尔地区也有分布记录。

生境及适应性：常生长于草丛、裸露地、采伐迹地和河滩草地上；耐瘠薄，也耐水湿，抗性强。

观赏及应用价值：观花类地被植物。园林用途同附地菜，但其抗性优于后者，适于在海拔3000～3500m以上的山坡水土保持工程中应用。

唇形科 LABIATAE 黄芩属 *Scutellaria*

中文名 **黄芩**
拉丁名 ***Scutellaria baicalensis***

基本形态特征： 多年生草本；根茎肥厚，肉质，伸长而分枝。茎钝四棱形，具细条纹，自基部多分枝。叶坚纸质，披针形至线状披针形，顶端钝，基部圆形，全缘，上面暗绿色，下面色较淡，无毛或沿中脉疏被微柔毛，密被下陷的腺点，侧脉4对，于中脉上面下陷下面凸出；叶柄短，腹凹背凸。花序在茎及枝上顶生，总状，常再于茎顶聚成圆锥花序；花梗与序轴均被微柔毛；苞片下部者似叶，上部者远较小；花冠紫、紫红至蓝色，外面密被具腺短柔毛，内面在囊状膨大处被短柔毛；冠筒近基部明显膝曲；冠檐二唇形，上唇盔状，先端微缺，下唇中裂片三角状卵圆形，两侧裂片向上唇靠合；雄蕊4，稍露出；花盘环状，前方稍增大并延伸成极短子房柄。小坚果卵球形。花期7～8月，果期8～9月。

分布： 此种《西藏植物志》未记载，在鲁朗调查中发现，分布量中，有可能逸生。我国华北、东北以至西南四川等地都有分布。东西伯利亚、蒙古、朝鲜、日本均有分布。

生境及适应性： 生于向阳草坡地及疏林林缘灌丛边。喜阳，喜湿润，喜肥沃土壤。

观赏及应用价值： 观花类。花朵颜色鲜艳，花期量大，花丛效果好，可丛植或片植作为花境及缀花草坪应用。

香茶菜属 *Rabdosia*

中文名 **川藏香茶菜**
拉丁名 ***Rabdosia pseudoirrorata***

基本形态特征： 丛生小灌木，高30～50cm，极多分枝。幼枝四棱形，具条纹，老枝近圆柱形。茎生叶对生，长圆状披针形或卵形，先端钝，基部渐狭成楔形，坚纸质，两面密被贴生极短柔毛及腺体，侧脉每侧约3～4；叶柄长1～4cm，被极短柔毛。轮伞花序生于茎枝上部渐变小的苞叶或苞片腋内，3～7花，被与茎相同的毛被，具梗；下部苞叶与茎叶同形，向上渐变小而全缘，小苞片卵形或线形，常短于花梗。花萼钟形，略呈3/2式二唇形，下唇2齿稍大，卵形，先端具小突尖；花冠蓝色至浅紫色，长1cm左右，外被短柔毛，冠筒长约4mm，基部上方浅囊状突起，冠檐二唇形，上唇外翻，先端具相等4圆裂，下唇宽卵圆形，较上唇为长；雄蕊4，与花冠下唇近等长或略超出。小坚果卵状长圆形。花、果期7～9月。

分布： 西藏产色季拉山地区西坡下缘，海拔3000～3200m，加查、米林、工布江达、墨竹工卡、拉萨、林周、南木林、乃东等县也产，分布量较多。中国特有植物，四川有分布。

生境及适应性： 常生长于山坡林缘、灌丛中；耐半阴，耐贫瘠，喜湿润疏松土壤。

观赏及应用价值： 观花类。川藏香茶菜花期长，花色蓝色至浅紫色，适于在庭院周边或风景林下配置，但其植株较为开展，轮伞花序分布较为稀疏，需合理配置。

掌叶石蚕属 *Rubiteucris*

中文名 **掌叶石蚕**
拉丁名 *Rubiteucris palmata*

基本形态特征： 一年生草本，具匍匐茎。茎直立，高20~60cm，四棱形，4槽。叶柄长2~4cm，下部者长达4cm以上；叶片膜质，心形至掌状分裂几成三小叶的复叶，边缘具稍不整齐的粗锯齿，中裂片菱状卵圆形，长5~10cm，宽2~4cm；下部的叶有时不分裂，卵圆状正三角形。花呈顶生的聚伞式圆锥花序，花期花序长4~6cm，基部聚伞花序3花，上部1花，顶端不育，或每轮均2花；苞片较花梗稍短；花萼钟形，呈二唇形，上唇3齿，2侧齿不向中齿靠拢；花冠白色，冠筒伸出萼外，为萼长的2倍以上，冠檐二唇形，上唇2裂，裂片卵圆状三角形，直伸，裂片间缺弯不达上唇1/2，下唇3裂，中裂片倒卵状匙形，长为侧裂片的3倍，侧裂片卵圆形。花期7~8月。

分布： 西藏产察隅、波密、米林，海拔2500~2900m，分布量中。甘肃、陕西、湖北、贵州、四川、云南、台湾也有分布。印度也产。

生境及适应性： 常生于亚高山针叶林下，阴湿沃土上；喜冷凉，较耐阴，耐寒，喜疏松肥沃土壤。

观赏及应用价值： 观花类植物。作为较耐阴耐寒的低矮草本，可用于公园林下或林缘地被，也可栽植于浅水边应用。

鼠尾草属 *Salvia*

中文名 **绒毛栗色鼠尾草**
拉丁名 *Salvia castenea* f. *tomentosa*

基本形态特征： 多年生草本，根肥厚，扭曲状，紫褐色。茎高30~65cm，被长柔毛。叶片椭圆状披针形或长圆状卵圆形，长2~22cm，宽2~9cm，先端钝或近锐尖，基部钝圆或近心形，边缘具不整齐的圆齿和牙齿，上面微被柔毛，下面密被灰白色柔毛；叶柄长2~13cm，也被柔毛。轮伞花序2~4花，疏离，排列成总状或总状圆锥花序；花萼钟形，长9~15mm，外面密被具腺长柔毛及黄色腺点，内面被微硬伏毛，二唇形，裂至花萼长1/3；花冠紫褐色、栗色或深紫色，长达4cm，外疏被柔毛，内面有不完全毛环，冠筒"之"字形双曲状，冠檐二唇形。花期7月中旬至9月下旬。

分布： 西藏产色季拉山地区，海拔3000~3500m，波密、江达、墨脱也产，分布量较多。西藏特有植物。

生境及适应性： 常生长于林缘、草地或者灌丛中；喜半阴，喜湿润，喜疏松肥沃土壤。

观赏及应用价值： 观花类。绒毛栗色鼠尾草花型大，单花长达4cm，喉部直径约2cm，同时，花期花量大，花谢后萼片亦具有较高观赏价值，是优良的紫色系鼠尾草类观赏植物资源。在林芝已成功引种栽培。

绒毛栗色鼠尾草

中文名 **甘西鼠尾草**
拉丁名 *Salvia przewalskii*

基本形态特征： 多年生草本。根大型，圆锥状，外皮红褐色。茎高达60cm，密被短柔毛。叶片三角状或椭圆状戟形，稀心状卵圆形，有时具圆的侧裂片，长5～11cm，宽3～7cm，先端锐尖，基部心形或戟形，边缘具近整齐的圆齿状牙齿，上面疏被硬毛，下面密被灰白色茸毛；叶柄密被微柔毛。轮伞花序2～4花，组成长达20cm左右的总状花序，有时具腋生的总状花序而形成圆锥花序；苞片两面被长柔毛；花萼长11mm，外面被具腺长柔毛，杂有红褐色腺点，两面散布微硬伏毛，二唇形，唇裂约为花萼长的1/3，花冠蓝紫色至紫红色，长达4cm，冠筒直伸，内有毛环，冠檐二唇形。花期7～9月。

分布： 西藏产色季拉山地区，海拔3000～4300m，昌都、察隅、米林、加查、隆子等县也产，分布量较多。中国特有植物，甘肃、四川、云南有分布。

生境及适应性： 常生长于林下、林缘、路边、沟边或灌丛下；喜温暖，耐干旱，喜湿润肥沃土壤。

观赏及应用价值： 观花类。甘西鼠尾草花量、花径均与绒毛栗色鼠尾草接近，花色蓝紫色至紫红色，也是色季拉山国家森林公园中分布的重点野生花卉之一，观赏用途同后者。此外，甘西鼠尾草与绒毛栗色鼠尾草的根系在当地俗称"丹参"，是重要的药食两用型植物资源，已经形成一定规模的商品市场，年销售量约100吨，因此，可结合原药生产进行规模化栽培。

荆芥属 *Nepeta*

中文名 **穗花荆芥**
拉丁名 *Nepeta laevigata*

基本形态特征： 多年生草本。茎高20～80cm，被白色柔毛，高株常倒伏。叶片卵圆形至三角状心形，长2.1～6cm，宽1.5～4.2cm，先端锐尖，稀钝尖，基部心形或近截形，具圆齿状锯齿，两面被柔毛。穗状花序顶生，圆筒形，长3～8cm，基部常有1～2个轮伞花序离生，苞片线形，与花萼近等长，被白色柔毛；花萼管状，长约1cm，齿芒状狭披针形，长与萼筒近相等；花冠蓝紫色，长为萼筒的1.5倍；冠檐二唇形，上唇深2裂，下唇3裂，中裂片扁圆形，侧裂片浅圆形。花期7～9月，盛花期8月底。

分布： 西藏产色季拉山地区，海拔3200～4200m，察隅、波密、米林、亚东、贡嘎、林周、拉萨、加查、尼木、聂拉木、吉隆、左贡等县也产，分布量较多。云南、四川有分布。阿富汗、尼泊尔有分布记录。

生境及适应性： 常生长于林缘、水边、沟边以及路旁；喜水湿，喜半阴，喜疏松肥沃土壤。

观赏及应用价值： 观花类地被植物。穗花荆芥适于在园林水景边缘营造野趣，其高株在花期常倒伏铺地，因此，也是较好的地被植物。

中文名　**狭叶荆芥**
拉丁名　*Nepeta souliei*

基本形态特征： 多年生草本。茎高达80cm，具茸毛。茎生叶披针状长圆形至狭披针形，长3.5～6（9.5）cm，宽1.8～2.4cm，先端急尖或长渐尖，基部圆形至浅心形，边缘具细钝锯齿或锐齿；上面绿色并被短柔毛，下面灰白色，密被短柔毛。轮伞花序排列疏松，生于茎、枝顶端的4～6节上，彼此远离；苞片及小苞片线形，被睫毛；花萼管状，长6～8mm，喉部偏斜，萼齿披针形，呈3/2二唇形；花冠紫色或蓝紫色，长1.6～2.2（2.5）cm，冠檐二唇形；冠筒细长，常下垂呈"之"字形弯曲状，下唇中裂片具紫色斑点并被髯毛，边缘嚼蚀状，先端中部有时深裂，侧裂片半圆形。花期7～10月，盛花期9月。

分布： 西藏产色季拉山地区，海拔3000～4200m，西藏特有植物，察隅、波密、工布江达、米林、贡觉、昌都也产，分布量较多。

生境及适应性： 常生长于林缘、灌丛以及石砾阶地上；喜湿润，喜疏松肥沃土壤，抗性强。

观赏及应用价值： 观花类。花茎较长，盛花期各轮伞花序间小花相互重叠，能够形成连续的花枝，因此，适于作为切花材料进行选育。

中文名　**齿叶荆芥**
拉丁名　*Nepeta dentata*

基本形态特征： 草本。茎分枝，四棱形，被疏微柔毛。叶卵状长圆形，侧枝上的小许多，先端急尖或长渐尖，基部圆形或深心形，上面橄榄绿色，被极疏短硬毛，下面色淡，满布金色凹陷腺点，疏被短硬毛，膜质，边缘具粗大圆齿状牙齿，齿端具小胼胝尖；叶柄腹面被微柔毛，背面被极疏短硬毛。聚伞花序3～7花，具纤细的梗，生于主茎及侧枝顶部；苞叶叶状，披针形，苞片及小苞片线形，被腺微柔毛及睫毛；花萼管状，外疏被具节小硬毛，并混生腺微柔毛及深褐色腺点，喉部偏斜，萼齿披针形，内面在萼齿的基部有疏生长硬毛；花冠紫色，外被疏微柔毛，冠檐二唇形，上唇直立，2圆裂，下唇斜平展，3裂，中裂片心形，边缘内折，波状，侧裂片近半圆形；雄蕊4，后1对雄蕊微露出于上唇外；花柱先端2裂，微露出于上唇外。成熟小坚果未见。花期8月。

分布： 西藏产加查、米林、林芝、波密、工布江达、扎囊、察隅等地，海拔2100～3500m，分布量较多。

生境及适应性： 多生于阔叶林及灌丛下、路旁、砾石阶地或草丛中。喜阳，较耐阴，喜湿润，喜疏松肥沃土壤。

观赏及应用价值： 观花类地被。应用同狭叶荆芥。

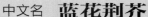

中文名　**蓝花荆芥**
拉丁名　*Nepeta coerulescens*
别　名　普蓝

基本形态特征：多年生草本；根纤细而长。茎高25～42cm，不分枝或多茎，被短柔毛。叶披针状长圆形，长2～5cm，宽0.9～2.1cm，生于侧枝上的小许多，先端急尖，基部截形或浅心形，两面密被短柔毛，边缘浅锯齿状；上部的叶具短柄或无柄，下部的叶柄较长。轮伞花序生于茎端4～5（10）节上，密集成长3～5cm卵形的穗状花序，或展开长达8.5～12cm，具长的总梗，苞叶叶状，向上渐变小，近全缘，发蓝色；花萼上唇3浅裂，下唇2深裂，齿线状披针形；花冠蓝色，冠檐二唇形，上唇直立，2圆裂，下唇长3裂，中裂片大，下垂，倒心形；花柱略伸出。小坚果卵形。花期7～8月，果期8～9月。

分布：西藏产南部，萨嘎、南木林、吉隆、普兰、噶尔、申扎、那曲、类乌齐、芒康、昌都等地，海拔3800～4800m，分布量较多。甘肃、青海、四川也有分布。

生境及适应性：多生于灌丛边缘、山坡草地上或水沟旁。喜阳，较耐阴，喜湿润，喜疏松肥沃土壤。

观赏及应用价值：观花类地被。狭长的花冠较为美丽。应用同狭叶荆芥。

夏枯草属 *Prunella*

中文名　**硬毛夏枯草**
拉丁名　*Prunella hispida*

基本形态特征：草本。茎直立上升，基部常伏地，高15～30cm，密被扁平具节的硬毛。叶片卵形或卵状披针形，长1.5～3cm，宽1～1.3cm。先端急尖，基部圆形，边缘具浅波状至圆齿状锯齿，两面被具节的硬毛。轮伞花序密集成2～3cm、宽2cm的穗状花序；苞片宽大，先端骤然长渐尖，具尖头，外面密被具节硬毛，内面无毛；花萼管状钟形，紫色；花冠深紫色至蓝紫色，长15～18mm，冠筒内面近基部有一鳞毛环，冠檐二唇形，上唇长于下唇，下唇3裂，中裂片边缘常啮齿状。花期7～8月。

分布：西藏产色季拉山地区，海拔3000～3600m，吉隆、樟木、错那、察隅、波密也产，分布量较多。云南、四川也有分布。印度有分布记录。

生境及适应性：常生长于山坡草地、林间荒地、林缘路边、林下等处；喜光，喜水湿，耐贫瘠。

观赏及应用价值：观花类地被植物。硬毛夏枯草是习见的林间地被植物，常成片分布，由于其花期不集中，花序上单花错落开花不够整齐，可作为地被类园林植物用于自然花境，此外其紫色的花萼宿存期较长，观赏效果亦较好。

糙苏属 *Phlomis*

中文名　**西藏糙苏**
拉丁名　*Phlomis tibetica*

基本形态特征： 多年生草本。茎高15～50cm，植株密被短硬毛或疏被微柔毛。基生叶卵状心形，长4.5～7cm，宽4～5cm，先端钝，基部心形，边缘具圆齿或粗圆齿，叶面皱褶；茎生叶同型，叶片上面密被具不等射线的星状糙硬毛及单毛，下面密被星状疏柔毛及单毛，叶柄长3.5～15cm，黄褐色或紫红色。轮伞花序多花，1～3个生于茎顶，靠近或分开；苞片钻形，密被紫褐色具节缘毛；花萼管状钟形，长1cm左右，也被褐色具节刚毛；花冠粉红色至紫色，长1.8～2.2cm，冠檐二唇形，上唇边缘具小齿，向内面被灰黑色或灰色髯毛，下唇3裂。花期7月。

分布： 西藏产色季拉山地区，海拔3800～4500m，错那、工布江达、亚东也产，分布量较多。西藏特有植物。

生境及适应性： 常生长于高山草甸、灌木丛中；喜冷凉，抗性强。

观赏及应用价值： 观花类。西藏糙苏花梗极短，常呈短穗状花序，花冠粉红色至紫红色，抗性强，是海拔4000m以上区域中生态建设和恢复工程的重要植物。

中文名　**萝卜秦艽**
拉丁名　*Phlomis medicinalis*

基本形态特征： 多年生草本。主根肥厚，侧根局部膨大呈圆球形萝卜状。茎高20～75cm，不明显的四棱形，具分枝，常染紫红色，被星状疏柔毛。基生叶卵形或卵状长圆形，长4.5～14cm，宽4～11cm，先端圆形，基部深心形，边缘具粗圆齿，茎生叶卵形或三角形，长5～6cm，宽2.5～4cm，先端急尖或钝，基部浅心形至截形，边缘为不整齐的圆牙齿。轮伞花序多花，通常1～4个生于主茎及分枝上部，彼此分离；苞片线状钻形；花萼管状钟形；花冠紫红色或粉红色，长约2cm，外面在唇瓣及冠筒近喉部密被星状茸毛及绢毛，余部无毛，内面在冠筒下部1/3具斜向间断的毛环，冠檐二唇形，上唇边缘具不整齐的齿缺，自内面被髯毛，下唇平展具红条纹，3圆裂。小坚果顶端被微鳞毛。花期7～8月。

分布： 西藏产色季拉山地区，海拔3000～3500m，波密、米林、加查、南木林、仲巴、改则、丁青、索县、比如、左贡也产，分布量较多。中国特有植物，四川有分布。

生境及适应性： 常生长于草地、灌丛中；喜冷凉，喜光，耐贫瘠。

观赏及应用价值： 观花类。萝卜秦艽叶片橄榄绿色，宽大紧凑，花色艳丽且花葶最高能够达到50cm，除作为花境竖线条花材外，也适于作为切花开发。

筋骨草属 *Ajuga*

中文名	**白苞筋骨草**
拉丁名	*Ajuga lupulina*

基本形态特征： 多年生草本，具地下走茎。茎粗壮，直立，高18～25cm，四棱形，具槽，沿棱及节上被白色具节长柔毛。叶柄具狭翅，基部抱茎，边缘具缘毛；叶片纸质，披针状长圆形，长5～11cm，宽1.8～3cm，边缘疏生波状圆齿或几全缘。穗状聚伞花序由多数轮伞花序组成；苞叶大，向上渐小，白黄、白或绿紫色，卵形或阔卵形，长3.5～5cm，宽1.8～2.7cm，先端渐尖，基部圆形，抱轴，全缘；花梗短；花萼钟状或略呈漏斗状，具10脉；花冠白、白绿或白黄色，具紫色斑纹，狭漏斗状。花期7～9月，果期8～10月。

分布： 西藏产江达、那曲、安多、察雅、贡觉、昌都、类乌齐、比如、加查、八宿、墨脱，海拔3600～4700m，分布量多。河北、山西、甘肃、青海、四川也有分布。

生境及适应性： 常生于河滩沙地、高山草地或陡坡石缝中；喜阳，喜冷凉，耐寒，喜疏松肥沃土壤。

观赏及应用价值： 观花类。花朵娇小可爱，最具观赏性的是其黄白色的大苞片，整个植株在花期犹如一座座小塔，较为美丽，可作为花境地被材料，丛植或片植。

牛至属 *Origanum*

中文名	**牛至**
拉丁名	*Origanum vulgare*
别　名	土香薷、小叶薄荷

基本形态特征： 多年生草本或半灌木，芳香。根茎斜生，多少木质。茎多少带紫色，四棱形，中上部各节有具花的分枝，下部各节有不育的短枝，近基部常无叶。叶具柄，腹面具槽，卵圆形或长圆状卵圆形，全缘或有远离的小锯齿，上面亮绿色，常带紫晕，下面淡绿色，侧脉3～5对；苞叶大多无柄，常带紫色。花序呈伞房状圆锥花序，开张，多花密集；苞片绿色或带紫晕，具平行脉，全缘；花萼钟状，萼齿5；花冠紫红、淡红至白色，管状钟形，两性花冠筒显著超出花萼，而雌性花冠筒短于花萼，冠檐明显二唇形。小坚果卵圆形，先端圆，无毛。花期7～9月，果期10～12月。

分布： 西藏产波密、米林、墨脱、拉萨、错那、亚东、吉隆等地，海拔600～3600m，分布量较多。我国河南、江苏、浙江、安徽、江西、福建、台湾、湖北、湖南、广东、贵州、四川、云南、陕西、甘肃、新疆等地都有分布。欧、亚两洲及北非也有，北美亦有引入。

生境及适应性： 多生于路旁、山坡、林下、林缘及草地。喜光，稍耐阴，喜冷凉，耐贫瘠，适应性较强。

观赏及应用价值： 观花类。花期花量大，色彩整齐，花后宿存的紫色萼片同样具有较高观赏性，生态适应性也较好，适宜作为地被草花应用，宜丛植或片植。

火把花属 *Colquhounia*

中文名 **深红火把花**
拉丁名 *Colquhounia coccinea*

基本形态特征： 灌木，直立或多少外倾。枝、叶被星状柔毛，但毛常变得稀疏，最后近似于消失。叶卵圆形或卵状披针形，通常长7～11cm，宽2.5～4.5cm，先端渐尖，基部圆形，边缘有小圆齿，叶柄长1～2cm。轮伞花序有花6～20朵，常在侧枝上组成簇状、头状至总状花序；苞片短小，线形；花萼管状钟形，长约6mm，外被星状毛，10脉，齿5，直伸，宽三角形，等大，长约1mm；花冠橙红至朱红色，长2～2.5cm，外面被星状毛，冠筒长1.7～2.3cm，口部膨大，冠檐二唇形；上唇卵圆形，微2裂，下唇开张，3浅裂，裂片卵圆形。花期7～8月。

分布： 西藏产吉隆、樟木、错那，海拔2300～2850m，分布量中。印度东北部、尼泊尔、不丹、缅甸北部、泰国北部也产。

生境及适应性： 常生于山坡上；喜湿抗寒、耐旱，对盐碱土壤有较强的适应力，繁殖力和侵占性强。

观赏及应用价值： 观花类地被植物。花朵奇特、花色鲜艳，可作为花坛花卉片植，或丛植、点植用于花境布置。

独一味属 *Lamiophlomis*

中文名 **独一味**
拉丁名 *Lamiophlomis rotata*

基本形态特征： 多年生草本，高2.5～10cm。根茎伸长，粗厚，径达1cm。叶片常4枚，辐状两两相对，菱状圆形、菱形以至三角形，长（4）6～13cm，宽（4.4）7～12cm，先端钝、圆形或急尖，基部浅心形或宽楔形，下延至叶柄，边缘具圆齿，上面绿色，密被白色疏柔毛，侧脉3～5对，在叶片中部以下生出，其上再一侧分枝，因而呈扇形，与中肋均两面凸起；下部叶柄伸长，长可达8cm，上部者变短，几至无柄，密被短柔毛。轮伞花序密集排列成有短莛的头状或短穗状花序；花萼管状。花冠蓝紫色，长约1.2cm，冠筒管状，向上近等宽，至喉部略增大，冠檐二唇形，上唇近圆形，边缘具齿牙，下唇外面除边缘全缘，3裂，裂片椭圆形，侧裂片较小。花期6～7月，果期8～9月。

分布： 西藏产错那、江达、类乌齐、昌都、八宿、米林、拉萨、墨脱、察雅、索县、工布江达、亚东、萨噶、昂仁、吉隆、聂拉木、定日、定结、那曲、嘉黎、班戈、申扎、林周、尼木、南木林、白朗，海拔3900～5050m，分布量多。青海、甘肃、四川西部及云南西北部也有分布。尼泊尔、印度、不丹也产。

生境及适应性： 常生于高原或高山上强度风化的碎石滩中或石质高山草甸、河滩地；喜冷凉，耐寒，较耐贫瘠。

观赏及应用价值： 观花观叶类地被植物。独一味株型独特，大型叶片具有一定观赏性，圆锥状的蓝紫色花序较为美丽，可用于花境点缀，适宜点植或丛植；也可用于岩石园。

青兰属 *Dracocephalum*

中文名 **甘青青兰**
拉丁名 *Dracocephalum tanguticum*

基本形态特征： 多年生草本。茎直立，高35～55cm，钝四棱形，节间长2.5～6cm，在叶腋中生有短枝。叶具柄，叶片椭圆状卵形或椭圆形，基部宽楔形，长2.6～4cm，宽1.4～2.5cm，羽状全裂，裂片2～3对，下面密被灰白色短柔毛，边缘全缘，内卷。轮伞花序生于茎顶部5～9节上，通常具4～6花，形成间断的穗状花序；苞片似叶，但极小，只有一对裂片，两面被短毛及睫毛，长约为萼长的1/2～1/3；花萼长1～1.4cm，外面中部以下密被短毛及金黄色腺点，常带紫色，2裂至1/3处，上唇3裂至本身2/3稍下处，中齿与侧齿近等大，均为宽披针形，下唇2裂至本身基部，齿披针形；花冠紫蓝色至暗紫色，长2.0～2.7cm，外面被短毛，下唇长为上唇之2倍。花期6～8月或8～9月（南部）。

分布： 西藏产察隅、八宿、加查、乃东、索县、察雅、江达、贡觉、昌都、芒康、洛隆、穹结、丁青、错那、拉萨、林周、康马、尼木、南木林、班戈、吉隆，海拔3000～4600m，分布量多。甘肃西南、青海及四川西部也有分布。

生境及适应性： 常生于干燥河谷的河岸、田野、草滩或松林边缘；喜阳，耐寒，较耐旱，较耐贫瘠。

观赏及应用价值： 观花类植物。蓝紫色花较为美艳，但单株效果稍单薄，宜丛植或片植用于地被。

扭连钱属 *Phyllophyton*

中文名 **西藏扭连钱**
拉丁名 *Phyllophyton tibeticum*

基本形态特征： 多年生草本，具细长的根茎，多分枝。茎上升或匍匐状，高7.5～15cm，被茸毛。叶片近革质，圆形或扇形，直径1.2～2.5cm，基部截状楔形或楔形，具皱纹，被短柔毛状的绵毛，边缘具圆齿；叶柄短，长4～8.3mm。聚伞花序腋生，少花，较叶为短；苞叶与茎叶同形；苞片丝状，较花梗长；花萼长约1.2cm，稍内弯，被柔软的长柔毛，齿几相等，披针形或钻形，较萼筒短；花冠白色，长约1.8cm，直伸，喉部扩展，漏斗状，冠檐小，规则；雄蕊内藏。小坚果线状长圆形，长约6mm，光滑。花期6～9月。

分布： 西藏产普兰、噶尔、札达，海拔3800～4600m，分布量中。印度西北部也产。

生境及适应性： 常生于极高山强度风化的乱石滩上；喜阳，极耐寒，较耐贫瘠。

观赏及应用价值： 观花类地被植物。耐寒性是其优点，地被观赏效果较好，但高海拔可能是引种的困难，可用于花境或岩石园。

香薷属 *Elsholtzia*

中文名 **鸡骨柴**
拉丁名 *Elsholtzia fruticosa*

基本形态特征： 直立灌木，高0.8～1m，多分枝。茎、枝黄褐色或紫褐色，幼时被白色卷曲疏柔毛，老时皮层剥落，变无毛。叶片披针形或椭圆状披针形，长6～13cm，宽2～3.5cm，先端渐尖，基部狭楔形，边缘在基部以上具粗锯齿，上面被糙伏毛，下面被弯曲的短柔毛，两面密被黄色腺点；叶柄极短或近于无。穗状花序圆柱状，大型，长6～20cm，花期直径达1.3cm，顶生或腋生，由具短梗多花的轮伞花序组成；花萼钟形，长1.5mm，外被灰色短柔毛，萼齿5，三角状钻形，长约0.5mm；花冠白色至黄色，外面被卷曲柔毛，内面近基部具不明显的斜向毛环，冠檐二唇形。花期9月。

分布： 西藏产色季拉山地区，海拔3000～3200m，墨脱、波密、米林、朗县、加查、索县、八宿、左贡、隆子、亚东、樟木、吉隆等县也产，分布量较多。甘肃、湖北、四川、云南、贵州、广西也有分布。尼泊尔、不丹、印度等有分布记录。

生境及适应性： 常生长于林缘、灌丛中；喜光，耐贫瘠，也耐干旱。

观赏及应用价值： 观花类。鸡骨柴花期大型的圆柱型穗状花序很是醒目，且花芳香，能够作为观花类园林植物配置墙隅、灌丛中。

中文名 **高原香薷**
拉丁名 *Elsholtzia feddei*

基本形态特征： 矮小草本，高3～20cm。茎自基部分枝。叶卵形，长4～24mm，宽3～14mm，先端钝，基部圆形或阔楔形，边缘具圆齿；叶柄长2～8mm，扁平，被短柔毛。穗状花序长1～1.5cm，生于茎、枝顶端，偏于一侧，由多花轮伞花序组成；苞片圆形，先端具芒尖，外面被柔毛；花梗短，与序轴被白色柔毛；花萼管状，萼齿5，通常前2枚较长，先端刺芒状；花冠红紫色，外被柔毛及稀疏的腺点，冠筒自基部向上扩展，冠檐二唇形，上唇直立，下唇较开展，3裂，中裂片圆形，侧裂片弧形；雄蕊4，前对较长，均伸出，花丝无毛。小坚果长圆形。花、果期9～11月。

分布： 西藏产墨脱、波密、工布江达、拉萨、吉隆、亚东、南木林、错那、察雅、加查、林周、贡觉、昌都，海拔2800～4400m，分布量多。四川、云南也有分布。

生境及适应性： 常生于路边、草坡及林下；喜阳，耐半阴，喜冷凉，喜疏松肥沃土壤。

观赏及应用价值： 观花类植物。植株低矮，株型紧凑，花朵较繁密，观赏性较好，可用于花境点缀或片植；叶和花常具有药香味，也可用于香草香花园布置或盆栽。

中文名 **密花香薷**
拉丁名 *Elsholtzia densa*

基本形态特征：草本，高20～60cm，密生须根。茎直立，自基部多分枝，分枝细长，茎及枝均四棱形，具槽。叶长圆状披针形至椭圆形，长1～4cm，宽0.5～1.5cm，边缘在基部以上具锯齿，草质，侧脉6～9对，与中脉在上面下陷，下面明显；叶柄长0.3～1.3cm，背腹扁平，被短柔毛。穗状花序长圆形或近圆形，长2～6cm，宽1cm，密被紫色串珠状长柔毛，由密集的轮伞花序组成；最下的一对苞叶与叶同形，向上呈苞片状；花萼钟状，萼齿5，后3齿稍长，近三角形，果时花萼膨大，近球形；花冠小，淡紫色，外面及边缘密被紫色串珠状长柔毛，冠筒向上渐宽大，冠檐二唇形；雄蕊4，前对较长，微露出。小坚果卵珠形，顶端具小疣突起。花、果期7～10月。

分布：西藏产吉隆、拉萨、萨迦、南木林、林周、左贡、乃东、申扎、那曲、亚东、波密、八宿、米林、林芝、错那、墨脱、江孜、昂仁、江达、穹结、察雅、昌都、索县，海拔2700～4500m，分布量多。河北、山西、陕西、甘肃、青海、四川、云南及新疆也有分布。巴基斯坦、尼泊尔、印度、俄罗斯也产。

生境及适应性：常生于林缘、高山草甸、林下、河边及山坡荒地；喜阳，耐半阴，喜冷凉，喜疏松肥沃土壤。

观赏及应用价值：观花类植物。观赏应用同高原香薷，但植株较之更高一些，花量更多些。

木犀科 OLEACEAE　素馨属 *Jasminum*

中文名 **素方花**
拉丁名 *Jasminum officinale*

基本形态特征：攀缘类灌木，高0.4～5m。小枝具棱或沟。叶对生，羽状深裂或羽状复叶，有小叶3～9枚，通常5～7枚，小枝基部常有不裂的单叶，叶轴常具狭翼，叶柄长0.4～4cm；顶生小叶片卵形至狭椭圆形，长1～4.5cm，宽0.4～2cm，先端急尖或渐尖，基部楔形，侧生小叶片卵形至椭圆形，小于顶生小叶，先端急尖或钝。聚伞花序伞状或近伞状，顶生，稀腋生，有花1～10朵；苞片线形；花梗长0.4～2.5cm；花萼杯状，裂片5枚，锥状线形，外面红色，内面白色，花冠管长1～1.5（2）cm，裂片常5枚，花柱异长。花期6～7月。

分布：西藏产色季拉山地区，海拔2500～3100m，八宿、波密、朗县也产，分布量较多；云南、四川、贵州及喜马拉雅周边均有分布。

生境及适应性：常生长于山谷、林缘或农家院落墙上，从色季拉山周边分布的地点来看，很可能是栽培后逸生。喜光、喜温暖，喜湿润，喜肥沃通透性好的石灰岩质沙性壤土。

观赏及应用价值：观花类藤本。素方花芳香而美丽，世界各地广泛栽培；可用于墙垣、藤架等绿化美化。

女贞属 *Ligustrum*

中文名 **长叶女贞**
拉丁名 *Ligustrum compactum*

基本形态特征： 小乔木，或灌木状，高可达12m；树皮灰褐色。枝黄褐色至灰色，圆柱形，疏生圆形皮孔，小枝橄榄绿色或黄褐色至褐色，圆柱形，节处稍压扁。叶片纸质，椭圆状披针形、卵状披针形或长卵形，花枝上叶片更窄，长5～15cm，宽3～6cm，先端锐尖或长渐尖，基部近圆形，叶缘稍反卷，侧脉6～20对，两面稍凸起。圆锥花序疏松，顶生或腋生，长达20cm左右，宽7～17cm；花序轴及分枝有棱；花白色，芳香，花冠长3.5～4mm，裂片5，常反折。果实椭圆形或近球形，蓝黑色或黑色。花期3～7月，果期8～12月。

分布： 西藏主要产芒康、察隅，在色季拉山地区下缘的排龙至通麦一带偶见，海拔2050～2500m，分布量较多。湖北、四川、云南以及喜马拉雅周边有分布。

生境及适应性： 常生长于杂木林中或林缘；喜温暖，喜光，稍耐贫瘠。

观赏及应用价值： 观花类。长叶女贞花芳香而美丽，叶片椭圆状披针形、常绿，观赏效果较好，适宜作为行道树、园林景观树应用。该树种已经有园林栽培应用记录。此外，长叶女贞和西藏习见栽培的女贞的主要区别是：前者叶片椭圆状披针形，侧脉6～20对，排列紧密；后者叶片卵形，侧脉4～9对，排列疏松。

玄参科 SCROPHULARIACEAE
毛蕊花属 *Verbascum*

中文名 **毛蕊花**
拉丁名 ***Verbascum thapsus***
别　名　一柱香、牛耳草、大毛叶、霸王鞭

基本形态特征： 二年生草本，直立，高达3m，全株密被浅黄色星状毛。基生叶具短柄，茎生叶无柄或略有柄而下延成狭翅。叶片矩圆形至卵状矩圆形，长达15cm，边缘具浅圆齿。穗状花序圆柱状，顶生，长达1m，花葶长达2m，花密集，至少在下部一个苞片内有数朵花；花冠黄色，近辐状，直径1～3cm，裂片5，外面被星状毛；雄蕊5，前方2枚较长，花丝无毛。花期7月。

分布： 西藏产色季拉山地区，海拔3000～3200m，波密、米林、聂拉木、吉隆、札达也产，分布量较多。广布于北半球，我国西南其他各地也有分布。

生境及适应性： 常生长于路边灌丛或荒滩上；喜光，耐贫瘠，耐旱。

观赏及应用价值： 观花类。花期花量大，尤其是林芝一带生长的植株，花葶高达2m，花序长达1m，明显优于其他野生分布区的花量，是优良的切花材料。而其在荒坡地，尤其在农垦撂荒地、工程建设取土点上，常成片分布，应是土壤理化结构退化后的先锋植物，适于在该类地表进行大面积抚育。此外，因其适应性强，若在非原产地栽培时，需进行前期控制性栽培试验，否则有可能对引种地造成外来物种入侵危害。

肉果草属 *Lancea*

中文名 **肉果草**
拉丁名 *Lancea tibetica*

基本形态特征： 多年生草本，高3～5cm，仅叶柄有疏毛，其余无毛。根状茎细长，长4～30cm，横走或向下生长，节上有1对鳞片，并发出多数纤维状须根。叶6～10片呈莲座状，或对生于极短的茎上，倒卵形至倒卵状长圆形或匙形，近革质，长2～5cm，顶端圆钝，常有小凸尖，基部渐窄成有翅的短柄，全缘或有不明显的疏齿。花3～5朵簇生或伸长呈短总状花序，苞片钻状披针形，花萼钟状，长6～10mm，近革质，萼齿三角状卵形；花冠深蓝色或紫色，长1.5～2.6cm，喉部稍黄色，并有紫色斑点，花冠筒略长于唇部，上唇直立，下唇开展。果实红色，有凸尖，包被于宿存的萼片内。花期5月底至8月中旬。

分布： 西藏产色季拉山地区，海拔3000～3600m，米林、札达、班戈、嘉黎、索县、察雅、芒康、类乌齐、江达也产，最高分布至海拔4700m处，分布量较多。青海、甘肃、四川、云南有分布。喜马拉雅周边有分布记录。

生境及适应性： 常生长于草地、固定沙丘、河滩以及石砾地上；喜光，耐贫瘠，喜沙性土壤。

观赏及应用价值： 观花类地被植物。肉果草花期长，植株通过根状茎自然克隆生长，成片分布，适于在草坪上点缀，或在枯山水园林中的河滩、沙质裸岩缝隙中点缀，也可培育成微型盆栽。

松蒿属 *Phtheirospermum*

中文名 **草柏枝**
拉丁名 *Phtheirospermum tenuisectum*
别　名 细裂叶松蒿

基本形态特征： 多年生草本，高10～55cm，植株被多细胞腺毛。茎多数，细弱，成丛，下部弯曲而后上升。叶对生，中部以上的有时亚对生，三角状卵形，长1～4cm，宽0.5～3.5cm，二至三回羽状全裂；小裂片条形，先端圆钝或有时有小凸尖，两面与萼同被多细胞腺毛。花单生，具梗，萼齿卵形至披针形，边缘多变化，全缘直至深裂而具2～3或更多的小裂片；花冠通常黄色或橙黄色，外面被腺毛及柔毛，筒长8～15mm，喉部被毛；上唇裂片卵形，下唇三裂片均为倒卵形，先端钝圆或微凹，边缘被缘毛。蒴果卵形，长4～6mm；种子小，扁平，卵形，长不及1mm，具网纹。花果期5～10月。

分布： 西藏产波密、墨脱、林芝、米林、隆子、拉萨，海拔2800～4400m，分布量中。云南、四川、贵州也有分布。

生境及适应性： 常生于干旱灌丛、林中、草甸或山坡石质草地、沼泽地；喜阳，喜冷凉，耐寒，对土壤要求不严。

观赏及应用价值： 观花类地被植物。花形美丽，颜色较鲜艳，适于在花境、草坪上点缀，或用于岩石园。

小米草属 *Euphrasia*

中文名	**大花小米草**
拉丁名	*Euphrasia jaeschkei*

基本形态特征： 直立一年生草本，高10～20cm。茎不分枝或中下部（少上部）分枝，第6～7节开始生花，被白色柔毛。叶、苞叶及花萼均同时被刚毛和顶端为头状的腺毛，腺毛的柄仅具1～2个细胞。叶卵圆形，长6～12mm，宽4～10mm，边缘具3～5个锯齿，齿稍钝至急尖；苞叶较大，齿急尖至短渐尖。花萼长7mm，裂片钻状三角形；花冠淡紫色或粉白色，上唇裂片翻卷部分长达1.2mm，下唇明显长于上唇，中裂片宽达4mm。蒴果未见。6月开花。

分布： 西藏产吉隆，海拔3200～3400m，分布量多。喜马拉雅山西部地区也有分布。

生境及适应性： 常生于草地；喜阳，喜冷凉，耐严寒，喜疏松肥沃土壤，稍耐贫瘠。

观赏及应用价值： 观花类地被植物。花小而精致，花期星星点点，地被效果好，应用同肉果草。

马先蒿属 *Pedicularis*

中文名	**聚花马先蒿**
拉丁名	*Pedicularis confertiflora*

基本形态特征： 一年生草本，高5～18（25）cm，或偶有稍稍升高。茎单出或自基部成丛发出，常基部分枝，圆筒状，常带紫晕。基生叶有柄，丛生，易衰落；茎生叶无柄，常为1～2对对生，卵状长圆形，羽状全裂，裂片5～7对，缘常反卷。花有短梗，对生或上部4枚密集轮生，下部1轮有时疏远；苞片多少叶状，三角形，3～7裂；萼膜质，常有红晕，钟形，脉10条；花冠之管约长于萼2倍，下唇宽大，约与盔等长，三角状心形，前方3裂至1/3处，中裂较小，三角状卵形，基部有柄，端作明显浅兜状，侧裂斜卵形，基部圆大，盔直立，上端约以直角转折向前，含有雄蕊的部分膨大而斜指前上方，顶端成为稍稍指向前下方而伸直的细喙。蒴果斜卵形。花期7～9月。

分布： 西藏产亚东、聂拉木、吉隆，海拔3600～4600m，分布量较多。云南西北部、四川西南部有分布。尼泊尔东部也有分布记录。

生境及适应性： 常生长于高山草甸及灌丛草地；喜光，喜冷凉，喜湿润，喜疏松肥沃土壤。

观赏及应用价值： 观花类。花色鲜艳奇特，花期较长，既可作为盆栽花卉应用，也可作为地被用于花境、花坛等布置。

中文名	**斑唇马先蒿**
拉丁名	*Pedicularis longiflora var. tubiformis*

基本形态特征： 沼泽型多年生低矮草本，高5～20cm，全身少毛。根单一或束生，几不增粗。叶披针形至狭披针形，羽状浅裂至深裂，具有胼胝体而常反卷的重锯齿，下部叶常多少膜质膨大，时有疏长缘毛，有时最下方之叶几为全缘。花均腋生，花冠黄色，长达5～8cm，管外有毛，喙长6mm，半环状卷曲，下唇宽大于长，中裂片较小，喉部具2个棕红色或紫褐色的色斑。花期5～10月，盛花期7～8月。

分布： 西藏多产色季拉山地区，海拔2700～4200m，西藏广布，分布量较多。云南西北部、四川西部有分布。沿喜马拉雅周围有分布记录。

生境及适应性： 常生长于高山草甸、沼泽、林缘湿地；喜冷湿，喜光，喜肥沃土壤。

观赏及应用价值： 观花类。斑唇马先蒿植株低矮、枝叶紧密，花色鲜艳，花期长，适于作为盆栽花卉应用，但由于其主要生长在沼泽中，且马先蒿属植物是具有叶绿素而又通过根寄生的半寄生草本，因此，目前无栽培应用报道。

中文名	**裹喙马先蒿**
拉丁名	*Pedicularis fletcherii*
别　名	阜莱氏马先蒿

基本形态特征： 一年生低矮草本，高20～40cm。根圆锥形木质化，有细支根。茎单条或多条丛生，直立，侧出茎常倾卧上升，粗壮，圆柱形，无毛，下部偶有分枝。茎下部叶少数且常早枯。叶片长圆状披针形，羽状全裂，裂片6～14对，有不整齐的锐齿，齿尖具胼胝体。花序短总状，苞片叶状；花梗长约15mm，萼筒筒形，被粗毛，前方开裂至1/4，厚膜质，齿2～4枚，常结合，叶状；花冠白色，长达3cm，宽1cm左右，下唇中央有紫红色晕；盔直立，略作镰状弯曲，额圆形，突然折向前下方成为短喙，喙长约3mm，2裂至额部，下唇大，长于盔并将盔包裹，3裂片先端常微凹。花期8～9月。

分布： 西藏产色季拉山地区，海拔3800～4500m，米林、昌都也产，分布量较多。喜马拉雅特有植物。不丹有分布记录。

生境及适应性： 常生长于高山草地、灌木林缘湿润处；喜冷凉，耐水湿，喜肥沃土壤。

观赏及应用价值： 观花类。裹喙马先蒿植株低矮，花冠形态独特，色彩层次感强，适于培育为盆栽花卉，也可在园林中的水边、湿地上进行配置。

中文名 **裹盔马先蒿**
拉丁名 *Pedicularis elwesii*
别　名 哀氏马先蒿

基本形态特征： 多年生草本，高10～20cm。根颈有膜质鳞片，具2～4条纺锤状肉质侧根，长可达25cm。茎单条或多条，不分枝，中空，密被短毛。基生叶成疏丛，柄具狭翅；叶片卵状矩圆形至披针状矩圆形，长4～16cm，宽10～25mm，羽状深裂至全裂，裂片每边10～20（30）对，再羽状浅裂或半裂，边缘有重锯齿；茎生叶较小，下面被白色肤屑状物。短总状花序；花萼长10～12mm，前方深裂至半，裂口膨胀，齿3，后方1枚很小，侧齿长5～6mm，上部膨大有深锯齿；花冠紫色到浅紫红色，长26～30mm，筒长8～10mm，盔常全部向右偏扭，喙自额部几以直角转折而指向前方后向下钩曲，下唇包裹盔部，缘有长毛；花丝均有毛。蒴果矩圆状披针形。花期7～8月。

分布： 西藏产吉隆、聂拉木、亚东、拉萨、加查、错那、米林、波密、察隅、八宿、洛隆、昌都、类乌齐、察雅及索县，海拔3200～5000m，分布量较多。云南西北至东喜马拉雅山区都有分布。不丹、印度至尼泊尔东部也有。

生境及适应性： 常生长于高山草地及阴坡杜鹃灌丛中；喜冷凉，喜疏松肥沃土壤，常半寄生于杜鹃花科植物根系上。

观赏及应用价值： 观花类。裹盔马先蒿花莛较高，有时达20cm，花序排列紧密，花期花色鲜艳，适于开发为盆栽或花境、花坛花卉。

中文名 **小裹盔马先蒿**
拉丁名 *Pedicularis elwesii* ssp. *minor*

基本形态特征： 本亚种植株较低矮，萼齿5枚明显不同，花茎常短缩可区分。

分布： 西藏产昌都地区东部怒江上游，海拔3800m，分布量中偏少。

生境及适应性： 常生长于高山草地丛中；喜冷凉，喜疏松肥沃土壤，常半寄生于杜鹃花科植物根系上。

观赏及应用价值： 观花类。应用同裹盔马先蒿，但植株低矮更适合做铺地地被。

中文名　**毛襄盔马先蒿**
拉丁名　*Pedicularis elwesii* var. *canesens*

基本形态特征： 本变种的不同在于萼片密被灰白色茸毛。

分布： 西藏产色季拉山地区，海拔4200～4500m，察隅也产，分布量中。西藏特有植物。

生境及适应性： 常生长于杜鹃花灌丛、金露梅灌丛中；喜冷凉，喜疏松肥沃土壤，常半寄生于杜鹃花科植物根系上。

观赏及应用价值： 观花类。应用同裹盔马先蒿。

中文名　**全叶美丽马先蒿**
拉丁名　*Pedicularis bella* f. *holophylla*

基本形态特征： 一年生低矮草本，丛生，连花梗高仅8cm。根略微木质化，长圆锥形，有分枝，长3～5cm，粗2～3mm。茎高仅0.1～3cm，被有白毛。叶因茎短而似全部集生基部，基部鞘状膨大，有疏毛；叶片卵状披针形，长1～1.5cm，全缘或偶有圆齿，密生短毛，背面毛较长而色较白，并有白色肤屑状物，上部之叶基部宽而长楔形，多少菱状卵形。花均腋生，1～14枚，花梗长3～7mm，密生长白毛；萼圆筒状钟形，长12～15mm，密生短白毛，前方开裂至1/3，主脉5条，次脉6～7条，较细，上部微由支脉串连成疏网，齿5枚；花冠为美丽的深玫瑰紫色，管色较浅；长28～34mm，外面有毛，近端处稍稍扩大以连于下唇与盔，盔多少镰状弓曲，前方又向前下方渐细成一多少卷曲的长喙；下唇很大，宽20～24mm，两侧卷包盔部，中裂长圆形至长卵形，侧裂斜椭圆形，宽约为中裂的4倍；雄蕊着生于花管之端，花丝两对均有毛。花期6～7月。

分布： 西藏产色季拉山地区，海拔4200～4500m，米林至昌都中部其他各县也产，分布量较多。西藏特有植物。此外，在米林至昌都一带的大区域范围中，也见有美丽马先蒿*P. bella*、绯色美丽马先蒿*P. bella* f. *rosa*、冠额美丽马先蒿*P. bella* f. *cristifrons*分布，但分布不及本种广泛。

生境及适应性： 常生长于杜鹃花灌丛、金露梅灌丛中或草甸上；喜冷凉，喜疏松肥沃土壤，常半寄生于杜鹃花科植物根系上。

观赏及应用价值： 观花类。全叶美丽马先蒿植株低矮，叶片密集成莲座状，花期花如杯状，花量大，色彩鲜艳，适于开发为小型盆栽或在庭院花坛中成片种植。目前无引种栽培报道。

中文名 **绯色美丽马先蒿**
拉丁名 *Pedicularis bella f. rosa*

基本形态特征： 此变型的叶因茎短而似全部集生基部，叶片卵状披针形，长1～1.5cm，钝头，羽状浅裂，裂片相近，圆形钝头，3～9对，有浅圆齿，两面密生短毛。花均腋生，1～14枚，与全叶美丽马先蒿相比花色为淡红色。花期8月。

分布： 西藏产亚东（帕里）、林芝及昌都地区南部，海拔4200～4400m，分布量中。

生境及适应性： 常生长于高山湿地及灌丛中；喜冷凉，喜疏松肥沃土壤。

观赏及应用价值： 观花类。应用同全叶美丽马先蒿。

中文名 **短盔草甸马先蒿**
拉丁名 *Pedicularis roylei var. bravigaleata*

基本形态特征： 多年生草本，高4～15cm，有时极低矮。根丛生或单条而多分枝，多少肉质而细。茎直立，单条或多条，基部有卵状鳞片。基生叶丛生，常稠密宿存，叶柄长1～6cm，茎生叶常（1）3～4枚轮生，叶柄长5～25mm，叶片披针状长圆形至卵状长圆形，长1～4cm，羽状深裂，裂片7～15对，有缺刻状锯齿，齿具胼胝体而反卷。花序常头状，萼钟状，前方微开裂，齿5枚，后方1枚最小，三角形，常全缘，其余均卵形而作羽状分裂，外面被毛；花冠紫红色，长15～20mm，花冠在近基部处向前方膝曲，近喉部稍扩大，盔额微高凸，有狭条的鸡冠状凸起，长仅下唇的一半或稍多；花丝无毛，下唇无缘毛，中裂钝圆或微凹。花期6～7月。

分布： 西藏产色季拉山地区，海拔4000～4500m，察隅、波密也产，分布量较多。云南、四川有分布。不丹有分布记录。此外，在4000～4200m一带分布的聚花马先蒿*P. confertiflora*和本种比较接近，但后者具长喙，且S形弯曲，易于区别。

生境及适应性： 常生长于沼泽草甸或灌丛中；喜冷凉，喜疏松肥沃土壤。

观赏及应用价值： 观花类。短盔草甸马先蒿植株低矮，花冠紫红色，形态清晰，适于作为微型盆栽应用。目前无栽培报道。

中文名	**毛盔马先蒿**
拉丁名	*Pedicularis trichoglossa*

基本形态特征： 多年生草本，高达30～60cm，偶有低矮而仅及13cm者。根须状成丛生于根颈的周围，后者下接鞭状根茎的顶部。茎不分枝，有沟纹，沟中有成条的毛，上部尤密。叶下部者最大，基部渐狭为柄，渐上渐小，无柄而抱茎，轮廓为长披针形至线状披针形，缘有羽状裂，端有重齿，长2～7cm，宽3～15mm，上面中脉凹沟中生有褐色密短毛，背面脉上有疏毛。花序总状，始密后疏，长6～18cm，轴有密毛；苞片不显著，线形，有齿至全缘，有密毛；花梗长达3mm，有毛；萼斜钟形而浅，长8～10mm，密生黑紫色长毛，齿5枚，三角状卵形，缘有齿而常反卷；花冠黑紫红色，其管在近基处弓曲，使花全部作强烈的前俯，下唇很宽，面向前下方，3裂，中裂圆形，侧裂与中裂两侧多少迭置，盔强大，背部密被紫红色长毛，由斜上的直的部分转而向下，然后再狭而为细长无毛且转指后方的喙；花柱后期多少伸出于喙端。花期7～8月。

分布： 西藏产色季拉山地区，海拔4000～4500m，聂拉木、亚东、加查、波密、米林、察隅、江达、昌都、比如、索县也产，分布量较多。青海、四川、云南有分布。尼泊尔、印度有分布记录。

生境及适应性： 常生长于沼泽草甸或灌丛中；喜冷凉，喜疏松肥沃土壤。

观赏及应用价值： 观花类。毛盔马先蒿花莛较高，最高可达25cm左右，花形奇特，适于种植于林缘、灌丛边，也适于培育成切花花卉。

中文名	**隐花马先蒿**
拉丁名	*Pedicularis crytantha*

基本形态特征： 多年生草本，高不及15cm。根茎短或伸长，节上有卵状膜质鳞片，下部有微肉质纺锤状膨大的根，长达6cm。茎极短缩，多分枝而呈密丛状，弯曲向上，近基部有长毛。下部叶片具长柄，叶柄沟内有密短毛；叶片长3～7cm，宽达2cm，卵状长圆形，羽状全裂，裂片7～12对，再羽状浅裂至半裂，小裂片2～5对，有具刺的重锯齿。花多生下部叶腋，10～20枚，有时在枝端呈总状，但为离心发育；苞片叶状，花梗纤细，长达2cm以上，萼筒圆形，被毛，萼5，后方1枚稍小，全缘，其他均为披针形，端略膨大而有齿，花冠长16～20mm，花黄色，管端扩大并向前膝曲，盔稍镰状弓曲，萼稍圆凸，下唇中裂圆形，基部有柄。花期5～8月。

分布： 西藏产色季拉山地区下缘，海拔3000～3200m，米林、波密、察隅也产。分布量较多。西藏特有植物。

生境及适应性： 常生长于林缘、林下或河岸湿润处；喜湿润，喜疏松肥沃土壤。

观赏及应用价值： 观花类。隐花马先蒿的生境类型多样，从林下、林缘、草地至河岸湿地均有分布，是色季拉山一带马先蒿属植物中开发利用难度最小的种类，适于作为花境花卉或在林下配置。

中文名 扭盔马先蒿
拉丁名 *Pedicularis davidii*

基本形态特征： 多年生草本，高30～70cm。根茎粗壮，根丛生，肉质，长达10cm，茎多数，有时密丛状，紫黑色，下部常有分枝，节多而近。基生叶早落，茎生叶3～4枚轮生，下部叶有短柄，叶片长圆状披针形，长3～7cm，羽状深裂至全裂，轴有窄翅，裂片5～10对，卵形至披针形，再羽状半裂，小裂片有具刺尖锯齿，近无毛。花序长达茎的1/2，花轮间有间断；花萼齿5枚，不等，齿内侧有密毛；花冠暗紫红色，长约15mm，花冠管直伸，盔在雄蕊部分的下部扭折，下缘有须缘毛，背线有丛毛，喙细长扭曲为半环状或S形，下唇有缘毛。花期6～7月。

分布： 西藏东南部和南部各县均产，海拔3000～3600m，分布量较多。西藏特有植物。

生境及适应性： 常生长于林下、灌丛、沟谷以及草甸的湿润处；喜阴凉，喜疏松土壤。

观赏及应用价值： 观花类。扭盔马先蒿叶丛密集，轮生叶轴，花暗紫红色，有一定的观赏价值，适于在风景林的林下、林缘配置。

鞭打绣球属 *Hemiphragma*

中文名 鞭打绣球
拉丁名 *Hemiphragma heterophyllum*
别 名 羊膜草

基本形态特征： 多年生铺散匍匐草本，全体被短柔毛。茎纤细，多分枝，节上生根，茎皮薄，老后易于破损剥落。叶2型；主茎上的叶对生，叶柄短，叶片圆形、心形至肾形，顶端钝或渐尖，基部截形、微心形或宽楔形，边缘共有锯齿5～9对，叶脉不明显；分枝上的叶簇生，稠密，针形，有时枝顶端的叶稍扩大为条状披针形。花单生叶腋，近于无梗；花萼裂片5，近相等，三角状狭披针形；花冠白色至玫瑰色，辐射对称，花冠裂片5，圆形至矩圆形，近相等，大而开展，有时上有透明小点；雄蕊4，内藏；花柱长约1mm，柱头小，不增大，钻状或2叉裂。果实卵球形，红色，近肉质，有光泽；种子卵形，浅棕黄色，光滑。花期4～6月，果期6～8月。

分布： 西藏产色季拉山，海拔3000～4000m，分布量中。我国云南、四川、贵州、湖北、陕西、甘肃及台湾也有分布。尼泊尔、印度、菲律宾也产。

生境及适应性： 多生于高山草地或石缝中。喜半阴，喜湿润，喜疏松土壤。

观赏及应用价值： 观花观果地被。植物低矮，匍匐性好，花娇小可爱，果实鲜亮可人，可用于水边阴湿角落与假山、石头等配置。

列当科 OROBANCHACEAE　列当属 *Orobanche*

中文名　**蓝花列当**
拉丁名　***Orobanche sinensis* var. *cyanescens***

基本形态特征： 多年生草本，高20cm，常寄生在菊科蒿属植物的根上，根不显著膨大。茎粗壮，具绵毛，茎基部稍膨大而具稠密轮生的鳞叶。茎生鳞片叶披针形至长圆状披针形，长10～15mm，宽3～5mm，全缘。穗状花序长5～10cm，苞片披针形，长13～16mm；萼筒明显，前后不等长，前对长约3mm，后对长约5mm，顶端具4裂片，前2枚裂片较宽短，后2枚裂片较狭长；花冠淡蓝紫色，全长约2cm，外面生微腺毛；花冠筒在花丝着生处稍缢缩，花冠上、下唇约等长，上唇全缘或微2浅裂，边缘具不规则小圆齿，下唇3枚裂片，边缘均有浅波状锯齿；花丝着生在花冠筒下部近1/4处，基部显著被柔毛；雄蕊不伸出花冠。蒴果2片裂。花期6～7月。

分布： 西藏产色季拉山地区，海拔3000～3200m，昌都、八宿、米林也产，分布量较多。中国特有植物，四川西北部也有分布。

生境及适应性： 常生长于蒿属植物草丛中；喜阴凉，耐干旱，喜深厚的沙质土壤。

观赏及应用价值： 观花类。蓝花列当花序大型，花浅蓝紫色，有一定的观赏价值，适于结合蒿属花卉的布置而应用。此外，蓝花列当是藏药药源植物之一，全草具有止血功效，适于结合药材生产进行规模化培育。

苦苣苔科 GESNERIACEAE
珊瑚苦苣苔属 *Corallodiscus*

中文名　**光萼石花**
拉丁名　***Corallodiscus flabellatus* var. *leiocalyx***

基本形态特征： 多年生草本。叶均基生，多数，呈莲座状，叶片长5.5cm，外部叶片具柄，柄长1～2cm，内部叶片无柄；叶片革质，菱状宽倒卵形或扇状菱形，长宽均1～2cm，边缘有小齿，齿尖有时具软骨质齿尖，表面疏被长柔毛，叶脉在上面凹陷，背面显著隆起，叶背沿脉密被淡褐色绵毛。花莛1～7条，高约7cm，上部与花梗、花萼无毛，聚伞花序有密集的花；花萼长约2.5mm，5深裂近基部，裂片狭卵形；花瓣蓝紫色，冠筒筒状，内面密被柔毛，能育雄蕊4枚，内藏，退化雄蕊1枚。蒴果线形，长1cm左右，顶端有时具头状腺体。花期7月。

分布： 西藏产色季拉山地区，海拔3000～3100m，昌都、波密、米林、错那也产，分布量较多。西藏特有植物。

生境及适应性： 常生长于高山栎林中石上；极耐贫瘠，耐干旱，喜弱碱性土壤。

观赏及应用价值： 观花类。光萼石花植株低矮，叶片上叶脉清晰，伞形花序紧凑，花量大，花冠上条纹清晰美丽，且耐低温，适于开发为盆栽花卉；同时，由于其仅生长在岩石上，耐旱性极强，是屋顶绿化的较佳材料。

中文名 **卷丝苣苔**
拉丁名 *Corallodiscus kingianus*

基本形态特征：多年生草本。根状茎短而粗。叶全部基生，莲座状，外部的具柄；叶片革质，菱状狭卵形或卵状披针形，长2～9cm，宽1.4～3cm，顶端锐尖，基部楔形，边缘向上面稍卷曲，具不整齐细锯齿或近全缘，下面密被锈色毡状绵毛，侧脉每边4～5条；叶柄宽，扁平。聚伞花序（2）～3次分枝，2～6条，每花序具（5）7～20花；花序梗长6.5～17cm；苞片不存；花冠筒状，淡紫色或紫蓝色，外面无毛，内面下唇一侧具淡褐色髯毛和两条深褐色斑纹；筒长8～12mm，上唇2裂，裂片半圆形，下唇3裂，裂片卵圆形或近圆形。蒴果长圆形，长约2cm。花期6～8月。

分布：西藏产亚东、日喀则、南木林、拉萨、朗县、萨迦、泽当、隆子、左贡、察雅、贡觉、边坝等地，海拔3200～4900m，分布量较多。

生境及适应性：常生长于山坡陡崖或岩石上；较耐贫瘠，耐干旱，喜弱碱性土壤。

观赏及应用价值：观花类。应用同光萼石花，且蓝紫色更鲜艳，花朵更密集美丽。

爵床科 ACANTHACEAE 翅柄马蓝属 *Pteracanthus*

中文名 **变色马蓝**
拉丁名 *Pteracanthus versicolor*

基本形态特征：半灌木。茎下部木质化，多分枝，高20～120cm，稀被微伏毛，后光滑无毛。叶卵形或椭圆状卵形，有时近圆形，茎中部的叶长5～9cm，宽4～6cm，先端锐尖至尾状渐尖，基部宽楔形，骤狭下延成具翅的叶柄，边缘有粗大的锯齿，两面略被微柔毛及密布明显的细条状钟乳体；侧脉4～6对，叶柄长（1）1.5～3cm。花近无梗，1～3朵成紧缩的聚伞花序，此花序在小枝上组成偏向一侧的穗状花序；苞片叶状，长于花萼，小苞片微小，线形，长约4mm；花萼长1.5cm，5深裂几达基部，裂片线形，外密被细条状钟乳体；花冠白色至蓝色，长约3.5cm，冠管自基部向上扩大成钟状圆柱形，并作直角弯曲，圆柱形冠管与膨胀部分几等长，冠檐5裂，短小，圆形。花期6～7月。

分布：西藏产色季拉山地区东坡下缘排龙至通麦一带，海拔2000～2500m，吉隆、樟木、亚东也产，分布量较多。中国特有植物，云南有分布。

生境及适应性：常生长于阔叶林下、路边护坡上；喜温暖，喜阴，稍耐贫瘠。

观赏及应用价值：观花类。变色马蓝植株之灌丛直径达1～2m，花期花量较多，在原生地或铺散地面，或垂挂路边陡坡，或成片生长在林下、林缘，花期非常醒目，适于在风景林下、林缘或墙隅、假山石缝隙间点缀，适当修剪后也可进行盆栽观赏。

中文名　**翅柄马蓝**
拉丁名　*Pteracanthus alatus*

基本形态特征： 半灌木。茎多数，纤弱，自木质化横走且在节上生根的根茎生出，四棱形。叶卵圆形或椭圆状卵形，茎中部的叶长3～8cm，宽2～3cm，先端长渐尖，基部下延成具翅的叶柄，边缘具圆齿状锯齿，两面略被微柔毛及细条状钟乳体；侧脉5～6对，清晰，叶柄长1.5cm。穗状花序偏向一侧，通常"之"字形弯曲，花单生或成对靠近，无梗；苞片叶状，向上变小，小苞片微小，线状长圆形；花萼长1.5cm，5深裂几达基部，裂片线形，先端钝，外密被细条状钟乳体；花冠淡紫色或蓝紫色，近于直伸，长约3.5cm，圆柱形冠管与膨胀部分几等长，冠檐5裂，短小，圆形。花期8～9月。

分布： 西藏产色季拉山地区东坡下缘排龙至通灯一带，海拔2000～2500m，樟木、错那也产，分布量较多。云南、广西、贵州、四川、湖南、湖北有分布。尼泊尔至不丹也有分布记录。

生境及适应性： 常生长于山坡竹林边缘；喜温暖，喜半阴，喜肥沃土壤。

观赏及应用价值： 观花类。园林用途同变色马蓝，且翅柄马蓝叶面较后者光滑，花序花量也大于后者，而且本种的地下根茎发达，易于无性繁殖，应用前景更好。

桔梗科 CAMPANULACEAE　党参属 *Codonopsis*

中文名　**长花党参**
拉丁名　*Codonopsis thalictrifolia* var. *mollis*

基本形态特征： 多年生草本，根常肥大呈胡萝卜状，长达20cm。茎直立或上升，高15～30cm，侧枝基生于主茎基部，不育。叶在主茎上的互生，在侧枝上的对生，叶柄极短近无，叶片近圆形，边缘具钝齿或近全缘。花单生主茎顶端，主茎长10～50cm，密被刚毛，花萼贴生于子房中部，筒部半球状，裂片间弯曲宽钝，裂片全缘，长6～7mm，边缘常反卷，外面无毛；花冠管长管状，淡蓝色，长达5cm，檐部直径近1cm，浅裂；子房无上位腺体。花期7～8月。

分布： 西藏产色季拉山地区，海拔3800～4500m，拉萨、林周、米林、加查、聂拉木也产，分布量较多。喜马拉雅特有植物，尼泊尔、印度有分布记录。

生境及适应性： 常生长于草甸、灌丛中或岩石缝隙中；喜冷凉，耐严寒，喜疏松肥沃土壤。

观赏及应用价值： 观花类地被植物。长花党参耐严寒，基部具密集的侧枝，常成片簇生，花期细长的主茎上垂挂小花，如风铃悬挂，是一种极好的高山草甸、流石滩生态恢复工程建设中的地被植物，其肥大的胡萝卜状主根也能够深入土壤或岩石缝隙中，起到固定作用。

中文名　臭党参
拉丁名　*Codonopsis foetens*

基本形态特征： 多年生草本。根直径近1cm，长10～15cm，茎数条从同一根系上生长，上升，纤细或稍粗壮，直径1.5～3mm，高20～40cm，被极稀疏长柔毛，下部聚生许多不育枝。叶在主茎上互生，大部分是黄色的鳞片状叶，近在中部以上具少数几枚绿色的正常叶；在分枝上的对生或近于对生，全部非鳞片状叶有长约2mm的短柄，叶片心状圆形或心状卵圆形，基部浅心形，顶端钝，全缘，两面密被长硬毛。花单生茎顶，下垂；花萼仅贴生至子房的中部，筒部半球状，裂片之间在基部衔接或有间隔，裂片卵状长圆形至披针形，全缘，两边常反卷，密被短硬毛，花冠钟状或宽钟状，淡蓝色，具暗紫色脉，长2～3cm，裂片近于圆形，花丝无毛。花期7～8月。

分布： 西藏产色季拉山地区，海拔3800～4500m，亚东、错那、波密也产，分布量较多。喜马拉雅特有植物，印度有分布记录。

生境及适应性： 常生长于草甸、灌丛中或岩石缝隙中；喜冷凉，耐严寒，耐瘠薄。

观赏及应用价值： 观花类地被植物。本种花有些臭味，但花型较大，观赏效果好，檐部直径达2～3cm，园林用途同长花党参。

中文名　辐冠党参
拉丁名　*Codonopsis conovolvulacea* ssp. *vinciflora*

基本形态特征： 多年生草质藤本。根球状至卵球状，长2.5～5（8）cm，直径1～2cm，表面灰黄色。茎缠绕，不分枝或有少数分枝，纤细，最长可达1m以上，粗约3～4mm；叶膜质，在基部密集聚生在茎上均匀分布，叶卵形至长圆状披针形，长2～5cm，宽0.5～2cm，叶柄长0.5～1.6cm，边缘有波状疏锯齿。花单生于主茎及侧枝顶端，花梗长2～12cm；花冠蓝色至蓝紫色，辐状5全裂，裂片椭圆形，具显著的深蓝色脉纹，顶端急尖；花丝基部宽大，内密被长柔毛。花期8～10月。

分布： 西藏产色季拉山地区，海拔3000～3500m，波密、米林、索县、林周、拉萨、南木林也产，分布量较多。中国特有植物，云南、四川有分布。

生境及适应性： 常生长于灌丛、草地中；喜光，耐寒，不耐水湿，喜疏松肥沃土壤。

观赏及应用价值： 观花类。辐冠党参花期花量大，花径5～6cm，可考虑作为攀缘类花卉栽培。但在近年的栽培实验中发现，其主茎过于纤细，难以人为绑扎，可以附着在较低矮的花架或山石上，效果较好，或者直接作为草坪面植水平攀爬观赏，较具野趣。

中文名　光萼党参
拉丁名　*Codonopsis levicalyx*

基本形态特征： 多年生草质藤本，根胡萝卜状，长10～35cm。茎缠绕，长达2m，直径2～3mm，主茎明显，侧枝长达15cm左右。叶片厚纸质，卵形或卵状披针形，基部长楔形，在基部对生，在主茎及分枝上部则互生，叶柄长1cm，主茎上叶片长5～8cm，叶全缘，稀具锯齿。花梗长达10cm，花萼无毛，贴生于子房中部，花管状钟形，檐部直径达4～5cm，黄绿色，有明显的紫色脉。花期7～8月。

分布： 西藏产色季拉山地区，海拔2800～3500m，分布量较多。中国特有植物，四川有分布。

生境及适应性： 常生长于林缘灌丛中，波密也产；喜光，耐半阴，稍耐贫瘠。

观赏及应用价值： 观花类。园林用途同辐冠党参，但花色不及后者鲜艳，观赏效果有所减弱。

蓝钟花属 *Cyananthus*

中文名　蓝钟花
拉丁名　*Cyananthus hookeri*

基本形态特征： 多年生草本。茎通常数条丛生，近直立或上升，长3.5～20cm，疏生开展的白色柔毛，有短分枝，分枝长1.5～10cm。叶互生，花下数枚常聚集呈总苞叶状；叶片菱形、卵形或菱状三角形，先端钝，基部宽楔形变狭成叶柄，边缘有少数钝齿，两面被疏柔毛。花小，单生茎和分枝顶端，几无梗；花萼卵圆状，裂片常4枚，两面生柔毛；花冠紫蓝色，外面无毛，内面喉部密生柔毛，裂片常4，倒卵状矩圆形，柱头4裂。蒴果卵圆状。花期8～9月。

分布： 西藏产南木林、隆子、索县、比如、巴青、墨竹工卡等地，海拔2700～4700m，分布量较多。云南、四川、青海、甘肃有分布。尼泊尔、印度也产。

生境及适应性： 常生长于林缘、山坡草地和沟边；喜冷湿，稍耐阴，不耐瘠薄。

观赏及应用价值： 观花类地被植物。植物低矮，覆盖效果好，花期花朵繁茂，可用作地被、高山岩石园或通过适当的选育作为迷你盆栽。

中文名 **灰毛蓝钟花**
拉丁名 *Cyananthus incanus*

基本形态特征： 多年生草本。茎基粗壮，顶部具有宿存的卵状披针形鳞片。茎多条并生，不分枝或下部分枝，被灰白色短柔毛。叶自茎下部而上稍有增大，互生，仅花下4或5枚叶子聚集呈轮生状；叶片卵状椭圆形，长4～6（8）mm，宽1.5～4mm，两面均被短柔毛，边缘反卷，有波状浅齿或近全缘，有短柄。花单生主茎和分枝的顶端，花梗长0.4～1.3cm，生柔毛；花萼短筒状，花期稍下窄上宽，果期下宽上窄，密被倒伏刚毛以至无毛，裂片三角形；花冠蓝紫色或深蓝色，为花萼长的2.5～3倍，外面无毛，内面喉部密生柔毛，裂片倒卵状长矩圆形，约占花冠长的2/5。蒴果超出花萼。花期8～9月。

分布： 西藏产亚东、南木林、错那、索县、察隅、芒康等地，海拔3100～5350m，分布量中。我国云南、四川、青海也有分布。尼泊尔、印度、不丹也产。

生境及适应性： 常生于高山草地、灌丛草地、林下、路边及河滩草地中；喜冷凉，稍耐阴，耐严寒，喜疏松肥沃土壤。

观赏及应用价值： 观花类地被植物。应用同蓝钟花。

中文名 **大萼蓝钟花**
拉丁名 *Cyananthus macrocalyx*

基本形态特征： 多年生草本。根状茎粗壮，顶端密被鳞片。茎数条并生，高5～10cm，不分枝。叶自下而上逐渐增大，花下4或5枚聚集轮生；叶菱形、近圆形或匙形，宽5～7mm，两面密生伏毛，边缘疏具锯齿。单花顶生，花梗长4～10mm，花萼在花后显著膨大，脉络突起，花冠黄色，长2～3cm，内面喉部密生长毛。花期7～8月。

分布： 西藏产色季拉山地区，海拔4000～4500m，分布量较多。中国特有植物，云南、四川、青海、甘肃有分布。

生境及适应性： 常生长于林缘草坡、高山草地和灌丛；喜冷湿，稍耐阴，不耐瘠薄。

观赏及应用价值： 观花类地被植物。大萼蓝钟花植株低矮，基部茎数条并生如丛生态，能够有效覆盖裸露地面，且其分布海拔高，极耐寒，尤其适宜于在高海拔区域的高山草甸、流石滩生态恢复工程建设中应用；通过适当的选育，也可培育盆栽型品种。

中文名 **裂叶蓝钟花**
拉丁名 *Cyananthus lobatus*

基本形态特征：多年生草本，茎高10～40cm。根茎粗壮，顶端密被鳞片。叶近革质，倒长圆形或近卵形，长1.8～2.5cm，宽1～1.3cm，背面被疏柔毛或近无毛，具粗齿或通常先端有3～5尖裂，基部楔形渐狭成柄。花单生茎顶，斜伸或略下垂；花梗和花萼被黑色疏硬毛，花梗长1～3cm；花萼圆柱状钟形，裂片三角状披针形，锐尖，为全长的1/3，密被黑色或褐色刚毛；花冠管状钟形，长3～4cm，深蓝色，裂片宽卵形，开展，檐部直径达3cm，喉部内面密被毛。花期8～9月。

分布：西藏产色季拉山地区，海拔4000～4500m，亚东、米林也产，分布量较多。云南有分布。尼泊尔、印度有分布记录。

生境及适应性：常生长于林缘草坡、高山草地和灌丛；喜冷湿，不耐炎热，稍耐阴。

观赏及应用价值：观花类。裂叶蓝钟花盛花期檐部直径达3cm，花色深蓝，常成片分布在色季拉山海拔4000～4500m一带的林缘草坡上，而且其叶片近革质，光亮，兼备一定的观叶功能，适于培育为盆栽花卉进行观赏。

沙参属 *Adenophora*

中文名 **川藏沙参**
拉丁名 *Adenophora liliifolroides*

基本形态特征：多年生草本，具胡萝卜状主根。茎常单生，不分枝，高达1m，常被长硬毛，稀无毛。茎生叶卵形至线形，互生或近轮生，边缘具疏齿或全缘，长2～11cm，宽0.4～3cm，背面常有硬毛。花序常有短分枝，组成狭圆锥花序，有时全株仅数朵花；花萼无毛，裂片钻形，全缘，长3～5mm，稀具瘤状齿；花冠筒钟状，长8～12mm，淡蓝色，先端5浅裂，裂片边缘波状，柱头明显伸出花冠1倍以上。花期7～8月。

分布：西藏产色季拉山地区，海拔3000～3200m，加查、米林、波密、索县、比如、昌都、江达、察雅也产，分布量较多。中国特有植物，四川、甘肃、陕西有分布。

生境及适应性：常生长于林缘、水沟边；喜半阴，喜湿润，在疏松肥沃的土壤上生长良好。

观赏及应用价值：观花类。川藏沙参的花较小，但大型花序的花量大，适于作为林缘或水沟边配置，但花期植株管理困难，花序不够紧凑，有待进一步改良提高群体观赏价值。

风铃草属 *Campanula*

中文名 **西南风铃草**
拉丁名 ***Campanula colorata***

基本形态特征： 多年生草本。根胡萝卜状，植株全体被硬毛。茎单一，稀2枝，更少为数枝从同一根上发出，上升或直立，高达60cm。茎下部叶有柄，上部叶无柄，叶片椭圆形、菱状椭圆形或矩圆形，长1～4cm，宽0.5～1.5cm，上面叶脉明显下凹且被贴伏刚毛，下面仅叶脉有刚毛或密被硬毛。花下垂，顶生于主茎花着生于主茎及分枝的顶端，下垂，有时组成聚伞花序；裂片三角形至钻状三角形；花冠紫色或蓝紫色、蓝色，管状钟形，长8～15mm，分裂达1/3～1/2，花柱内藏于花冠筒内。花期7～8月。

分布： 西藏产色季拉山地区，海拔3000～3200m，札达、聂拉木、亚东、南木林、拉萨、加查、错那、昌都、波密、察隅、贡觉均产，分布量较多。四川、云南、贵州有分布。阿富汗、印度、老挝、越南也有分布记录。

生境及适应性： 常生长于路边、山坡草地或岩石缝隙中；喜光，耐贫瘠，稍耐干旱。

观赏及应用价值： 观花类。西南风铃草花形别致，花色紫色至蓝色，具有一定的观赏价值，但花小、单株花量少，需要借助于人工选育才能达到较好的观赏效果。此外，西南风铃草的主根是中草药的重要药源植物。

茜草科 RUBIACEAE 野丁香属 *Leptodermis*

中文名 **管萼野丁香**
拉丁名 ***Leptodermis tubicalys***

基本形态特征： 灌木，高约2m，有时达3m。小枝圆柱状，细瘦，被2列茸毛。叶膜状纸质或近膜质，阔卵形至披针形，有时椭圆形，长通常1～5cm，宽0.5～15cm，顶端钝尖或渐尖，基部楔尖或微下延，干时常变黑色或铁灰色，两面被贴伏的白色长茸毛；侧脉纤细，每边4～5条，上面不明显，下面微隆起；叶柄长0.3～0.8cm，被柔毛；托叶近三角形或长三角形，顶端具硬尖，基部疏被柔毛。花无梗，3～5（15）朵簇生枝顶，呈假头状；小苞片2，基部1/3合生，裂片三角形；萼管无毛，裂片5；花蕾顶部被白色硬毛；花冠管阔漏斗形，长11mm，白色、淡粉红色、紫色同时共存同一花枝，干时变黑色，里面喉部被一环白色长柔毛，裂片5，阔卵状三角形，长约4mm，两侧边缘薄，内折，顶端内折呈喙状。花期6～8月。

分布： 西藏产色季拉山地区东坡下缘，海拔2050～2800m，亚东、错那、朗县、察隅也产，分布量较多。西藏特有植物，模式标本采自亚东。

生境及适应性： 常生长于林缘、灌丛中或路边；喜温暖，耐半阴，喜肥。

观赏及应用价值： 观花类。管萼野丁香花期花量大，最多达15朵簇生枝顶，而且，花期花白色、淡粉红色、紫色三种颜色花同时共存同一花枝，甚是美丽，适于作为花灌木栽培。同时，其植株小枝萌生能力强，也适于作整形花灌木或盆景。

中文名　枝刺野丁香
拉丁名　*Leptodermis pilosa* var. *acanthoclada*

基本形态特征： 灌木，通常高0.7~2m。枝近圆柱状，小枝多而密集，先端常枝刺状；嫩枝被短茸毛或短柔毛，老枝无毛，覆盖片状纵裂的薄皮。叶纸质，偶有薄革质，形状和大小多有变异，长0.5~2.5cm，宽达1.5cm，两面被稀疏至很密的柔毛或下面近无毛，通常有缘毛；侧脉每边3~5条，下面稍凸起或不明显；托叶基部阔三角形，顶端骤尖，具短尖头。聚伞花序顶生和近枝顶腋生，通常有花3朵，有时5~7朵；小苞片干膜质，透明，2/3~3/4合生，分离部分钻状渐尖，具短尖头，有脉纹，被缘毛；萼管长裂片5；花紫红色、白色或外面紫红色、内面白色，花冠漏斗状，管长9~10（15）mm，外面密被短茸毛，内面被长柔毛，裂片5，阔卵形；花柱通常有5个丝状的柱头，有时3或4个，长柱花的伸出，短柱花的内藏。花期6~8月。

分布： 西藏产色季拉山地区，海拔3000~3200m，察隅、八宿、隆子、加查、朗县和米林也产，分布量较多。中国特有植物，四川也有分布。

生境及适应性： 常生长于灌丛、次生林林缘以及河滩草地上；喜光，喜湿润，耐干旱，耐贫瘠。

观赏及应用价值： 观花类。枝刺野丁香花期花量大，常密集开放于枝上，而且，花期紫红色、白色或外面紫红色、内面白色的花同时共存同一花枝，甚是美丽，适于作为花灌木栽培或作整形花灌木和树桩盆景；缺点是枝刺过多，野生条件下观赏效果不及管萼野丁香。

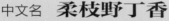

中文名　柔枝野丁香
拉丁名　*Leptodermis gracilis*

基本形态特征： 灌木，通常高1.5~2m。枝近圆柱状，细长，常俯垂，灰白色，被短柔毛；叶对生，纸质，椭圆形至卵状椭圆形，长1.4~3.5cm，宽5~13mm，顶端短尖，基部楔形，多少下延，上面深绿色，下面淡苍白色；托叶长骤尖。聚伞花序顶生或在小枝上部腋生，总花梗明显；花无柄，2~3朵簇生；苞片狭椭圆状披针形，短尖；小苞片2，基部以上1/2~3/4合生，具短尖，3脉明显；萼管具5棱，先端裂片5，长圆形，顶端圆或近于平截，被缘毛；花紫红色、白色或外面紫红色、内面白色，窄漏斗形，管纤细，长达2cm，里面基部以上被柔毛，雄蕊5，着生在冠筒喉部，花药无柄，内藏；花柱纤细，柱头3（4）。花期7~8月。

分布： 西藏产色季拉山地区，海拔3000~3500m，波密、察隅、墨脱也有分布，分布量较多。西藏特有植物。

生境及适应性： 常生长于林缘灌丛中；喜半阴，喜湿润，稍耐干旱。

观赏及应用价值： 观花类。柔枝野丁香枝条柔软俯垂，花期花密集，紫红色、白色或外面紫红色、内面白色的各色花开满枝条，观赏效果较好；园林用途同前者，植株自然形态优于枝刺野丁香，最适于在需要垂挂枝条覆盖的园林绿地上应用。

中文名 **西南野丁香**
拉丁名 *Leptodermis purdomii*
别　名 甘肃野丁香

基本形态特征： 灌木；小枝纤长，嫩部被微柔毛，很快变无毛。叶簇生，纸质，线状倒披针形，顶端钝，基部渐狭，边缘明显背卷，两面无毛，叶脉不明显；托叶卵形。花无柄或近无柄，于枝顶簇生；小苞片2片，膜质，透明，卵形，对生，基部合生，背部有龙骨状突起，顶端骤然短尖，比萼短，几无毛，有白色针状线条；萼管无毛，裂片5，革质，长圆状卵形，顶端三角状短尖，被缘毛；花冠粉红色，狭漏斗形，管纤细，微弯，喉部稍扩大，外面密被柔毛，里面疏被长柔毛，裂片5，卵状披针形，长约2mm，顶端稍钝，两面疏被柔毛；雄蕊5，生冠管喉部，花药线形，长约2mm，长柱花的内藏，短柱花的略伸出；花柱纤细，长柱花伸出，短柱花伸达中部，柱头5裂，裂片线形。花期7～8月。

分布： 西藏产昌都、朗县、米林、林芝、察隅等地，海拔2500～3150m，分布量较多。我国特有植物，甘肃南部和四川松潘也有分布。

生境及适应性： 常生长于林缘灌丛中；喜半阴，喜湿润，稍耐干旱。

观赏及应用价值： 应用同枝刺野丁香。

忍冬科 CAPRIFOLIACEAE　接骨木属 *Sambucus*

中文名	**血莽草**
拉丁名	*Sambucus adnata*
别　名	血满草

基本形态特征： 多年生直立草本，高1～2m。根细长，圆柱形，横生，具多数须根。茎髓心白色或带红色，节明显，折断后常流出红色汁液。奇数羽状复叶对生，有突起的成对腺体；小叶片3～11枚，长8～16cm，宽4～7cm，顶端常1枚较大，卵形，两侧小叶均为矩状披针形以至矩卵形，先端渐尖以至长渐尖，边缘有细锯齿，基部平钝或阔楔形，两侧小叶基部均不对称，两面均疏被粗毛，下面色浅，侧脉羽状；上部小叶或至少最上面一对小叶基部相互连合，顶端小叶基部也常与下面2对小叶相连；小叶的托叶退化成瓶状突起的腺体。大型聚伞花序顶生，各级花梗红色，花小，繁密，有恶臭，花冠由红色逐渐向白色渐变，花间常杂有黄色杯状腺体；雄蕊5，与花冠裂片互生，花药黄色；柱头3裂。浆果状核果近球形，血红色。花期5～8月，果期8～10月，最佳观花期7～8月，最佳观果期9月。

　　此外，在色季拉山东坡下缘排龙至通麦一带还产接骨草 *S. chinensis*，后者植株更高大，花果期基部叶常脱落，小叶片的托叶不具退化成瓶状突起的腺体，具杯形不孕花，根非红色等，可以区别。

分布： 西藏产色季拉山地区，海拔3000～3600m，吉隆、聂拉木、亚东、错那、朗县、米林、波密、芒康也产，分布量较多。云南、贵州、四川、青海、甘肃、宁夏、陕西也有分布。尼泊尔、印度有分布记录。

生境及适应性： 成片生长于沟边、林下、灌丛中或农田围护栏的边缘潮湿处；喜湿润，耐贫瘠，抗性强。

观赏及应用价值： 观花、观果类。血莽草植株高大，花在蕾期红色，花期花色由淡红色向白色渐变，果期果实血红色，花序、果序直径达20cm，观赏价值很高，适于在风景林林缘、水景区、园林护栏边等成片应用；缺点是本种植物常具不适气味，不宜种植于重要或较封闭的景观节点。同时，血莽草是藏药的药源植物之一。

莛子藨属 *Triosteum*

中文名 **穿心莛子藨**
拉丁名 ***Triosteum himalayanum***

基本形态特征： 多年生草本，高40～80cm。茎通常单一，稀顶部具分枝，全体密被长刺毛和腺毛，单叶，5～7对交互对生，相对之叶基部连合而使连合的两叶呈莒履形，茎贯穿其中，每侧叶片倒卵形，顶端渐尖，上面密被长刺毛，下面脉上较密。轮伞穗状花序顶生，2～5轮，每轮有花6朵，花冠黄绿色，筒内紫褐色；花冠管基部弯曲且一侧膨大成囊状，先端二唇形，不等4/1式5裂，长达16mm；雄蕊5，着生于花冠筒中部。浆果状核果，先期绿色，成熟后红色，直径1～1.5cm，具3核。花期5～6月，果期6～10月。

分布： 西藏产色季拉山地区，海拔2800～3500m，吉隆、聂拉木、亚东、朗县、米林也产，分布量较多。云南、四川、青海、甘肃、陕西、湖北有分布。尼泊尔、印度有分布记录。

生境及适应性： 常生长于针叶林下、灌丛、湿润山坡和沟谷中；喜半阴，稍耐贫瘠，耐寒。

观赏及应用价值： 观果类。穿心莛子藨是我国原产的莛子藨属植物中果量、直径最大的物种，其花序总梗极度短缩，果期果实鲜红，如红宝石成层叠放在莒履状顶生叶片上，非常醒目，适于在林下、水沟边成片布置观果；缺点是植株茎通常单一，无法形成紧密的叶丛，在花境配置中却可以单独应用。最佳观果期9月。

荚蒾属 *Viburnum*

中文名 **甘肃荚蒾**
拉丁名 ***Viburnum kansuense***

基本形态特征： 落叶灌木，有时小乔木状，高达3m。当年生小枝略带四角状，2年生小枝灰色或灰褐色，近圆柱形，散生皮孔。冬芽具2对分离的鳞片。叶纸质，宽卵形至矩圆状卵形，长3～5（8）cm，中3裂至深3裂或左右二裂片再2裂，掌状3～5出脉，各裂片均具不规则粗牙齿，下面脉上被长伏毛，脉腋密生簇状短柔毛；叶柄紫红色，长1～2.5（4.5）cm，基部常有2枚钻形托叶。复伞形聚伞花序直径2～4cm，被微毛，总花梗长2.5～3.5cm，第一级辐射枝5～7条，花生于第二至第三级辐射枝上；萼筒紫红色，无毛，萼檐浅杯状；花冠淡红色至白色，辐状，裂片近圆形，基部狭窄，长宽各约2.5cm，稍长于筒，边缘稍啮蚀状；雄蕊略长于花冠，花药红褐色。果实红色，椭圆形或近圆形。花期6～7月，果熟期9～10月。

分布： 西藏产色季拉山地区，海拔3000～3600m，工布江达、波密、昌都也产，分布量较多。中国特有植物，甘肃、陕西、四川、云南有分布。

生境及适应性： 常生长于林缘、林下或灌丛中；喜光，稍耐阴，耐贫瘠。

观赏及应用价值： 观花、观果类，观果价值更高。甘肃荚蒾花期花序直径达2～4cm，同时，叶似枫叶，秋季血红色，且硕果累累，缀满小枝，常使整个小枝下垂或倾伏，观赏价值高，适于在园林中成片种植，营造秋景。

中文名　**蓝黑果荚蒾**
拉丁名　*Viburnum atrocyaneum*

基本形态特征： 常绿灌木，高可达3m。幼枝初时带紫色，后变浅灰黄色，连同冬芽和花序初时略被簇状微毛或近无毛。叶革质，卵状圆形至卵状披针形，长3～10cm，顶端尖或渐尖，稀钝，常有小尖凸，基部宽楔形，两侧稍不对称，边缘常疏生不规则小尖齿，上面深绿色有光泽，下面苍白绿色，侧脉5～8对，羽状，近叶处网结，上面凹陷；叶柄长6～12mm。聚伞花序顶生或腋生，直径2～6cm，果时可达8cm，总花梗长2～6cm，第一级辐射枝5～7条，花通常生于第二级辐射枝上，有长2～3mm的花梗；花冠白色，辐状，直径约5mm，裂片卵圆形，略长于筒；雄蕊5，稍短于花冠，花药卵圆形。果实成熟时亮蓝黑色。花期5～6月，果期9月至翌年3月。

分布： 西藏产色季拉山地区下缘东久至通麦，海拔2000～2500m，波密、米林、察隅也产，分布量较多。云南、四川、贵州有分布。印度、不丹、缅甸、泰国有分布记录。

生境及适应性： 常生长于阔叶林之林窗、林缘；喜温暖，喜光，也耐半阴，稍耐贫瘠。

观赏及应用价值： 观果类。蓝黑果荚蒾叶片常绿，果序大型，亮丽的蓝色果实生长在红色的果梗上很是醒目，观赏期可长达翌年3月，是一种优良的盆栽观果植物。最佳观果期10月至翌年2月。

中文名　**西域荚蒾**
拉丁名　*Viburnum mullaha*

基本形态特征： 落叶灌木或小乔木，高可达4m。当年生小枝有棱角或略呈四方形，近无毛，2年生小枝紫褐色，无毛。冬芽长约5mm，外被短伏毛。叶纸质，卵形至卵状披针形，长6～10cm，顶端尾状长渐尖，基部宽楔形至圆形或微心形，除边缘基部外有疏离的锯齿，齿端具芒尖，上面近无毛或仅中脉有毛，下面密被簇状毛，侧脉（5）6～8对，直达齿端，连同横列小脉下面凸起；叶柄长1～2.5cm；无托叶。复伞形聚伞花序直径约6cm，顶生，总花梗长（0.4）1.5～2.5cm，第一级辐射梗5～7条，花生于第二至第四级辐射梗上；花冠白色，辐状，筒长约1.5mm，裂片圆卵形，长约等于筒，顶圆形；雄蕊短于花冠裂片；花柱极短。果实红色，阔椭圆形，直径5～7mm；果核具1条浅腹沟和2条浅背沟。花期7月，果期9～11月。

分布： 西藏产色季拉山地区东坡下缘排龙至通麦，海拔2300～2700m，墨脱、察隅、波密、错那、亚东也产，分布量较多。云南有分布。印度、尼泊尔有分布记录。

生境及适应性： 常生长于山坡针阔叶混交林中；喜温暖，稍耐半阴，喜肥。

观赏及应用价值： 观花、观果类，观果价值更高。西域荚蒾复伞形聚伞花序直径约6cm，花期植株上花团簇簇，果期硕果累累，果序直径达15cm，观赏价值高，适于在园林中成片种植或在墙隅、风景林缘片植。

忍冬属 *Lonicera*

中文名	**淡红忍冬**
拉丁名	***Lonicera acuminata***

基本形态特征： 落叶攀缘灌木。幼枝密被灰黄色卷曲柔毛，老枝外表皮常纤维状剥裂。叶卵形至披针形，长4～8.5（14）cm，膜质至厚纸质，两面光滑，中脉常有短柔毛，顶端渐尖，基部圆或微心形；叶柄长达3～5mm，密生灰黄色曲柔毛。聚伞花序顶生，短缩成伞房状或头状；上部叶腋常有具总梗的双花；总梗长为叶柄的2倍，密生柔毛，苞片钻形至线形；小苞片倒卵形至披针形；相邻2萼筒完全分离，萼檐草质，萼齿三角形至披针形；花4/1式冠二唇形，长1.5～2.4cm，黄白色略带淡紫红色，管部细长微弯，上唇直立，下唇外翻，下唇略短于或近等长于冠筒；雄蕊5，花丝下部有毛；花柱与雄蕊近等长，下部密生柔毛。浆果深紫色或黑色，球形。花期6月，果期7～9月。

分布： 西藏产色季拉山地区东坡下缘东久至拉月，海拔2500～2800m，察隅、波密、错那、樟木也产，分布量较多。我国江南、西北至陕西、甘肃等地有分布。尼泊尔至马来西亚等有分布记录。

生境及适应性： 常生长于灌木林中；喜温暖，喜光，喜疏松肥沃土壤。

观赏及应用价值： 观花类。具有攀缘特性，花长达2cm左右，淡清香，是优良的垂直绿化材料，适于制作花门或进行棚架式栽培，也可整形为大型的铺散花灌木。此外，淡红忍冬在四川、西藏昌都、林芝地区均作为金银花（忍冬）*L. japonica*的替代品。

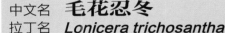

中文名	**毛花忍冬**
拉丁名	***Lonicera trichosantha***

基本形态特征： 灌木，高1～4m。分枝开展，有时蔓生状，髓部黑褐色，后中空。叶矩圆形、广卵形或矩圆状披针形，长2～5cm，宽1.5～2.5cm，顶端钝或稍微凹，常具短尖头，基部圆形或楔形，上面淡绿色，下面灰绿色，被疏柔毛或至少沿叶脉密生开展的毛，稀无毛；叶柄短，长4～6mm，密生长柔毛和腺毛。总花梗略短于叶柄，具柔毛和腺毛；苞片线形，约4mm；小苞片倒卵形与萼近等长，下部连合；相邻2萼筒分离，无毛，萼檐干膜质，全裂为2瓣或1侧撕裂，顶部具不等浅齿；花冠淡黄色，4/1二唇形，长1.2～1.5cm，管部向一侧倾斜，外被柔毛，唇瓣外翻，长为花冠管长的2～3倍；花丝和花柱下面密生长柔毛。浆果红色，球形。花期6月，果期8～9月。

分布： 西藏产色季拉山地区下缘鲁朗至东久一带，海拔2700～3200m，芒康、左贡、江达、昌都、察隅、隆子、波密、工布江达、加查、比如等县有分布，分布量较多。中国特有植物，云南、四川、陕西、甘肃有分布。

生境及适应性： 常生长于山坡灌丛中或阔叶林林缘；喜温暖，耐半阴，稍耐干旱，稍耐贫瘠。

观赏及应用价值： 观花、观果类。毛花忍冬花较大，淡黄色，果实红色，适于丛植或片植。此外，毛花忍冬有时也蔓生状。

中文名　**华西忍冬**
拉丁名　*Lonicera webbiana*

基本形态特征：落叶灌木，高达4m。幼枝、叶柄、叶片上面以及总花梗均具腺毛和零星散生的柔毛。内芽鳞在小枝伸长后增大并反折。叶片矩圆形、卵状矩圆形至卵状披针形，长5～9（15）cm，顶端渐尖至长渐尖且稍侧向一边弯曲，边缘有时不规则浅波状，具缘毛，叶脉不明显，基部圆形而具短柄。总花梗长2.5～5cm；苞片线形至钻形，长为萼的1/4至长于萼，具腺毛和疏柔毛；小苞片分离，长约为萼筒的1/4，矩圆状披针形；相邻两花的萼筒分离，萼檐浅波状；花冠4/1二唇形，紫红色至绛红色，长1～1.5cm，外面疏生短柔毛和腺毛，后期脱落，上唇上举，下唇外翻，近基部具浅囊，其下急剧收缩呈短管，花丝下部密生长柔毛。浆果红色，后期转变为黑色。花期5～6月，果期8～9月。

分布：西藏产色季拉山地区，海拔2950～3500m，八宿、波密、米林、吉隆也产，分布量较多。云南、四川、湖北、甘肃、陕西、青海、宁夏、山西有分布。尼泊尔至欧洲东南部有分布记录。

生境及适应性：常生长于灌丛中或针叶林林缘；喜光，喜冷凉，较耐贫瘠。

观赏及应用价值：观花、观果类。华西忍冬植株高大，枝条斜伸，冠形丰满，花期花量大，花紫红色至绛红色，是忍冬属中观赏价值较高的种类；适宜于在园林中片植、丛植或进行整形式篱植。

中文名　**齿叶忍冬**
拉丁名　*Lonicera setifera*

基本形态特征：落叶灌木或小乔木，高达3（5）m。幼枝连同叶柄密生微糙毛，并散生刚毛和腺毛，有时全无毛，老枝常密生呈小瘤状突起的毛基。叶纸质至厚纸质，矩圆形至矩圆状披针形，长3～10（12）cm，顶端渐尖或短尖，基部宽楔形至圆形，边缘全缘，同时具浅波状至不规则浅裂或齿裂，两面被毛；叶柄紫红色或褐色，长4～8mm，基部常连合成杯状体。先花后叶，总花梗极短；苞片宽卵形，最长达1cm；相邻2萼筒分离，萼齿近圆形或卵形；总花梗、苞片、萼筒和花冠内外均有硬毛和腺；花冠白色、淡紫红色至粉红色，芳香，钟状，长10～14mm，近整齐，裂片卵形，稍短于管，雄蕊极短，内藏，花柱也不伸出花冠筒。果实红色，椭圆形，有刚毛和腺毛。花期3～4月，果期5～6月。

分布：西藏产色季拉山地区，海拔3000～3200m，拉萨、波密也产，分布量较多。中国特有植物，四川、云南有分布。

生境及适应性：常生长于林缘、林下或阴湿沟谷灌丛中；喜光，耐半阴，喜湿润疏松土壤。

观赏及应用价值：观花、观果类。齿叶忍冬叶片较大，先花后叶，花期花量大，芳香，果期果实长椭圆形，鲜红，长达1cm，在野生状态下甚是醒目，且实生地花期温度仅0～5℃，栽培后极可能在春节前后开花，适于在园林中片植或丛植。

中文名 **杯萼忍冬**
拉丁名 *Lonicera inconspicua*

基本形态特征： 落叶灌木，高1～3m。分枝细长而开展，密被短柔毛。叶纸质，倒卵形至倒披针形或椭圆形，长1～4（6）cm，宽不及1cm，顶端钝或稍尖，基部楔形，两面被柔伏毛，下面白色，有缘毛；叶柄极短。总花梗生于当年幼枝腋部，纤细而弯曲下垂，长（1）1.5～3.5cm；苞片条状披针形或钻形。相邻2萼筒全部或1/2合生；萼檐杯状，与萼筒近等长，顶端具齿或有时呈浅波状，萼齿三角形或披针形，顶尖；花冠白色、黄色或带紫色，狭漏斗状，长（6）8～12（14）mm，筒狭细，基部稍一侧肿大，长为裂片的6～7倍，裂片整齐；雄蕊5；花柱明显伸出，无毛。果实红色（后变紫黑色），圆形。花期5～7月，果熟期7月下旬至9月。

分布： 西藏产色季拉山地区，海拔3000～3600m，察隅、波密、米林、隆子、昌都、芒康、察雅、江达也产，分布量较多。中国特有植物，四川、云南、甘肃有分布。

生境及适应性： 常生长于林下或阴湿沟谷灌丛中；喜冷凉，喜半阴，喜湿润疏松土壤。

观赏及应用价值： 观花、观果类。杯萼忍冬花梗纤细而弯曲下垂，花期花如细小的风铃挂满枝头，果期果实鲜红，又如灯笼悬挂其间，甚是可爱，适于在园林中点缀或在风景林的林缘片植。

中文名 **袋花忍冬**
拉丁名 *Lonicera saccata*

基本形态特征： 落叶灌木，高达3m。幼枝多少带紫色，有2纵列弯曲短糙毛或无毛，小枝纤细。叶纸质，倒卵形、倒披针形至矩圆形，基部楔形，长（1）1.5～5（8）cm；叶柄极短。总花梗生幼枝基部叶腋，纤细而弯曲下垂，长1～2.5（4.3）cm，被短茸毛或无毛；苞片常叶状，与萼筒近等长或常2～3倍超过之，披针形至条形；相邻2萼筒全部或2/3连合，萼檐杯状，长为萼筒的2/5～1/2，萼齿常明显，三角形或卵形，有时呈波状；花冠黄色、白色或淡黄白色，裂片边缘有时带紫色，筒状漏斗形，长（8.5）10～13（15）mm，筒基部一侧明显具囊或有时仅稍肿大，裂片卵形，直立；雄蕊5，花药伸出筒部。果实红色，圆形。花期5月，果期6月下旬至7月。

分布： 西藏产色季拉山地区，海拔3000～4000m，米林、定结也产，分布量较多。中国特有植物，陕西、甘肃、青海、安徽、湖北、四川、贵州、云南也有分布。

生境及适应性： 常生长于草地、灌丛中以及暗针叶林或针阔混交林的林下、林缘；喜冷凉，喜半阴，喜湿润疏松土壤。

观赏及应用价值： 观花、观果类。植株外形极似杯萼忍冬，两者的花梗均纤细而弯曲下垂，花如细小的风铃悬挂枝头，果期果实鲜红，又如灯笼悬挂其间，但后者的花药伸出花冠筒，总花梗主要着生在小枝基部叶腋可以区别。园林用途同杯萼忍冬，但花果量偏小。

中文名 **狭叶忍冬**
拉丁名 *Lonicera hispida*

基本形态特征： 落叶灌木，高1～3m。幼枝被短柔毛。叶狭长圆形、披针状圆形或长圆状倒卵形，长1～3cm，顶端圆钝或尖，具短柄，两面光滑或具疏毛，下面网脉明显。总花梗腋生，长2～3cm，上部略弯垂，顶生双花；苞片线状长圆形，小苞片合生成杯状，相邻两萼筒联合至顶；花冠筒钟形，白色或淡粉红色，4～5裂，有时外面被短柔毛，裂片长为花冠的1/5～1/4；雄蕊与柱头内藏。浆果球形，熟时红色。花期5～6月，果熟期8～9月。

分布： 西藏产吉隆、亚东、南木林、贡嘎、鲁朗等地，海拔2800～4500m，分布量中。尼泊尔、印度北部及克什米尔地区也有分布。

生境及适应性： 多生于乔松、冷杉及桦木林的林下或山坡及林缘灌丛中。喜冷凉，喜半阴，喜湿润疏松土壤。

观赏及应用价值： 观花、观果类。花朵娇小可人，花色粉白较明丽，应用同袋花忍冬。

鬼吹箫属 *Leycesteria*

中文名 **狭萼风吹箫**
拉丁名 *Leycesteria Formosa var. stenosepala*

基本形态特征： 半灌木至灌木，高1～2.5m。茎常自基部分枝，中空。叶片卵形至卵状披针形，长5～12cm，宽2.5～7cm，顶部长渐尖，基部圆形或微心形，全缘或具不整齐浅齿，两面被毛；叶柄常染紫色，基部扩大，连合成杯状抱茎。穗状花序生于小枝末端，每节具4～6花，系由2对生、无总梗的聚伞花序组成，花序长5～20cm；苞片叶状，明显长于花萼，紫色，阔卵形，先端尾状渐尖；小苞片卵形至卵状披针形；花萼狭倒卵形，后变紫红色，宿存；花冠漏斗形，花冠内部白色，喉部有4～5个黄色斑块，外面紫红色渐变为白色，长1.4～1.8cm，外生疏柔毛和腺毛，裂片5，长为花冠管的1/3～1/2；雄蕊5。浆果球形，直径达1cm，紫红色。花期5～6月，果期8～9月。

分布： 西藏产色季拉山地区下缘东久至排龙一带，海拔2500～3000m，亚东、错那、隆子、波密、察隅也产，分布量较多。中国特有植物，四川、云南有分布。

生境及适应性： 常生长于温暖湿润山谷的阔叶林林缘或灌丛中；喜温暖，耐半阴，喜湿润肥沃土壤。

观赏及应用价值： 观花、观果类。狭萼风吹箫穗状花序大型，长达20cm，显著下垂，花果期紫红色的花序或果序垂挂枝头，如串串风铃，在风中摇摆，甚是美观。适于在园林中的水景区、动态景观营建区域布置，增加运动感，提高园林景观的生动性。同时，全株入药。

六道木属 *Abelia*

中文名 **南方六道木**
拉丁名 *Abelia dielsii*

基本形态特征: 落叶灌木,高2~3m。当年生小枝红褐色,老枝灰白色。叶长卵形、矩圆形、倒卵形、椭圆形至披针形,变化幅度很大,幼叶上面散生柔毛,下面除叶脉基部被白色粗硬毛外,光滑无毛,全缘或有1~6对齿;叶柄长4~7mm,基部膨大,散生硬毛。花2朵生于侧枝顶部叶腋,总花梗明显;苞片5枚,形小而有纤毛,中央1枚最长;萼管散生硬毛,萼檐4裂,裂片卵状披针形或倒卵形,顶端钝圆;花冠白色渐变为浅黄色,4裂;雄蕊4枚,二强;柱头头状不伸出。果长1~1.5cm。花期4月下旬至6月上旬,果熟期8~9月。

分布: 西藏产色季拉山地区东坡下缘东久至排龙一带,海拔2200~3000m,波密倾多镇也产,分布量较多。中国特有植物,河北、山西、陕西、宁夏、甘肃、安徽、浙江、江西、福建、河南、湖北、四川、贵州、云南等地有分布。

生境及适应性: 常生长于山坡灌丛、林缘;喜温暖,喜湿润,稍耐贫瘠,喜肥沃疏松的沙性壤土。

观赏及应用价值: 观花类。南方六道木花期花布满枝头,由白色向浅黄色渐变,果期宿存的大型萼片也似花朵,秋季渐变为红色,适于在庭院中丛植或片植,也适于作为树桩盆景材料。

败酱科 VALERIANACEAE 甘松属 *Nardostachys*

中文名 **匙叶甘松**
拉丁名 *Nardostachys jatamani*

基本形态特征: 多年生草本,高5~50cm。根状茎木质、粗短,下面有粗长主根,密被叶鞘纤维,有浓烈的松脂香味。叶丛生,长匙形或线状倒披针形,长3~25cm,宽0.5~2.5cm,主脉平行三出,全缘,基部渐窄为叶柄,叶柄与叶片近等长;花葶侧出,茎生叶1~2对,下部叶基部下延成叶柄。聚伞形头状花序,顶生,直径1.5~2cm;花序基部有4~6片披针形总苞,每花基部有苞片1枚,与花近等长;小苞片2,较小;花萼5齿裂,果时常增大;花冠钟形,紫红色,基部略偏突,裂片5;雄蕊4,与花冠裂片近等长。花期6~8月。

分布: 西藏产江达、芒康、昌都、林芝、朗县、加查、错那、林周、拉萨、康马、南木林、亚东、定日、昂仁、聂拉木、萨嘎、吉隆、仲巴等地区,海拔3900~5000m,分布量较多。四川、云南等地有分布。印度、尼泊尔、不丹有分布记录,已收录入世界濒危植物名录。

生境及适应性: 常生长于高山草地、灌丛或石砾地上;喜光,极耐严寒,也耐干旱,抗性强。

观赏及应用价值: 观花类。匙叶甘松植株铺地,花期长,花葶短,而且抗性极强,适于培育为观花类盆栽花卉;同时,匙叶甘松不仅是西藏著名的香料植物,也是藏药和印度草药的重要药源植物。

川续断科 DIPSACACEAE 刺参属 *Morina*

中文名 刺参
拉丁名 *Morina nepalensis*

基本形态特征： 多年生草本。茎单一或具2~3分枝，高（10）20~
50cm。基生叶线状披针形，长10~20cm，先端渐尖，基部成鞘状
抱茎，边缘有疏刺毛；茎生叶对生，（1）2~4对，长圆状卵形至
披针形，向上渐小，边缘具刺毛；花茎从基生叶旁生出。假头状花
序顶生，径3~5cm，含10朵花以上，有时达20朵，枝下部近顶处
的叶腋中间有少数花存在；总苞苞片4~6对，坚硬，边缘具多数黄
色硬刺，基部更多；小总苞钟形，具长短不一的齿刺；花萼筒状，
下部绿色，上部边缘紫色；或全部紫色，长7~9cm，裂口甚大，
达花萼的一半，边缘具长柔毛及齿刺，齿刺数目一般为5（甚至
10）；花冠紫红色，径7~9mm，稍近左右对称，花冠裂片5，先端
凹陷；雄蕊4，二强。花期6~8月。

分布： 西藏产色季拉山地区，海拔4000~4200m，芒康、米林、错
那、工布江达、当雄、定日、亚东、聂拉木也产，分布量较多。四
川、云南有分布。印度、尼泊尔、缅甸等地有分布记录。

生境及适应性： 常生长于山坡草地或灌丛下；喜冷凉，喜光，耐半
阴，稍耐贫瘠。

观赏及应用价值： 观花类。花开时较为鲜艳明丽，可用于花境点
缀，适于在高海拔区域植被恢复工程中大量应用。

中文名 白花刺参
拉丁名 *Morina nepalensis* var. *alba*

基本形态特征： 本变种与原种区别在于花冠白色，花萼全部为绿色
或偶有上部边缘紫色。

分布： 西藏产昌都、江达、类乌齐、索县、八宿、米林等地，海
拔3600~4200m，分布量中。四川、云南、青海、甘肃南部也有
分布。

生境及适应性： 常生长于山坡草地或灌丛下；喜冷凉，喜光，耐半
阴，稍耐贫瘠。

观赏及应用价值： 观花类。花冠白色，穗状花序，具有较好的观赏
性，应用同刺参。

中文名 青海刺参
拉丁名 *Morina kokonorica*

基本形态特征： 多年生草本，高（20）30～50（70）cm。根粗壮，长达40cm，不分枝或下部分枝；茎单一，稀具2或3分枝，下部具明显的沟棱，光滑，上部被茸毛。基生叶5～6，簇生，坚硬，线状披针形，长（7）10～15（20）cm，宽1～2.5cm，先端渐尖，基部渐狭成柄，边缘具深波状齿，齿裂片近三角形，裂至近中脉处，边缘有3～7硬刺，中脉明显；茎生叶似基生叶，长披针形，常3～4叶轮生，2～3轮，基部抱茎。轮伞花序顶生，6～8轮，紧密穗状，花后各轮疏离，每轮有总苞片3～4；总苞片长卵形，近革质，长2～3cm，渐尖，边缘具多数黄色硬刺；小总苞钟状，网脉明显，具柄，边缘具10条以上的硬刺；萼杯状，基部具髯毛，2深裂，每裂片再2～3裂，成4～5（6）裂片，裂片披针形，先端常具刺尖；花冠二唇形，5裂，黄色或浅绿色；花柱不露出花冠。花期6～8月，果期8～9月。

分布： 西藏产色季拉山地区，海拔3000～3200m，改则、班戈、那曲、丁青、比如、索县、江达、昌都、左贡、八宿、米林、加查、拉萨、定日、聂拉木、普兰等县也产，分布量较多。中国特有植物，甘肃、青海、四川有分布。

生境及适应性： 常生长于草地上；耐干旱，耐贫瘠，喜肥沃壤土。

观赏及应用价值： 观花类。青海刺参抗性强，在西藏西部、北部区域中最高分布海拔达4900m，适于在高海拔地区域的城镇绿地建设中应用。尼泊尔等国已经开发的黄花刺参*M. coulteriana*极似本种，已经在国外花卉市场销售。此外，全草入药。

川续断属 *Dipsacus*

中文名 大头续断
拉丁名 *Dipsacus chinensis*

基本形态特征： 多年生草本，高40～80cm。主根粗壮，红褐色；茎中空，向上分枝，具8纵棱，棱上具疏刺。茎生叶对生，具柄，向上渐短；叶片宽披针形，呈3～8琴裂，顶端裂片大，卵形，两面被黄白色粗毛。头状花序圆球形，单独顶生或三出，总花梗粗壮，总苞片线形，被黄白色粗毛；小苞片披针形或倒卵状披针形，两侧具刺毛和柔毛；基部细管明显，4裂，裂片不相等；雄蕊4，着生在花冠管上，与柱头均伸出花冠外。瘦果窄椭圆形。花期7～8月，果期9～10月。

分布： 西藏产贡觉、林芝、米林、聂拉木等地，海拔2300～3400m，分布量较多。我国云南、四川、青海等地也有分布。

生境及适应性： 生于林下、沟边和草坡地。喜光，稍耐干旱和贫瘠，喜肥沃疏松壤土。

观赏及应用价值： 观花。花序大而圆，花莛挺立，开花时充满野趣，落花后宿存的苞片仍可观赏，可丛植作为花境竖线条材料，也可片植与缀花草坪搭配。

中文名　**深紫续断**
拉丁名　*Dipsacus atropurpureus*

基本形态特征： 多年生草本，高1～1.5m。茎有6～8棱，棱上疏生粗短下弯的硬刺。基生叶稀疏丛生，叶片羽状深裂至全裂，长10～18cm，宽7～12cm，中裂片大，侧裂片2～3对，靠近中裂片的1对较大，向下各对渐小，叶柄最长可达18cm；茎生叶的中下部叶为羽状全裂，中裂片大，侧裂片2～3对；上部叶不裂或仅基部3裂。头状花序球形，径2～2.5cm，总花梗长30cm；总苞片7～8枚，紧贴花序基部，叶状，披针形，被白色短毛；花萼四棱状浅皿形；花冠深紫色，花冠管长6～7mm，向下渐细，花冠先端5裂，1裂片稍大，外被短柔毛；雄蕊4，着生在花冠管上，明显伸出花冠；子房下位，包藏于囊状小总苞内。花期7～9月，果期9～11月。

分布： 西藏产色季拉山地区东坡下缘东久至排龙一带，海拔2500～3000m，目前在西藏其他地方均未发现，为色季拉山新分布种，分布量中。中国特有植物，四川有分布。

生境及适应性： 常生长于沟边草丛、荒坡上；喜温暖，稍耐水湿，喜疏松肥沃土壤。

观赏及应用价值： 观花、观果类。深紫续断花色深紫，果期大型的果序直立枝头，由浅绿色逐渐变化为灰褐色，有一定的观赏价值，适于开发为切花品种，用于观花或瓶插观果。同时，根可入药。

翼首花属 *Pterocephalus*

中文名　**匙叶翼首花**
拉丁名　*Pterocephalus hookeri*
别　名　翼首花

基本形态特征： 多年生草本。无地上茎，含花葶高30～50cm，全株被白色柔毛；根粗壮，木质化。叶全部基生，莲座状，叶片倒披针形，长5～18cm，宽1～2.5cm，基部渐狭成翅状柄，全缘或一回羽状深裂，裂片3～5对；背面中脉明显。花葶由叶丛抽出，高10～40cm，具沟；头状花序单生茎顶，微下垂，径3～4cm，球形；总苞苞片2～3层；苞片线状倒披针形，长达1cm，基部有细爪，中脉显著；小总苞筒状，基部渐狭，具波状齿；花萼全裂成20条柔软羽毛状毛；花冠筒状漏斗形，淡紫色至黄白色，先端5浅裂，近等长；雄蕊4，稍伸出花冠。花期7～8月。

分布： 西藏产色季拉山地区，海拔3000～3200m，西藏范围内日喀则以南、拉萨以东各县均产，分布量较多。云南、四川、青海有分布。不丹、印度有分布记录。

生境及适应性： 常生长于草地、高山草甸及耕地附近；喜光，耐贫瘠，喜沙性壤土。

观赏及应用价值： 观花类。匙叶翼首花的头状花序直径达4cm，开花时略下垂，如娇羞态，适于盆栽，也可在公园绿地中片植、丛植。同时，根可入药。

菊科 COMPOSITAE 绢毛菊属 *Soroseris*

中文名 **羽裂绢毛菊**
拉丁名 *Soroseris hirsuta*

基本形态特征： 多年生草本。根倒圆锥状，直径达1cm。茎高3～15cm，基部直径达1cm，向上增粗，无毛。茎叶多数，沿茎螺旋状排列，在茎顶端花序下方的则莲座状，全部叶倒卵状至宽线形，倒向羽状或羽状浅裂或深裂，基部渐狭成长或短的具狭翼或无翼的叶柄，叶长3～15cm，宽0.3～2cm；花序下方的叶线形至线状披针形，不裂；全部叶及叶柄被稠密长柔毛。头状花序多数，在茎顶呈团伞花序状，总花序直径5～7cm，常被稠密或稀疏的长柔毛；苞片2层，外层2枚，线形，紧贴内层总苞片，内层4枚，长椭圆形；舌状小花4枚，黄色。瘦果长圆柱状。花期7～8月。

分布： 西藏产色季拉山地区，海拔4500～5300m，昌都、察隅、聂拉木、错那、亚东、林周、比如、定日、加查、申扎、郎县、尼木也产，分布量较多。中国特有植物，云南、四川、甘肃有分布。

生境及适应性： 常生长于山坡草地、乱石堆中；喜冷凉，耐半阴，耐水湿。

观赏及应用价值： 观花类。植株形态奇特，茎下细上粗，如火炬状，花期花量较大，适于作为异型花卉培育；缺点是分布海拔高，喜冷凉而不耐炎热，栽培难度较大。

还阳参属 *Crepis*

中文名 **藏滇还阳参**
拉丁名 *Crepis elongata*

基本形态特征： 多年生草本，根状茎短。高约40cm，茎单生或3～6条簇生。基生叶多数，倒披针形、长椭圆状倒披针形或匙形，包括叶柄长3～16cm，宽0.8～2cm，顶端急尖或钝圆，基部楔形渐狭或急狭成宽或狭的翼柄，羽状浅裂或半裂或边缘凹缺状锯齿或几全缘，侧裂片3～6对，三角形，茎无叶或1～2片，下部的茎叶与基生叶同形并同样分裂，上部的茎叶线形，不裂；全部叶两面及叶柄被白色稀疏短柔毛。头状花序3～12枚在茎枝顶端排成不规则的伞房花序或伞房圆锥花序，极少含2个头状花序或仅有1个单生茎顶的头状花序；总苞钟状，黑绿色；总苞片4层，外层及最外层短，披针形，内层及最内层长，长椭圆形或长椭圆状披针形，顶沿中脉被稠密的多细胞节毛；头状花序有舌状花20枚以上，舌片先端5裂。瘦果纺锤形，有10条等粗的纵肋，冠毛白色。花期7～8月。

分布： 西藏产色季拉山地区，海拔3000～4200m，拉萨、吉隆、隆子、波密、普兰也产，分布量较多。中国特有植物，云南、四川有分布。

生境及适应性： 常生长于山坡灌丛、草地、林缘、草甸上；喜光，耐贫瘠。

观赏及应用价值： 观花类地被植物。藏滇还阳参生命力强，花期常稀疏点缀在林间草地上，花期花莛长达30～40cm，适于作为切花配材。

黄鹌菜属 *Youngia*

中文名 **总序黄鹌菜**
拉丁名 *Youngia racemifera*
别　名 旌节黄鹌菜

基本形态特征： 多年生草本，高达50cm。叶片变异较大，下部叶常三角形至椭圆形，向上渐变为卵状披针形至狭披针形，长5～10cm，边缘具浅波状尖齿，上部叶全缘。头状花序多生于主轴和分枝的一侧，下垂；总苞片狭钟形，长10～12mm，外层总苞片仅为内层长的1/4，内层总苞片7枚左右；头状花序有小花10枚左右，花冠全长约12mm，舌片先端5裂。瘦果稍侧扁，具多条粗细不等的纵肋。花期9月。

分布： 西藏产色季拉山地区，海拔3000～4200m，米林、工布江达、聂拉木等地也产，分布量较多。四川、云南有分布。尼泊尔、印度、不丹有分布记录。

生境及适应性： 常生长于林下及林缘；喜半阴，喜酸性疏松肥沃土壤。

观赏及应用价值： 观花类。总序黄鹌菜花期茎伸长至30～40cm，头状花序多生于主轴和分枝的一侧，下垂如铃铛，适于培育为切花配材。

飞蓬属 *Erigeron*

中文名 **多舌飞蓬**
拉丁名 *Erigeron multiradiatus*

基本形态特征： 多年生草本。根状茎木质，粗壮，分枝或不分枝，基部有残存叶。茎数个或单生，高20～60cm，直立，分枝或不分枝，被稠密的短硬毛。基部叶莲座状，花期常枯萎，长圆形、倒披针形或披针形，长5～15cm，宽0.7～1.5cm，尖或稍钝，基部渐窄成带紫色的长柄，全缘或有数个齿，与茎同样被毛；茎生叶自下而上逐渐变小，直至无柄。头状花序直径达4cm，通常2至数个排列成伞房状，或单生；总苞半球形，总苞片3层，明显超出花盘，线状披针形，上部或全部染紫色，外层较短，被长节毛和具柄腺毛；雌花舌状，舌片开展，紫色，长14～17mm；两性花管状，裂片无毛；花药伸出花冠。瘦果长圆形，扁，背面具1肋。花期7～9月。

分布： 西藏产色季拉山地区，海拔3000～4000m，拉萨以南的林芝、日喀则、山南等地区各县均产，分布量较多。云南、四川有分布。阿富汗、印度、尼泊尔有分布记录。

生境及适应性： 常生长于林缘灌丛裸露地上；喜光，耐贫瘠，喜疏松肥沃的沙性壤土。

观赏及应用价值： 观花类地被植物。多舌飞蓬头状花序大型，舌片较多，色彩鲜艳，适合成片在风景林缘应用。

中文名 **短葶飞蓬**
拉丁名 *Erigeron breviscapus*

基本形态特征： 多年生草本。根状茎木质，粗厚或扭曲成块状，基部被残存叶基。茎数个或单生，高5～30cm，直立或斜上，不分枝或上部稀疏分枝，被短硬毛，杂有短贴毛和头状具柄腺毛。叶主要集中生于基部，基部叶莲座状，花期存在，倒卵披针形或匙形，长1.5～11cm，宽0.5～2.5cm，钝或圆，有小尖头，基部渐窄成柄；茎生叶少数，无柄，披针形至线形，基部半抱茎。头状花序直径达3.5cm，总苞半球形，总苞片3层，线状披针形，外层较短，被长节毛和具柄腺毛；雌花舌状，长10～12mm，舌片开展，由蓝紫色向粉色渐变，两性花管状，裂片无毛；花药伸出花冠。瘦果长圆形，扁，背面具1肋；冠毛2层，外层极短。花期7～9月。

分布： 西藏产色季拉山地区西坡下缘，海拔3000～3200m，吉隆、米林、波密也产，分布量较多。云南、贵州、四川、湖南、广西有分布。

生境及适应性： 常生长于林缘、撂荒地以及草地上；喜光、耐贫瘠，喜疏松肥沃的沙性壤土。

观赏及应用价值： 观花类地被植物。园林用途同多舌飞蓬，但后者花期舌状花花色由蓝紫色向粉色渐变，观赏价值更高。

狗娃花属 *Heteropappus*

中文名 **拉萨狗娃花**
拉丁名 *Heteropappus gouldii*

基本形态特征： 一年生草本，有直根。茎高10～30cm，至基部有铺散分枝或中下部起分枝，被贴生糙毛或开展硬毛，上部常杂有腺毛。基部叶花期枯萎，茎生叶线形、倒披针形或匙形，长0.7～3.5cm，宽1.5～2.5cm，顶端钝或尖，近无柄或无柄，全缘，两面被贴生的糙伏毛和疏腺毛。头状花序单生或数个生枝顶端，直径1.5～2.5cm；总苞半球形，总苞片2～3层，线形或线状披针形，外层草质，疏被长柔毛，内层边缘膜质；头状花序有舌状花20～40枚，舌片淡紫色或蓝色，长10～11mm，管状花黄色，裂片5（稀4），不等长，1枚较大。瘦果绿色有黑色斑点，被绢毛。花期6～7月。

分布： 西藏产色季拉山地区，海拔3200～4000m，日喀则、萨迦、江孜、拉萨、申札、加查、波密也产，分布量较多。喜马拉雅特有植物，印度有分布记录。

生境及适应性： 常生长于山坡草地、田边、河滩边；喜光，耐半阴，喜疏松肥沃土壤。

观赏及应用价值： 观花类。适应性强，在3000～5600m的海拔区域中均有分布，而且其生长迅速，能够形成较好的群体花相，适宜于西藏所有城镇的园林建设应用。

中文名　圆齿狗娃花
拉丁名　*Heteropappus crenatifolius*

基本形态特征： 一或二年生草本，有直根。茎高10～60cm，直立，单生，上部或从下部起有分枝，上部常有腺，全部有疏生的叶。基部叶在花期枯萎，莲座状；下部叶倒披针形或匙形，长2～10cm，宽0.5～1.6cm，渐尖成细或有翅的长柄；中部叶较小，基部稍狭或近圆形，常全缘，无柄；上部叶小，常条形；全部叶两面被伏粗毛，且常有腺，中脉在下面凸起且有时被较长的毛。头状花序径2～2.5cm；总苞半球形，2～3层，条形或条状披针形，外层草质，深绿色或带紫色，内层边缘膜质；舌状花35～40个，舌片蓝紫色或红白色；管状花长裂片不等长，有短微毛。瘦果倒卵形，有黑色条纹，上部有腺，全部被疏绢毛。花果期5～10月。

分布： 西藏产东部及南部的林芝、烟多、拉萨、波密、宁静等地，海拔1900～3900m，分布量较多。我国甘肃南部、青海、四川西部、云南西北部也有分布。尼泊尔也产。

生境及适应性： 多生于开旷山坡、田野、路旁。喜光，较耐寒耐旱，对土壤要求不高。

观赏及应用价值： 观花地被。植株较紧凑，花量较大，颜色鲜艳，整体观赏效果较好，可作为花境及花坛用花。

紫菀属 *Aster*

中文名　髯毛紫菀
拉丁名　*Aster barbellatus*

基本形态特征： 多年生草本，根状茎粗壮，有细匍匐枝。茎高25～40cm，不分枝，基部被枯叶残片，被疏毛，上部有腺体。下部叶在花期存在，长圆状匙形，长2.5～5cm，宽0.6～1cm，顶端钝或圆形，下部渐窄成宽翅柄，全缘；中部叶长圆形，长2～3.5cm，基部半抱茎；上部叶小，稍尖，两面被密或疏的伏硬毛，有腺点，有密缘毛，离基三出脉不明显。头状花序单生茎顶，直径4～5cm；总苞半球形，总苞片2～3层，线状披针形，总苞片外层草质，内层基部革质，边缘膜质，紫红色，具缘毛；舌状花30枚左右，有微毛，舌片蓝色或紫红色，长达2.2cm，宽2.5～4mm；管状花被微毛。瘦果褐色，冠毛1层，红色，上部有髯毛，后脱落。花期7～8月。

分布： 西藏产色季拉山地区，海拔3500～4700m，吉隆、亚东也产，分布量较多。喜马拉雅特有植物，尼泊尔、印度、不丹有分布记录。

生境及适应性： 常生长于高山草甸或灌丛下；喜冷凉，喜光，耐贫瘠。

观赏及应用价值： 观花类地被植物。花期头状花序直径达4～5cm，散布在高山草甸宛若星辰，甚是美观，适于在高山草甸生态恢复建设中应用。

中文名 **小舌紫菀**
拉丁名 *Aster albescens*

基本形态特征：灌木，高达1.8m。多分枝；老枝褐色，有皮孔；当年生小枝黄褐色或紫褐色，被短柔毛和具柄腺毛。叶纸质，卵形或长圆状披针形，长3～17cm，宽1～3cm，顶端急尖或渐尖，基部楔形或近圆形，全缘或有浅齿，上部叶渐小，披针形，近无毛或上面密被短柔毛，下面被白色或白色蛛丝状毛或茸毛，常杂有腺点，侧脉多对，在叶背凸起，网脉多少明显。头状花序直径5～7mm，在茎和枝端呈复伞房状；花序梗长5～10mm，有钻形苞叶；总苞倒锥形；总苞片3～4层，覆瓦状排列，被疏柔毛或近无毛；外层狭披针形，内层线状披针形，边缘宽膜质；舌状花15～30枚，舌片由紫红色向白色渐变；两性花黄色，均匀5裂。瘦果长圆形，被白色短绢毛，冠毛1层，由白色向红褐色渐变。花期6～7月。

分布：西藏产色季拉山地区，海拔3000～4000m，亚东、吉隆、聂拉木也产，分布量较多。云南、四川、贵州、陕西、甘肃、湖北有分布。喜马拉雅山区各地有分布记录。

生境及适应性：常生长于山坡灌丛、林下或季节性水沟边缘；喜光，耐半阴，喜湿润，喜疏松肥沃土壤。

观赏及应用价值：观花类。小舌紫菀为木本植物，花期头状花序复伞房状排列，观赏价值较高；适宜作为庭院花灌木成片种植。

中文名 **重冠紫菀**
拉丁名 *Aster diplostephioides*

基本形态特征：多年生草本。根状茎粗壮，有顶生的茎或莲座状叶丛。茎直立，粗壮，不分枝，上部有较疏的叶或几无叶。下部叶与莲座状叶长圆状匙形或倒披针形，渐狭成细长或具狭翅而基部宽鞘状的柄；叶片顶端尖或近圆形，有小尖头，全缘或有小尖头状齿；中部叶长圆状或线状披针形，基部稍狭或近圆形；全部叶质薄，离基三出脉和侧脉在下面稍高起，网脉明显。头状花序单生；总苞半球形；总苞片约2层，线状披针形，外层深绿色，草质，背面被较密的黑色腺毛；舌状花常2层，舌片蓝色或蓝紫色，线形；管状花上部紫褐色或紫色，后黄色，近无毛；冠毛2层，白色或污白色。瘦果倒卵圆形，除边肋外，两面各1肋，被黄色密腺点及疏贴毛。花期7～9月，果期9～12月。

分布：西藏产南部的拉萨、藏布河谷、亚东、珠峰北坡、吉隆等地，海拔2700～4600m，分布量较多。我国云南西北部、四川西部及西南部、甘肃西部、青海东部有分布。不丹、尼泊尔、印度及巴基斯坦北部也有分布。

生境及适应性：生于高山及亚高山草地及灌丛中。喜光，喜湿润，喜疏松肥沃土壤。

观赏及应用价值：观花类。植株秀雅，花朵小巧明丽，充满野趣，可用于花境点缀或缀花草坪应用。

中文名　须弥紫菀
拉丁名　*Aster himalaicus*

基本形态特征： 多年生草本。根状茎粗壮，被枯叶残片。茎下部弯曲，从莲座状叶丛的基部斜升，全部或上部有具柄的腺毛。莲座状叶倒卵形或宽椭圆形，下部渐狭成具宽翅的柄，全缘或有1～2对小尖头状齿；下部叶倒卵圆形或长圆形，基部稍狭，半抱茎，全缘或有齿，上部叶接近花序；全部叶质薄，两面或下面沿脉及边缘有开展的长毛，且有腺，中脉及离基三出脉在下面凸起。头状花序在茎端单生；总苞半球形，常超过花盘；总苞片2层，长圆状披针形，草质，或带紫色；舌状花蓝紫色，管状花紫褐色或黄色，管部有短毛；冠毛白色，有不等长的微糙毛，有时有少数短毛或膜片。瘦果倒卵圆形，有2肋，被绢毛，上部有腺。花期7～8月。

分布： 西藏产色季拉山、鲁朗、波密、藏北、亚东、察瓦龙等地，海拔3600～4800m，分布量较多。我国云南西北部的丽江、剑川、澜沧江及怒江分水岭也有分布。尼泊尔、印度、不丹及缅甸北部也产，但叶形态与本区分布的有差异。

生境及适应性： 多生于高山草甸及针叶林下。喜半阴，喜湿润，喜疏松肥沃土壤。

观赏及应用价值： 观花类。应用同重冠紫菀。

毛冠菊属 *Nannoglottis*

中文名　大果毛冠菊
拉丁名　*Nannoglottis macrocarpa*

基本形态特征： 多年生草本。根状茎斜升，直径1～2cm，深褐色。茎直立或斜生，高80～100cm，被多细胞毛和白色绵毛。茎下部叶卵形或宽椭圆形，长15～20cm，宽8～16cm，顶端钝，具粗牙齿，中部叶椭圆形，长可达25cm，宽8～10cm，基部均下延成翅状柄；茎上部叶卵形至卵状披针形，渐尖，基部心状圆形，耳状抱茎。头状花序在茎顶排列成稀疏的伞房花序或圆锥状聚伞花序，总苞直径2～2.5cm，总苞片2～3层，近等长，线状披针形，长约12mm，宽2～2.5mm，外围同时有舌状花与管状花，舌状花舌片长6～8mm，背面无毛，花柱分枝线形，较内层的管状雌花细管状，先端不等5裂；中央花为两性管状花，长4～4.5cm，近相等5裂，花药基部钝，花柱分枝披针形。瘦果长6～7mm，具10～12棱，被柔毛，果期冠毛变成红色。

分布： 西藏产色季拉山地区，海拔3000～3200m，西藏特有植物，波密、昌都也产，分布量较多。

生境及适应性： 偶见成片生长在林缘草丛中；喜半阴，稍耐干旱，喜酸性疏松肥沃土壤。

观赏及应用价值： 观花类。叶片大型，成片生长时能够有效覆盖地面，而且在云杉属、松属植物林下均能够正常生长，是松科植物风景林下较好的地被植物选择材料，此外，其花量也较大，适宜观花。

千里光属 *Senecio*

中文名 **千里光**
拉丁名 *Senecio scandens*

基本形态特征： 多年生草本。茎木质，细长，曲折呈攀缘状，高2～5m，上部多分枝，具脱落性的毛。叶互生，椭圆状三角形或卵状披针形，长7～10cm，宽3.5～4.5cm，先端渐尖，基部戟形至截形，边缘具不规则缺刻状的齿牙，或呈微波状，或近于全缘，有时基部稍有深裂，两面均有细软毛。头状花序顶生，排列成伞房花序状，头状花序径约1cm；总苞圆筒形，苞片10～12，披针形或狭椭圆形，先端尖，无毛或少有细毛；周围舌状花黄色，雌性，约8朵，长约9mm，具4脉，先端3齿裂；中央管状花，黄色，两性，先端5裂。瘦果圆筒形，具白色冠毛。花期8月下旬至10月中旬。

分布： 西藏产色季拉山地区，海拔2900～3200m，波密、米林、工布江达、加查、朗县、错那、亚东也产，分布量较多。我国西北至西南、中部至东南部各地有分布。印度以东至日本的南亚各地有分布记录。

生境及适应性： 常生长于林缘灌丛或农家院落围栏上；喜光，耐贫瘠，喜疏松土壤。

观赏及应用价值： 观花类。千里光是色季拉山区域重要的夏秋季节野生花卉，在秋意渐浓的时候，千里光重重叠叠在农家围栏、林缘灌木上竞相开放，甚是美观。园林中适于篱壁式、棚架式栽培。

中文名 **莱菔叶千里光**
拉丁名 *Senecio raphanifolius*

基本形态特征： 多年生草本。根状茎粗壮。茎直立，高60～150cm，不分枝或具花序枝，被疏蛛丝状毛，后变无毛。基生叶在花期有时宿存；基生叶和最下部茎叶全形倒披针形，长15～30cm，宽2～5cm，大头羽状浅裂，顶生裂片大，具缺刻状齿或细裂，侧裂片较小，6～8对，长圆状，具缺刻状齿，向叶基部缩小；叶柄基部扩大；中部以上茎生叶形似基生叶，但无柄，并逐渐变小，基部具耳，半抱茎。头状花序有多数舌状花，排列成顶生伞房花序或复伞房花序；花序梗稍粗，长1～3cm，通常有2～3线形小苞片；总苞宽钟状或半球形，具外层苞片，苞片8～10，线状钻形；总苞片12～16，长圆形；舌状花12～16，黄色，长圆形，长约8mm，顶端钝，具4脉和3细齿；管状花多数，花冠黄色。花期7～8月。

分布： 西藏产色季拉山地区，海拔3000～3200m，拉萨、工布江达、错那、察隅、波密也产，分布量较多。尼泊尔、印度、不丹、缅甸有分布记录。

生境及适应性： 常成片生长于林缘灌丛或水边草地上；喜光，耐水湿，喜肥沃。

观赏及应用价值： 观花类。花量较大，常成片分布在水沟两侧的草地上，是色季拉山夏季景观的主要构成成分，适于在风景林缘、孤景树旁或水沟边成片种植。

橐吾属 *Ligularia*

中文名 **苍山橐吾**
拉丁名 *Ligularia tsangchanensis*

基本形态特征： 多年生草本。根肉质。茎直立，高15～120cm，基部被枯叶柄纤维包围，上部及花序被白色蛛丝状柔毛和黄褐色有节短柔毛。丛生叶和茎下部叶具柄，叶柄有翅，基部鞘状；叶片长圆状卵形或卵形，稀为圆形，长3.5～18cm，宽3～14cm，先端急尖，常有短尖头，边缘有齿，基部平截或宽楔形，两面光滑，叶脉羽状；茎生叶由下而上逐渐变小，基部半抱茎。由头状花序组成的总状花序长7～25cm，头状花序多数，辐射状；总苞钟形，总苞片7～8，2层，内层边缘膜质；舌状花黄色，舌片长圆形，长达12mm。花期7～8月。

分布： 西藏产色季拉山地区，海拔3000～3500m，米林也产，分布量较多。中国特有植物，云南、四川有分布。

生境及适应性： 常生长于草地、林下、灌丛或河边；喜光，耐半阴，耐水湿，喜疏松肥沃土壤。

观赏及应用价值： 观花类。叶片大型，光亮，由头状花序组成的大型总状花序长达20cm，花期非常醒目，适于开发为切花类花卉，缺点是花序被白色蛛丝状柔毛和黄褐色有节短柔毛，影响整洁。

中文名 **藏橐吾**
拉丁名 *Ligularia rumicifolia*
别　名 酸模叶橐吾

基本形态特征： 多年生草本。根肉质，多数。茎直立，高40～100cm，被白色绵毛；基部直径3～8mm，被棕色密绵毛和褐色枯叶柄包围。丛生叶及茎下部叶具柄，无翅或茎下部叶具狭翅，基部略膨大；叶片卵状长圆形，长10～19cm，宽达14.5cm，先端钝或圆形，边缘具细齿，齿端有软骨质小尖头，基部圆形或稍浅心形，叶脉羽状，网脉清晰，明显突起呈白色；茎生叶由下而上逐渐变小，无鞘，基部耳状抱茎或稍窄不抱茎。复伞房状伞房花序或圆锥状伞房花序幼时密集，后开展，分枝长达17cm，被白色绵毛；头状花序多数，辐射状，总苞陀螺形或钟状陀螺形，总苞片5～8，2层，内层具浅褐色宽膜质边缘；舌状花3～7，黄色，舌片线状长圆形，长10～16mm；管状花冠毛与花冠等长。花果期7～8月。

分布： 西藏产色季拉山地区，海拔3000～4000m，拉萨、浪卡子、泽当、琼结、索县、边坝也产，分布量较多。喜马拉雅特有植物，尼泊尔有分布记录。

生境及适应性： 常生长于水边、林下、灌丛及山坡上；喜光，耐水湿，耐贫瘠。

观赏及应用价值： 观花类。花序呈复伞房状或圆锥伞房花序状，花期花量更显得醒目，观花效果优于苍山橐吾，适于在花境、花坛、林缘以及水景园中丛植、片植。

垂头菊属 *Cremanthodium*

中文名 **车前状垂头菊**
拉丁名 *Cremanthodium ellisii*

基本形态特征：多年生草本。根肉质，多数。茎直立，单生，高8～60cm，单一极稀分枝，上部被密的铁灰色长柔毛，下部光滑，紫红色，条棱明显，基部直径达1cm。叶片近肉质，叶脉羽状，在下面明显突起；丛生叶具宽柄，柄长1～13cm，宽达1.5cm，常紫红色，基部有管状鞘，叶片卵形至长圆形，长1.5～19cm，宽1～8cm，先端急尖，全缘或边缘有小齿至缺刻状齿，基部下延；茎生叶卵形至线形，向上渐小，半抱茎。头状花序直径达3cm，辐射状，下垂，常单生，花序梗长2～10cm，被铁灰色柔毛；总苞片2层。舌状花黄色，管状花深黄色；冠毛白色，与花冠等长。花期7～8月。

分布：西藏产色季拉山地区，海拔4600～4800m，日土、普兰、申扎、班戈、拉萨、加查、昌都、八宿也产，分布量较多。云南、四川、甘肃、青海有分布。喜马拉雅山（西部，模式标本产地）、克什米尔地区有分布记录。

生境及适应性：常生长于高山杜鹃灌丛中、流石滩上或高山草甸的苔藓植物丛中；喜冷凉，耐半阴，稍耐贫瘠。

观赏及应用价值：观花类。叶片近肉质，光滑，丛生态，花期花莛高耸，头状花序较大，是色季拉山山顶夏季景观的重要组成部分，其肥厚肉质的根系适应了高山草甸、流石滩的生长环境，是极好的高海拔区域水土保持植物。且其植株形态变异极大，适于选育不同园林用途的品种。

中文名 **舌叶垂头菊**
拉丁名 *Cremanthodium lingulatum*

基本形态特征：多年生草本。全株灰绿色，光滑，茎高达60cm（色季拉山一带分布的茎高一般是10～20cm），根肉质，多数。叶肉质近革质，微被白粉，两面光滑或幼时被少许白色柔毛，叶脉羽状，网脉清晰；基部叶舌形或长圆状匙形，长8～18cm，宽3～5.5cm，先端圆形，全缘或疏具软骨质小齿，基部楔形，渐窄成翅状柄；茎生叶匙状长圆形，3～5枚，直立筒状抱茎。头状花序直径达3cm，辐射状，下垂，单生，总花梗长达8cm，总苞片2层，长圆状披针形，长达1.5cm，先端急尖，具白色柔毛，背面光滑；舌状花黄色，舌片长2～2.5cm，线状披针形，先端渐尖；管状花深黄色，冠毛与花冠近等长。花期7～8月。

分布：西藏产色季拉山地区，海拔3500～4500m，西藏特有植物，米林也产，分布量较多。

生境及适应性：常生长于高山草甸、灌丛中；喜冷凉，耐半阴，稍耐贫瘠。

观赏及应用价值：观花类。园林用途同车前状垂头菊，但本种叶片大型，肉质近革质，微被白粉，叶面网脉清晰，观叶价值更高。

匹菊属 *Pyrethrum*

中文名 **无舌川西小黄菊**
拉丁名 *Pyrethrum tatsienensis* var. *tanacetopsis*

基本形态特征： 多年生草本，高7～25cm。茎单生或少数簇生，不分枝。基生叶椭圆形或长椭圆形，长1.5～7cm，宽1～2.5cm，一至二回羽状全裂；一回侧裂片5～15对，二回为掌状或掌式羽状分裂，末回裂片线形，宽0.5～0.8mm；叶柄长1～3cm；茎生叶少数，直立贴茎，与基生叶相似，无柄。头状花序单生茎顶，总苞直径1～2cm，总苞片约4层，边缘黑褐色或褐色膜质；边缘雌性花花冠短，无明显舌片，两性管状花橘黄色或微带橘红色，顶端5裂。瘦果有5～8条椭圆形凸起的纵肋。花期8～9月。

分布： 西藏产色季拉山地区，海拔4200～5300m，察隅、米林、错那也产，分布量较多。中国特有植物，云南有分布。

生境及适应性： 常生长于高山草甸上；喜半阴，喜疏松肥沃土壤。

观赏及应用价值： 观花类地被植物。无舌川西小黄菊观赏价值不高，但其生态位重要，是高山草甸的重要组分之一，适于在海拔4000m以上高山草甸的人工恢复建设中使用。

蒿属 *Artemisia*

中文名 **藏北艾**
拉丁名 *Artemisia vulgaris* var. *xizangensis*

基本形态特征： 多年生草本。根茎稍大，高达130cm，紫褐色，有纵棱，疏被短柔毛，上部有分枝，具多数营养枝。下部叶与中部叶全形椭圆形或椭圆状卵形，叶柄短，长3～15cm，宽1.5～11cm，叶面无毛或疏被蛛丝状毛，叶背密被灰白色蛛丝状长毛；二回羽状分裂，末回裂片披针形；中部叶片每侧具4～6二回裂片，上部叶羽状分裂或全裂，无叶柄；苞片叶线形或线状披针形，全缘。头状花序椭圆形，长3～4mm，宽2～3mm，斜展或下垂，在分枝上数枚密集呈短穗状花序，再在分枝上总状排列，全部花序在茎上排成宽展的圆锥花序；总苞片3～4层，背面被蛛丝状柔毛；雌花7～10朵，两性花数层，8～25朵，花冠紫红色。瘦果小，倒卵形。花果期8～9月。

分布： 西藏产色季拉山地区下缘，海拔3000～3200m，比如、贡嘎、米林、波密也产，分布量较多。

生境及适应性： 常生长于林缘灌丛及村寨附近撂荒地上；喜光、耐贫瘠，喜疏松肥沃土壤。

观赏及应用价值： 观叶类。植株紧密，单丛直径可以达到2m，叶片上面浓绿，下面密被灰白色蛛丝状长毛，全株具有浓烈的艾香味，是西藏"艾"的代用品，适于在西藏园林中大量应用。同时，本种是菊花品种嫁接的优秀砧木，亲和性较好，是西藏培育大型塔菊的最佳砧木之一。

兔耳风属 *Ainsliaea*

中文名 **宽叶兔耳风**
拉丁名 ***Ainsliaea latifolia***

基本形态特征：多年生草本。根状茎粗壮，直或弧曲状，直径5～10mm，根颈密被绵毛。茎直立，不分枝，高30～80cm，被蛛丝状白色绵毛；叶聚生于茎基部的呈莲座状，叶片薄纸质，卵形或狭卵形，大者长可达10～11cm，宽5～6.5cm，基部缢缩下延于叶柄成阔翅，边缘有胼胝体状细齿，两面被毛；基出脉3条，弧形上升，网脉明显；叶柄与叶片几等长，具翅，翅于下部略狭；茎上部的叶疏离，急剧变小，花序轴上的叶更小。头状花序具花3朵，长10～15mm，单个或2～4朵聚集于苞片状的叶腋内复组成间断的、长9～38cm的穗状花序，花序轴粗挺，被蛛丝状绵毛；总苞圆筒形，约5层；花全部两性，花冠管状，粉白色，檐部5深裂，裂片偏于一侧。瘦果具8条粗纵棱，密被倒伏的绢质长毛。花期6～7月。

分布：西藏产色季拉山地区，海拔3100～3900m，察隅、波密、米林、错那、亚东、定结、聂拉木、樟木也产，分布量较多。云南、四川、贵州、广西有分布。印度、不丹、泰国、越南有分布记录。

生境及适应性：常生长于冷杉林、云杉林、箭竹林下阴湿处；喜阴凉，稍耐贫瘠，喜疏松肥沃土壤。

观赏及应用价值：观叶类。叶片排列整齐，基部莲座状，形状奇特，适于培育为室内观叶植物。

鼠麴草属 *Gnaphalium*

中文名 **鼠麴草**
拉丁名 ***Gnaphalium affine***

基本形态特征：一年生草本，高10～40cm。茎直立或斜生，不分枝或少分枝，被白色绵毛。基生叶花期枯萎，下部叶匙形至倒披针状匙形，长5～7cm，宽11～14mm，顶端钝圆，有小刺尖，基部渐窄，两面被白色绵毛，花期叶缘常反卷。头状花序多数，近无梗，在茎顶密生成伞房花序；总苞片2～3层，膜质，金黄色至柠檬黄色，有光泽；雌花花冠丝状，先端3齿裂；两性花管状，檐部5浅裂。瘦果冠毛污白色，基部联合成2束，易脱落。花期6～10月。

分布：西藏产色季拉山地区，海拔3000～3200m，芒康、波密、米林、拉萨、琼结、聂拉木、隆子、亚东、定结也产，分布量较多。中国大部分地区有分布。印度至印度尼西亚、日本、朝鲜等地均有分布记录。

生境及适应性：常生长于田边、路旁或草丛中；喜光，耐瘠薄，喜疏松肥沃土壤。

观赏及应用价值：观花类地被植物。花期黄色至柠檬黄色的膜质总苞片非常鲜艳，适于作为地被，也可考虑进行切花培育。同时，鼠麴草茎叶可入药。

火绒草属 *Leontopodium*

中文名 **银叶火绒草**
拉丁名 ***Leontopodium souliei***

基本形态特征： 多年生草本。根状茎细，横走，有1至数个簇生的花茎和少数不育的莲座状叶丛，根条细长，匍枝状，长达6cm，基部有枯萎叶和叶丛。茎直立，高6～15cm，纤细，被白色蛛丝状长柔毛，下部莲座状叶丛。茎生叶常贴生茎上或稍开展，半抱茎，叶狭线形，两面被疏薄的银白色绢状茸毛，长1～4cm，宽1～3（4）mm，下部叶等宽，上部叶基部稍扩大；苞叶多数，两面被银白色长柔毛和白色茸毛，较花序长2～3倍，密集开展成直径约2cm的苞叶群。头状花序直径5～7cm，少数密集；总苞片3层，稍露出茸毛之上。花期8～9月。

分布： 西藏产色季拉山地区，海拔4000～4800m，昌都、八宿、丁青、察隅、墨脱、加查也产，分布量较多。中国特有植物，四川、云南、青海、甘肃有分布。

生境及适应性： 常生长于高山草甸上；喜冷凉，耐贫瘠，耐干旱。

观赏及应用价值： 观花类地被植物。花期苞叶星状开展，密被银白色长柔毛和白色茸毛，常密集生长，既适于在园林中营造雪景，又是良好的高原生态恢复材料。此外，色季拉山还分布有长叶火绒草 *L. longifolium*，两者极其相似，唯后者茎上部叶基部不扩大，园林用途相同。

中文名 **雅谷火绒草**
拉丁名 ***Leontopodium jacotianum***

基本形态特征： 多年生草本。根状茎分枝细，有顶生和侧生的莲座状叶丛，散生。花茎直立，稍坚挺，被白色薄茸毛。叶开展，线状披针形，基部渐狭，有短狭的鞘部，草质，上面被蛛丝状毛，下面被白色薄茸毛；上部叶较大；苞叶多数，远较茎部叶为大，与后者近同形，顶端尖，上面较下面被更密的白色或近白色茸毛，较花序长约2倍，开展成星状苞叶群。头状花序密集；总苞被长柔毛；总苞片顶端黑褐色，常撕裂，超出冠毛之上。小花异型，或雌雄异株；雄花花冠上部宽漏斗形，有较大的裂片；雌花花冠多少丝状，冠毛白色。花期6～8月。

分布： 西藏产南部的藏布河流域、色季拉山、林芝地区、日喀则地区、山南地区等地，分布量较多。印度、尼泊尔和克什米尔地区也有分布。

生境及适应性： 多生于高山草地和石砾地。喜冷凉，耐干旱，稍耐贫瘠。

观赏及应用价值： 观姿类。观赏美观的星状苞叶群，应用同银叶火绒草。

香青属 *Anaphalis*

中文名 **尼泊尔香青**
拉丁名 *Anaphalis nepalensis*
别　名 打火草

基本形态特征： 多年生草本，有长达20cm的匐枝，匐枝有倒卵形或匙形的叶和莲座状叶丛。茎直立或斜升。高5～45cm，被白色密绵毛，有疏或密的叶；下部叶在花期宿存，与莲座叶同形，匙形至长圆状披针形，长1～7cm，宽0.5～2cm，顶端圆形或急尖，基部渐窄；中部叶基部稍抱茎，不下延，上部叶渐狭小，两面或下面密被白色绵毛，有1或离基三出脉。头状花序少数，总苞多少球形，内层披针形，外层卵状披针形；雌头状花序有多层雌花，中央有3～6个雄花；雄头状花序全部为雄花或有1～3个雌花。瘦果冠毛与花冠等长。花期7～9月。

分布： 西藏产色季拉山地区，海拔3800～4200m，聂拉木、错那、波密、墨脱、察隅也产，分布量较多。云南、四川、甘肃有分布。尼泊尔、不丹、印度有分布记录。

生境及适应性： 常生长于高山草地或林缘；喜冷凉，耐半阴。

观赏及应用价值： 观花观叶类。花期洁白的干膜质总苞片层层开展，点缀着高山草地，甚是美观，适宜于作为干切花材料进行培育。此外银白色的叶也具有一定观赏性。可药用。

中文名 **灰叶香青**
拉丁名 *Anaphalis spodiophylla*

基本形态特征： 根状茎长。茎直立，下部粗壮而木质，基部常分枝或下部叶腋有细枝，上部常有长花枝，被灰白色密绵毛，下部有密集、上部有疏生的叶。基部叶倒卵圆形，基部急狭成短柄；下部叶在花期常枯萎；中部叶倒卵形或倒披针状匙形，下部渐狭成具宽翅的柄，半抱茎，或稍沿茎下延成短翅；上部叶苞状，披针状线形或线形，细尖；全部叶质稍厚，两面被灰白色蛛丝状绵毛并杂有头状短柄的腺毛，中脉在两面高起，有明显的离基三出脉或另有近边缘的一对细脉。头状花序极多数，在茎和枝端密集成复伞房状；总苞狭钟状；总苞片约5层，被蛛丝状毛，内层长圆状舌形，白色或污白色；最内层狭长圆形，有长达全长2/3的爪部；雌株头状花序有多层雌花，中央有1～2个雄花，黄白色；冠毛较花冠稍长。花果期8月。

分布： 产西藏东部及南部（林芝、娘鲁），海拔3000～3060m，分布量较多。

生境及适应性： 多生于山野路旁向阳地。喜阳，耐寒，耐旱，稍耐贫瘠。

观赏及应用价值： 观叶类。叶色银灰色，较具有观赏性，可作为观叶地被用于花坛和花境。

中文名　铃铃香青
拉丁名　*Anaphalis hancockii*

基本形态特征： 根状茎细长，稍木质，匍枝有膜质鳞片状叶和顶生的莲座状叶丛。茎直立，高5～35cm，被蛛丝状毛及具柄头状腺毛。莲座状叶与茎下部叶匙状或线状长圆形，长2～10cm，宽0.5～1.5cm，基部渐狭成具翅的柄或无柄，顶端圆形或急尖；中部及上部叶直立，常贴附于茎上，线形；全部叶两面被蛛丝状毛及头状具柄腺毛，有明显的离基三出脉或另有2不显明的侧脉。头状花序9～15个，在茎端密集成复伞房状；总苞宽钟状，4～5层，稍开展；外层卵圆形，红褐色或黑褐色；内层长圆状披针形，上部白色；最内层线形，有长约全长1/3～2/3的爪部；雌株头状花序有多层雌花，中央有1～6个雄花；雄株头状花序全部有雄花；花冠白色，冠毛较花冠稍长。瘦果长圆形。花期6～8月，果期8～9月。

分布： 西藏产东部鲁郎等地，海拔2000～3700m，分布量较多。我国青海东部、甘肃西部及西南部、陕西南部、山西西部及北部、河北西部及北部、四川西部及西北部等都有分布。

生境及适应性： 生于亚高山山顶及山坡草地。喜阳，耐寒，喜湿润，喜稍肥沃土壤。

观赏及应用价值： 观花观叶类地被。应用同灰叶香青，且地被效果更好。

中文名　淡黄香青
拉丁名　*Anaphalis flavescens*

基本形态特征： 一二年生草本。茎直立，高10～40cm。莲座状叶倒披针状长圆形，长1.5～5cm，宽0.5～1cm，下部渐狭成长柄，顶端尖或稍钝；基部叶在花期枯萎；下部及中部叶长圆状披针形或披针形，长2.5～5cm，宽0.5～0.8cm，基部沿茎下延成狭翅，顶端尖；上部叶较小，狭披针形；全部叶被灰白色或黄白色蛛丝状绵毛或白色厚绵毛，有多少明显的离基三出脉。头状花序6～16个密集成伞房状或复伞房状；总苞宽钟状，4～5层，稍开展，外层椭圆形、黄褐色，基部被密绵毛；内层披针形，上部淡黄色或黄白色，有光泽；最内层线状披针形，有长达全长1/3～2/3的爪部；雌株头状花序外围有多层雌花，中央有3～12个雄花；雄株头状花序有多层雄花，外层有10～25个雌花；花冠淡黄白色。瘦果长圆形，被密乳头状突起。花期8～9月，果期9～10月。

分布： 西藏产东部和南部，色季拉山、林芝地区、日喀则地区、山南地区等地，分布量较多。我国青海、甘肃、陕西、四川西部也产。

生境及适应性： 生于山坡草地、溪边、林缘。喜阳，耐寒，喜湿润，喜稍肥沃土壤。

观赏及应用价值： 观花观叶类。花有淡香味，全株发白可以观赏，应用同灰叶香青。

中文名 **线叶珠光香青**
拉丁名 *Anaphalis margaritacea var. japonica*

基本形态特征： 根状茎横走或斜升，木质，有具褐色鳞片的短匍枝。茎直立或斜升，茎高30～60cm；叶线形，长3～10cm，宽0.3～0.6cm，顶端渐尖，下部叶顶端钝或圆形，上面被蛛丝状毛或脱毛，下面被淡褐色或黄褐色密绵毛。头状花序多数，在茎和枝端排列成复伞房状，稀较少而排列成伞房状；总苞宽钟状或半球状，5～7层，上部白色，有时较小，长仅5mm，被绵毛；花冠长约3mm；雌株头状花序外围有多层雌花，中央有3～20雄花；雄株头状花全部为雄花或外围有极少数雌花；花冠黄白色。瘦果长椭圆形，有小腺点。花果期8～11月。

分布： 西藏产波密、察隅等地，分布量较多。甘肃西部和南部、陕西南部、四川、湖北西部、贵州、云南等地也有分布。朝鲜、日本也产。

生境及适应性： 多生于亚高山或低山草地、石砾地、山沟及路旁，较常见。喜阳，耐半阴，喜冷凉湿润，喜稍肥沃土壤。

观赏及应用价值： 观花观叶。应用同灰叶香青，但叶较窄，单株效果稍单薄，宜丛植或片植。

牛蒡属 *Arctium*

中文名 **牛蒡**
拉丁名 *Arctium lappa*

基本形态特征： 二年生草本，具粗大的肉质直根，长达15cm，径可达2cm，在石砾地生长时常有支根。茎粗壮，直立，高80～200cm，具条棱，带紫红色，上部多分枝，基生叶丛生，茎生叶互生，卵形至心形，长10～30cm，宽7～18cm，上面绿色，下面密被灰白色茸毛，全缘、波状或有细锯齿，顶端圆钝，具短刺尖，基部心形，具柄，上部叶渐小。头状花序顶生或排成伞房状，直径3～4.5cm，有梗；总苞球形，总苞片披针形，顶端钩状内弯；花全部管状，紫红色，长1.8～2cm，花冠管长7～7.5mm，檐部5裂。瘦果稍扁，冠毛刚毛状。花果期6～9月。

分布： 西藏产色季拉山地区，海拔3000～3200m，察雅、察隅、波密、米林、隆子也产，分布量较多。我国东北至西南各地均有分布。欧洲、伊朗、阿富汗、印度等地有分布记录。

生境及适应性： 常生长于农田边、村寨旁或山坡草丛中；喜光，喜土层深厚、排水良好、疏松肥沃的沙性壤土。

观赏及应用价值： 观花类。花量较大，有一定的观赏价值，果实早期也有一定观赏性。食用价值很高，其粗壮的肉质根是兼有营养和保健功能的高档蔬菜；此外，幼嫩的叶柄、叶片也可食用，也是西藏传统野生蔬菜之一。

飞廉属 *Carduus*

中文名	**节毛飞廉**
拉丁名	***Carduus acanthoides***

基本形态特征： 二年生或多年生草本，高（10）20～100cm。茎单生，有条棱，全部茎枝被稀疏或下部稍稠密的多细胞长节毛，接头状花序下部的毛通常密厚。基部及下部茎生叶长6～29cm，宽2～7cm，羽状裂，侧裂片6～12对，边缘有大小不等的钝三角形刺齿，齿顶及齿缘有黄白色针刺，齿顶针刺较长，或叶边缘有大锯齿，不呈明显的羽状分裂；全部茎叶两面绿色，沿脉有稀疏的多细胞长节毛，基部渐狭，两侧沿茎下延成茎翼，茎翼齿裂，齿顶及齿缘有针刺。头状花序几无花序梗，3～5个集生或疏松排列于茎顶或枝端；总苞片多层，覆瓦状排列，向内层渐长；中外层苞片顶端有长1～2mm的针刺，最内层及近最内层无针刺；小花红紫色。瘦果浅褐色。花期7～8月。

分布： 西藏产色季拉山地区，海拔3000～3500m，芒康、贡觉、江达、类乌齐、边坝、索县、波密、米林也产，分布量较多。亚洲、欧洲广布种。

生境及适应性： 常生长于林缘、路边或撂荒地上；耐贫瘠，耐干旱。

观赏及应用价值： 观花类。花期紫红色花朵具有一定观赏性，且由于其多刺，植株高达1m（最高2.6m），可用于西藏农田、牧场边缘的防护性栽植，以弱化西藏常见的农田鹅卵石围护栏的线条。

蓟属 *Cirsium*

中文名	**披裂蓟**
拉丁名	***Cirsium interpositum***

基本形态特征： 多年生草本，高2～3m。茎直立，粗壮，基部直径2.5cm，几木质，中部以上分枝全部茎枝有条棱。中部茎叶长达60cm，宽达25cm，长椭圆形或椭圆形，羽状深裂或几全裂，中脉宽扁，无叶柄，基部耳状扩大抱茎，扩大的耳状部分边缘长针刺，针刺长2～4cm；侧裂片9～11对，全部裂片披针形或长椭圆状披针形，长10～16cm，宽2～3cm，边缘大部全缘，有缘毛状针刺，裂片顶端渐尖成长达1.5cm的针刺；自中部向上的叶渐小，同形并等样分裂，并具有等样的针刺；最上部及接头状花序下部的叶更小，边缘长针刺，针刺长2～2.5cm；全部叶质地薄，两面异色，上面绿色，被稀疏、极稀疏或稠密的针刺，下面灰白色，被密厚茸毛。头状花序下垂或下倾；总苞宽钟状，约10层，覆瓦状排列；小花紫红色。瘦果黑色。花果期9～11月。

分布： 西藏产东南部的鲁郎、波密等地，海拔2000～2600m，分布量较多。云南西北部及西南部也有分布。

生境及适应性： 常生长于山坡灌丛中或疏林下、林缘草地；喜光，稍耐阴，喜湿润，耐贫瘠。

观赏及应用价值： 观叶类。植株高大，叶大型，叶面、叶缘针刺排列整齐，叶片光亮整齐，形似加拿利海枣 *Phoenix canariensis* 叶片，具有一定的观叶价值，也可作为防护篱应用。

中文名 **贡山蓟**
拉丁名 *Cirsium eriophoroides*
别　名 绵头蓟

基本形态特征：多年生草本，高1～3.5m。茎基部直径1.5cm，被稀疏的多细胞长节毛和长蛛丝毛，上部分枝。中下部茎生叶长椭圆形，长20～35cm，宽8～15cm，羽状浅裂、半裂或边缘大刺齿状，有长或短叶柄，叶柄宽扁，边缘有刺齿或针刺；侧裂片半椭圆形、半圆形或卵形，边缘有多数但通常为2～5个刺齿，或边缘2～5个针刺，齿顶有针刺，全部针刺长5～15mm，上部叶与基部叶同形，但无柄或基部耳状扩大半抱茎。头状花序常直立，在茎枝顶端排成伞房状花序；总苞球形，被稠密而膨松的绵毛，直径达5cm，基部有苞片，苞叶线形或披针形，边缘有长针刺；总苞片近6层，近等长，镶合状排列；小花紫色，花冠长3.5cm。瘦果黑褐色，顶端截形，冠毛污白色或浅褐色，多层，基部连合成环，整体脱落；冠毛刚毛长羽毛状。花果期7～10月。

分布：西藏产色季拉山地区，海拔2050～3750m，波密、墨脱、察隅有分布，分布量较多。喜马拉雅特有植物，四川、云南有分布。印度有分布记录。

生境及适应性：常生长于山坡灌丛中或丛缘或山坡草地、草甸、河滩地或水边；喜光，稍耐阴，喜湿润，耐贫瘠。

观赏及应用价值：观花类。贡山蓟植株高大，头状花序大型，且密被稠密而膨松的绵毛，缺点是多刺，难以作为切花开发，仅适于围护应用。

风毛菊属 *Saussurea*

中文名 **苞叶雪莲**
拉丁名 ***Saussurea obvallata***

基本形态特征： 多年生草本。茎高20～50cm，光滑或上部有短柔毛，基部有褐色、光亮的枯存叶柄。基生叶长圆形，连叶柄长10～25cm，宽2～4cm，先端钝，边缘具细齿，两面密被腺毛；茎生叶长圆形或椭圆形，向上渐小，无柄，半抱茎；最上部叶苞叶状，黄色，膜质，卵状长圆形或长圆形，长达16cm，宽7cm，先端钝，边缘有细齿，被短毛和腺毛。头状花序4～15个，密集生长在茎顶，有短梗；总苞半球形，直径1～1.5cm，总苞片披针形，先端尖，边缘黑紫色，背面疏被短毛和腺毛；小花蓝紫色，长约10mm。瘦果冠毛白色。花期7月。

分布： 西藏产色季拉山地区，海拔4500～5300m，察隅、墨脱、波密、米林、错那、泽当、隆子、拉萨、亚东也产，分布量较多。青海、四川、云南有分布。不丹有分布记录。

生境及适应性： 常生长于乱石缝隙中；喜冷凉，耐贫瘠。

观赏及应用价值： 观花类。大型黄色苞片是其主要观赏部位，同时，其在藏药中作雪莲用，全草入药。近年来，随着藏药资源的开发，苞叶雪莲有种群缩小的趋势，可结合人工野生抚育进行海拔4500m以上苞叶雪莲种群的保护。

中文名 **星状雪兔子**
拉丁名 ***Saussurea stella***

基本形态特征： 多年生草本。无茎，根肉质，圆锥状。叶莲座状，线形，长3～19cm，中部以上长渐尖。全缘，基部扩大，紫红色，两面光滑。头状花序无梗，多数，密集呈半球形；总苞片圆筒形，长10～12mm，先端钝，紫红色，有睫毛，边缘膜质；小花长10～15mm，管部长为檐部的2倍以上，冠毛白色。瘦果顶端具膜质的冠状边缘。花期9～10月。

分布： 西藏产色季拉山地区，海拔4000～4500m，谢通门、南木林、亚东、拉萨、乃东、加查、错那、巴青、八宿、贡觉、江达也产，分布量较多。青海、甘肃、四川、云南有分布。不丹、印度有分布记录。

生境及适应性： 常生长于河边草地、沼泽边缘以及高山草甸上；喜冷凉，耐严寒，耐水湿。

观赏及应用价值： 观花类。抗性强，既耐严寒，也耐水湿，在盐碱性沼泽地边缘能生长，花期紫红色的总苞片铺散地面，甚是醒目，适于在4000m以上沼泽地、水边以及草甸上进行布置，维护高原环境生态安全。

中文名 **波密风毛菊**
拉丁名 *Saussurea bomiensis*

基本形态特征：多年生草本，高30～40cm。根状茎斜生，颈部被深褐色的残叶柄。茎具条纹，有稀疏的蛛丝状绵毛，紫红色。基生叶倒披针形，长12～18cm，宽1.5～2cm，先端急尖，基部渐狭成柄，羽状浅裂，裂片半圆形或近三角形，有的顶端有短尖头，下面密被白色茸毛，叶柄长2.5～6cm，紫红色；茎生叶3～5，边缘波状浅裂或近全缘，裂片锐齿状，齿端具小刺尖，向上柄渐短至无柄。头状花序单生，基部具数枚苞叶，直径2.5～3.5cm；总苞半球形，被白色长柔毛，外层条状披针形，绿色草质，内层条形，禾秆黄色，上部染紫红色；花紫色，长1.5～1.7cm，花冠管长7～8mm，檐部长6～7mm，5裂。瘦果圆柱形。花期7～8月。

分布：西藏产色季拉山地区，海拔4000～4800m。西藏特有植物，波密、米林也产，分布量较多。青海可能有分布。

生境及适应性：常生长于高山草甸、灌丛和冷杉林下；喜阳，喜冷凉，喜疏松肥沃土壤。

观赏及应用价值：观花类。植株不高，单生的头状花序较大，在色季拉山夏季野生花卉中非常醒目，可结合海拔4000m以上高山草甸的生态保护进行适当的人工抚育，园林中可开发作为缀花草坪地被。

中文名 **倒披针叶风毛菊**
拉丁名 *Saussurea nimborum*

基本形态特征：多年生草本，高2～4cm。根状茎有分枝，颈部被暗褐色残存叶柄。叶倒披针形或矩圆状倒披针形，顶端急尖，基部渐狭，羽状分裂，裂片近圆形或有不整齐的齿，顶端具小刺尖，上面绿色，密被有节的腺毛，下面密被白色茸毛。头状花序单生，偶有2个在一起；总苞卵状钟形，总苞片外层卵状披针形，先端渐尖，基部近圆形，革质，禾秆色，顶端和上部边缘暗紫红色，少有绿色，无毛或疏被蛛丝状毛，内层条形，干膜质；托片条形，黄绿色，不等长；花淡紫红色，长1.6～2.2cm。瘦果圆柱形，具横皱纹。花期7～8月。

分布：西藏产拉萨、工布江达、加查、错那、定日等地，海拔4500～5000m，分布量较多。印度亦有分布。

生境及适应性：多生于山坡草丛中、河滩草地。喜阳，喜冷凉，喜疏松肥沃土壤。

观赏及应用价值：观花类。应用同波密风毛菊，但植株更低矮，花更小，花梗很短，更适合做地被观赏。

317

眼子菜科 POTAMOGETONACEAE
眼子菜属 *Potamogeton*

中文名 **浮叶眼子菜**
拉丁名 *Potamogeton natans*

基本形态特征： 多年生草本。根茎发达，多分枝，节处生有须根。茎圆柱形，直径1.5～2mm，通常不分枝，或极少分枝。浮水叶革质，卵形至矩圆状卵形，长4～9cm，宽2.5～5cm，先端圆形或具钝尖头，基部心形至圆形，稀渐狭，具长柄；叶脉23～35条，于叶端连接，其中7～10条显著；沉水叶质厚，叶柄状，呈半圆柱状的线形，先端较钝，长10～20cm，宽2～3mm，具不明显的3～5脉；常早落；托叶近无色，鞘状抱茎，多脉，常呈纤维状宿存。穗状花序顶生，长3～5cm，具花多轮，开花时直立伸出水面，花后花序梗弯曲而使穗状花序沉没水中；花小，花被片4，绿色，肾形至近圆形，径约2mm；雌蕊4枚，离生。果实倒卵形。花果期约7～9月。

分布： 西藏产色季拉山地区，海拔3000～3200m，波密、米林、拉萨、吉隆也产，分布量较多。北半球广布种。

生境及适应性： 常生长于活水池沼中，与睡莲*Nymphaea tetragona*、杉叶藻*Hippuris vulgaris*、芦苇*Phragmites communis*等共同生长在同一水域中；喜微酸性相对静态水体，喜肥沃。

观赏及应用价值： 观叶类。浮叶眼子菜是湖泊、池沼、小水景中的良好绿化美化材料，已见用于植物园等专类园或风景区小水体布置。此外，全草是牲畜、家禽的良好饲料，可作绿肥；也可入药。

天南星科 ARACEAE 芋属 *Colocasia*

中文名 **野芋**
拉丁名 *Colocasia antiquorum*

基本形态特征： 多年生草本。块茎球形，有许多发亮的芽眼，须根多，常从块茎基部伸出匍匐茎，具小球茎。叶柄肥厚，长达1m；叶片卵形，基部心形，长达50cm，前裂片宽卵形，先端锐尖，长略过于宽，一级侧脉4～8对，后裂片卵形，钝，长约为前裂片的一半，几全部合生。花序柄远短于叶鞘；佛焰苞苍黄色，长15～25cm，管部长圆形，长7～8cm，檐部狭长披针形，渐尖；肉穗花序短于佛焰苞，雌花花序与中性花序等长，约2～4cm，能育雄花序长4～8cm，附属器长圆锥形，长4～8cm。

分布： 西藏产色季拉山地区下缘东久至通麦一带，海拔2500～3000m，波密、察隅也产，分布量较多。中国南部至西南部各地有分布。东南亚各地有分布记录。

生境及适应性： 常生长于林下阴湿处；喜湿润，喜半阴，喜疏松肥沃土壤。

观赏及应用价值： 观叶类。野芋的叶片大型，盾形，叶面光滑，叶脉明显，具有一定的观叶价值，在林芝地区八一镇露地栽培后能够开花，但花檐部开展不足，观花价值有所下降。此外，野芋块茎有毒，常入药外用。

天南星属 *Arisaema*

中文名 **曲序南星**
拉丁名 *Arisaema tortuosum*

基本形态特征： 多年生草本，块茎扁球形。基生叶2或3；叶柄长5～30cm，常染紫色，叶片鸟足状分裂，裂片5～17枚，形状多变，菱状卵形至披针形，先端渐尖，基部楔形，具短柄或几无，侧脉多数；中裂片长5～30cm，宽1～7cm，侧裂片依次减小。花序柄长于叶柄，从叶柄中抽生，长30～45cm；佛焰苞绿色，有时粉绿色或暗紫色；管部圆柱形或漏斗形；檐部卵形或长圆卵形，长4～12cm，宽2～5cm，微下垂；肉穗花序两性或单性，两性花序长7～8cm，单性花序长2～4cm；附属器伸长，绿色至暗紫色，长7～25cm，较粗壮，基部粗，向上渐窄，先直立，然后在喉部"之"字形上升或下弯。果序近球形，显著下垂，浆果红色。花期6月，果期8～9月。

分布： 西藏产色季拉山地区，海拔2800～3500m，察隅、波密、定结、聂拉木、吉隆、日喀则也产，分布量较多。云南、四川有分布。尼泊尔、不丹、印度、缅甸有分布记录。

生境及适应性： 常生长于荒地、河谷、岩石缝隙中；喜半阴，喜疏松土壤。

观赏及应用价值： 观叶、观果类。叶片呈鸟足状分裂，各裂片在叶柄上呈反向阿基米德螺旋状排列，叶脉清晰，具有较高的观叶价值；花期佛焰苞先端近直角前倾，附属器之字形强烈伸出佛焰苞外，形状很是奇特；果期鲜红色的卵球形果序则很是吸引人的视线，观赏价值较高；适于在风景林林下、岩石园或屋顶花园中大量应用。

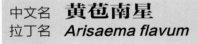

中文名 **黄苞南星**
拉丁名 *Arisaema flavum*

基本形态特征： 多年生草本，块茎近球形，直径1.5～2.5cm。叶柄长12～27cm，具鞘部占4/5；叶片鸟足状分裂，裂片5～11（15），长圆披针形或倒卵状长圆形，先端渐尖，基部楔形，长2.5～12cm，宽0.6～3cm，亮绿色。花序柄常先叶抽出，长于叶柄，长15～30cm；佛焰苞小，管部卵圆形或球形，长1～1.5cm，粗1～1.4cm，黄绿色，喉部收缩；檐部长圆状卵形，长1.5～4.5cm，宽0.8～2cm，黄色；肉穗花序两性，长1～2cm；附属器极短的椭圆状，绿色或黄色。果序圆球形，具宿存附属器。花期5～6月，果期7～10月。

分布： 西藏产色季拉山地区，海拔3000～4000m，为西藏常见杂草，江达、昌都、芒康、察隅、波密、拉萨、米林、隆子、仁布、江孜、日喀则均产，分布量较多。四川、云南有分布。阿拉伯联合酋长国、阿富汗、印度、尼泊尔、不丹有分布记录。

生境及适应性： 常生长于碎石坡、荒地、路边以及灌丛中；喜光，喜湿润，喜疏松土壤。

观赏及应用价值： 观叶、观花、观果类。叶、果观赏价值同曲序南星，且佛焰苞先端黄色，观花效果优于后者，可在花境、花坛中片植，或在风景林林缘配置。此外，黄苞南星块茎入药。

中文名 **象南星**
拉丁名 *Arisaema elephas*
别　名 象鼻南星

基本形态特征： 多年生草本，块茎近球形。鳞叶3～4，内面2片狭长三角形，基部展开宽，绿色或紫色。叶1，叶柄黄绿色；叶片3全裂，稀3深裂，裂片具柄或无柄，网脉明显；中裂片倒心形，顶部平截，中央下凹，具尖头，向基部渐狭，宽远胜于长；侧裂片较大，宽斜卵形。佛焰苞青紫色，基部黄绿色，管部具白色条纹，上部全为深紫色，管部圆柱形，两侧下缘相交成直角；檐部长圆披针形，由基部稍内弯，先端骤狭渐尖；肉穗花序单性，花疏，附属器基部略细成柄状，中部以上渐细，然后之字形上升或弯转360°后上升或蜿蜒下垂；附属器基部骤然扩大，具柄，余同雄序附属器；雄花具长柄，雌花子房长卵圆形，先端渐狭为短的花柱。花期5～6月，果8月成熟。

分布： 西藏产南部、东南部地区，海拔2000～4000m，分布量较多。我国特有种，云南、四川、贵州都有分布。

生境及适应性： 生于河岸、山坡林下、草地或荒地。喜光，喜湿润，喜疏松土壤。

观赏及应用价值： 观叶、观花、观果类。佛焰苞奇特而美丽；果实成熟时，鲜亮的果实搭配大型的叶子非常漂亮，可在花境、花坛中片植，或在风景林林缘配置。此外，块茎入药。

鸭跖草科 COMMELINACEAE
鸭跖草属 *Commelina*

中文名	**地地藕**
拉丁名	***Commelina maculata***

基本形态特征： 多年生草本，有一至数支天门冬状根。茎细弱，近无毛，下部匍匐，近基部节上生根，节间长可达15cm，多分枝。叶卵状披针形，长4～10cm，宽1～2.5cm，两面疏生细长伏毛。总苞片下缘合生成漏斗状，通常2～3个（少4个）在茎顶端集成头状，无柄或近无柄。聚伞花序有花3～4朵，仅盛开的花伸出佛焰苞之外，果期藏在佛焰苞内；花梗短，长约3mm；萼片卵圆形，膜质，黄白色，长约4mm，常有缘毛；花瓣蓝色，前方2枚长达1cm，圆形，下部有长3mm的爪，后方1枚无爪，长4mm。蒴果圆球状三棱形。花果期8～10月。

分布： 西藏产色季拉山地区下缘，海拔2050～2900m，吉隆、樟木、错那、波密也产，分布量较多。云南、四川有分布。印度、缅甸、马来西亚等地有分布记录。

生境及适应性： 常生长于溪旁、山坡草地及林下阴湿处；喜温暖，喜水湿，喜阴。

观赏及应用价值： 观花类地被植物。地地藕植株较小，但花型别致，适于培育为微型盆栽。此外，地地藕亦可药用。

灯心草科 JUNCACEAE 灯心草属 *Juncus*

中文名	**展苞灯心草**
拉丁名	***Juncus thomsonii***

基本形态特征： 多年生草本，丛生，茎纤细，高7～20cm。叶全部基生，叶片窄线形，长1～7cm，宽0.5～1mm，叶鞘边缘稍膜质，有叶耳。头状花序顶生；苞片开展，稍长于花；花被片6，等长或内轮较短，草黄色或红褐色；雄蕊6，部分明显伸出花被片；花柱短于子房，柱头特长而弯曲。蒴果三棱状卵形，种子锯屑状，两端有附属物。花期6～7月。

分布： 西藏产色季拉山地区，海拔4000～4300m，西藏绝大部分县均产，分布量较多。陕西、甘肃、青海、四川、云南有分布。蒙古、塔吉克斯坦及喜马拉雅周边各地有分布记录。

生境及适应性： 常生长于高山草甸上或沼泽湿地中；喜冷凉，喜湿润，喜腐殖质较多的土壤。

观赏及应用价值： 观花类地被植物。展苞灯心草是西藏高山草地、草甸、湿地的主要组成成分之一，花期点缀其间，有一定的观赏价值，适于作为高山生态恢复的地被植物或培育为微型盆栽。

莎草科 CYPERACEAE 莎草属 *Cyperus*

中文名 **长尖莎草**
拉丁名 *Cyperus cuspidatus*

基本形态特征： 一年生草本，秆丛生，高10～20cm。叶短于秆，宽1～2mm。苞片2～3枚，线形，长于花序；简单长侧枝聚伞花序具2～5个辐射枝；小穗5，簇生，线形，长4～12mm；鳞片长圆形，长1～1.5mm，顶端截形，主肋延伸成外弯的芒；雄蕊3，椭圆形；柱头3。小坚果长圆状倒卵形或长圆形，表面具许多疣状小凸起。花果期5～8月。

分布： 西藏产色季拉山地区东坡下缘排龙至通麦一带，海拔2050～3200m，聂拉木、拉萨、错那、波密、米林也产，分布量较多。浙江、福建、广东、云南、四川有分布。泛热带各地有分布记录。

生境及适应性： 常生长于山谷、水边以及林缘湿润处；喜水湿。

观赏及应用价值： 观叶观果类。叶片排列整齐，果期果序排列也规整，似伞草，观赏效果与后者相似，但其为一年生，应用前景可能不如伞草广泛。

嵩草属 *Kobresia*

中文名 **高山嵩草**
拉丁名 *Kobresia pygmaea*

基本形态特征： 多年生草本，丛生，秆矮小，高1～3cm。叶片与秆等长，针状。花序简单穗状，卵状长圆形，长4～6mm，含小穗少数，先端雄性，下部雌性；小穗具1朵小花，单性；鳞片卵形，长2.5～4mm；先出叶椭圆形，长2～3mm，背部2脊粗糙，边缘在腹面仅基部愈合。小坚果倒卵状椭圆形，长1.5～2mm；退化小穗轴长为小坚果的1/2。

分布： 西藏产色季拉山地区，海拔3800～5400m，西藏各县大多也产，分布量较多。华北、西南各地有分布。尼泊尔、印度有分布记录。

生境及适应性： 常生长于高山草甸、沼泽草甸、灌丛下或沟谷、阶地上；喜冷凉，耐瘠薄，喜水湿，喜疏松肥沃土壤。

观赏及应用价值： 地被类。高山嵩草不但是高山草甸的重要组成成分，更是西藏牧民夏季牧场的主要牧草，随着高原生态安全重要性认识的加深，高山草甸的人工抚育必将成为重要生态建设内容之一，而高山嵩草是最佳选择之一。

禾本科 GRAMINEAE　箭竹属 *Sinarundinaria*

中文名	**西藏箭竹**
拉丁名	***Sinarundinaria setosa***

基本形态特征： 灌木状竹类植物。地下茎合轴分枝，秆丛生，秆柄长3～5cm，直径4～20mm，具5～10节，节间长3～5mm，无毛，具无毛且呈三角状有光泽作覆瓦状紧密排列的鳞片；秆高1～8m，直径5～35mm，先端微弯曲，全秆共16～32节，基部数节节间长8～18cm，中部节间一般长18～28cm，最长达53cm，圆筒形，表面绿色（老后黄色），微被白粉；秆壁厚2～8mm，髓呈薄片状；箨环显著隆起，下有一圈棕色或灰褐色刺毛，老后脱落，箨鞘宿存或迟落；枝条3～7枚丛生于每一节，幼时略呈紫色，无明显主枝，全长60～80cm，直径1～3mm，具6～11节。叶片狭披针形，叶背面具灰白色或灰黄色柔毛，叶柄两面均被长柔毛，叶鞘长3～9cm，叶片次脉4对，小横脉不甚清晰，边缘具小锯齿。最佳观赏期3～11月。

分布： 西藏产色季拉山地区，海拔3000～3800m。西藏特有植物，波密、米林也产，分布量较多。

生境及适应性： 常生长于高山松林或云杉林下、林缘和溪流、河谷的杂木林缘；喜湿润，喜高空气湿度，不耐干热河谷风。

观赏及应用价值： 观叶类。株型严整，叶片常绿，在自然条件下，高大型植株顶端常披散下垂，是西藏野生竹类中最适宜直接园林应用的种类。1999年在林芝地区栽培并获得成功后，在西藏园林中已经逐渐被大家接受。

芦苇属 *Phragmites*

中文名	**芦苇**
拉丁名	***Phragmites communis***

基本形态特征： 多年生，落叶，植株高大，地下有粗壮发达的匍匐根状茎。茎秆直立，秆高2～4m，直径1～2cm，中空，节下常被白粉。叶长披针形，长15～45cm，宽1～3.5cm；叶鞘圆筒形，无毛或有细毛；叶舌有毛，叶片长线形或长披针形，排列成两行。圆锥花序分枝稠密，斜向伸展，花序长10～40cm，小穗有小花4～7朵，长15mm左右，带紫褐色；颖披针形，有3脉，一颖短小，二颖2倍长于第一颖；第一小花多为雄性，余两性；第二外稃先端长渐尖，有3脉，基盘的长丝状柔毛长6～12mm；内稃长约4mm，脊上粗糙。最佳观赏期8月。

分布： 西藏产色季拉山地区，海拔3000～4000m，拉萨、达孜、日土等县也产，分布量较多。世界广布种，全世界温带地区均有分布记录。

生境及适应性： 常生长于沟渠、沼泽、河岸的湿润地上；喜微酸性相对静态水体，喜肥沃。

观赏及应用价值： 观叶类。芦苇是优良的保土固堤植物，已经在园林中得到应用，常种植在公园的湖边，开花季节特别美观；在欧洲国家的公园，经常可见到芦苇优雅的身影。此外，芦苇秆可作造纸、人造丝、织席等用；嫩时茎叶为优良饲料；嫩芽也可食用；花序可作扫帚；花序可填枕头；根状茎入药。

狼尾草属 *Pennisetum*

中文名 **白草**
拉丁名 *Pennisetum flaccidum*

基本形态特征： 多年生，根状茎发达，横走。秆直立，高40～110cm，叶鞘口部和边缘具纤毛；叶舌具长1～2mm的纤毛；叶片线形，长10～30cm，宽4～15mm，无毛或有柔毛。圆锥花序圆柱形，直立或稍弯曲，长8～15cm，宽5～10mm；总梗长约0.5mm；刚毛长10～16mm，具向上小糙刺，灰白色或紫褐色；小穗通常单生，长5～7mm，卵状披针形至窄披针形，第一颖长1～2mm，稍钝圆；第二颖长为第一颖的2倍左右，具3～5脉；顶端尖至渐尖；第一外稃与小穗等长，有7～9脉，含3枚雄蕊。花期7～8月，果期8～9月，最佳观赏期8月。

分布： 西藏产色季拉山地区，海拔3000～4000m，西藏各地区均产，分布量较多。我国广布，喜马拉雅周边以及俄罗斯中亚地区均有分布记录。

生境及适应性： 常生长于道路旁、河谷、山坡上、林缘以及草地上；喜湿润，耐旱，耐寒，喜肥沃、湿润的沙性壤土。

观赏及应用价值： 观叶观果（序）类。白草生长强健，花果穗具有一定的观赏价值，也是重要的固堤防沙植物。白草可作饲料、编织或造纸的原料。

姜科 ZINGIBERACEAE 姜花属 *Hedychium*

中文名 **密花姜花**
拉丁名 *Hedychium densiflorum*

基本形态特征： 多年生草本，地下茎姜状，茎高1～1.5m。叶片长圆状披针形，长12～35cm，宽3～10cm，顶端尾尖，基部渐狭，两面均无毛，无柄至长约1cm的柄；叶舌钝，长约1cm。穗状花序密生多花，长10～18cm，径约3cm；苞片革质，长圆形，内有1（2）花；花小，淡黄色，花萼长2.5cm；花冠管长2.5～3cm，裂片线形，反折，长1.5cm；侧生退化雄蕊披针形，长2cm；唇瓣楔形，长约16mm，深2裂。花期7～8月。

分布： 西藏产色季拉山地区东坡下缘东久至通麦一带，海拔2050～2800m，分布量较多。喜马拉雅特有植物，中国仅产本区域中。印度、尼泊尔、不丹有分布记录。

生境及适应性： 常生长于林缘灌丛中或林下；喜湿润，喜半阴，喜疏松湿润的土壤。

观赏及应用价值： 观花、观果类。密花姜花叶片大型，花期花量大，适于在花坛或风景林缘丛植。

百合科 LILIACEAE 葱属 *Allium*

中文名 **太白韭**
拉丁名 *Allium prattii*

基本形态特征：多年生草本。鳞茎外皮灰褐色至黑褐色，纤维质，呈明显的网状。花莛高10～60cm，基部被叶鞘。叶2枚，罕为3枚，靠近，常为线形、线状披针形、椭圆状披针形或椭圆状倒披针形，稀为狭椭圆形，宽0.5～4（7）cm，基部逐渐收狭成不明显的叶柄，顶端渐尖。伞形花序密集成球状，花密；小花梗等长，比花被片长2～4倍，果期伸长，基部无小苞片；花紫红色至淡红色，稀白色；花被片长3～6mm，内轮外轮的窄长；花丝比花被片略长，有时比花被长1.5倍；子房倒圆锥状，具3钝棱。花果期6月底至9月。

分布：西藏产色季拉山地区，海拔3500～4500m，西藏各有林县均产，分布量较多。云南、四川、青海、甘肃、陕西、河南、安徽有分布。印度、尼泊尔、不丹、缅甸有分布记录。

生境及适应性：常生长于林下、灌丛中；喜湿润，喜阴，喜疏松土壤。

观赏及应用价值：观花类地被植物。伞形花序头状，花梗长，伞幅宽大，花色有紫红色、淡红色两类，海拔4000m以上常为紫红色，3500m一带常为淡红色，适于在风景林下配置。但叶片较少，难以形成有效的地面覆盖，需要结合其他地被植物进行综合配置。

中文名 **多星韭**
拉丁名 *Allium wallichii*

基本形态特征：鳞茎圆柱状，具稍粗的根；鳞茎外皮黄褐色，片状破裂或呈纤维状。叶狭条形至宽条形，具明显的中脉，比花莛短或近等长。花莛三棱状柱形，具3条纵棱，有时棱为狭翅状，下部被叶鞘；总苞单侧开裂，或2裂，早落；伞形花序扇状至半球状，具多数疏散或密集的花；小花梗近等长，比花被片长2～4倍，基部无小苞片；花红色、紫红色、紫色至黑紫色，星芒状开展；花被片矩圆形至狭矩圆状椭圆形，花后反折，先端钝或凹缺，等长；花丝等长，锥形，比花被片略短或近等长，基部合生并与花被片贴生；子房倒卵状球形，具3圆棱，基部不具凹陷的蜜穴；花柱比子房长。花果期7～9月。

分布：西藏产东南部，色季拉山、林芝地区、日喀则地区、山南地区，海拔2300～4800m，分布量较多。我国四川西南部、云南、贵州、广西北部和湖南南部都有分布。印度、尼泊尔和不丹也有分布。

生境及适应性：生于的湿润草坡、林缘、灌丛下或沟边。喜半阴，喜湿润，喜腐殖质较多的土壤。

观赏及应用价值：观花类地被植物。花色鲜艳，色彩多变同太白韭，适于在风景林下配置。

大百合属 *Cardiocrinum*

中文名 **大百合**
拉丁名 ***Cardiocrinum giganteum***

基本形态特征：多年生草本。小鳞茎卵形，高3.5～4cm，直径1.2～2cm，干时淡褐色。茎直立，中空，高1.5～3m，直径1.6～2.6cm。基生叶大，长圆状心形；茎生叶散生，卵状心形，长12～20cm，宽10～20cm，渐向上渐小；靠近花序的几枚为舟形，无柄，叶脉网状，纸质；叶柄长7～20cm，向上渐短。总状花序有花10～16朵；花无苞片，狭喇叭形，白色，里面具淡紫色条纹，花被片6，线状倒披针形，长12～15cm，宽1.5～2cm；雄蕊6，长6.5～7.5cm，花丝向下渐扩大；花药长椭圆形；柱头头状，顶端微3裂。蒴果长圆形，顶端有1小突起（花柱残基），具6棱，3瓣裂；种子呈扁钝三角形，红棕色，周围具淡红棕色的膜质翅。花期7～8月。

分布：西藏产色季拉山地区东坡下缘鲁朗至东久一带，海拔2800～3000m，察隅、波密、隆子、樟木也产，分布量较多。四川、陕西、湖南、贵州、云南有分布。尼泊尔、不丹、印度、缅甸有分布记录。

生境及适应性：常生长于林下阴湿处；喜湿润，喜半阴，喜疏松肥沃土壤。

观赏及应用价值：观花类。大百合花期花序长达1m，花大型，具有良好的观花效果。目前，大百合已在园林中应用，常配置在庭院或林下。

洼瓣花属 *Lloydia*

中文名 **尖果洼瓣花**
拉丁名 ***Lloydia oxycarpa***

基本形态特征：多年生草本，株高5～20（26）cm，无毛。基生叶3～7枚，宽约1mm；茎生叶狭线形，韭叶状，长1～3cm，宽约1mm。花通常单朵顶生且下垂；花被片6，内外花被片相似，近狭倒卵形，长9～13mm，宽3～4mm，先端钝或近圆形，黄色或绿黄色，基部无凹穴或毛；雄蕊长为花被片的3/5～2/3；花丝无毛或疏生短柔毛；子房狭椭圆形，长约3mm；花柱与子房近等长，柱头稍膨大。蒴果狭倒卵状矩圆形，长约15cm，宽约4mm。种子狭卵状条形，有3条纵棱，长约2.5mm，一端有短翅。花期6～7月。

分布：西藏产色季拉山地区山顶，海拔4000～4300m，察隅、米林也产，分布量较多。中国特有植物，云南、四川、甘肃有分布。

生境及适应性：常生长于高山草甸、灌丛中；喜冷凉，耐严寒，喜疏松肥沃土壤。

观赏及应用价值：观花类地被植物。花黄色或绿黄色，下垂，形态别致，适于在高山草甸生态恢复或人工抚育中应用，也可培育为微型盆栽植物。

贝母属 *Fritillaria*

中文名 **川贝母**
拉丁名 *Fritillaria cirrhosa*

基本形态特征： 多年生草本。白粉质鳞片组成的鳞茎直径1～1.5cm，深埋地下，植株高15～50cm。叶通常对生，少数在中部兼有散生或3～4枚轮生，线形至线状披针形，长4～12cm，宽3～5（10）mm，先端稍卷曲或不卷曲。花单朵，极少为2～3朵，俯垂，每花有3枚叶状苞片；花被片长3～4cm，内三片比外三片宽，黄绿色或浅黄色，常有紫色斑；柱头裂片较长，可达3～5mm。蒴果棱上具宽1～1.5mm的狭翅。花期5～7月，果期8～9月。

分布： 西藏产色季拉山地区，海拔4200～4600m，吉隆、聂拉木、定结、亚东、察隅、米林、左贡、八宿、芒康、嘉黎、类乌齐、比如、索县也产，分布量较多。云南、四川、青海、甘肃、宁夏、陕西、山西有分布。尼泊尔、印度、不丹有分布记录。

生境及适应性： 常生长于高山草甸、杜鹃花灌丛中；喜冷凉，耐严寒，喜疏松肥沃土壤。

观赏及应用价值： 观花类地被植物。适于在高山草甸生态恢复或人工抚育中应用，但观花效果不及尖果注瓣花。此外，川贝母的鳞茎是中药药材"川贝"的主要来源。

假百合属 *Notholirion*

中文名 **假百合**
拉丁名 *Notholirion bubilierum*

基本形态特征： 多年生草本。小鳞茎多数，卵形，直径3～4mm，褐色。茎高1～1.5m，近无毛。基生叶数枚，带形，长10～25cm，宽1.5～2cm；茎生叶互生，条状披针形，长10～15cm，宽1～2cm。总状花序，具8～9朵花；苞片叶状，条形，长2～4.5cm，宽2～6mm；花梗弯曲，长5～8mm；花淡紫色或蓝紫色，花被片倒披针形，长2.5～3.6cm，宽0.7～1.2cm；雄蕊与花被片近等长；子房淡紫色，圆柱形，长1～1.5cm，花柱长1.5～2cm，柱头3裂，裂片钻形，开展。蒴果矩圆形，长2.5～2.7cm，直径6mm，有钝棱，顶端有脐。花期7～8月。

分布： 西藏产色季拉山地区，海拔3500～4200m，米林、工布江达、错那也产，分布量较多。云南、四川、陕西、甘肃有分布。尼泊尔、印度、不丹有分布记录。

生境及适应性： 常生长于山坡、冷杉和云杉混交林下；喜冷凉，喜光，耐半阴，喜疏松肥沃土壤。

观赏及应用价值： 观花类。假百合花序长达50cm，花期花色淡紫色或蓝紫色，是优秀的切花材料。

百合属 *Lilium*

中文名	**小百合**
拉丁名	*Lilium nanum*

基本形态特征： 多年生草本。鳞茎长圆形，高2～3.5cm，直径1.2～2cm，鳞茎瓣披针形，长2～3.5cm，宽5～10mm，鳞茎以上的茎无根。茎高（5）10～35cm，无毛。叶散生，条形，长4～10cm，宽3～5mm，近基部的2～3枚叶片较短而宽。花单生，钟形，下垂，花被片紫红色或淡紫色，内有深紫色斑点，椭圆形，长2～2.2cm，宽7～9mm，内轮花被片蜜腺两边有流苏状突起；雄蕊向中心镶合，花丝钻形，长1～1.2cm，无毛；柱头膨大，顶端3裂。蒴果长圆形，黄色，具6棱，棱紫色。花期7月。

分布： 西藏产色季拉山地区，海拔4000～4800m，察隅、米林、亚东、聂拉木、吉隆也产，分布量较多。四川、云南有分布。尼泊尔、印度、不丹有分布记录。

生境及适应性： 常生长于高山灌丛中或草甸上；喜冷凉，喜疏松肥沃土壤。

观赏及应用价值： 观花类。小百合花紫红色或淡紫色，属于百合类栽培品种中较少的色系，且极耐寒，抗性强，是优良的百合花色、抗性选育亲本，同时，也适于微型盆栽。

中文名	**卷丹**
拉丁名	*Lilium lancifolium*
别名	虎皮百合、倒垂莲

基本形态特征： 多年生草本。鳞茎球形，高3.5～4.5cm，直径4.5cm，鳞茎瓣宽卵形，白色，肉质。茎高80～150cm，带紫色花纹，被白色绵毛。叶散生，长圆状披针形或披针形，长6.5～15cm，宽1～1.8cm，先端有白毛，边缘有乳头状突起，有3～5条脉，无柄，上部叶腋有珠芽。花3～6朵或更多，下垂；花梗长6.5～9cm，紫色，有白色绵毛；苞片卵状披针形，叶状，顶端钝，有白色绵毛；花被片反卷，橙红色，里面具紫黑色斑点，披针形或内轮花被片宽披针形，长6～10cm，宽1～2cm，蜜腺有白色短毛，其两边有乳头状突起；雄蕊四面张开，花丝钻形，长5～7cm，淡红色，无毛；花柱长于子房，长4.5～6.5cm，柱头稍膨大，顶端3裂。花期7～8月。

分布： 西藏产色季拉山地区，海拔2050～3200m，波密也产，分布量较多。我国大部分地区有分布。日本、朝鲜半岛有分布记录。

生境及适应性： 常生长于农田边缘或山坡草地；喜光，喜疏松肥沃土壤。

观赏及应用价值： 观花类。花量大，叶腋间生长大量的珠芽，能够迅速进行自我种群扩大，适于粗放管理下群植。尽管园林中已习见应用，但西藏分布的卷丹花色更加鲜艳，植株有时高达2m，花茎长达1.5m，是选育优良切花品种的好材料。

中文名 **卓巴百合**
拉丁名 *Lilium wardii*

基本形态特征： 多年生草本。鳞茎近球形，高2～3cm，直径2.5～4cm；鳞茎瓣卵形。茎高60～100cm，紫褐色，有小乳头状突起。叶散生，狭披针形，长3～5.5cm，宽6～7mm，上面具明显的3条下陷脉，两面均无毛，边缘有小乳头状突起。总状花序有花2～10朵，少有花单生；花梗长达12cm；苞片叶状，卵形至披针形，长2.5～4.5cm，宽5～16mm；花下垂，花被片反卷，淡紫红色或粉红色，有深紫色斑点，长圆形或披针形，长5.5～6cm，宽8～10mm；花丝钻状，长4～4.5cm，无毛；花药长椭圆形，长9mm；花柱长3.2～4cm，其长为子房的3倍以上，柱头近球形，顶端3裂。

分布： 西藏产色季拉山地区东坡下缘，海拔2500～3000m，察隅、波密、米林也产，分布量较多。中国特有植物，四川、贵州有分布。

生境及适应性： 常生长于林下、林缘；喜湿润，耐半阴，喜疏松肥沃土壤。

观赏及应用价值： 观花类。花被片淡紫红色或粉红色，有深紫色斑点，叶腋间无珠芽，适于作为切花花材或风景林林缘群植。但卓巴百合自然条件下繁殖能力弱，种群小，资源量不大，需要加强人工扩繁。

天门冬属 *Asparagus*

中文名 **羊齿天门冬**
拉丁名 *Asparagus filicinus*

基本形态特征： 多年生草本，高达50～70cm，上部常披散。根簇生，粗壮，肉质，膨大呈纺锤形，膨大的块根长短不一，长2～4cm，宽5～10mm。茎直立，高30～60cm，绿色，圆柱形，中空，下部分枝多，分枝常有棱，上部节间较短；叶状枝5～8枚簇生，扁平，镰刀状，先端渐尖；中脉明显，绿色有光泽，长6～8mm，宽约1mm。叶退化为鳞叶状，极小，膜质，基部无刺。花杂性，单生或成对生于叶腋，一般淡绿色，有时稍带紫色；花梗细弱，中部有一关节；花小，钟状，花被裂片6。浆果圆球形，熟时黑色。花期6～7月，果期8～9月。

分布： 西藏产色季拉山地区东坡下缘东久至排龙一带，海拔2500～3000m，吉隆、隆子、米林、工布江达、江达、贡觉、类乌齐、昌都也产，分布量较多。山西、河南、陕西、甘肃、云南、湖北、湖南、浙江有分布。尼泊尔、不丹、印度、缅甸、泰国、越南等地有分布记录。

生境及适应性： 常生长于林下、灌丛中或河滩沙地上；喜温暖，耐半阴，喜疏松肥沃土壤。

观赏及应用价值： 观叶类。羊齿天门冬叶状枝较多，排列疏松，适于培育为室内观叶（茎）植物。但植株长势强健，需要及时控制高生长；下部叶状枝较少，栽培中需要防止下部空秃。

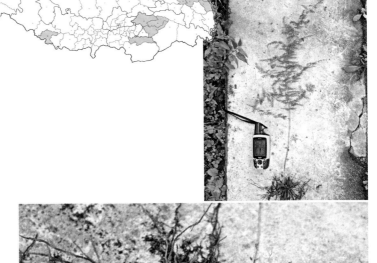

重楼属 *Paris*

中文名 **短梗重楼**
拉丁名 ***Paris polyphylla* var. *appendiculata***

基本形态特征： 多年生草本，植株高10～40cm。根状茎粗厚，直径达1～2.5cm，密生多数环节和须根，外面棕褐色。茎通常紫红色，直径可达1cm以上。叶柄明显，长1～2cm，带紫红色；叶6～10枚轮生，长圆形或长圆状披针形，长6～12cm，宽1.5～3cm。花梗通常明显短于叶片长，极少长于叶片；外轮花被片狭线形，长2～3cm，叶片状，内轮花被片狭线形，长为外轮的一半，暗紫色或黄绿色；雄蕊6～10枚，花药短，花丝扁平，长约为花药的1/5；药隔明显突出于花药之上；子房球形，有棱，顶端具一个盘状花柱基；花柱粗短，具4～5分枝。蒴果紫色，3～6片开裂。花期6～7月，果期8月。

分布： 西藏产色季拉山地区东坡下缘，海拔2100～3200m，吉隆、聂拉木、亚东、定结、墨脱也产，分布量较多。云南、贵州、湖北、湖南有分布。不丹有分布记录。

生境及适应性： 常生长于林下和林缘灌丛；喜湿润，喜阴，喜疏松肥沃土壤。

观赏及应用价值： 观叶类。短梗重楼为"七叶一支花"变种，是一种优良的观叶植物，其轮生叶片排列整齐，叶形美观，适于室内栽培，也可在风景林下丛植，能够有效覆盖地面。此外，也是重要的藏药药源植物。

菝葜属 *Smilax*

中文名 **防己叶菝葜**
拉丁名 ***Smilax menispermoides***

基本形态特征： 攀缘灌木，茎与枝条无刺。叶纸质，卵形或宽卵形，长2～6（10）cm，宽2～5（7）cm，基部浅心形至近圆形，下面苍白色；叶柄长5～12mm，全长的2/3～3/4具狭鞘，通常有卷须，脱落点位于近顶端。伞形花序具数朵花；总花梗比叶柄长2～4倍；花序托有宿存小苞片；花紫红色；雄花长约2.5mm，雄蕊长0.6～1mm，花丝合生成短柱；雌花常略小，具6枚退化雄蕊，其中1～3枚具不育花药。浆果熟时紫黑色，直径7～10mm。花期5～6月，果期11月至翌年6月。

分布： 西藏产色季拉山地区，海拔2500～3750m，吉隆、聂拉木、定结、亚东、错那、米林、工布江达、波密、察隅也产，分布量较多。云南、贵州、四川、湖北、陕西、甘肃有分布。尼泊尔、印度、越南、马来西亚有分布记录。

生境及适应性： 常生长于阔叶林下；喜光，耐半阴，喜酸性土壤。

观赏及应用价值： 观叶、观果类。其茎竹节状，叶片嫩绿，叶脉清晰，花紫红色，果期果实由嫩绿色向紫红色渐变，是优良的垂直绿化材料。

沿阶草属 *Ophiopogon*

中文名	**沿阶草**
拉丁名	***Ophiopogon bodinieri***

基本形态特征： 多年生草本。根纤细，通常在近末端处具纺锤形的小块根；地下走茎较长，粗1～2mm。茎短，包于叶基之中。叶基生，禾叶状，长20～40cm，宽1～4mm，具3～5条脉，边缘有细齿。花葶较叶稍短或几等长；总状花序长1～7cm，具数朵至10余朵花；花每1～2朵生于苞片腋内；苞片线形至披针形，较少呈针形，稍带黄色，半透明，最下面的通常长7mm，花梗长5～8mm，关节位于中部；花被片卵状披针形、披针形至近长圆形，长4～6mm，白色或稍带紫色；花丝很短，长不及1mm。种子近球形或椭圆形，直径5～6mm。花期5～7月。

分布： 西藏产色季拉山地区，海拔3000～3300m，波密、墨脱、米林也产，分布量较多。云南、贵州、四川、湖北、甘肃、陕西、河南、江苏、江西、广西有分布。

生境及适应性： 常生长于林下、路边或岩石缝隙中；喜阴，喜疏松肥沃土壤。

观赏及应用价值： 观叶类地被植物。园林中习见应用，小块根入药，为中药"麦冬"的主要来源。

粉条儿菜属 *Aletris*

中文名	**少花粉条儿菜**
拉丁名	***Aletris pauciflora***

基本形态特征： 植株较粗壮；纤维根带肉质。叶簇生，狭披针形或条形，稍外弯，长5～25cm，宽5～8mm，无毛。花葶高8～20cm，粗1.5～2mm，密生柔毛；总状花序长2.5～8cm，通常疏生数朵花；苞片2枚，线形或线状披针形，位于花梗上端，绿色，长8～18mm，其中1枚超过花1～2倍；花被近钟形，浅黄色、暗红色或白色，长5～7mm，6裂；裂片卵形，长1.5～2mm，约占花被全长的1/4，膜质，边缘反卷；雄蕊着生于花被筒上，长约1mm，花药椭圆形，长约0.5mm；子房卵形，向上逐渐收窄，无明显的花柱。蒴果近圆锥形，长4～5mm，无毛。花果期6～9月。

分布： 西藏产色季拉山地区，海拔3800～4500m，吉隆、聂拉木、定结、亚东、米林、波密、错那、察隅也产，分布量较多。四川、云南有分布。尼泊尔、印度、不丹有分布记录。

生境及适应性： 常生长于高山草甸、灌丛、沼泽边缘或沙砾地上；喜冷凉，喜光，耐贫瘠，耐水湿。

观赏及应用价值： 观花类地被植物。适于在高山草甸生态恢复或人工抚育中应用，也可培育为微型盆栽植物。

扭柄花属 *Streptopus*

中文名 **腋花扭柄花**
拉丁名 ***Streptopus simplex***

基本形态特征： 多年生草本，株高20～50cm，具1.5～2mm粗的根状茎。茎在中部以上分枝或不分枝。叶卵状披针形至披针形，长2.5～8cm，宽1.5～3cm，先端渐尖，基部圆形或心形，抱茎；下面灰白色。花单生叶腋，直径约1cm，下垂；花梗纤细，不具膝状关节，长2.5～4.5cm；花被片卵状长圆形，长8.5～10mm，宽3～4mm，粉红色或白色，常多少有紫色斑点；雄蕊长3～3.5mm；花药箭形，先端钝圆；花丝扁，向基部变宽，短于花药；子房直径1～1.5mm；花柱细长，长5～6mm；柱头先端3裂，裂片向外反卷。浆果直径5～6mm。花期6～7月，果期8～9月。

分布： 西藏产色季拉山地区，海拔3150～3500m，吉隆、聂拉木、定结、亚东、米林、察隅也产，分布量较多。云南有分布。尼泊尔、不丹、缅甸与印度也有分布记录。

生境及适应性： 常生长于灌丛中或林下；喜阴，耐水湿，喜疏松肥沃土壤。

观赏及应用价值： 观花观果类。腋花扭柄花的花、果梗丝状，花、果下垂明显，叶片叶脉清晰，适于在风景林、花灌木丛缘进行配置，或室内悬挂盆栽，观赏其下垂的花、果。因单株花量偏少，地被栽培宜丛植。

黄精属 *Polygonatum*

中文名 **卷叶黄精**
拉丁名 ***Polygonatum cirrhifolium***

基本形态特征： 多年生草本。根状茎粗厚，不规则的姜状或连珠状，粗细不均，最粗处达1～2cm，茎高30～90cm。叶通常每3～6枚轮生，有时下部有少数散生的，窄线形至线状披针形，长4～9（11）cm，宽2～8（15）mm，先端拳卷或弯曲或钩状，边缘常外卷。花序腋生，通常具2花；总花梗长3～10mm，花梗长3～8mm，俯垂；苞片膜质，小，位于花梗上或基部，长1～2mm，在花期常不脱落；花被淡紫色，中部稍狭，长8～11mm，宽约2.5mm，裂片长约2mm；子房比花柱略长或近等长。浆果红色或紫红色，具4～9颗种子。花期5～6月，果期8～9月。

分布： 多生长于色季拉山地区，海拔3000～3500m，西藏各有林县均产，分布量较多。青海、甘肃、宁夏、陕西、四川、云南有分布。印度、尼泊尔、不丹有分布记录。

生境及适应性： 常生长于林缘或林中、山坡草地或荒地上；喜凉润，极耐寒，耐干燥瘠薄。

观赏及应用价值： 观花果、观叶类。卷叶黄精的植株大小变异极大，小型植株高不及5cm，叶片排列整齐，大型植株高达90cm，常斜生或倒伏，选择不同的株型适用于不同的园林应用：低矮植物适于作为地被植物，而高大型植株适于在坡坎栽培，观赏其红色或紫红色的浆果。花较小，颜色不太显眼，观赏价值不如果实。

中文名 **轮叶黄精**
拉丁名 *Polygonatum verticillatum*

基本形态特征： 根状茎的"节间"长2～3cm，一头粗，一头较细，粗的一头有短分枝，直径7～15mm，少有根状茎为连珠状。茎高（20）40～80cm。叶通常为3叶轮生，或间有少数对生或互生的，少有全株为对生的，矩圆状披针形（长6～10cm，宽2～3cm）至条状披针形或条形（长达10cm，宽仅5mm），先端尖至渐尖。花单朵或2（3～4）朵成花序，总花梗长1～2cm，花梗（指生于花序上的）长3～10mm，俯垂；苞片或不存在，或微小而生于花梗上；花被淡黄色或淡紫色，全长8～12mm，裂片长2～3mm；子房具与之约等长或稍短的花柱。浆果红色，直径6～9mm，具6～12颗种子。花期5～6月，果期8～10月。

本种是一个具有极多变异类型的种，几乎不能用单个性状和其临近的种相区别，而各种变异的相关性至今尚难掌握。

分布： 西藏产东部和南部，主要在色季拉山、林芝地区、日喀则地区、山南地区、昌都地区等，海拔2100～3800m，分布量较多。我国云南、四川、青海、甘肃、陕西、山西等都有分布。欧洲经西南亚至尼泊尔、不丹均有分布。

生境及适应性： 生林下或山坡草地；喜凉润，极耐寒，耐干燥瘠薄。

观赏及应用价值： 观花果、观叶类。根状茎也作黄精药用。应用同卷叶黄精，花较卷叶黄精漂亮。

鹿药属 *Smilacina*

中文名 **管花鹿药**
拉丁名 *Smilacina henryi*

基本形态特征： 多年生草本，株高50～80cm；根状茎粗1～2cm。茎中部以上有短硬毛，极少无毛。叶纸质，椭圆形至卵形，长9～22cm，宽3.5～11cm，先端渐尖，两面有伏毛或近无毛，具短柄或近无柄。总状花序或有时由于具1至多个侧枝而成圆锥花序，有毛；花梗长1.5～5mm，有毛；花被高脚碟状，筒部长6～10mm，裂片长2～3mm；雄蕊生于花被筒喉部，花丝通常极短，花药长约0.7mm；花柱长2～3mm，柱头3裂；子房稍短于花柱。浆果球形，直径7～9mm，未熟时绿色而带紫斑，熟时红色，具2～4颗种子。花期5～7月，果期8～9月。

分布： 西藏产色季拉山地区，海拔2300～3750m，波密、米林、错那也产，分布量较多。中国特有植物，陕西、山西、河南、甘肃、四川、云南、湖北、湖南有分布。

生境及适应性： 常生长于林下，沟边或者河沟边；喜阴，喜水湿，耐贫瘠。

观赏及应用价值： 观叶、观花类地被植物。叶片大型，排列整齐，花序也较大，适于在林下或水景边配置。

中文名　紫花鹿药
拉丁名　*Smilacina purpurea*

基本形态特征： 多年生草本，株高25～60cm；根状茎近块状或不规则的圆柱状，粗1～1.5cm。茎上部具短柔毛。叶8～9枚，纸质，长圆形或卵状长圆形，长7～13cm，宽3～6.5cm，背面脉上有短柔毛，近无柄或具短柄，先端急尖至长渐尖。总状花序或有时由于基部具1～2个侧枝而成圆锥花序，长1.5～7cm，具短柔毛；花单生，通常紫色或白带紫色；花梗长2～4mm，有毛；花被片完全离生，近卵状椭圆形，长4～5mm；雄蕊很短，花药球形；花柱长约1mm，与子房近等长或稍长于子房；柱头明显3裂。浆果近球形，熟时红色，具1～4粒种子。花期6月，果期8～9月。

分布： 西藏产色季拉山地区，海拔2500～3300m，吉隆、聂拉木、定结、亚东、错那、工布江达、米林、波密、墨脱也产，分布量较多。云南有分布。尼泊尔、不丹、印度有分布记录。

生境及适应性： 常生长于林下、沟边或者河沟边；喜阴，喜水湿，耐贫瘠。

观赏及应用价值： 观叶、观花类地被植物。园林用途同管花鹿药，但紫花鹿药花通常紫色或白带紫色，应用效果较后者更佳。

鸢尾科 IRIDACEAE　鸢尾属 *Iris*

中文名　宽柱鸢尾
拉丁名　*Iris latistyla*

基本形态特征： 多年生草本。根茎甚短，不明显；根肉质，肥厚，甚长，淡棕色，有皱缩的横纹，但不膨大成纺锤形，基部围有棕褐色或灰褐色的老叶残留叶鞘。叶狭线形，灰绿色，有2～3条主脉，长15～25cm，宽2～3mm，基部鞘状，先端长渐尖。花茎高6～14cm，直径约2mm，不分枝或有一侧枝；苞片3，绿色，狭披针形，长2.5～4.5cm，宽0.6～0.8cm，先端长渐尖，其中包含有2朵花；花蓝紫色至蓝紫色，直径约5cm；外花被裂片倒卵形，长3.5～4cm，宽约1.5cm，有虎斑状的条纹，中脉上的附属物黄色，边缘成缝状细裂；内花被裂片宽披针形，长约3.5cm，宽约1.5cm；花柱分枝扁而宽，长约1.5cm，宽约1.5cm，先端裂片宽大，半圆形，边缘有疏齿，花期向中间直立集中。花期5～6月。

分布： 西藏产色季拉山地区，海拔2900～3000m，西藏特有植物，仅产米林、林芝一带，分布量较多。

生境及适应性： 常生长于河谷滩地、田边、路旁和山坡林缘草地上；喜凉润，喜光，耐瘠薄，耐旱。

观赏及应用价值： 观花、观叶类。花量大，色彩鲜艳明丽，在较为干旱的地方能够正常生长，适宜于园林中大面积群植。

中文名　锐果鸢尾
拉丁名　*Iris goniocarpa*

基本形态特征： 多年生草本。根茎甚短；须根细嫩，黄白色。叶黄绿色，狭线形，先端钝，长10～25cm，宽0.2～0.4cm。花茎高10～25cm；苞片2，膜质，绿色，长2～4cm，宽0.5～0.8cm，其中包含1朵花；花蓝紫色，直径3.5～5cm；花被管长1.5～2cm；外花被裂片具深紫色的斑点，长2.5～3cm，宽约1cm，中脉上的棍棒状附属物顶端黄色，基部白色；内花被裂片狭椭圆形或倒披针形，长1.8～2.2cm，宽约0.5cm；雄蕊长1.5cm，花药黄色；花柱分枝长约1.8cm，先端裂片狭三角形；子房长1～1.5cm。蒴果三棱状椭圆形，先端有短喙，长3.2～4cm，直径1.2～1.8cm。花期5～6月，果期7～8月。

分布： 西藏产色季拉山地区，海拔3000～4000m，吉隆、聂拉木、亚东、定日、墨竹工卡、类乌齐、巴青、嘉黎、左贡、江达、芒康、八宿也产，分布量较多。青海、甘肃、陕西、四川、云南有分布。尼泊尔、印度、不丹有分布记录。

生境及适应性： 常生长于高山草地、向阳山坡草地以及林缘；喜光，耐干旱，耐贫瘠。

观赏及应用价值： 观花、观叶类。锐果鸢尾形态接近宽柱鸢尾，但其每苞片仅含1花，花莛多分枝，外花被中脉上的附属物基部白色上部黄色。园林用途同宽柱鸢尾，但单花花期极短，常在日出后开放，中午就全部卷缩，观花效果不及后者。

中文名　西南鸢尾
拉丁名　*Iris bulleyana*

基本形态特征： 多年生草本。根状茎较粗壮，于地下部斜伸，须根绳索状，生于根状茎的一侧。叶基生，条形，长15～45cm，宽0.5～1cm，无明显的中脉。花茎中空，光滑，高20～35cm；苞片2～3枚，绿色，边缘略带红褐色，长5.5～12cm，宽0.8～1.2cm，内包含有1～2朵花；花天蓝色至深蓝紫色，直径6.5～7.5cm；花柄长2～6cm；外花被裂片具蓝紫色的斑点及条纹，长4.5～5cm，宽2.5cm；内花被长约4cm，宽约1.5cm，淡蓝紫色，花盛开时略向外倾；雄蕊长约2.5cm，花药乳白色；花柱分枝深蓝紫色，长约3.5cm，顶端裂片近方形，全缘；子房长约2cm。蒴果三棱状柱形，无喙，长4～5.5cm，直径1.5～1.8cm，常有残存的花被，表面具明显的网纹；种子扁平，半圆形，棕褐色。花期6～7月。

分布： 西藏产色季拉山地区，海拔2300～3500m，米林、亚东有分布，分布量较多。中国特有植物，云南、四川有分布。

生境及适应性： 常生长于林缘草地和湿草地上；喜凉润，喜光，耐水湿。

观赏及应用价值： 观花、观叶类。园林用途同金脉鸢尾，但单花观赏效果不及后者。

中文名 **金脉鸢尾**
拉丁名 *Iris chrysographes*

基本形态特征：多年生草本。根茎圆柱状，于地下部斜伸，须根草绳状，集生于肉质根茎的一侧。叶基生，线形，长25～70cm，宽0.5～1.2cm，无明显中脉。花茎中空，高25～50cm；苞片3，绿色，略带红紫色，长6.5～9cm，宽0.8～1.5cm，其中包含有2朵花；花深蓝紫色，直径8～12cm；花柄长约2cm；外花被裂片上有金黄色的条纹，长5.5～7cm，宽2.5～3.5cm；内花被裂片长约6cm，宽约1cm，花盛开时向外开展；雄蕊长4～4.5cm，花药深蓝色；花柱分枝深紫色，长4.5～5cm，宽0.6～0.8cm，先端裂片近于方形；子房长3～3.5cm，直径0.5～0.7cm。蒴果圆柱形，无喙，长4～6cm，直径1.7～2cm；种子似梨形，棕褐色。花期6～7月，果期8～10月。

分布：西藏产色季拉山地区，海拔3400～4400m，米林、亚东有分布，分布量较多。中国特有植物，云南、四川、贵州有分布记录。

生境及适应性：常生长于林缘草地和湿草地上；喜凉润，喜光，耐水湿。

观赏及应用价值：观花、观叶类。金脉鸢尾外花被裂片上有金黄色的清晰条纹，花大型，且耐水湿，适于在园林水景区大量应用。

金脉鸢尾

兰科 ORCHIDACEAE 杓兰属 Cypripedium

中文名 **大花杓兰**
拉丁名 *Cypripedium macranthon*

基本形态特征：多年生草本，株高18～35cm，被短柔毛或几乎无毛，须根系。茎直立，粗壮，具3～5枚叶。叶互生，椭圆形或卵状椭圆形，边缘具细缘毛。花苞片叶状，椭圆形，边缘具细缘毛。花1朵，少为2朵，紫红色；中萼片宽卵形，长4～5cm；合萼片卵形，较中萼片短而稍狭，宽大于中萼片宽的1/2，急尖具2齿；花瓣披针形，锐尖，较中萼片长，内面基部具长柔毛；唇瓣几乎与花瓣等长，紫红色或黑紫色，囊状，口部的前面内弯，边缘宽2～5mm；退化雄蕊近卵状箭形或长圆状箭形，长10～17mm，色浅或为黑紫色；子房被短柔毛至无毛。花期6月。

分布：西藏产色季拉山地区，海拔3000～4000m，察隅、波密、米林、洛扎、亚东、吉隆也产，分布量较多。我国东北、西南各地广布。日本、朝鲜半岛、蒙古、俄罗斯西伯利亚、中亚至欧洲、印度、不丹等有分布记录。

生境及适应性：常生长于林间草地上；喜冷凉，喜半阴，耐干旱，喜疏松肥沃土壤。

观赏及应用价值：观花类。花型奇特，植株低矮，且较耐干旱，适于培育为室内盆栽观赏植物。

中文名 **黄花杓兰**
拉丁名 *Cypripedium flavum*

基本形态特征：多年生草本，株高30～45cm。茎直立，密被短柔毛，具3～5枚叶。叶互生，椭圆形或椭圆状披针形，两面被微柔毛，边缘具细缘毛。花苞片叶状，与花等长，椭圆状披针形。花常1朵，很少为2朵，黄色，具紫色条纹与斑点；中萼片椭圆形或宽椭圆形，长3～3.5cm，宽1.5～2.5cm，背面中脉与基部疏被微柔毛，边缘稍具细缘毛；合萼片与中萼片相似，但稍小，多少具类似的微柔毛及细缘毛；花瓣近半卵形，钝，长2.5～3cm，宽约1cm，内面基部具疏柔毛；唇瓣几乎与萼片等长，具半圆形的内折侧裂片，囊前面内弯，边缘高3～4mm，囊内底部具长柔毛；退化雄蕊近圆形，基部具耳；子房密被棕色茸毛。花期6月。

分布：西藏产色季拉山地区，海拔3000～3200m，察隅也产，分布量较多。中国特有植物，湖北、甘肃、四川、云南有分布。

生境及适应性：常生长于林间草地上；喜冷凉，喜半阴，耐干旱，喜疏松肥沃土壤。

观赏及应用价值：观花类。园林用途同大花杓兰。

绶草属 *Spiranthus*

中文名 **绶草**
拉丁名 *Spiranthus sinensis*

基本形态特征： 多年生草本，地下肉质块茎指状条形，株高15～35cm。茎直立，近基部生2～4枚叶；叶线状倒披针形或线形，长10～15cm，宽4～10mm，在茎上部叶退化成鳞片状鞘。总状花序顶生，长10～13cm，具多数密生的小花，花序和花莛上光滑无毛至多少被毛；花白色或淡红色至紫红色，呈螺旋状排列；花苞片卵形，长渐尖；萼片离生，中萼片椭圆形，钝，长5mm，宽1.3mm；侧萼片等长但较狭；花瓣与中萼片等长但较薄，极钝；唇瓣近卵状长圆形，长4～5mm，宽2.5mm，极钝，先端伸展，基部至中部边缘全缘，中部之上具强烈的皱波状啮齿，在中部以上的表面皱波状具短的和长硬毛，基部稍凹陷，呈浅囊状，囊内具2枚突起。花期6～7月。

分布： 西藏产色季拉山地区，海拔3000～3200m，察隅、波密、墨脱、米林、朗县、工布江达也产，分布量较多。我国各地均有分布。俄罗斯西伯利亚地区、朝鲜半岛、日本、阿富汗、印度、缅甸、菲律宾、马来西亚、澳大利亚均有分布记录。

生境及适应性： 常生长于沼泽地边缘略干燥的土坎边缘；喜光，喜湿润，喜疏松肥沃土壤。

观赏及应用价值： 观花类地被植物。绶草的小花在总状花序上呈螺旋状排列，非常可爱，适于在草坪上成片点缀。此外，绶草根或全草入药。

兜被兰属 *Neottianthe*

中文名 **密花兜被兰**
拉丁名 *Neottianthe calcicola*

基本形态特征： 多年生草本，陆生兰，高5.5～18cm。块茎近球形，直径约1cm。叶2枚近基生，披针形、倒披针形或近条形，顶端钝或急尖，基部收狭成长鞘抱茎，长4.5～9cm，宽0.5～1（2）cm，总状花序长2～7cm，具6至十余朵花，常偏向一侧；花苞片卵状披针形，渐尖，较子房长；花淡红色或玫瑰红色，萼片和花瓣靠合成长7mm、宽5mm的兜，萼片披针形，近急尖，具3脉或1脉，中萼片宽2mm，侧萼片稍斜，宽2.5mm；花瓣条形，钝尖，宽1mm，1脉；唇瓣长9mm，近中部3裂，上面及边缘具乳突，中裂片条形，钝尖，侧裂片条形，急尖，长2.5～3mm，较中裂片短而狭；距长约5mm，较子房短，顶端稍向前弯，质地增厚。花期7～8月。

分布： 西藏产色季拉山地区东坡，海拔3200～4000m，察隅也产，分布量较多。喜马拉雅特有植物，云南、四川、湖北有分布。印度有分布记录。

生境及适应性： 常生长于山坡林下、岩石缝隙或草地上；喜冷凉，喜半阴，喜疏松沙质土。

观赏及应用价值： 观花类。密花兜被兰常多株丛生，似丛生态，花序花量大，色彩艳丽，适宜于作为小型盆栽观赏，也可丛植于假山岩石缝隙中，美化山体。

玉凤花属 *Habenaria*

中文名 **长距玉凤花**
拉丁名 *Habenaria davidii*

基本形态特征： 草本植物。株高65～67cm。块茎2，长圆状，肉质。茎直立，圆柱状，下部具2～3枚筒状鞘。叶5～7枚，互生，披针形或长圆形，渐尖，基部抱茎，长5～10cm，宽1.5～2.5cm。总状花序具十余朵疏散的花，长14～21cm。花苞片披针形，渐尖；花大，萼片绿色，长约1.7cm，具5脉，中萼片长圆形，侧萼片反折，卵形渐尖；花瓣白色，近舌状，中部以下不鼓出，直立，与中萼片相靠合成兜，边缘具睫毛；唇瓣淡黄色，具爪，3深裂，中裂片线形，与侧裂片几等长，侧裂片外侧具梳状深裂的裂条，裂条十余条，细丝状；距下垂，长达6.5cm，比子房长，甚至超过1倍；柱头2，伸出，与药室等长；子房圆柱形，扭曲，连花梗长达3.5cm。花期7月。

分布： 西藏产色季拉山地区东坡下缘，海拔2100～3200m，波密、吉隆也产，分布量较多。中国特有植物，湖南、湖北、四川、贵州、云南有分布。

生境及适应性： 常生长于林间草地上；喜半阴，喜疏松肥沃土壤。

观赏及应用价值： 观花类。长距玉凤花花瓣侧裂片深裂呈细丝状，距极长，使得整朵花显得非常飘逸，适于盆栽观赏其奇特的花型。

手参属 *Gymnadenia*

中文名 **西南手参**
拉丁名 *Gymnadenia orchidis*

基本形态特征： 多年生草本，株高17～49cm。块茎卵椭圆形，长2～3.5cm，下部掌状分裂。茎直立，具3～5枚叶，上部常有1至数枚苞片状叶。叶椭圆形或椭圆状长圆形，急尖，基部收狭成鞘抱茎，长4～6cm，宽1.5～4cm。总状花序圆柱形，长4～11cm，花多数，密集；花苞片披针形，最下面的明显超过花长；花紫红色、粉红或白色；中萼片卵形；侧萼片斜卵形，反折，边缘外卷；花瓣阔卵状三角形，和中萼片等长并较宽，边缘具波状齿；唇瓣阔倒卵形，长3～5mm，前部3裂，中裂片较侧裂片稍大或等大，先端钝或稍尖；距细长，内弯，子房纺锤形，扭曲。花期6～7月。

分布： 西藏产色季拉山地区，海拔3000～4200m，江达、察隅、工布江达、米林、错那、亚东、定结、聂拉木、吉隆也产，分布量较多。湖北、陕西、甘肃、青海、四川、云南有分布。尼泊尔、不丹、印度有分布记录。

生境及适应性： 常生长于林缘草丛中、路边、湿草地上；喜光，耐贫瘠，喜疏松肥沃土壤。

观赏及应用价值： 观花类地被植物。可用于花境点缀或盆栽观赏。其药、食兼备的价值近年来得到了充分的肯定，成为了色季拉山周边兰科植物资源消耗量最大的种类，应结合林下资源开发进行人工抚育。

西南手参

火烧兰属 *Epipactis*

中文名 **小花火烧兰**
拉丁名 ***Epipactis helleborine***

基本形态特征： 草本植物。株高20~25cm，根状茎短，具多条细
长的根。茎直立，上部被短柔毛，具2~5（7）枚叶。叶互生，卵
形至卵状披针形，先端渐尖或急尖，长3.5~12cm，宽1.5~7cm。
总状花序具3~40余朵花，花序轴被短柔毛；花苞片叶状，卵形
至披针形，下部的常长于花，上部的渐短；花绿色至淡紫色，下
垂，稍开放；中萼片卵状披针形，舟状，长8~10mm，渐尖；侧
萼片和中萼片相似，但稍斜歪；花瓣较小，卵状披针形；唇瓣长
6~8mm，后部杯状，半球形；前部三角形、卵形至心形，长3~
4mm，先端钝、急尖至渐尖，常在近基部处有2枚平滑或稍皱缩的
突起，蕊柱连花药长3~4mm；子房倒卵形，连花梗长1~1.5cm，
无毛。花期7~8月。

分布： 西藏产色季拉山地区，海拔3000~3200m，察隅、波密、米
林、隆子、亚东、樟木、吉隆也产，分布量较多。我国河北至云南
大部分地区有分布，喜马拉雅周边地区以及非洲北部、欧洲、中亚
以及西伯利亚均有分布记录。

生境及适应性： 常生长于林下或路边；喜半阴，耐干旱，喜疏松肥
沃土壤。

观赏及应用价值： 观花类地被植物。适于在林下配置，但其花小，
色彩不艳丽，观赏价值不高。

兰属 *Cymbidium*

中文名 **西藏虎头兰**
拉丁名 ***Cymbidium tracyanum***

基本形态特征： 附生草本植物。假鳞茎粗壮，椭圆状卵形或长圆状
狭卵形，大部分包藏于叶鞘内。叶5~8枚丛生或更多，带状，革质，
长55~80cm，宽2~3.4cm，先端急尖，关节位于距基部7~14cm处。
花葶从假鳞茎基部穿鞘而出，外弯或近直立，长65~100cm；总状花
序常下弯，通常具花十余枚；花苞片卵状三角形，长3~5mm；花梗
（连子房）长约3~5.5cm；花大，直径达13~14cm，有淡香；萼片与
花瓣黄绿色或橄榄绿色，有多条不规则的暗红褐色纵脉，脉上有点；
花瓣镰刀形，下弯并扭曲，唇瓣3裂，侧裂片直立，边缘有缘毛，上
面脉上有红褐色毛；中裂片明显外弯，上面有3行长毛连接于褶片的
顶端，并有散生的短毛。花期11月至翌年4月。

分布： 西藏产色季拉山东地区坡下缘排龙至通灯，墨脱为主产区，
海拔1200~1900m，分布量较多。贵州、云南有分布。泰国、缅甸
有分布记录。

生境及适应性： 常生长于高山峡谷中的树干、树杈或岩石上；喜温
暖、喜湿润，喜半阴环境。

观赏及应用价值： 观花、观叶类。兰属花卉重要栽培种之一，一般
1~3月间开放，花期长，一枝可开两个月始凋谢。可用于庭院与建
筑、山石、水体等搭配，也常盆栽观赏。

参考文献

[1] 鲍隆友. 西藏党参属植物资源及光萼党参栽培技术[J]. 中国林副特产, 2006, 82(3): 37-39.

[2] 鲍隆友, 兰小中, 等. 甘西鼠尾草生物学特性及人工栽培技术研究[J]. 中国林副特产, 2005, 76(3): 3-4.

[3] 鲍隆友, 刘昊, 邢震. 西藏林芝地区野地生苗木移地栽培技术研究[J]. 中国野生植物资源, 2002, 21(3): 54-55.

[4] 鲍隆友, 刘智能. 西藏野生当归资源及人工栽培技术研究[J]. 中国林副特产, 2003, 67(4): 1-2.

[5] 鲍隆友, 杨小林, 等. 西藏野生桃儿七生物学特性及人工栽培技术研究[J]. 中国林副特产, 2004, 71(4): 1-2.

[6] 鲍隆友, 周杰, 等. 西藏野生百合属植物资源及其开发利用[J]. 中国野生植物资源, 2004, 69(2): 54-55.

[7] 毕列爵. 从19世纪到建国之前西方国家对我国进行的植物资源调查[J]. 武汉植物学研究, 1983, 1(1): 119-128.

[8] 毕列爵. 从19世纪到建国之前西方国家对我国进行的植物资源调查(续)[J]. 武汉师范学院学报, 1984, 1: 77-84.

[9] 编写组. 土地资源与土壤[J]. 西藏农业科技, 1995, 2: 18-24.

[10] 柴勇. 西藏色季拉山种子植物区系研究[D]. 西南林学院. 2001.

[11] 柴勇, 樊国盛, 等. 西藏色季拉山种子植物垂直带谱的划分与分布特点研究[J]. 广西植物, 2004, 24(2):107-112.

[12] 柴勇, 彭建松, 等. 西藏色季拉山种子植物区系分析[J]. 云南林业科技, 2003, 104(3): 36-47.

[13] 陈端. 林芝地区生态环境与林木育苗和引种[J]. 西藏科技情报, 1992, 8(4): 12-13.

[14] 陈端. 西藏巨柏育苗造林技术[J]. 西藏科技情报, 1992, 6(2): 12-13.

[15] 陈俊愉. 中国梅花研究的几个方面[J]. 北京林业大学学报, 1995, 17(增刊1): 1-7.

[16] 陈俊愉. 梅花起源与历史. 陈俊愉教授文选[M]. 北京: 中国农业出版社, 1997.

[17] 陈俊愉. 中国花卉品种分类学[M]. 北京: 中国林业出版社, 2001.

[18] 陈俊愉, 包满珠. 中国梅的植物学分类与园艺学分类[J]. 浙江林学院学报, 1992, 9(2): 119-132.

[19] 次仁. 西藏耕地土壤的类型构成及持续利用对策研究[J]. 西藏科技, 2008, 05: 15-17.

[20] 次仁吉, 周进, 等. 西藏色季拉山野生观赏树木资源[J]. 西藏科技, 2003, 122(6): 26-31.

[21] 大普琼, 唐晓琴, 等. 西藏红豆杉扦插育苗试验[J]. 西南林学院学报, 2002, 22(4): 13-15.

[22] 大普琼, 周进. 西藏红豆杉扦插育苗试验[J]. 西南林学院学报, 2003, 23(1): 24-26.

[23] 封培波, 胡永红, 等. 上海露地宿根花卉景观价值的综合评价[J]. 北京林业大学学报,

2003, 25(6): 84-87.

[24] 傅崇兰, 洛噶, 等. 拉萨史[M]. 北京: 中国社会科学出版社, 1994.

[25] 傅立国. 中国植物红皮书——珍稀濒危植物(第1卷)[M]. 北京: 科学出版社, 1991.

[26] 谷维恒, 潘笑竹. 茶马古道[M]. 北京: 中国旅游出版社, 2004.

[27] 国家环保局, 中国科学院植物所. 中国珍稀濒危保护植物名录(第1册)[M]. 北京: 科学出版社, 1987.

[28] 贺珊, 周厚高, 王文通, 等. 观赏蕨类植物的美学特征与评价标准[J]. 广东园林, 2003, 3: 34-37.

[29] 黄复生, 王保海, 等. 西藏物种分化中心的形成及其生物多样性[J]. 西藏农业科技, 1996, 18(1): 28-31.

[30] 蒋利. 浅议西藏水资源的开发利用与保护[J]. 西藏科技, 2013, 9: 33-45.

[31] 郎楷永, 冯志舟, 李渤生. 中国高山花卉[M]. 北京: 中国世界语出版社, 1997.

[32] 兰小中, 王莉, 等. 藏东南不同森林群落类型下的灌木多样性研究[J]. 西藏科技, 2002, 104(8): 57-62.

[33] 李嘉珏, 陈德忠, 于玲, 等. 大花黄牡丹分类学地位的研究[J]. 植物研究, 1998, 18(2): 152-155.

[34] 李嘉珏, 何丽霞, 陈德忠, 等. 西藏大花黄牡丹引种试验初报[J]. 植物引种驯化集刊第10集, 1995.

[35] 亮炯·朗萨. 恢宏千年茶马古道[M]. 北京: 中国旅游出版社, 2004.

[36] 李恒, 武素功. 西藏植物区系区划和喜马拉雅南部植物地区的区系特征[J]. 地理学报, 1983, 38(3): 252-261.

[37] 李晖, 蒋思萍, 等. 西藏林芝地区的鼠尾草植物资源[J]. 西藏科技, 2003, 102(4): 60-61.

[38] 李晖, 央金卓嘎, 等. 长叶云杉、喜玛拉雅红豆杉的栽培[J]. 西藏科技, 2002, 106(2): 60.

[39] 李颖. 西藏地区银白杨的组织培养和快速繁殖[J]. 植物生理学通讯, 2002, 83(3): 245.

[40] 廖文波, 叶华谷, 等. "林芝丹参"的生态生物学特性[J]. 中药材, 2004, 27(12): 897-898.

[41] 林玲, 罗建. 西藏色季拉山野生观赏植物资源的观赏特性及应用探讨[J]. 四川林勘设计, 2002, 4: 5-8.

[42] 林玲, 罗建. 西藏色季拉山龙胆属植物种质资源及其开发利用[J]. 林业科技, 2002, 27(6): 47-49.

[43] 林绍生, 李华芬, 等. 应用模糊数学评价观叶植物的观赏性[J]. 亚热带植物通讯, 2000, 29(2): 43-47.

[44] 林芝地区气象台, 林芝地区科学技术委员会. 西藏林芝地区农业气候资源分析及区划[M]. 北京: 气象出版社, 1995.

[45] 刘青林, 陈俊愉. 梅花研究的现状与展望, 中国花卉科技20年[M]. 北京: 科学出版社, 2000.

[46] 刘智能, 周鹏, 等. 西藏林芝地区木本园林植物引种研究[J]. 四川农业大学学报, 2005, 23(2): 208-213.

[47] 卢耀曾. 《西藏土壤分类》草案[J]. 土壤通报, 1982, 10: 1-4.

[48] 罗大庆, 郑维列. 西藏色季拉山野生果类资源及其利用前景[J]. 果树科学, 1998, 15(3): 283-288.

[49] 罗桂环. 西方对"中国——世界园林之母"的认识[J]. 自然科学史研究, 2000, 19(1): 72-88.

[50] 倪志诚, 程树志. 西藏南迦巴瓦峰地区维管束植物区系[M]. 北京: 北京科学技术出版社, 1992.

[51] 潘锦旭, 邢震, 等. 西藏卓巴百合组织培养技术研究[J]. 中国生态农业学报, 2002, 10(2): 26-28.

[52] 沈福伟.外国人在中国西藏的地理考察(1845-1945)[J].中国科技史料,1997,18(2): 8-16.

[53] 苏迅帆,张永青.西藏野生金脉鸢尾无土栽培技术初探[J].陕西农业科学,2006,1:9-11.

[54] 唐东芹,杨学军,等.园林植物景观评价方法及其应用[J].浙江林学院学报,2001, 18(4): 394-397.

[55] 土艳丽,央金卓嘎.大果圆柏的种子繁殖.西藏科技[J],2003,128(12): 58-59.

[56] 汪永平,李伟娅.藏式建筑与园林艺术的杰作——罗布林卡[J].南京工业大学学报(社会科学版),2002,1: 75-79.

[57] 王建文.福建野生观赏植物资源评价及多样性研究[D].福建农林大学,2005.

[58] 王其超,包满珠,等.梅花[M].上海: 上海科技出版社,1998

[59] 王雁,陈鑫峰.心理物理学方法在国外森林景观评价中的应用[J].林业科学,1999,35(5): 42-49.

[60] 王跃峰,等.西藏湖泊TM影像遥感分析.西藏科技[J],2005,5: 23-26.

[61] 武振华.西藏地名[M].北京: 中国藏学出版社,1996.

[62] 武素功.西藏的植物[J].中国西藏,1997(1): 50-51.

[63] 吴征镒.论中国植物区系的分区问题[J].云南植物研究,1979,1(1): 1-20.

[64] 徐阿生.西藏结隆林区珍稀树种资源调查[J].山地研究,1995,13(3): 181-186.

[65] 徐凤翔.西藏色季拉山东西坡不同海拔带的生境与森林类型研究[J].西藏科技,1992. 55(2): 21-41.

[66] 徐凤翔,郑维列.西藏野生花卉[M].北京: 中国旅游出版社,1999.

[67] 徐凤翔,等.西藏高原森林生态研究[M].沈阳: 辽宁大学出版社,1995.

[68] 徐正余.西藏科技志[M].西藏: 西藏人民出版社,1995.

[69] 西藏社会科学院藏学汉文文献编辑室.西藏地方志资料集成(1)[M].北京: 中国藏学出版社,1999.

[70] 西藏社会科学院藏学汉文文献编辑室.西藏地方志资料集成(2)[M].北京: 中国藏学出版社,1997.

[71] 西藏自治区高原生物研究所.西藏经济植物[M].北京: 北京科学技术出版社,1990.

[72] 西藏自治区国土资源厅http://www.xzgtt.gov.cn/zygk/201008/t20100806_733173.htm　2010

[73] 西藏自治区气象局.西藏自治区地面气候资料(上)[M],1985.

[74] 西藏自治区人民政府网,2006,http://www.xizang.gov.cn/lsyg/51553.jhtml

[75] 西藏自治区人民政府网,2008,http://www.xizang.gov.cn/xzqh/51610.jhtml

[76] 邢震,郑维列.多蕊金丝桃的组织培养[J].江苏农业研究,2000,21(1): 45-47.

[77] 邢震,郑维列,等.蓝玉簪龙胆组织培养技术研究[J].东北林业大学学报,2000,28(6): 93-94.

[78] 邢震,王文奎,等.西藏林芝地区引种栽培木本观赏植物研究初报[J].江苏林业科技, 2002,29(5): 11-15.

[79] 邢震,郎杰,等.西藏林芝野生观赏植物的异地栽培[J].西藏农牧学院学报,2003,1:45-49.

[80] 邢震,张启翔,次仁.西藏大花黄牡丹生境概况初步调查[J].江苏农业科学,2007, 258(4): 250-253.

[81] 邢震,索朗曲培,刘灏,张启翔.通麦野生梅花种质资源调查初报[J].北方园艺, 2009,205(10): 129-132.

[82] 邢震,刘灏,张启翔.西藏特有野生观赏植物宽裂掌叶报春的生境调查[C].中国观赏园艺研

究进展2009, 中国林业出版社, 2009: 5-7.

[83] 邢震, 张启翔, 刘灏, 普布桑珠. 不同温度和湿度条件对砂生槐种子萌发率的影响[J]. 园艺学报, 2009, 36(增刊): 2069.

[84] 邢震, 张启翔, 刘灏, 次片. 色季拉山柳兰属及花楸属观赏植物资源调查[C]. 中国观赏园艺研究进展2010, 中国林业出版社, 2010: 10-15.

[85] 杨小林, 周进, 多琼. 喜马拉雅红豆杉不同类型插条的扦插试验[J]. 西藏科技, 2001, 96(3, 4): 60-61.

[86] 赵能, 刘军. 西藏的杨柳科树木[J]. 四川林业科技, 2001, 22(4): 1-18.

[87] 赵文智, 李森, 等. 雅鲁藏布江中游下段沙地植被[J]. 中国沙漠, 1994, 14(1): 68-74.

[88] 张翠叶. 西藏 "一江两河" 干旱半干旱地区造林林种和树种的选择[J]. 西藏科技, 2005, 142(2): 47-48.

[89] 张天锁. 西藏古代科技简史[M]. 河南: 大象出版社, 1999.

[90] 章文才. 英汉园艺学词典. 北京: 中国农业出版社, 1992.

[91] 张镱锂, 李秀彬, 等. 拉萨城市用地变化分析[J]. 地理学报, 2000, 55(4):395-406.

[92] 郑维列. 西藏色季拉山报春花种质资源及其生境类型[J]. 园艺学报, 1992, 19(3): 261-266.

[93] 郑维列. 西藏色季拉山野生花卉的组分与分布的研究[J]. 中国森林生态系统定位研究, 1994: 841-846.

[94] 郑维列. 西藏色季拉山野生观赏树木资源及其开发利用[J]. 自然资源学报, 1996, 11(1): 89-93.

[95] 郑维列. 西藏报春花属（报春花科）一新变种[J]. 云南植物研究, 1998, 20(3): 275.

[96] 郑维列. 雅鲁藏布江大拐弯地区蕨类植物科属区系特征分析[J]. 云南植物研究, 1999, 21(1): 43-50.

[97] 郑维列. 高原奇葩大花黄牡丹[J]. 园林, 2003, 132(5):37-38.

[98] 郑维列, 潘刚, 等. 西藏色季拉山杜鹃花种质资源的初步研究[J]. 园艺学报, 1995, 22(2): 166-170.

[99] 郑维列, 普布次仁, 等. 川藏公路(拉萨至八一段)绿化模式与实施技术之初步研究[J]. 西藏科技, 2002, 109(5): 48-60.

[100] 郑维列, 邢震, 等. 西藏色季拉山铁线莲种质资源及其生境类型[J]. 园艺学报, 1999, 24(4): 255-258.

[101] 中国科学院青藏高原综合科学考察队. 西藏植物志（1－5卷）[M]. 北京: 科学出版社, 1985.

[102] 中国科学院青藏高原综合科学考察队. 西藏森林[M]. 北京: 科学出版社, 1985.

[103] 中国科学院青藏高原综合科学考察队. 西藏植被[M]. 北京: 科学出版社, 1988.

[104] 中国科学院青藏高原综合科学考察队. 西藏盐湖[M]. 北京: 科学出版社, 1988.

[105] 中国科学院青藏高原综合科学考察队. 西藏植被[M]. 北京: 科学出版社, 1988.

[106] 中国科学院青藏高原综合科学考察队. 西藏土壤[M]. 北京: 科学出版社, 1985.

[107] 中国科学院植物研究所. 中国植物志(第七卷至第八十二卷) [M]. 北京: 科学出版社.

[108] 中华人民共和国中央人民政府网, 2005, http://www.gov.cn/test/2005-08/10/content_21528.htm

[109] 周进, 鲍隆友, 等. 西藏八角莲生物学特性及栽培技术简介[J]. 西藏科技, 2004, 139(11): 57-59.

[110] 周繇. 长白山区珍稀濒危观赏植物优先保护定量研究[J]. 武汉植物学研究, 2006, 24(4): 357-364.

[111] 朱万泽, 范建容. 西藏珍稀濒危植物区系特征及其保护[J]. 山地学报, 2003, 21(增刊): 31-39.

[112] 左慧林, 等. 西藏气候和环境变化及其对策[J]. 西藏科技, 2009, 6: 55-59

[113] Briggs R. E. et al. Attainting visual quality objectives in timber harvest areas-landscape architects evaluation[J]. USDA For Serv. Res Pap. INT 262.14P.1981.

[114] Cox E H. A history of botanical exploration in China and the Tibet marches. Plant hunting in C hina [M]. 1945.

[115] David Winstanley. A Botanical Pioneer in South West China[M]. Antony Rowe Ltd, Chippenham, Roman, 1996.

[116] Daniel T. C., Boster R. S., Measuring landscape esthetics: The scenic beauty estimation method[J]. USDA Forest Serv Res Pap RM-167, 66 p. Rocky Mtn Forest and Range Exp Stn. Fort Collins, Colo, 1976.

[117] Daniel T C, Vining J.. Methodological issues in the assessment of landscape quality. Behav Natl Environ[J]. 1983, (6): 51.

[118] F. K. Ward. The Overland Route from China to India[J]. J. of Royal Central Asian Soc, 1927.

[119] F. K. Ward. Plant Hunting on the Edge of the World[M], London, 1930.

[120] F. K. Ward. The Himalaya East of the Tsanpo[J]. G. J. ,vol. 84, pp. 369-393.

[121] F. K. Ward. The Riddle of the Tsangpo Gorges[M]. 1926.

[122] F. K. Ward. Botanical Exploration in the Mishmi Hills[J]. Him journal, 1929,1.

[123] F. K. Ward. The Forest of Tibet[J]. Him journal, 1935, 7.

[124] Hemsley W B. The Flora of Tibet. Kew Bulletin. 1900.

[125] Hemsley W B. The Flora of the Tibet or High Aisa. The Journal of the Linnety, Botany, 1902, 35.

[126] Hull R. B., Buhyoff G. J., Daniel T. C.. Measurement of scenic beauty: the law of comparative judgment and scenic beauty estimation[J]. process For Sci, 1984, 30(4): 30-38.

[127] Kibara H. Fauna and Flora of Nepal Himalaya [M]. 1953.

[128] Liu Xiaobao, Gao Jixi, Lori Anna Conzo, et al. Ecological carrying capacity of Tibet China ——Variety of ecological footprints from 1978 to 2002[J]. Wuhan University Journal of Natural Sciences, 2005, (4).

[129] Makato Numato. Climatic and vegetational zonation of Himalaya in eastern Nepal [M]. abstract of paper-21st international Geographical Congress India. 1968.

[130] Schweinfurth U. Vegetation of the Himalaya In Mountains and Rivers of India[M]. 21st Internation Geographical Congress India. 1968.

[131] Wherry, E. T.. A Classification of endemic Plants[M]. Ecology.

[132] Wu Z Y, Tang Y C, et al. Geological and Ecological Studies of Qinghai-Xizang Plateau[M]. Science Press, 1981, 2: 1219-1244.

[133] http://www. onegreen. net/maps/HTML/50399. html

[134] http://map. sbsm. gov. cn/mcp/MapProduct/Cut/旅游景点版/400万旅游景点版/Map. htm

附录：西藏观赏植物种质资源名录

编号	种名	科名	属名	拉丁名
1	石松	石松科	石松属	*Lycopodium japonicum*
2	成层石松	石松科	石松属	*Lycopodium zonatum*
3	波密卷柏	卷柏科	卷柏属	*Selaginella bomiensis*
4	匍匐茎卷柏	卷柏科	卷柏属	*Selaginella chrysocaulos*
5	衮州卷柏	卷柏科	卷柏属	*Selaginella invojvens*
6	伏地卷柏	卷柏科	卷柏属	*Selaginella nipponica*
7	西藏卷柏	卷柏科	卷柏属	*Selaginella tibetica*
8	喜马拉雅卷柏	卷柏科	卷柏属	*Selaginella vaginata*
9	问荆	木贼科	木贼属	*Equisetum arvense*
10	节节草	木贼科	木贼属	*Hippochaete ramosissima*
11	心叶瓶儿小草	瓶儿小草科	瓶儿小草属	*Ophioglossum reticulatum*
12	扇羽小阴地蕨	阴地蕨科	小阴地蕨属	*Botrychium lunaria*
13	绒毛假阴地蕨	阴地蕨科	假阴地蕨属	*Botrypus lanuginosus*
14	西藏假阴地蕨	阴地蕨科	假阴地蕨属	*Botrypus tibeticas*
15	蕨萁	阴地蕨科	假阴地蕨属	*Botrypus virginanus*
16	灰背瘤足蕨	瘤足蕨科	瘤足蕨属	*Plagiogyria glaucescens*
17	皱叶假脉蕨	膜蕨科	假脉蕨属	*Crepidomanes plicatum*
18	线叶蕗蕨	膜蕨科	蕗蕨属	*Mecodium lineatum*
19	毛轴蕨	蕨科	蕨属	*Pteridium revolutum*
20	指状凤尾蕨	凤尾蕨科	凤尾蕨属	*Pteris dactylina*
21	凤尾蕨	凤尾蕨科	凤尾蕨属	*Pteris nervosa*
22	溪边凤尾蕨	凤尾蕨科	凤尾蕨属	*Pteris excelsa*
23	宽盖粉背蕨	中国蕨科	粉背蕨属	*Aleuritopteris platycholamys*
24	粉背蕨	中国蕨科	粉背蕨属	*Aleuritopteris pseudofarinosa*
25	狭盖粉背蕨	中国蕨科	粉背蕨属	*Aleuritopteris stenochlamgo*
26	假银粉背蕨	中国蕨科	粉背蕨属	*Aleuritopteris subargentea*
27	高山珠蕨	中国蕨科	珠蕨属	*Cryptogramma brunuoniana*
28	华西薄鳞蕨	中国蕨科	薄鳞蕨属	*Leptolepidum caesia*
29	西藏薄鳞蕨	中国蕨科	薄鳞蕨属	*Leptolepidum subvillosum*
30	旱蕨	中国蕨科	旱蕨属	*Pellaea nitidula*
31	西藏旱蕨	中国蕨科	旱蕨属	*Pellaea straminea*
32	黑足金粉蕨	中国蕨科	金粉蕨属	*Onychium contiguum*
33	掌叶铁线蕨	铁线蕨科	铁线蕨属	*Adiantum pedatum*
34	长盖铁线蕨	铁线蕨科	铁线蕨属	*Adiantum smithianum*
35	西藏铁线蕨	铁线蕨科	铁线蕨属	*Adiantum tibeticum*
36	尖齿凤丫蕨	裸子蕨科	凤丫蕨属	*Coniogramme affinis*
37	川西金毛裸蕨	裸子蕨科	金毛裸蕨属	*Gymnopteris bipinnata* var. *auriculata*
38	欧洲金毛裸蕨	裸子蕨科	金毛裸蕨属	*Gymnopteris marantae*
39	金毛裸蕨	裸子蕨科	金毛裸蕨属	*Gymnopteris vestita*
40	中囊书带蕨	书带蕨科	书带蕨属	*Vittaria mediosora*
41	藏东南蹄盖蕨	蹄盖蕨科	蹄盖蕨属	*Athyrium austro-orientiale*
42	川滇蹄盖蕨	蹄盖蕨科	蹄盖蕨属	*Athrium mackinnoi*
43	光轴蹄盖蕨	蹄盖蕨科	蹄盖蕨属	*Athrium mackinnoi* var. *glabratum*
44	岩生蹄盖蕨	蹄盖蕨科	蹄盖蕨属	*Athrium rupicola*
45	羽节蕨	蹄盖蕨科	羽节蕨属	*Cymnocarpium jessoense*
46	波密蛾眉蕨	蹄盖蕨科	蛾眉蕨属	*Lunathyrium bomiense*
47	墨脱蛾眉蕨	蹄盖蕨科	蛾眉蕨属	*Lunathyrium medogense*
48	西藏蛾眉蕨	蹄盖蕨科	蛾眉蕨属	*Lunathyrium tibeticum*
49	大假冷蕨	蹄盖蕨科	假冷蕨属	*Pseudocystopteris atkinsonii*
50	吉隆假冷蕨	蹄盖蕨科	假冷蕨属	*Pseudocystopteris descipines*
51	微红假冷蕨	蹄盖蕨科	假冷蕨属	*Pseudocystopteris purpurascens*
52	反折假冷蕨	蹄盖蕨科	假冷蕨属	*Pseudocystopteris reflexiphinnula*
53	睫毛盖假冷蕨	蹄盖蕨科	假冷蕨属	*Pseudocystopteris schizochlamys*
54	星毛紫柄蕨	金星蕨科	紫柄蕨属	*Pseudophegopteris levingei*
55	珠芽铁角蕨	铁角蕨科	铁角蕨属	*Asplenium bulbiferum*
56	普通铁角蕨	铁角蕨科	铁角蕨属	*Asplenium subvariuns*
57	铁角蕨	铁角蕨科	铁角蕨属	*Asplenium trichomance*

(续)

编号	种名	科名	属名	拉丁名
58	变异铁角蕨	铁角蕨科	铁角蕨属	*Asplenium varians*
59	东方荚果蕨	铁角蕨科	荚果蕨属	*Matteuccia orientalis*
60	密毛岩蕨	岩蕨科	岩蕨属	*Woodsia rosthorniana*
61	喜马拉雅狗脊蕨	乌毛蕨科	狗脊蕨属	*Woodwardia himalaica*
62	大羽贯众	鳞毛蕨科	贯众属	*Cyrtomium macrophyllum*
63	尖齿鳞毛蕨	鳞毛蕨科	鳞毛蕨属	*Dryopteris acuto-dentata*
64	沟轴鳞毛蕨	鳞毛蕨科	鳞毛蕨属	*Dryopteris canaliculata*
65	金冠鳞毛蕨	鳞毛蕨科	鳞毛蕨属	*Dryopteris chrysocoma*
66	暗鳞鳞毛蕨	鳞毛蕨科	鳞毛蕨属	*Dryopteris cycadina*
67	密纤维鳞毛蕨	鳞毛蕨科	鳞毛蕨属	*Dryopteris discreta*
68	工布鳞毛蕨	鳞毛蕨科	鳞毛蕨属	*Dryopteris gongboensis*
69	粗鳞毛蕨	鳞毛蕨科	鳞毛蕨属	*Dryopteris juxtaposita*
70	聂拉木鳞毛蕨	鳞毛蕨科	鳞毛蕨属	*Dryopteris nylamense*
71	狭羽鳞毛蕨	鳞毛蕨科	鳞毛蕨属	*Dryopteris nylamense* var. *angustipinna*
72	林芝鳞毛蕨	鳞毛蕨科	鳞毛蕨属	*Dryopteris nyingchiensis*
73	假粗齿鳞毛蕨	鳞毛蕨科	鳞毛蕨属	*Dryopteris pseudodontoloma*
74	贡山鳞毛蕨	鳞毛蕨科	鳞毛蕨属	*Dryopteris silaensis*
75	纤维鳞毛蕨	鳞毛蕨科	鳞毛蕨属	*Dryopteris sinofibrillosa*
76	褐鳞鳞毛蕨	鳞毛蕨科	鳞毛蕨属	*Dryopteris squamifera*
77	近多鳞鳞毛蕨	鳞毛蕨科	鳞毛蕨属	*Dryopteris subbarbigera* var. *nigrescens*
78	半育鳞毛蕨	鳞毛蕨科	鳞毛蕨属	*Dryopteris sublaceara*
79	藏布鳞毛蕨	鳞毛蕨科	鳞毛蕨属	*Dryopteris tasangpoensis*
80	波密鳞毛蕨	鳞毛蕨科	鳞毛蕨属	*Dryopteris tasangpoensis* var. *bomiensis*
81	斜羽刺叶耳蕨	鳞毛蕨科	耳蕨属	*Polystichum assurgens*
82	假斜羽刺叶耳蕨	鳞毛蕨科	耳蕨属	*Polystichum assurgens* var. *pseudobranchypterm*
83	二色耳蕨	鳞毛蕨科	耳蕨属	*Polystichum bicolor*
84	喜马拉雅耳蕨	鳞毛蕨科	耳蕨属	*Polystichum branchypterum*
85	禾杆高山耳蕨	鳞毛蕨科	耳蕨属	*Polystichum decorum*
86	拟禾杆高山耳蕨	鳞毛蕨科	耳蕨属	*Polystichum decorum* var. *pseudobakerianum*
87	工布高山耳蕨	鳞毛蕨科	耳蕨属	*Polystichum gongboense*
88	拟工布高山耳蕨	鳞毛蕨科	耳蕨属	*Polystichum gongboense* var. *nanum*
89	拟栗鳞高山耳蕨	鳞毛蕨科	耳蕨属	*Polystichum pseudocastaneum*
90	林芝耳蕨	鳞毛蕨科	耳蕨属	*Polystichum stimalans* var. *ningchiese*
91	米林高山耳蕨	鳞毛蕨科	耳蕨属	*Polystichum tumbatzense*
92	鳞轴小膜盖蕨	骨碎补科	小膜盖蕨属	*Araiostegia perdurans*
93	美小膜盖蕨	骨碎补科	小膜盖蕨属	*Araiostegia pulchra*
94	中间节肢蕨	水龙骨科	节肢蕨属	*Arthromeris intermedia*
95	扭瓦韦	水龙骨科	瓦韦属	*Lepisorus contortus*
96	大瓦韦	水龙骨科	瓦韦属	*Lepisorus macrosphaerus*
97	黑鳞瓦韦	水龙骨科	瓦韦属	*Lepisorus niger*
98	棕鳞瓦韦	水龙骨科	瓦韦属	*Lepisorus scolopendrium*
99	西藏瓦韦	水龙骨科	瓦韦属	*Lepisorus tibeticus*
100	黑鳞假瘤足蕨	水龙骨科	假瘤足蕨属	*Phymatopsis ebenipes*
101	弯弓假瘤足蕨	水龙骨科	假瘤足蕨属	*Phymatopsis malacodon*
102	西藏假瘤足蕨	水龙骨科	假瘤足蕨属	*Phymatopsis tibetana*
103	尖齿拟水龙骨	水龙骨科	拟水龙骨属	*Polypodiastrum argutum*
104	友水龙骨	水龙骨科	水龙骨属	*Polypodiodes amoena*
105	柔毛水龙骨	水龙骨科	水龙骨属	*Polypodiodes amoena* f. *pilosa*
106	毡毛石韦	水龙骨科	石韦属	*Pyrrosia drakeana*
107	川滇槲蕨	槲蕨科	槲蕨属	*Drynaria delavayi*
108	秦岭槲蕨	槲蕨科	槲蕨属	*Drynaria sinica*
109	渐尖槲蕨	槲蕨科	槲蕨属	*Drynaria sinica* var. *intermedia*
110	黑足剑蕨	剑蕨科	剑蕨属	*Loxogramme saziran*
111	墨脱冷杉	松科	冷杉属	*Abies delavayi* var. *motuoensis*
112	川滇冷杉	松科	冷杉属	*Abies forrestii*
113	急尖长苞冷杉	松科	冷杉属	*Abies georgei* var. *smithii*
114	西藏红杉（西藏落叶松）	松科	落叶松属	*Larix griffithiana*
115	日本落叶松	松科	落叶松属	*Larix kaempferi*
116	垂枝云杉（油麦吊云杉）	松科	云杉属	*Picea brachytyla*

(续)

编号	种名	科名	属名	拉丁名
117	林芝云杉	松科	云杉属	*Picea likiangensis* var. *linzhiensis*
118	华山松	松科	松属	*Pinus armandi*
119	高山松	松科	松属	*Pinus densata*
120	乔松	松科	松属	*Pinus goiffithii*
121	云南铁杉	松科	铁杉属	*Tsuga dumosa*
122	巨柏	柏科	柏木属	*Cupressus gigantea*
123	西藏柏木	柏科	柏木属	*Cupressus torulosa*
124	香柏	柏科	圆柏属	*Sabina pingii* var. *wilsonii*
125	垂枝柏	柏科	圆柏属	*Sabina recurva*
126	方枝柏	柏科	圆柏属	*Sabina saltuaria*
127	高山柏	柏科	圆柏属	*Sabina squamata*
128	滇藏方枝柏	柏科	圆柏属	*Sabina wallichiana*
129	云南红豆杉	红豆杉科	红豆杉属	*Taxus yunnanensis*
130	山杨	杨柳科	杨属	*Populus davidiana*
131	米林杨	杨柳科	杨属	*Populus mainlingsis*
132	钻天杨	杨柳科	杨属	*Populus nigra* var. *italica*
133	长序杨	杨柳科	杨属	*Populus pseudoglauca*
134	清溪杨	杨柳科	杨属	*Populus rotundiflolia* var. *tibetica*
135	藏川杨	杨柳科	杨属	*Populus szechuanica* var. *tibetica*
136	亚东杨	杨柳科	杨属	*Populus yatungensis*
137	乌柳	杨柳科	柳属	*Salix cheilophila*
138	褐背柳	杨柳科	柳属	*Salix daltoniana*
139	腹毛柳	杨柳科	柳属	*Salix delavayana*
140	丛毛矮柳	杨柳科	柳属	*Salix floccose*
141	吉拉柳	杨柳科	柳属	*Salix gilashanica*
142	吉隆垫柳	杨柳科	柳属	*Salix gyirongensis*
143	青藏垫柳	杨柳科	柳属	*Salix lindleyana*
144	丝毛柳	杨柳科	柳属	*Salix luctuosa*
145	墨竹柳	杨柳科	柳属	*Salix maizhokunggarensis*
146	毛坡柳	杨柳科	柳属	*Salix obscura*
147	山生柳	杨柳科	柳属	*Salix oritrepha*
148	康定柳	杨柳科	柳属	*Salix paraplesia*
149	毛小叶垫柳	杨柳科	柳属	*Salix pilosomicrophylla*
150	裸柱头柳	杨柳科	柳属	*Salix psilostigma*
151	长穗柳	杨柳科	柳属	*Salix radinostachya*
152	川滇柳	杨柳科	柳属	*Salix rehderiana*
153	硬叶柳	杨柳科	柳属	*Salix sclerophylla*
154	锡金柳	杨柳科	柳属	*Salix sikkimensis*
155	黄花垫柳	杨柳科	柳属	*Salix souliei*
156	毛果柳	杨柳科	柳属	*Salix trichocarpa*
157	皂柳	杨柳科	柳属	*Salix wallichiana*
158	红柄柳	杨柳科	柳属	*Salix wangiana* var. *tibetica*
159	核桃	胡桃科	胡桃属	*Juglans regia*
160	尼泊尔桤木	桦木科	桤木属	*Alnus nepalensis*
161	长穗桦	桦木科	桦木属	*Betula cylindrostacya*
162	白桦	桦木科	桦木属	*Betula platyphylla*
163	糙皮桦	桦木科	桦木属	*Betula utilis*
164	云南鹅耳枥	桦木科	鹅耳枥属	*Carpinus monbeigiana*
165	鹅耳枥	桦木科	鹅耳枥属	*Carpinus viminea*
166	川滇高山栎	壳斗科	栎属	*Quercus aquifolioides*
167	西藏栎	壳斗科	栎属	*Quercus lodicosa*
168	通麦栎	壳斗科	栎属	*Quercus tungmaiensis*
169	构棘	桑科	柘属	*Cudrania cochinchinensis*
170	柘	桑科	柘属	*Cudrania tricuspidata*
171	大叶水榕	桑科	榕属	*Ficus glaberrima*
172	森林榕	桑科	榕属	*Ficus neriifolis*
173	桑	桑科	桑属	*Morus alba*
174	裂叶蒙桑	桑科	桑属	*Morus mongolica* var. *diabolica*
175	筒鞘蛇菰	蛇菰科	蛇菰属	*Balanophora involucrata*

(续)

编号	种名	科名	属名	拉丁名
176	金荞麦	蓼科	荞麦属	*Fagopyrum dibotrys*
177	冰岛蓼	蓼科	冰岛蓼属	*Fagopyrum islandica*
178	山蓼	蓼科	山蓼属	*Oxyria digyna*
179	抱茎蓼	蓼科	蓼属	*Polygonum amplexicaule*
180	萹蓄	蓼科	蓼属	*Polygonum aviculare*
181	头花蓼	蓼科	蓼属	*Polygonum capitatum*
182	卷茎蓼	蓼科	蓼属	*Polygonum convolvulus*
183	蓝药蓼	蓼科	蓼属	*Polygonum cyanandrum*
184	小叶蓼	蓼科	蓼属	*Polygonum delicatulum*
185	细茎蓼	蓼科	蓼属	*Polygonum filicaule*
186	圆叶蓼	蓼科	蓼属	*Polygonum forrestii*
187	长梗蓼	蓼科	蓼属	*Polygonum griffithii*
188	披针叶蓼	蓼科	蓼属	*Polygonum hastato-sagittatum*
189	硬毛蓼	蓼科	蓼属	*Polygonum hookeri*
190	水蓼	蓼科	蓼属	*Polygonum hydropiper*
191	柔茎蓼	蓼科	蓼属	*Polygonum kawagoeanum*
192	酸模叶蓼	蓼科	蓼属	*Polygonum lapathifolium*
193	圆穗蓼	蓼科	蓼属	*Polygonum macrophyllum*
194	狭叶圆穗蓼	蓼科	蓼属	*Polygonum macrophyllum* var. *stenophyllum*
195	小头蓼	蓼科	蓼属	*Polygonum microcephylum*
196	腺梗小头蓼	蓼科	蓼属	*Polygonum microcephylum* var. *sphaerocephalum*
197	绢毛蓼	蓼科	蓼属	*Polygonum molle*
198	尼泊尔蓼	蓼科	蓼属	*Polygonum nepalense*
199	多穗蓼	蓼科	蓼属	*Polygonum polystachyum*
200	西伯利亚蓼	蓼科	蓼属	*Polygonum sibiricum*
201	翅梗蓼	蓼科	蓼属	*Polygonum sinomontanum*
202	细穗支柱蓼	蓼科	蓼属	*Polygonum suffultum* var. *pergracile*
203	戟叶蓼	蓼科	蓼属	*Polygonum thunbergii*
204	珠芽蓼	蓼科	蓼属	*Polygonum viviparum*
205	心叶大黄	蓼科	大黄属	*Rheum acuminatum*
206	塔黄	蓼科	大黄属	*Rheum nobile*
207	尼泊尔酸模	蓼科	酸模属	*Rumex nepalensis*
208	商陆	商陆科	商陆属	*Phytolacca acinosa*
209	髯毛无心菜	石竹科	无心菜属	*Arenaria barbata*
210	腺毛叶老牛筋	石竹科	无心菜属	*Arenaria capillaris* var. *glandulosa*
211	密生雪灵芝	石竹科	无心菜属	*Arenaria densissima*
212	缝瓣无心菜	石竹科	无心菜属	*Arenaria fimbriata*
213	玉龙山无心菜	石竹科	无心菜属	*Arenaria fridericae*
214	垫状雪灵芝	石竹科	无心菜属	*Arenaria pulvinata*
215	无心菜	石竹科	无心菜属	*Arenaria serpyllifolia*
216	粉花无心菜	石竹科	无心菜属	*Arenaria roseflora*
217	大花卷耳	石竹科	卷耳属	*Cerastium fortanum* ssp. *grandiflorum*
218	缘毛卷耳	石竹科	卷耳属	*Cerastium furcatum*
219	圆序卷耳	石竹科	卷耳属	*Cerastium glomeratum*
220	藏南卷耳	石竹科	卷耳属	*Cerastium thomsoni*
221	狗筋蔓	石竹科	狗筋蔓属	*Cucubalus baccifer*
222	无瓣女娄菜	石竹科	女娄菜属	*Melandrium apetalum*
223	多茎女娄菜	石竹科	女娄菜属	*Melandrium multicaule*
224	变黑女娄菜	石竹科	女娄菜属	*Melandrium nigrescens*
225	林芝女娄菜	石竹科	女娄菜属	*Melandrium wardii*
226	金铁锁	石竹科	金铁锁属	*Psammosilene tunicoides*
227	窄叶太子参	石竹科	太子参属	*Pseudostellaria sylvatica*
228	漆姑草	石竹科	漆姑草属	*Sagina japonica*
229	平铺漆姑草	石竹科	漆姑草属	*Sagina saginoides*
230	麦瓶草	石竹科	蝇子草属	*Silene conoidea*
231	库莽蝇子草	石竹科	蝇子草属	*Silene kumaoensis*
232	藏蝇子草	石竹科	蝇子草属	*Silene waltonii*
233	针叶繁缕	石竹科	繁缕属	*Stellaria decumbens* var. *acicularis*
234	垫状繁缕	石竹科	繁缕属	*Stellaria decumbens* var. *pulvinata*

（续）

编号	种名	科名	属名	拉丁名
235	禾叶繁缕	石竹科	繁缕属	*Stellaria graminea*
236	绵毛繁缕	石竹科	繁缕属	*Stellaria lanata*
237	米林繁缕	石竹科	繁缕属	*Stellaria mainlingensis*
238	糙叶繁缕	石竹科	繁缕属	*Stellaria monsperma* var. *paniculata*
239	白毛繁缕	石竹科	繁缕属	*Stellaria patens*
240	石生繁缕	石竹科	繁缕属	*Stellaria vestita*
241	云南繁缕	石竹科	繁缕属	*Stellaria yunnanensis*
242	麦蓝菜	石竹科	麦蓝菜属	*Vaccaria segetalis*
243	宽苞乌头	毛茛科	乌头属	*Aconitum bracteolatum*
244	短唇乌头	毛茛科	乌头属	*Aconitum brevilimbum*
245	叉苞乌头	毛茛科	乌头属	*Aconitum creagromorphum*
246	工布乌头	毛茛科	乌头属	*Aconitum kongboense*
247	展毛工布乌头	毛茛科	乌头属	*Aconitum kongboense* var. *villowum*
248	长裂乌头	毛茛科	乌头属	*Aconitum longilobum*
249	长喙乌头	毛茛科	乌头属	*Aconitum novoluridum*
250	铁棒槌	毛茛科	乌头属	*Aconitum pendulum*
251	露瓣乌头	毛茛科	乌头属	*Aconitum prominens*
252	毛瓣美丽乌头	毛茛科	乌头属	*Aconitum pulchellum* var. *hispidum*
253	直序乌头	毛茛科	乌头属	*Aconitum richardsonianum*
254	等叶花葶乌头	毛茛科	乌头属	*Aconitum scaposum* var. *hupehanum*
255	类叶升麻	毛茛科	类叶升麻属	*Actaea asiatica*
256	短柱侧金盏花	毛茛科	侧金盏花属	*Adonis brevistyla*
257	展毛银莲花	毛茛科	银莲花属	*Anemone demissa*
258	迭裂银莲花	毛茛科	银莲花属	*Anemone imbricata*
259	疏齿银莲花	毛茛科	银莲花属	*Anemone obtusiloba* ssp. *ovalifolia*
260	草玉梅	毛茛科	银莲花属	*Anemone rivularis*
261	条叶银莲花	毛茛科	银莲花属	*Anemone trullifolia* var. *limearis*
262	野棉花	毛茛科	银莲花属	*Anemone vitifolia*
263	直距耧斗菜	毛茛科	耧斗菜属	*Aquilegia rockii*
264	扇叶水毛茛	毛茛科	水毛茛属	*Batrachium bungei*
265	驴蹄草	毛茛科	驴蹄草属	*Caltha palustris*
266	花葶驴蹄草	毛茛科	驴蹄草属	*Caltha scaposa*
267	红花细茎驴蹄草	毛茛科	驴蹄草属	*Caltha sinogracilis* f. *rubriflora*
268	升麻	毛茛科	升麻属	*Cimicifuga foetida*
269	星叶草	毛茛科	星叶草属	*Circaeaster agrestis*
270	小木通	毛茛科	铁线莲属	*Clematis armandii*
271	短尾铁线莲	毛茛科	铁线莲属	*Clematis brevicaudata*
272	合柄铁线莲	毛茛科	铁线莲属	*Clematis connata*
273	丽叶铁线莲	毛茛科	铁线莲属	*Clematis gracilifolia*
274	黄毛铁线莲	毛茛科	铁线莲属	*Clematis grewiiflora*
275	墨脱铁线莲	毛茛科	铁线莲属	*Clematis metouensis*
276	绣球藤	毛茛科	铁线莲属	*Clematis montama*
277	大花绣球藤	毛茛科	铁线莲属	*Clematis montana* var. *grandiflora*
278	毛果绣球藤	毛茛科	铁线莲属	*Clematis montana* var. *trichogyna*
279	西南铁线莲	毛茛科	铁线莲属	*Clematis pseudopogonandra*
280	长花铁线莲	毛茛科	铁线莲属	*Clematis rehderiana*
281	西藏铁线莲	毛茛科	铁线莲属	*Clematis tenaifolia*
282	俞氏铁线莲	毛茛科	铁线莲属	*Clematis yui*
283	云南铁线莲	毛茛科	铁线莲属	*Clematis yunnanensis*
284	拉萨翠雀花	毛茛科	翠雀花属	*Delphinium gyalanum*
285	水葫芦苗	毛茛科	碱毛茛属	*Halerpestes cymbalaria*
286	林芝鸦跖花	毛茛科	鸦跖花属	*Oxygraphis delavayi* var. *nyingchiensis*
287	黄牡丹	毛茛科	芍药属	*Paeonia delavayi* var. *lutea*
288	大花黄牡丹	毛茛科	芍药属	*Paeonia ludlowii*
289	鸟足毛茛	毛茛科	毛茛属	*Ranunculus brotherusii*
290	回回蒜	毛茛科	毛茛属	*Ranunculus chinensis*
291	变裸毛茛	毛茛科	毛茛属	*Ranunculus densiciliatus* var. *glabrescens*
292	林芝毛茛	毛茛科	毛茛属	*Ranunculus densiciliatus* var. *nyingchiensis*
293	铺散毛茛	毛茛科	毛茛属	*Ranunculus diffusus*

（续）

编号	种名	科名	属名	拉丁名
294	叉裂毛茛	毛茛科	毛茛属	*Ranunculus furcatifidus*
295	三裂毛茛	毛茛科	毛茛属	*Ranunculus hirtellus*
296	光柄毛茛	毛茛科	毛茛属	*Ranunculus hirtellus* var. *glabripetiolus*
297	色季拉毛茛	毛茛科	毛茛属	*Ranunculus hirtellus* var. *sigyilaicus*
298	黄毛茛	毛茛科	毛茛属	*Ranunculus laetus*
299	长茎毛茛	毛茛科	毛茛属	*Ranunculus longicaulis*
300	云生毛茛	毛茛科	毛茛属	*Ranunculus longicaulis* var. *nephelogenes*
301	米林毛茛	毛茛科	毛茛属	*Ranunculus mainlingensis*
302	柔毛茛	毛茛科	毛茛属	*Ranunculus membranaceus* var. *puboscens*
303	爬地毛茛	毛茛科	毛茛属	*Ranunculus pegaeus*
304	高原毛茛	毛茛科	毛茛属	*Ranunculus tanguticus*
305	姚氏毛茛	毛茛科	毛茛属	*Ranunculus yaoanus*
306	黄三七	毛茛科	黄三七属	*Souliea vaginata*
307	高山唐山草	毛茛科	唐松草属	*Thalictrum alpinum*
308	毛叶高山唐松草	毛茛科	唐松草属	*Thalictrum alpinum* var. *eletum* f. *puberulum*
309	狭序唐松草	毛茛科	唐松草属	*Thalictrum atriplex*
310	偏翅唐松草	毛茛科	唐松草属	*Thalictrum delavayi*
311	堇花唐松草	毛茛科	唐松草属	*Thalictrum diffusiflorum*
312	爪哇唐松草	毛茛科	唐松草属	*Thalictrum javanicum*
313	小喙唐松草	毛茛科	唐松草属	*Thalictrum rostellatum*
314	芸香叶唐松草	毛茛科	唐松草属	*Thalictrum rutaefolium*
315	鞭柱唐松草	毛茛科	唐松草属	*Thalictrum smithii*
316	钩柱唐松草	毛茛科	唐松草属	*Thalictrum ucatum*
317	毛茛状金莲花	毛茛科	金莲花属	*Trollius ranunculoides*
318	暗红小檗	小檗科	小檗属	*Berberis agricola*
319	莫洛小檗	小檗科	小檗属	*Berberis amoena* var. *moloensis*
320	红枝小檗	小檗科	小檗属	*Berberis erythrocloda*
321	珠峰小檗	小檗科	小檗属	*Berberis everestiana*
322	光梗小檗	小檗科	小檗属	*Berberis franchetiana* var. *glabripes*
323	卷叶小檗	小檗科	小檗属	*Berberis griffithiana*
324	波密小檗	小檗科	小檗属	*Berberis gyalaica*
325	细梗小檗	小檗科	小檗属	*Berberis gyalaica* var. *minuta*
326	黑果小檗	小檗科	小檗属	*Berberis ignorata*
327	腰果小檗	小檗科	小檗属	*Berberis johannis*
328	工布小檗	小檗科	小檗属	*Berberis kongboensis*
329	光茎小檗	小檗科	小檗属	*Berberis minutiflora* var. *glabramea*
330	刺黄花	小檗科	小檗属	*Berberis polyantha*
331	短苞小檗	小檗科	小檗属	*Berberis sheriffii*
332	独龙小檗	小檗科	小檗属	*Berberis taronensis*
333	错那小檗	小檗科	小檗属	*Berberis taronensis* var. *trimensis*
334	林芝小檗	小檗科	小檗属	*Berberis temolaica*
335	荫生小檗	小檗科	小檗属	*Berberis umbratica*
336	西藏八角莲	小檗科	鬼臼属	*Dysosma tsayuensis*
337	尼泊尔十大功劳	小檗科	十大功劳属	*Mahonia napaulensis*
338	波密十大功劳	小檗科	十大功劳属	*Mahonia pomensis*
339	桃儿七	小檗科	桃儿七属	*Sinopodophyllum hexandrum*
340	滇藏木兰	木兰科	木兰属	*Magnolia campbellii*
341	绒叶含笑	木兰科	含笑属	*Michelia velutina*
342	滇藏五味子	木兰科	五味子属	*Schisandra neglecta*
343	聚花桂	樟科	樟属	*Cinnamomum contractum*
344	波密钓樟	樟科	山胡椒属	*Lindera fruticosa* var. *pomiensis*
345	山柿子果	樟科	山胡椒属	*Lindera longipedunculata*
346	三桠乌药	樟科	山胡椒属	*Lindera obtusiloba*
347	川钓樟	樟科	山胡椒属	*Lindera pulcherrima* var. *hemsleyana*
348	木姜子	樟科	木姜子属	*Litsea pungens*
349	绢毛木姜子	樟科	木姜子属	*Litsea sericea*
350	察隅润楠	樟科	润楠属	*Machilus chayuensis*
351	隐脉润楠	樟科	润楠属	*Machilus obscurinervia*
352	四川新木姜子	樟科	新木姜子属	*Neolitea scuchuanensis*

(续)

编号	种名	科名	属名	拉丁名
353	多毛皱波黄堇	罂粟科	紫堇属	*Corydalis crispa* var. *setulosa*
354	纤细黄堇	罂粟科	紫堇属	*Corydalis gracillima*
355	条裂黄堇	罂粟科	紫堇属	*Corydalis linarioides*
356	单叶紫堇	罂粟科	紫堇属	*Corydalis ludlowii*
357	米林紫堇	罂粟科	紫堇属	*Corydalis lupinoides*
358	波密紫堇	罂粟科	紫堇属	*Corydalis pseudo-adoxa*
359	毛茎紫堇	罂粟科	紫堇属	*Corydalis pubicaula*
360	矮黄堇	罂粟科	紫堇属	*Corydalis pygmaea*
361	细果角茴香	罂粟科	角茴香属	*Hypecoum leptocarpum*
362	藿香叶绿绒蒿	罂粟科	绿绒蒿属	*Meconopsis betonicifolia*
363	多刺绿绒蒿	罂粟科	绿绒蒿属	*Meconopsis horridula*
364	总状绿绒蒿	罂粟科	绿绒蒿属	*Meconopsis horridula* var. *racemosa*
365	全缘叶绿绒蒿	罂粟科	绿绒蒿属	*Meconopsis integrifolia*
366	拟多刺绿绒蒿	罂粟科	绿绒蒿属	*Meconopsis pseudohorridula*
367	单叶绿绒蒿	罂粟科	绿绒蒿属	*Meconopsis simplicifolia*
368	喜马拟南芥	十字花科	拟南芥属	*Arabidopsis himalaica*
369	拟南芥	十字花科	拟南芥属	*Arabidopsis thaliana*
370	西藏拟南芥	十字花科	拟南芥属	*Arabidopsis tibetica*
371	垂果南芥	十字花科	南芥属	*Arabis pendula*
372	芥	十字花科	芥属	*Capsella bursa-pastoris*
373	山芥碎米芥	十字花科	碎米芥属	*Cardamine griffithii*
374	弹裂碎米芥	十字花科	碎米芥属	*Cardamine impatiens*
375	毛果碎米荠	十字花科	碎米芥属	*Cardamine impatiens* var. *dasycarpa*
376	大叶碎米芥	十字花科	碎米芥属	*Cardamine macrophylla*
377	三叶碎米芥	十字花科	碎米芥属	*Cardamine trifoliolata*
378	云南碎米荠	十字花科	碎米芥属	*Cardamine yunnanensis*
379	播娘蒿	十字花科	播娘蒿属	*Descurainia sophia*
380	毛葶苈	十字花科	葶苈属	*Draba eriopoda*
381	葶苈	十字花科	葶苈属	*Draba nemorsa*
382	纤毛喜山葶苈	十字花科	葶苈属	*Draba oreades* var. *tafelli*
383	山菜葶苈	十字花科	葶苈属	*Draba surculosa*
384	山柳叶糖芥	十字花科	糖芥属	*Erysimum hieracifolium*
385	川滇山萮菜	十字花科	山萮菜属	*Eutrema lancitolium*
386	头花独行菜	十字花科	独行菜属	*Lepidium capitatum*
387	宽翅弯蕊芥	十字花科	弯蕊芥属	*Loxostemon delavayi*
388	豆瓣菜	十字花科	豆瓣菜属	*Nasturtium officinale*
389	无茎芥	十字花科	无茎芥属（单花芥属）	*Pegaeophyton scapiflorum*
390	高蔊菜	十字花科	蔊菜属	*Rorippa elata*
391	沼泽蔊菜	十字花科	蔊菜属	*Rorippa islandica*
392	沟子芥	十字花科	沟子芥属	*Taphrospermum altaicum*
393	西藏遏蓝菜（西藏菥蓂）	十字花科	遏蓝菜属（菥蓂属）	*Thlaspi andersonii*
394	遏蓝菜（菥蓂）	十字花科	遏蓝菜属（菥蓂属）	*Thlaspi arvense*
395	西川红景天	景天科	红景天属	*Rhodiola alsia*
396	柴胡红景天	景天科	红景天属	*Rhodiola bupleuroides*
397	菊叶红景天	景天科	红景天属	*Rhodiola chrysanthemifolia*
398	圆齿红景天	景天科	红景天属	*Rhodiola crenulata*
399	异色红景天	景天科	红景天属	*Rhodiola discolor*
400	长鞭红景天	景天科	红景天属	*Rhodiola fastigiata*
401	喜马红景天	景天科	红景天属	*Rhodiola himalensis*
402	狭叶红景天	景天科	红景天属	*Rhodiola kirilowii*
403	线萼红景天	景天科	红景天属	*Rhodiola ovatisepala* var. *chingii*
404	四裂红景天	景天科	红景天属	*Rhodiola quadrifida*
405	粗茎红景天	景天科	红景天属	*Rhodiola wallichiana*
406	云南红景天	景天科	红景天属	*Rhodiola yunnanensis*
407	道孚景天	景天科	景天属	*Sedum glaebosum*
408	巴塘景天	景天科	景天属	*Sedum heckelii*
409	山飘风	景天科	景天属	*Sedum major*
410	多茎景天	景天科	景天属	*Sedum multicaule*
411	错那景天	景天科	景天属	*Sedum tsonanum*

（续）

编号	种名	科名	属名	拉丁名
412	石莲	景天科	石莲属	*Sinocrassula indica*
413	五蕊东爪草	景天科	东爪草属	*Tillaea pentandra*
414	多花红升麻（多花落新妇）	虎耳草科	红升麻属	*Astilbe myriantha*
415	红落新妇	虎耳草科	红升麻属	*Astilbe rubra*
416	岩白菜	虎耳草科	岩白菜属	*Bergennia purpurascens*
417	肉质金腰(肉叶金腰)	虎耳草科	金腰属	*Chrysosplenium carnosum*
418	肾叶金腰	虎耳草科	金腰属	*Chrysosplenium griffithii*
419	绵毛金腰	虎耳草科	金腰属	*Chrysosplenium lanuginosum*
420	山溪金腰	虎耳草科	金腰属	*Chrysosplenium nepalense*
421	裸茎金腰	虎耳草科	金腰属	*Chrysosplenium nudicaule*
422	单花金腰	虎耳草科	金腰属	*Chrysosplenium uniflorum*
423	密序溲疏	虎耳草科	溲疏属	*Deutzia compacta*
424	多射线溲疏	虎耳草科	溲疏属	*Deutzia compacta* var. *multiradiata*
425	伞房花溲疏	虎耳草科	溲疏属	*Deutzia corymbosa*
426	马桑绣球	虎耳草科	绣球花属	*Hydrangea aspera*
427	柔毛绣球（毛叶绣球）	虎耳草科	绣球花属	*Hydrangea heteromalla*
428	粗枝绣球（粗状绣球）	虎耳草科	绣球花属	*Hydrangea robusta*
429	伏江鼠刺	虎耳草科	鼠刺属	*Itea kiukianggensis*
430	指裂梅花草	虎耳草科	梅花草属	*Parnassia coperi*
431	突隔梅花草	虎耳草科	梅花草属	*Parnassia delavayi*
432	青铜钱	虎耳草科	梅花草属	*Parnassia tenella*
433	三脉梅花草	虎耳草科	梅花草属	*Parnassia trinervis*
434	梅花草	虎耳草科	梅花草属	*Parnassia palustris*
435	云南山梅花（西南山梅花）	虎耳草科	山梅花属	*Philadelphus delavayi*
436	柔毛山梅花（毛叶山梅花）	虎耳草科	山梅花属	*Philadelphus tomentosus*
437	刺茶藨子	虎耳草科	茶藨子属	*Ribes alpestre*
438	糖茶藨子	虎耳草科	茶藨子属	*Ribes emodense*
439	冰川茶藨子	虎耳草科	茶藨子属	*Ribes glaciale*
440	曲萼茶藨子	虎耳草科	茶藨子属	*Ribes griffithii*
441	狭萼茶藨子	虎耳草科	茶藨子属	*Ribes laciniatum*
442	紫花茶藨子	虎耳草科	茶藨子属	*Ribes luridum*
443	柱腺茶藨子	虎耳草科	茶藨子属	*Ribes orientale*
444	紫花虎耳草	虎耳草科	虎耳草属	*Saxifraga bergenioides*
445	岩梅虎耳草	虎耳草科	虎耳草属	*Saxifraga diapensia*
446	散痂虎耳草	虎耳草科	虎耳草属	*Saxifraga diffusicallosa*
447	异叶虎耳草	虎耳草科	虎耳草属	*Saxifraga diversifolia*
448	索白虎耳草	虎耳草科	虎耳草属	*Saxifraga elliotii*
449	藏南虎耳草	虎耳草科	虎耳草属	*Saxifraga engleriana*
450	加拉虎耳草	虎耳草科	虎耳草属	*Saxifraga gyalana*
451	异毛虎耳草	虎耳草科	虎耳草属	*Saxifraga heterotricha*
452	齿叶虎耳草	虎耳草科	虎耳草属	*Saxifraga hispidula*
453	近优势虎耳草	虎耳草科	虎耳草属	*Saxifraga hookeri*
454	林芝虎耳草	虎耳草科	虎耳草属	*Saxifraga isophylla*
455	九窝虎耳草	虎耳草科	虎耳草属	*Saxifraga kongboensis*
456	异条叶虎耳草	虎耳草科	虎耳草属	*Saxifraga lepidostolonsa*
457	黑蕊虎耳草	虎耳草科	虎耳草属	*Saxifraga melanocentra*
458	白毛茎虎耳草	虎耳草科	虎耳草属	*Saxifraga miralana*
459	山地虎耳草	虎耳草科	虎耳草属	*Saxifraga montana*
460	南布拉虎耳草	虎耳草科	虎耳草属	*Saxifraga nambulana*
461	卵心叶虎耳草	虎耳草科	虎耳草属	*Saxifraga ovatocardata*
462	多叶虎耳草	虎耳草科	虎耳草属	*Saxifraga pallida*
463	狭瓣虎耳草	虎耳草科	虎耳草属	*Saxifraga pseudohirculus*
464	色季拉虎耳草	虎耳草科	虎耳草属	*Saxifraga sheqilaensis*
465	金星虎耳草	虎耳草科	虎耳草属	*Saxifraga stella-aurea*
466	伏毛虎耳草	虎耳草科	虎耳草属	*Saxifraga strigosa*
467	疏叶虎耳草	虎耳草科	虎耳草属	*Saxifraga substrigosa*
468	展萼虎耳草	虎耳草科	虎耳草属	*Saxifraga substrigosa* var. *gemmifera*
469	对轮叶虎耳草	虎耳草科	虎耳草属	*Saxifraga subternata*
470	条叶虎耳草	虎耳草科	虎耳草属	*Saxifraga taraktophylla*

(续)

编号	种名	科名	属名	拉丁名
471	小伞虎耳草	虎耳草科	虎耳草属	*Saxifraga umbellulata*
472	篦齿虎耳草	虎耳草科	虎耳草属	*Saxifraga umbellulata* f. *pectinata*
473	腺瓣虎耳草	虎耳草科	虎耳草属	*Saxifraga wardii*
474	滇西鬼灯擎（索骨丹）	虎耳草科	鬼灯檠属	*Scopolia carniolicoides* var. *henricii*
475	黄水枝	虎耳草科	黄水枝属	*Tiarella polyphylla*
476	皱皮蛇莓	蔷薇科	蛇莓属	*Duchesnea chrysantha*
477	蛇莓	蔷薇科	蛇莓属	*Duchesnea indica*
478	小叶蛇莓	蔷薇科	蛇莓属	*Duchesnea indica* var. *microphyulla*
479	龙芽草	蔷薇科	龙芽草属	*Agrimonia pilosa*
480	黄龙尾	蔷薇科	龙芽草属	*Agrimonia pilosa* var. *nepalensis*
481	假升麻	蔷薇科	假升麻属	*Aruncus dioicus*
482	毛叶木瓜	蔷薇科	木瓜属	*Chaenomeles cathayensis*
483	西藏木瓜	蔷薇科	木瓜属	*Chaenomeles thibetica*
484	尖叶栒子	蔷薇科	栒子属	*Cotoneaster acuminatus*
485	灰栒子	蔷薇科	栒子属	*Cotoneaster acutifolius*
486	黄杨叶栒子	蔷薇科	栒子属	*Cotoneaster buxifolius*
487	木帚栒子	蔷薇科	栒子属	*Cotoneaster dielsianus*
488	丹巴栒子	蔷薇科	栒子属	*Cotoneaster harrysmithii*
489	钝叶栒子	蔷薇科	栒子属	*Cotoneaster hebephyllus*
490	小叶栒子	蔷薇科	栒子属	*Cotoneaster microphyllus*
491	白毛小叶栒子	蔷薇科	栒子属	*Cotoneaster microphyllus* var. *cochleatus*
492	细叶小叶栒子	蔷薇科	栒子属	*Cotoneaster microphyllus* var. *thymifolius*
493	两列栒子	蔷薇科	栒子属	*Cotoneaster nitidus*
494	暗红栒子	蔷薇科	栒子属	*Cotoneaster obscurus*
495	红花栒子	蔷薇科	栒子属	*Cotoneaster rubens*
496	毛叶水栒子	蔷薇科	栒子属	*Cotoneaster submultiflorus*
497	细枝栒子	蔷薇科	栒子属	*Cotoneaster tenuipes*
498	西藏栒子	蔷薇科	栒子属	*Cotoneaster tibeticus*
499	西南草莓	蔷薇科	草莓属	*Fragaria moupinensis*
500	西藏草莓	蔷薇科	草莓属	*Fragaria nubicola*
501	路边青	蔷薇科	路边青属	*Geum aleppicum*
502	柔毛路边青	蔷薇科	路边青属	*Geum japonicum* var. *chinenese*
503	大萼路边青	蔷薇科	路边青属	*Geum macrosepalum*
504	大蝎子草	蔷薇科	蝎子草属	*Girardinia palmata*
505	山荆子	蔷薇科	苹果属	*Malus baccata*
506	丽江山荆子	蔷薇科	苹果属	*Malus rockii*
507	密花绣线梅	蔷薇科	绣线梅属	*Neillia densiflora*
508	云南绣线梅	蔷薇科	绣线梅属	*Neillia serratisepala*
509	短硬毛全缘石楠	蔷薇科	石楠属	*Photinia integrifolia* var. *brevihispida*
510	蕨麻叶委陵菜	蔷薇科	委陵菜属	*Potentilla anserina*
511	丛生菱叶委陵菜	蔷薇科	委陵菜属	*Potentilla coriandrifolia* var. *dumosa*
512	楔叶委陵菜	蔷薇科	委陵菜属	*Potentilla cuneata*
513	金露梅	蔷薇科	委陵菜属	*Potentilla fruticosa*
514	伏毛金露梅	蔷薇科	委陵菜属	*Potentilla fruticosa* var. *arbuscula*
515	三叶金露梅	蔷薇科	委陵菜属	*Potentilla fruticosa* var. *tangutisa*
516	柔毛委陵菜	蔷薇科	委陵菜属	*Potentilla griffithii*
517	银叶委陵菜	蔷薇科	委陵菜属	*Potentilla leuconota*
518	腺毛委陵菜	蔷薇科	委陵菜属	*Potentilla longifolia*
519	多茎委陵菜	蔷薇科	委陵菜属	*Potentilla multicaulis*
520	多裂委陵菜	蔷薇科	委陵菜属	*Potentilla multifida*
521	小叶金露梅	蔷薇科	委陵菜属	*Potentilla parvifolia*
522	高山委陵菜	蔷薇科	委陵菜属	*Potentilla polyschista*
523	钉柱委陵菜	蔷薇科	委陵菜属	*Potentilla saundersiana*
524	狭叶委陵菜	蔷薇科	委陵菜属	*Potentilla stenophylla*
525	朝天委陵菜	蔷薇科	委陵菜属	*Potentilla supina*
526	青刺尖	蔷薇科	扁核木属	*Prinsepia utilis*
527	杏	蔷薇科	李属	*Prunus armeniaca*
528	高盆樱	蔷薇科	李属	*Prunus cerasoides*
529	锥腺樱	蔷薇科	李属	*Prunus conadenia*

(续)

编号	种名	科名	属名	拉丁名
530	山楂叶樱桃	蔷薇科	李属	*Prunus crataegifolius*
531	光核桃	蔷薇科	李属	*Prunus mira*
532	梅	蔷薇科	李属	*Prunus mume*
533	蜡叶梅	蔷薇科	李属	*Prunus mume* var. *pallius*
534	粗梗稠李	蔷薇科	李属	*Prunus napaulensis*
535	红毛樱	蔷薇科	李属	*Prunus rufa*
536	毛花红毛樱	蔷薇科	李属	*Prunus rufa* var. *trichantha*
537	细齿樱	蔷薇科	李属	*Prunus serrula*
538	川西樱	蔷薇科	李属	*Prunus trichostoma*
539	细齿稠李	蔷薇科	李属	*Prunus vaniotii*
540	姚氏樱桃	蔷薇科	李属	*Prunus yaoiana*
541	腺果大叶蔷薇	蔷薇科	蔷薇属	*Rosa macrophylla* var. *glandulifera*
542	毛叶蔷薇	蔷薇科	蔷薇属	*Rosa mairei*
543	峨眉蔷薇	蔷薇科	蔷薇属	*Rosa omeiensis*
544	绢毛蔷薇	蔷薇科	蔷薇属	*Rosa sericea*
545	腺叶绢毛蔷薇	蔷薇科	蔷薇属	*Rosa sericea* f. *glandulosa*
546	西康蔷薇	蔷薇科	蔷薇属	*Rosa sikangensis*
547	扁刺蔷薇	蔷薇科	蔷薇属	*Rosa sweginzowii*
548	西藏蔷薇	蔷薇科	蔷薇属	*Rosa thibetica*
549	刺萼悬钩子	蔷薇科	悬钩子属	*Rubus alexeterius*
550	腺毛刺萼悬钩子	蔷薇科	悬钩子属	*Rubus alexeterius* var. *acaenocalyx*
551	粉枝莓	蔷薇科	悬钩子属	*Rubus biflorus*
552	华中悬钩子	蔷薇科	悬钩子属	*Rubus cockburnianus*
553	椭圆悬钩子	蔷薇科	悬钩子属	*Rubus ellipticus* var. *obcordatus*
554	弓茎悬钩子	蔷薇科	悬钩子属	*Rubus flosculosus*
555	凉山悬钩子	蔷薇科	悬钩子属	*Rubus fockeanus*
556	腺毛莓叶悬钩子	蔷薇科	悬钩子属	*Rubus fragarioides* var. *adenophorus*
557	密花纤细悬钩子	蔷薇科	悬钩子属	*Rubus hypargyrus* var. *aniveus*
558	紫色悬钩子	蔷薇科	悬钩子属	*Rubus irritans*
559	绢毛悬钩子	蔷薇科	悬钩子属	*Rubus lineatus*
560	细瘦悬钩子	蔷薇科	悬钩子属	*Rubus macilentus*
561	喜荫悬钩子	蔷薇科	悬钩子属	*Rubus mesogaeua*
562	红泡刺藤	蔷薇科	悬钩子属	*Rubus niveus*
563	圆锥悬钩子	蔷薇科	悬钩子属	*Rubus paniculatus*
564	茅莓	蔷薇科	悬钩子属	*Rubus parvifolius*
565	刺悬钩子	蔷薇科	悬钩子属	*Rubus pungens*
566	网脉悬钩子	蔷薇科	悬钩子属	*Rubus reticulatus*
567	锡金悬钩子	蔷薇科	悬钩子属	*Rubus sikkimensis*
568	直立悬钩子	蔷薇科	悬钩子属	*Rubus stans*
569	多刺直立悬钩子	蔷薇科	悬钩子属	*Rubus stans* var. *soulieanus*
570	紫红悬钩子	蔷薇科	悬钩子属	*Rubus subinopertus*
571	黑腺美饰悬钩子	蔷薇科	悬钩子属	*Rubus subornatus* var. *melandenus*
572	大花悬钩子	蔷薇科	悬钩子属	*Rubus wardii*
573	矮地榆	蔷薇科	地榆属	*Sanguisorba filiformis*
574	楔叶山莓草	蔷薇科	山莓草属	*Sibbaldia cuneata*
575	窄叶鲜卑花	蔷薇科	鲜卑花属	*Sibiraea angustata*
576	高丛珍珠梅	蔷薇科	珍珠梅属	*Sorbaria arborea*
577	纤细花楸	蔷薇科	花楸属	*Sorbus filipes*
578	小叶花楸	蔷薇科	花楸属	*Sorbus microphylla*
579	维西花楸	蔷薇科	花楸属	*Sorbus monbeigii*
580	少齿花楸	蔷薇科	花楸属	*Sorbus oligodonta*
581	西康花楸	蔷薇科	花楸属	*Sorbus prattii*
582	西南花楸	蔷薇科	花楸属	*Sorbus rehderiana*
583	锈毛西南花楸	蔷薇科	花楸属	*Sorbus rehderiana* var. *cupreonitens*
584	红毛花楸	蔷薇科	花楸属	*Sorbus rufopilosa*
585	康藏花楸	蔷薇科	花楸属	*Sorbus thibetica*
586	川滇花楸	蔷薇科	花楸属	*Sorbus vilmorinii*
587	察隅花楸	蔷薇科	花楸属	*Sorbus zayuensis*
588	马蹄黄	蔷薇科	马蹄黄属	*Spenceria ramalana*

(续)

编号	种名	科名	属名	拉丁名
589	高山绣线菊	蔷薇科	绣线菊属	*Spiraea alpina*
590	藏南绣线菊	蔷薇科	绣线菊属	*Spiraea bella*
591	楔叶绣线菊	蔷薇科	绣线菊属	*Spiraea canescens*
592	粉背楔叶绣线菊	蔷薇科	绣线菊属	*Spiraea canescens* var. *glaucophylla*
593	裂叶绣线菊	蔷薇科	绣线菊属	*Spiraea lobulata*
594	长芽绣线菊	蔷薇科	绣线菊属	*Spiraea longigemmis*
595	毛叶绣线菊	蔷薇科	绣线菊属	*Spiraea mollifolia*
596	光秃绣线菊	蔷薇科	绣线菊属	*Spiraea mollifolia* var. *glabrata*
597	细枝绣线菊	蔷薇科	绣线菊属	*Spiraea myrtilloides*
598	川滇绣线菊	蔷薇科	绣线菊属	*Spiraea schneideriana*
599	密叶合欢	豆科	合欢属	*Albizia sherriffii*
600	云南土圞儿	豆科	土圞儿属	*Apios delavayi*
601	波密黄芪	豆科	黄芪属	*Astragalus bomensis*
602	光亮黄芪	豆科	黄芪属	*Astragalus lucidus*
603	米林黄芪	豆科	黄芪属	*Astragalus milinfensis*
604	朗县黄芪	豆科	黄芪属	*Astragalus nangxiensis*
605	马豆黄芪	豆科	黄芪属	*Astragalus pastorius*
606	劲直黄芪	豆科	黄芪属	*Astragalus strictus*
607	东坝子黄芪	豆科	黄芪属	*Astragalus tumbatsica*
608	蜀杭子梢	豆科	杭子梢属	*Campylotropis muehleana*
609	二色锦鸡儿	豆科	锦鸡儿属	*Caragana bicolor*
610	粗刺锦鸡儿	豆科	锦鸡儿属	*Caragana crassispina*
611	云南锦鸡儿	豆科	锦鸡儿属	*Caragana franchetuana*
612	甘青锦鸡儿	豆科	锦鸡儿属	*Caragana tangutica*
613	含羞草叶黄檀	豆科	黄檀属	*Dalbergia mimosoides*
614	毛枝鱼藤	豆科	鱼藤属	*Derris scabrieaulis*
615	雅致山蚂蝗	豆科	山蚂蝗属	*Desmodium elegans*
616	美花山蚂蝗	豆科	山蚂蝗属	*Desmodium elegans* var. *callianthum*
617	圆菱叶山蚂蝗	豆科	山蚂蝗属	*Desmodium podocarpum*
618	尖瓣山蚂蝗	豆科	山蚂蝗属	*Desmodium williamsii*
619	光叶山黑豆	豆科	山黑豆属	*Dumasia forrestii*
620	柔毛山黑豆	豆科	山黑豆属	*Dumasia villosa*
621	高山米口袋	豆科	米口袋属	*Gueldenstaedtia himalaica*
622	亚东米口袋	豆科	米口袋属	*Gueldenstaedtia yadongensis*
623	巴氏木蓝	豆科	木蓝属	*Indigofera balforiana*
624	异花木蓝	豆科	木蓝属	*Indigofera heterantha*
625	网叶木蓝	豆科	木蓝属	*Indigofera reticulata*
626	硬叶木蓝	豆科	木蓝属	*Indigofera rigioclada*
627	苏理木蓝	豆科	木蓝属	*Indigofera souliei*
628	截叶铁扫帚	豆科	胡枝子属	*Lespedeza cuneata*
629	铁马鞭	豆科	胡枝子属	*Lespedeza pilosa*
630	野苜蓿	豆科	苜蓿属	*Medicago falcate*
631	天蓝苜蓿	豆科	苜蓿属	*Medicago lupulina*
632	白花草木犀	豆科	草木犀属	*Melilotus alba*
633	印度草木犀	豆科	草木犀属	*Melilotus indicus*
634	草木犀	豆科	草木犀属	*Melilotus suaveolens*
635	甘肃棘豆	豆科	棘豆属	*Oxytropis kansuensis*
636	毛瓣棘豆	豆科	棘豆属	*Oxytropis sericopetala*
637	黄花木（尼泊尔黄花木）	豆科	黄花木属	*Piptanthus nepalensis*
638	苦葛藤	豆科	葛属	*Pueraria peduncularia*
639	砂生槐	豆科	槐属	*Sophora moorcroftiana*
640	白车轴草	豆科	车轴草属	*Trifolium repens*
641	毛果胡卢巴	豆科	胡卢巴属	*Trigonella pubescens*
642	山野豌豆	豆科	野豌豆属	*Vicia amoena*
643	窄叶野豌豆	豆科	野豌豆属	*Vicia angustifolia*
644	广布野豌豆	豆科	野豌豆属	*Vicia cracca*
645	西藏野豌豆	豆科	野豌豆属	*Vicia tibetica*
646	白花酢浆草	酢浆草科	酢浆草属	*Oxalis acetosella*
647	酢浆草	酢浆草科	酢浆草属	*Oxalis corniculata*

(续)

编号	种名	科名	属名	拉丁名
648	山酢浆草	酢浆草科	酢浆草属	*Oxalis griffithii*
649	牻牛儿苗	牻牛儿苗科	牻牛儿苗属	*Erodium stephanianum*
650	长根老鹳草	牻牛儿苗科	老鹳草属	*Geranium donianum*
651	黑蕊老鹳草（黑药老鹳草）	牻牛儿苗科	老鹳草属	*Geranium melanandrum*
652	五叶草	牻牛儿苗科	老鹳草属	*Geranium nepalense*
653	藏东老鹳草	牻牛儿苗科	老鹳草属	*Geranium orientali-tibeticum*
654	反瓣老鹳草	牻牛儿苗科	老鹳草属	*Geranium referactum*
655	汉荭鱼腥草	牻牛儿苗科	老鹳草属	*Geranium robertianum*
656	鼠掌老鹳草	牻牛儿苗科	老鹳草属	*Geranium sibiricum*
657	石椒草	芸香科	石椒草属	*Boenninghausenia albiflora*
658	乔木茵芋	芸香科	茵芋属	*Skimmia arborescens*
659	飞龙掌血	芸香科	飞龙掌血属	*Toddalia asiatica*
660	竹叶花椒	芸香科	花椒属	*Zanthoxylum armatum*
661	花椒	芸香科	花椒属	*Zanthoxylum bungeanum*
662	墨脱花椒	芸香科	花椒属	*Zanthoxylum motuoense*
663	高山花椒（两面针）	芸香科	花椒属	*Zanthoxylum nitidum*
664	尖叶花椒	芸香科	花椒属	*Zanthoxylum oxyphyllum*
665	西藏花椒	芸香科	花椒属	*Zanthoxylum tibetanum*
666	香椿	楝科	香椿属	*Toona sinensis*
667	喜马拉雅大戟	大戟科	大戟属	*Euphorbia himalayensis*
668	仙人对座草	大戟科	大戟属	*Euphorbia lathyris*
669	高山大戟	大戟科	大戟属	*Euphorbia stracheyi*
670	大果大戟	大戟科	大戟属	*Euphorbia wallichii*
671	刮筋板	大戟科	土沉香属（海漆属）	*Excoecaria acerifolia*
672	雀儿舌头	大戟科	黑钩叶属（雀舌木属）	*Leptopus chinensis*
673	尼泊尔野桐	大戟科	野桐属	*Mallotus nepalensis*
674	青灰叶下珠	大戟科	叶下珠属	*Phyllanthus glaucus*
675	纤齿冬青	冬青科	冬青属	*Ilex ciliospinosa*
676	双核枸骨	冬青科	冬青属	*Ilex dipyrena*
677	林芝冬青	冬青科	冬青属	*Ilex lingchiensis*
678	西藏冬青	冬青科	冬青属	*Ilex xizangensis*
679	皱叶南蛇藤	卫矛科	南蛇藤属	*Celastrus rugosus*
680	茎花南蛇藤	卫矛科	南蛇藤属	*Celastrus stylosus*
681	绒楚卫矛	卫矛科	卫矛属	*Euonymus clivicolus* var. *yongchuensis*
682	狭翅果卫矛	卫矛科	卫矛属	*Euonymus monbeigii*
683	小卫矛	卫矛科	卫矛属	*Euonymus nanoides*
684	八宝茶	卫矛科	卫矛属	*Euonymus przewalskii*
685	光果卫矛	卫矛科	卫矛属	*Euonymus pseudo-sootepensis*
686	茶叶卫矛	卫矛科	卫矛属	*Euonymus theaefolium*
687	西藏卫矛	卫矛科	卫矛属	*Euonymus tibeticus*
688	石宝茶藤	卫矛科	卫矛属	*Euonymus vagans*
689	太白深灰槭	槭树科	槭属	*Acer caesium* var. *giraldii*
690	藏南槭	槭树科	槭属	*Acer campbillii*
691	长尾槭	槭树科	槭属	*Acer caudatum*
692	少果槭	槭树科	槭属	*Acer oligocarpum*
693	篦齿槭	槭树科	槭属	*Acer pectinatum*
694	锡金槭	槭树科	槭属	*Acer sikkimense*
695	细齿锡金槭	槭树科	槭属	*Acer sikkimense* var. *serrulatum*
696	四蕊槭	槭树科	槭属	*Acer tetramerum*
697	长尾四蕊槭	槭树科	槭属	*Acer tetramerum* var. *dolichurum*
698	滇藏槭	槭树科	槭属	*Acer wardii*
699	锐齿凤仙花	凤仙花科	凤仙花属	*Impatiens arguta*
700	西藏凤仙花	凤仙花科	凤仙花属	*Impatiens cristata*
701	草莓凤仙花	凤仙花科	凤仙花属	*Impatiens fragicolor*
702	脆弱凤仙花	凤仙花科	凤仙花属	*Impatiens infirma*
703	林芝凤仙花	凤仙花科	凤仙花属	*Impatiens linghziensis*
704	矮小无距凤仙花	凤仙花科	凤仙花属	*Impatiens margaritifera* var. *humillis*
705	水金凤	凤仙花科	凤仙花属	*Impatiens noli-tangere*
706	米林凤仙花	凤仙花科	凤仙花属	*Impatiens nyimana*

(续)

编号	种名	科名	属名	拉丁名
707	总状凤仙花	凤仙花科	凤仙花属	*Impatiens racemosa*
708	无距总状凤仙花	凤仙花科	凤仙花属	*Impatiens racemosa* var. *ecalcarata*
709	辐射凤仙花	凤仙花科	凤仙花属	*Impatiens radiate*
710	藏南凤仙花	凤仙花科	凤仙花属	*Impatiens serrata*
711	荨麻叶凤仙花	凤仙花科	凤仙属	*Impatiens urticifolia*
712	腋花勾儿茶	鼠李科	勾儿茶属	*Berchemia edgeworthii*
713	细梗勾儿茶	鼠李科	勾儿茶属	*Berchemia longipedicellata*
714	云南勾儿茶	鼠李科	勾儿茶属	*Berchemia yunnanensis*
715	刺鼠李	鼠李科	鼠李属	*Rhamnus dumetorum*
716	圆齿刺鼠李	鼠李科	鼠李属	*Rhamnus dumetorum* var. *crenoserrata*
717	淡黄鼠李	鼠李科	鼠李属	*Rhamnus flavescens*
718	毛叶鼠李	鼠李科	鼠李属	*Rhamnus henryi*
719	西藏鼠李	鼠李科	鼠李属	*Rhamnus tibetica*
720	帚枝鼠李	鼠李科	鼠李属	*Rhamnus virgata*
721	纤细雀梅藤	鼠李科	雀梅藤属	*Sageretia gracilis*
722	凹叶雀梅藤	鼠李科	雀梅藤属	*Sageretia horrida*
723	三叶爬山虎	葡萄科	爬山虎属	*Parthenocissus himalayana*
724	毛叶崖爬藤	葡萄科	崖爬藤属	*Tetrastigma obtectum* var. *pilosum*
725	狭叶崖爬藤	葡萄科	崖爬藤属	*Tetrastigma serrulatum*
726	绒毛葡萄	葡萄科	葡萄属	*Vitis lanata*
727	美丽金丝桃	藤黄科	金丝桃属	*Hypericum bellum*
728	西藏遍地金	藤黄科	金丝桃属	*Hypericum himalaicum*
729	多蕊金丝桃	藤黄科	金丝桃属	*Hypericum hookerianum*
730	单花遍地金	藤黄科	金丝桃属	*Hypericum monanthemum*
731	芒种花	藤黄科	金丝桃属	*Hypericum uralum*
732	卧生水柏枝	柽柳科	水柏枝属	*Myricaria rosea*
733	小苞水柏枝	柽柳科	水柏枝属	*Myricaria wardii*
734	短毛戟叶堇菜	堇菜科	堇菜属	*Viola betonicifolia* var. *jausariensis*
735	双花堇菜	堇菜科	堇菜属	*Viola biflora*
736	硬毛双花堇菜	堇菜科	堇菜属	*Viola biflora* var. *hirsuta*
737	鳞茎堇菜	堇菜科	堇菜属	*Viola bulbosa*
738	羽裂堇菜	堇菜科	堇菜属	*Viola forrestiana*
739	匍匐堇菜	堇菜科	堇菜属	*Viola pilosa*
740	肾叶堇菜	堇菜科	堇菜属	*Viola schulzeana*
741	双花黄堇菜（四川堇菜）	堇菜科	堇菜属	*Viola szetschwanensis*
742	康滇堇菜	堇菜科	堇菜属	*Viola szetschwanensis* var. *kangdiensis*
743	光茎四川堇菜	堇菜科	堇菜属	*Viola szetschwanensis* var. *nudicaulis*
744	米林堇菜	堇菜科	堇菜属	*Viola milingensis*
745	瑞香	瑞香科	瑞香属	*Daphne odora*
746	长瓣瑞香	瑞香科	瑞香属	*Dephne longilobata*
747	甘遂	瑞香科	狼毒属	*Stellera chamaejasme*
748	牛奶子	胡颓子科	胡颓子属	*Elaeagnus umbellate*
749	林芝沙棘	胡颓子科	沙棘属	*Hippophae neurocarpa* var. *nyingchiensis*
750	沙棘	胡颓子科	沙棘属	*Hippophae rhamnoides*
751	云南沙棘	胡颓子科	沙棘属	*Hippophae rhamnoides* ssp. *yunnanensis*
752	宽叶柳兰	柳叶菜科	柳兰属	*Chamaenerion angustifolium*
753	柳兰	柳叶菜科	柳兰属	*Chamaenerion conspersum*
754	网脉柳兰	柳叶菜科	柳兰属	*Chamaenerion latifolium*
755	高山露珠草	柳叶菜科	露珠草属	*Circaea alpina*
756	匍匐露珠草	柳叶菜科	露珠草属	*Circaea repens*
757	喜山柳叶菜（短梗柳叶菜）	柳叶菜科	柳叶菜属	*Epilobium royleanum*
758	锡金柳叶菜（鳞片柳叶菜）	柳叶菜科	柳叶菜属	*Epilobium sikkimense*
759	滇藏柳叶菜	柳叶菜科	柳叶菜属	*Epilobium wallichianum*
760	乌蔹莓叶五加	五加科	五加属	*Acanthopanax cissifolius*
761	吴茱萸叶五加	五加科	五加属	*Acanthopanax evodiaefolius*
762	锈毛五加	五加科	五加属	*Acanthopanax evodiaefolius* var. *ferrugineus*
763	康定五加	五加科	五加属	*Acanthopanax lasiogyne*
764	轮伞五加	五加科	五加属	*Acanthopanax verticillatus*
765	浓紫独活	五加科	楤木属	*Aralia atropurpurea*

(续)

编号	种名	科名	属名	拉丁名
766	狭叶柏那参	五加科	柏那参属	*Brassaiopsis glomerulata* var. *angtustifolia*
767	常春藤	五加科	常春藤属	*Hedera nepalensis* var. *sinensis*
768	西藏常春木	五加科	常春木属	*Merrilliopanax alpinus*
769	白花刺参	五加科	刺参属	*Morina alba*
770	青海刺参	五加科	刺参属	*Morina kokonorica*
771	刺参	五加科	刺参属	*Morina nepalensis*
772	竹节参	五加科	人参属	*Panax japonicus*
773	疙瘩七	五加科	人参属	*Panax japonicus* var. *bipinnatifidus*
774	珠子参	五加科	人参属	*Panax japonicus* var. *major*
775	参三七	五加科	人参属	*Panax pseudo-ginseng*
776	凹脉鹅掌柴	五加科	鹅掌柴属	*Schefflera impressa*
777	西藏鹅掌柴	五加科	鹅掌柴属	*Schefflera wardii*
778	多变丝瓣芹	伞形科	丝瓣芹属	*Acronema commutatum*
779	禾叶丝瓣芹	伞形科	丝瓣芹属	*Acronema gramnifolium*
780	羽轴丝瓣芹	伞形科	丝瓣芹属	*Acronema nervosum*
781	西藏丝瓣芹	伞形科	丝瓣芹属	*Acronema tibetianum*
782	川滇柴胡	伞形科	柴胡属	*Bupleurum candollei*
783	纤细柴胡	伞形科	柴胡属	*Bupleurum gracillium*
784	小柴胡	伞形科	柴胡属	*Bupleurum hamiltonii*
785	窄竹叶柴胡	伞形科	柴胡属	*Bupleurum marginatum* var. *stenophyllum*
786	丽江柴胡	伞形科	柴胡属	*Bupleurum rockii*
787	云南柴胡	伞形科	柴胡属	*Bupleurum yunnanense*
788	葛缕子	伞形科	葛缕子属	*Carum carvi*
789	细葛缕子	伞形科	葛缕子属	*Carum carvi* var. *gracile*
790	细叶芹	伞形科	细叶芹属	*Chaerophyllum villosum*
791	大苞矮泽芹	伞形科	矮泽芹属	*Chamaesium spatuliferum*
792	栓果芹	伞形科	栓果芹属	*Cortiella hooker*
793	南竹叶环根芹	伞形科	环根芹属	*Cyclorhiza waltonii* var. *major*
794	喜马拉雅单球芹	伞形科	单球芹属	*Haplosphaera himalaymsis*
795	白亮独活	伞形科	独活属	*Heracleum candicans*
796	粗糙独活	伞形科	独活属	*Heracleum scabridum*
797	怒江天胡荽	伞形科	天胡荽属	*Hydrocotyle salwinica*
798	少裂西藏白苞芹	伞形科	白苞芹属	*Ligurticum xizangense* var. *simpliciorum*
799	短叶藁本	伞形科	藁本属	*Ligusticum brachylobum*
800	藁本	伞形科	藁本属	*Ligusticum sinense*
801	疏叶香根芹	伞形科	香根芹属	*Osmorhiza aristata*
802	尖叶茴芹	伞形科	茴芹属	*Pimpinella acuminate*
803	锐叶茴芹	伞形科	茴芹属	*Pimpinella arguta*
804	川鄂茴芹	伞形科	茴芹属	*Pimpinella henryi*
805	林芝茴芹	伞形科	茴芹属	*Pimpinella linzhiensis*
806	中甸茴芹	伞形科	茴芹属	*Pimpinella zhongdianensis*
807	美丽棱子芹	伞形科	棱子芹属	*Pleurospermum amabile*
808	粗茎棱子芹	伞形科	棱子芹属	*Pleurospermum crassicaule*
809	双色棱子芹	伞形科	棱子芹属	*Pleurospermum govanianum* var. *bicolor*
810	西藏棱子芹	伞形科	棱子芹属	*Pleurospermum hookeri* var. *thomsonii*
811	矮棱子芹	伞形科	棱子芹属	*Pleurospermum nanum*
812	疏毛棱子芹	伞形科	棱子芹属	*Pleurospermum pilosum*
813	心果囊瓣芹	伞形科	囊瓣芹属	*Pternopetalum cardiocarpum*
814	澜沧囊瓣芹	伞形科	囊瓣芹属	*Pternopetalum delavayi*
815	裂叶翼首花	伞形科	翼首花属	*Pterocephalus bretschneideri*
816	翼首花	伞形科	翼首花属	*Pterocephalus hookeri*
817	川滇变豆菜	伞形科	变豆菜属	*Sanicula astrantifolia*
818	软雀花	伞形科	变豆菜属	*Sanicula elata*
819	首阳变豆菜	伞形科	变豆菜属	*Sanicula giraldii*
820	锯叶变豆菜	伞形科	变豆菜属	*Sanicula serrata*
821	细叶亮蛇床	伞形科	亮蛇床属	*Selinum candollii*
822	滇芹	伞形科	滇芹属	*Sinodielsia yunnanensis*
823	小窃衣	伞形科	窃衣属	*Torillis japonica*
824	凹乳芹	伞形科	凹乳芹属	*Vicatia coniifolia*

(续)

编号	种名	科名	属名	拉丁名
825	西藏凹乳芹	伞形科	凹乳芹属	*Vicatia thibetica*
826	高山八角枫	八角枫科	八角枫属	*Alangium alpinum*
827	灯台树	山茱萸科	灯台树属	*Cornus controversa*
828	头状四照花	山茱萸科	四照花属	*Dendrobenthamia capitata*
829	西藏青荚叶	山茱萸科	青荚叶属	*Helwingia himalaica*
830	高山梾木	山茱萸科	梾木属	*Swida alpina*
831	毛梗梾木	山茱萸科	梾木属	*Swida macrophylla* var. *stracheyi*
832	短圆叶梾木	山茱萸科	梾木属	*Swida oblonga*
833	岩生树萝卜	杜鹃花科	树萝卜属	*Agapetes praeclara*
834	睫毛岩须	杜鹃花科	岩须属	*Cassiope dendrotricha*
835	扫帚岩须	杜鹃花科	岩须属	*Cassiope fastigiata*
836	岩须	杜鹃花科	岩须属	*Cassiope selaginoides*
837	多花杉叶杜	杜鹃花科	杉叶杜属	*Diplarche mutiflora*
838	毛叶吊钟花	杜鹃花科	吊钟花属	*Enkianthus deflexus*
839	红粉白珠	杜鹃花科	白珠树属	*Gaultheria hookeri*
840	矮小白珠	杜鹃花科	白珠树属	*Gaultheria nana*
841	铜钱叶白珠	杜鹃花科	白珠树属	*Gaultheria nummularicides*
842	通麦白珠	杜鹃花科	白珠树属	*Gaultheria trichoclada*
843	刺毛白珠	杜鹃花科	白珠树属	*Gaultheria trichophylla*
844	西藏白珠	杜鹃花科	白珠树属	*Gaultheria wardii*
845	大萼米饭花	杜鹃花科	米饭花属（珍珠花属）	*Lyonia macrocalyx*
846	米饭花	杜鹃花科	米饭花属（珍珠花属）	*Lyonia ovalfolia*
847	毛叶米饭花	杜鹃花科	米饭花属（珍珠花属）	*Lyonia villosa*
848	雪山杜鹃	杜鹃花科	杜鹃属	*Rhododendron aganniphum*
849	黄毛雪山杜鹃	杜鹃花科	杜鹃属	*Rhododendron aganniphum* var. *flavorufum*
850	薄毛海绵杜鹃	杜鹃花科	杜鹃属	*Rhododendron aganniphum* var. *schizopeplum*
851	散鳞杜鹃	杜鹃花科	杜鹃属	*Rhododendron bulu*
852	钟花杜鹃	杜鹃花科	杜鹃属	*Rhododendron campanulatum*
853	樱花杜鹃	杜鹃花科	杜鹃属	*Rhododendron cerasinum*
854	睫毛杜鹃	杜鹃花科	杜鹃属	*Rhododendron ciliatum*
855	光蕊杜鹃	杜鹃花科	杜鹃属	*Rhododendron coryanum*
856	落毛杜鹃	杜鹃花科	杜鹃属	*Rhododendron detonsum*
857	喉斑杜鹃	杜鹃花科	杜鹃属	*Rhododendron faucium*
858	乳突紫背杜鹃	杜鹃花科	杜鹃属	*Rhododendron forrestii*
859	草莓花杜鹃	杜鹃花科	杜鹃属	*Rhododendron fragariflorum*
860	硬毛杜鹃	杜鹃花科	杜鹃属	*Rhododendron hirtipes*
861	鳞腺杜鹃	杜鹃花科	杜鹃属	*Rhododendron lepidotum*
862	鲁浪杜鹃	杜鹃花科	杜鹃属	*Rhododendron lulangense*
863	大萼杜鹃	杜鹃花科	杜鹃属	*Rhododendron megacalyx*
864	一朵花杜鹃	杜鹃花科	杜鹃属	*Rhododendron monanthum*
865	雪层杜鹃	杜鹃花科	杜鹃属	*Rhododendron nivale*
866	木兰杜鹃	杜鹃花科	杜鹃属	*Rhododendron nuttallii*
867	林芝杜鹃	杜鹃花科	杜鹃属	*Rhododendron nyingchiense*
868	山育杜鹃	杜鹃花科	杜鹃属	*Rhododendron oreotrephes*
869	紫斑杜鹃（藏南杜鹃)	杜鹃花科	杜鹃属	*Rhododendron principis*
870	白背紫斑杜鹃	杜鹃花科	杜鹃属	*Rhododendron principis* var. *vellereum*
871	红点杜鹃	杜鹃花科	杜鹃属	*Rhododendron rubro-punctatum*
872	石峰杜鹃	杜鹃花科	杜鹃属	*Rhododendron scopulorum*
873	光柱杜鹃	杜鹃花科	杜鹃属	*Rhododendron tanastylum*
874	长叶川滇杜鹃(棕背川滇杜鹃）	杜鹃花科	杜鹃属	*Rhododendron traillianum* var. *dictyotum*
875	三花杜鹃	杜鹃花科	杜鹃属	*Rhododendron triflorum*
876	紫玉盘杜鹃	杜鹃花科	杜鹃属	*Rhododendron uvarifolium*
877	柳条杜鹃	杜鹃花科	杜鹃属	*Rhododendron virgatum*
878	黄杯杜鹃	杜鹃花科	杜鹃属	*Rhododendron wardii*
879	薄毛雪山杜鹃（裂毛雪山杜鹃）	杜鹃花科	杜鹃属	*Rhododendron aganniphum*
880	纯黄杜鹃	杜鹃花科	杜鹃属	*Rhododendron chrysodoron*
881	粉白越橘	杜鹃花科	越橘属	*Vaccinium glaucoalbum*
882	纸叶越橘	杜鹃花科	越橘属	*Vaccinium kingdon-wardii*
883	凹脉杜茎山	紫金牛科	杜茎山属	*Maesa cavinervis*
884	金珠柳	紫金牛科	杜茎山属	*Maesa montana*

(续)

编号	种名	科名	属名	拉丁名
885	针齿铁仔	紫金牛科	铁仔属	*Myrsine semiserrata*
886	直立点地梅	报春花科	点地梅属	*Androsace erecta*
887	滇藏点地梅	报春花科	点地梅属	*Androsace forrestiana*
888	疏花点地梅	报春花科	点地梅属	*Androsace limprichtii* var. *laxiflora*
889	柔软点地梅	报春花科	点地梅属	*Androsace mollis*
890	糙伏毛点地梅	报春花科	点地梅属	*Androsace strigillosa*
891	粗毛点地梅	报春花科	点地梅属	*Androsace wardii*
892	腺序点地梅	报春花科	点地梅属	*Androsace adenocephala*
893	昌都点地梅	报春花科	点地梅属	*Androsace bisulca*
894	睫毛点地梅	报春花科	点地梅属	*Androsace cilifolia*
895	藜状珍珠菜	报春花科	珍珠菜属	*Lysimachia chenopodioides*
896	折瓣雪山报春	报春花科	报春花属	*Primula advena*
897	杂色钟报春	报春花科	报春花属	*Primula alpicola*
898	紫花杂色钟报春	报春花科	报春花属	*Primula alpicola* var. *violacea*
899	白心球花报春	报春花科	报春花属	*Primula atrodentata*
900	菊叶穗花报春	报春花科	报春花属	*Primula bellidifolia*
901	暗紫脆蒴报春	报春花科	报春花属	*Primula calderiana*
902	条裂垂花报春	报春花科	报春花属	*Primula cawdoriana*
903	中甸灯台报春	报春花科	报春花属	*Primula chungensis*
904	束花粉报春	报春花科	报春花属	*Primula fasciculata*
905	葶立钟报春	报春花科	报春花属	*Primula firmipes*
906	巨伞钟报春	报春花科	报春花属	*Primula florindae*
907	工布粉报春	报春花科	报春花属	*Primula kongboensis*
908	宽裂掌叶报春	报春花科	报春花属	*Primula latisecta*
909	林芝报春(尖萼大叶报春)	报春花科	报春花属	*Primula ninguida*
910	网叶钟报春	报春花科	报春花属	*Primula reticulata*
911	钟花报春	报春花科	报春花属	*Primula sikkimensis*
912	小钟报春	报春花科	报春花属	*Primula sikkimensis* var. *pudibanda*
913	凤翔报春	报春花科	报春花属	*Primula sinoplantaginea* var. *fengxiangiana*
914	紫钟报春	报春花科	报春花属	*Primula waltonii*
915	雅江粉报春	报春花科	报春花属	*Primula involucrata* ssp. *yargongensis*
916	西藏粉报春	报春花科	报春花属	*Primula tibetica*
917	多花紫金标	蓝雪科	紫金标属	*Ceratostigma griffithii*
918	架棚	蓝雪科	紫金标属	*Ceratostigma minus*
919	紫金标	蓝雪科	紫金标属	*Ceratostigma willmottianum*
920	细毛探春	木犀科	素馨属	*Jasminum humile* var. *pubigerum*
921	铁叶矮探春	木犀科	素馨属	*Jasminum humile* var. *siderophyllum*
922	素方花	木犀科	素馨属	*Jasminum officinale* var. *grandiflorum*
923	长叶女贞	木犀科	女贞属	*Ligustrum compactum*
924	互叶醉鱼草	马钱科	醉鱼草属	*Buddleja alternifolia*
925	密香醉鱼草（喜马拉雅醉鱼草）	马钱科	醉鱼草属	*Buddleja candida*
926	莸叶醉鱼草	马钱科	醉鱼草属	*Buddleja caryopteridifolia*
927	皱叶醉鱼草	马钱科	醉鱼草属	*Buddleja crispa*
928	酒药醉鱼草（菊花藤）	马钱科	醉鱼草属	*Buddleja hastata*
929	高杯喉毛花	龙胆科	喉毛花属	*Comastoma traillianum*
930	大花蔓龙胆	龙胆科	蔓龙胆属	*Crawfurdia angustata*
931	裂膜蔓龙胆	龙胆科	蔓龙胆属	*Crawfurdia lobatilimba*
932	林芝蔓龙胆	龙胆科	蔓龙胆属	*Crawfurdia nyingchiensis*
933	波密龙胆	龙胆科	龙胆属	*Gentiana bomiensis*
934	卵萼龙胆	龙胆科	龙胆属	*Gentiana bryoides*
935	天蓝龙胆	龙胆科	龙胆属	*Gentiana caelestis*
936	肾叶龙胆	龙胆科	龙胆属	*Gentiana crassuloides*
937	美龙胆（察瓦龙龙胆）	龙胆科	龙胆属	*Gentiana decorata*
938	直萼龙胆	龙胆科	龙胆属	*Gentiana erecto-sepala*
939	线叶龙胆	龙胆科	龙胆属	*Gentiana farreri*
940	小花丝柱龙胆	龙胆科	龙胆属	*Gentiana filistyla* var. *parviflora*
941	宽边龙胆	龙胆科	龙胆属	*Gentiana latimarginalis*
942	聂拉木龙胆	龙胆科	龙胆属	*Gentiana nyalamensis*
943	林芝龙胆	龙胆科	龙胆属	*Gentiana nyingchiensis*

(续)

编号	种名	科名	属名	拉丁名
944	倒锥花龙胆	龙胆科	龙胆属	*Gentiana obconica*
945	叶萼龙胆	龙胆科	龙胆属	*Gentiana phyllocalyx*
946	假水生龙胆	龙胆科	龙胆属	*Gentiana pseudoaquatica*
947	假鳞叶龙胆	龙胆科	龙胆属	*Gentiana pseudosquarrosa*
948	毛蕊龙胆	龙胆科	龙胆属	*Gentiana scabrifilamenta*
949	锡金龙胆	龙胆科	龙胆属	*Gentiana sikkimensis*
950	厚边龙胆	龙胆科	龙胆属	*Gentiana simulatrix*
951	珠峰龙胆	龙胆科	龙胆属	*Gentiana stellata*
952	提宗龙胆	龙胆科	龙胆属	*Gentiana tizuensis*
953	西藏秦艽	龙胆科	龙胆属	*Gentiana tibetica*
954	蓝玉簪龙胆	龙胆科	龙胆属	*Gentiana veitchiorum*
955	露蕊龙胆	龙胆科	龙胆属	*Gentiana vernayi*
956	湿生扁蕾	龙胆科	扁蕾属	*Gentianopsis paludosa*
957	卵萼花锚	龙胆科	花锚属	*Halenia elliptica*
958	亚东肋柱花	龙胆科	肋柱花属	*Lomatogonium chumbicum*
959	大花肋柱花	龙胆科	肋柱花属	*Lomatogonium macranthum*
960	圆叶肋柱花	龙胆科	肋柱花属	*Lomatogonium oreocheris*
961	大钟花	龙胆科	大钟花属	*Megacodon stylophorus*
962	少花二叶獐牙菜	龙胆科	獐牙菜属	*Swertia bifolia* var. *wardii*
963	察隅獐牙菜	龙胆科	獐牙菜属	*Swertia chayuensis*
964	普兰獐牙菜	龙胆科	獐牙菜属	*Swertia ciliata*
965	宽丝獐牙菜	龙胆科	獐牙菜属	*Swertia dilatata*
966	抱茎獐牙菜	龙胆科	獐牙菜属	*Swertia franchetiana*
967	毛萼獐牙菜	龙胆科	獐牙菜属	*Swertia hispidicalyx*
968	显脉獐牙菜	龙胆科	獐牙菜属	*Swertia nervosa*
969	苇叶獐牙菜	龙胆科	獐牙菜属	*Swertia phragmitiphylla*
970	藏獐牙菜	龙胆科	獐牙菜属	*Swertia racemosa*
971	青叶胆	龙胆科	獐牙菜属	*Swertia mileensis*
972	尼泊尔双蝴蝶	龙胆科	双蝴蝶属	*Triperospermum volubile*
973	牛皮消	萝藦科	鹅绒藤属	*Cynanchum auriculatum*
974	大理白前	萝藦科	鹅绒藤属	*Cynanchum forrestii*
975	大白前	萝藦科	鹅绒藤属	*Cynanchum griffithii*
976	竹灵消	萝藦科	鹅绒藤属	*Cynanchum inamoenum*
977	青蛇藤	萝藦科	杠柳属	*Periploca calophylla*
978	大叶青蛇藤	萝藦科	杠柳属	*Periploca calophylla* f. *macrophylla*
979	黑龙骨	萝藦科	杠柳属	*Periploca forrestii*
980	西藏吊灯花	萝藦科	吊灯花属	*Ceropegia pubescens* var. *brevisepala*
981	长穗球兰	萝藦科	球兰属	*Hoya fusca* var. *longipedicellata*
982	打碗花	旋花科	打碗花属	*Calystegia hederacea*
983	长裂旋花	旋花科	打碗花属	*Calystegia sepium* var. *japonica*
984	欧洲菟丝子	旋花科	菟丝子属	*Cuscuta europaea*
985	大鳞菟丝子	旋花科	菟丝子属	*Cuscuta macrolepis*
986	倒提壶	紫草科	琉璃草属	*Cynoglossum amabile*
987	小花琉璃草	紫草科	琉璃草属	*Cynoglossum lanceolatum*
988	西南琉璃草	紫草科	琉璃草属	*Cynoglossum wallichii*
989	宽叶假鹤虱（大叶假鹤虱）	紫草科	齿缘草属	*Eritrichium brachytubum*
990	异果假鹤虱	紫草科	齿缘草属	*Eritrichium difforme*
991	疏花齿缘草	紫草科	齿缘草属	*Eritrichium laxum*
992	驼果齿缘草	紫草科	齿缘草属	*Eritrichium petiolare* var. *subturbinatum*
993	长毛齿缘草	紫草科	齿缘草属	*Eritrichium villosum*
994	毛果草	紫草科	毛果草属	*Lasiocaryum densiflorum*
995	小花毛果草	紫草科	毛果草属	*Lasiocaryum munroi*
996	微孔草	紫草科	微孔草属	*Microula sikkiemensis*
997	细花滇紫草	紫草科	滇紫草属	*Onosma hookeri*
998	丛茎滇紫草	紫草科	滇紫草属	*Onosma waddellii*
999	灰叶附地菜	紫草科	附地菜属	*Trigonotis cinereitolia*
1000	附地菜	紫草科	附地菜属	*Trigonotis peduncularis*
1001	高山附地菜	紫草科	附地菜属	*Trigonotis rockii*
1002	西藏附地菜	紫草科	附地菜属	*Trigonotis tibetica*

(续)

编号	种名	科名	属名	拉丁名
1003	蜜蜂花	唇形科	蜜蜂花属	*Melissa axillaris*
1004	云南蜜蜂花	唇形科	蜜蜂花属	*Melissa yunnanensis*
1005	薄荷	唇形科	薄荷属	*Mentha haplocalyx*
1006	康定筋骨草	唇形科	筋骨草属	*Ajuga campylanthoides*
1007	筋骨草	唇形科	筋骨草属	*Ajuga ciliate*
1008	紫背金盘	唇形科	筋骨草属	*Ajuga nipponensis*
1009	白花铃子香	唇形科	铃子香属	*Chelonopsis albiflora*
1010	灯笼草	唇形科	风轮菜属	*Clinopodium polycephalum*
1011	匍匐风轮菜	唇形科	风轮菜属	*Clinopodium repens*
1012	深红火把花	唇形科	火把花属	*Colquhounia coccinea*
1013	香薷	唇形科	香薷属	*Elsholtzia ciliata*
1014	密花香薷	唇形科	香薷属	*Elsholtzia densa*
1015	鸡骨柴	唇形科	香薷属	*Elsholtzia fruticosa*
1016	川滇香薷	唇形科	香薷属	*Elsholzia souliei*
1017	球穗香薷	唇形科	香薷属	*Elsholztia strobilifere*
1018	夏至草	唇形科	夏至草属	*Lagopsis supina*
1019	宝盖草	唇形科	野芝麻属	*Lamium amplexicaule*
1020	西藏姜味草	唇形科	姜味草属	*Micromeria wardii*
1021	蓝花荆芥	唇形科	荆芥属	*Nepeta coerulescens*
1022	齿叶荆芥	唇形科	荆芥属	*Nepeta dentata*
1023	穗花荆芥	唇形科	荆芥属	*Nepeta laevigata*
1024	狭叶荆芥	唇形科	荆芥属	*Nepeta souliei*
1025	牛至	唇形科	牛至属	*Origanum vulgare*
1026	紫苏	唇形科	紫苏属	*Perilla frutescens*
1027	萝卜秦艽	唇形科	糙苏属	*Phlomis medicinalis*
1028	西藏糙苏	唇形科	糙苏属	*Phlomis tibetica*
1029	螃蟹甲	唇形科	糙苏属	*Phlomis younghusbandii*
1030	硬毛夏枯草	唇形科	夏枯草属	*Prunella bispida*
1031	夏枯草	唇形科	夏枯草属	*Prunella vulgaris*
1032	刚毛香茶菜	唇形科	香茶菜属	*Rabdosia hispida*
1033	线纹香茶菜	唇形科	香茶菜属	*Rabdosia lophanthoides*
1034	山地香茶菜	唇形科	香茶菜属	*Rabdosia oresbia*
1035	小叶香茶菜	唇形科	香茶菜属	*Rabdosia parvifolia*
1036	川藏香茶菜	唇形科	香茶菜属	*Rabdosia pseudo-irrorata*
1037	维西香茶菜	唇形科	香茶菜属	*Rabdosia weisiensis*
1038	掌叶石蚕	唇形科	掌叶石蚕属	*Rubiteucris palmate*
1039	栗色鼠尾草	唇形科	鼠尾草属	*Salvia castanea*
1040	绒毛栗色鼠尾草	唇形科	鼠尾草属	*Salvia castenea f. tomentosa*
1041	甘西鼠尾草	唇形科	鼠尾草属	*Salvia przewalskii*
1042	粘毛鼠尾草	唇形科	鼠尾草属	*Salvia roborowskii*
1043	锡金鼠尾草	唇形科	鼠尾草属	*Salvia sikkimensis*
1044	黄芩（未记载）	唇形科	黄芩属	*Scutellaria baicalensis*
1045	血见愁	唇形科	香科科属	*Teucrium viscidum*
1046	铃铛子	茄科	山莨菪属	*Anisodus luridus*
1047	天仙子	茄科	天仙子属	*Hyoscyamus niger*
1048	枸杞	茄科	枸杞属	*Lycium chinense*
1049	茄参	茄科	茄参属	*Mondragora caulescens*
1050	黄花来江藤	玄参科	来江藤属	*Brandisia caulescens*
1051	大萼兔耳草	玄参科	兔耳草属	*Lagotis clarkei*
1052	大花小米草	玄参科	小米草属	*Euphrasia jaeschkei*
1053	川藏短腺小米草	玄参科	小米草属	*Euphrasia regelii* ssp. *kangtienensis*
1054	鞭打绣球	玄参科	鞭打绣球属	*Hemiphragma heterophyllum*
1055	肉果草	玄参科	肉果草属	*Lancea tibetica*
1056	长果肉果草	玄参科	肉果草属	*Lancea tibetica f. ciliata*
1057	宽叶柳穿鱼	玄参科	柳穿鱼属	*Linaria thibetica*
1058	琴叶通泉草	玄参科	通泉草属	*Mazus celsioidea*
1059	通泉草	玄参科	通泉草属	*Mazus japonicus*
1060	尼泊尔沟酸浆	玄参科	沟酸浆属	*Mimulus tenellus* var. *nepalensis*
1061	高额马先蒿	玄参科	马先蒿属	*Pedicularis altifrontalis*

(续)

编号	种名	科名	属名	拉丁名
1062	狭裂马先蒿	玄参科	马先蒿属	*Pedicularis angustiloba*
1063	全叶美丽马先蒿	玄参科	马先蒿属	*Pedicularis bella* f. *holophylla*
1064	头花马先蒿	玄参科	马先蒿属	*Pedicularis cephalantha*
1065	聚花马先蒿	玄参科	马先蒿属	*Pedicularis confertiflora*
1066	凹唇马先蒿	玄参科	马先蒿属	*Pedicularis croizatiana*
1067	隐花马先蒿	玄参科	马先蒿属	*Pedicularis cryptantha*
1068	密穗马先蒿	玄参科	马先蒿属	*Pedicularis densispica*
1069	铺散马先蒿	玄参科	马先蒿属	*Pedicularis diffusa*
1070	裹盔马先蒿	玄参科	马先蒿属	*Pedicularis elwesii*
1071	裹喙马先蒿	玄参科	马先蒿属	*Pedicularis fletcherii*
1072	球花马先蒿	玄参科	马先蒿属	*Pedicularis globifera*
1073	中华马先蒿	玄参科	马先蒿属	*Pedicularis gracilis* subsp. *sinensis*
1074	坚细马先蒿	玄参科	马先蒿属	*Pedicularis gracilis* subsp. *stricta*
1075	硕大马先蒿	玄参科	马先蒿属	*Pedicularis ingens*
1076	斑唇马先蒿	玄参科	马先蒿属	*Pedicularis longiflora* var. *tubiformis*
1077	柔毛马先蒿	玄参科	马先蒿属	*Pedicularis mollis*
1078	菌生马先蒿	玄参科	马先蒿属	*Pedicularis mychophila*
1079	扭盔马先蒿	玄参科	马先蒿属	*Pedicularis oliveriana*
1080	青海马先蒿	玄参科	马先蒿属	*Pedicularis przewalskii*
1081	拟鼻花马先蒿	玄参科	马先蒿属	*Pedicularis rhinanthoides*
1082	喙毛马先蒿	玄参科	马先蒿属	*Pedicularis rhynchotricha*
1083	草甸马先蒿	玄参科	马先蒿属	*Pedicularis roylei*
1084	灰毛草甸马先蒿	玄参科	马先蒿属	*Pedicularis roylei* subsp. *shawii*
1085	短盔草甸马先蒿	玄参科	马先蒿属	*Pedicularis roylei* var. *bravigaleata*
1086	狭室马先蒿	玄参科	马先蒿属	*Pedicularis stenotheca*
1087	毛盔马先蒿	玄参科	马先蒿属	*Pedicularis trichoglossa*
1088	轮叶马先蒿	玄参科	马先蒿属	*Pedicularis verticillata*
1089	草柏枝	玄参科	松蒿属	*Phtheirospermum tenuisectum*
1090	光叶翼萼（光叶蝴蝶草）	玄参科	翼萼属（蝴蝶草属）	*Torenia glabra*
1091	毛蕊花一柱香	玄参科	毛蕊花属	*Verbascum thapsus*
1092	北水苦荬	玄参科	婆婆纳属	*Veronica anagallis-equatica*
1093	头花婆婆纳	玄参科	婆婆纳属	*Veronica capitata*
1094	拉萨长果婆婆纳	玄参科	婆婆纳属	*Veronica ciliata* ssp. *cephaloides*
1095	毛果婆婆纳	玄参科	婆婆纳属	*Veronica eriogyne*
1096	多花伞房花婆婆纳	玄参科	婆婆纳属	*Veronica szechuanica* subsp. *sikkimensis*
1097	丁座草	列当科	草苁蓉属	*Boschniakia himalaica*
1098	四川列当	列当科	列当属	*Orobanche sinensis*
1099	黄花粗筒苣苔	苦苣苔科	粗筒苣苔属	*Briggsia aurantiaca*
1100	斑叶唇柱苣苔	苦苣苔科	唇柱苣苔属	*Chirita pumila*
1101	光萼石花	苦苣苔科	珊瑚苣苔属	*Corallodiscus flabellatus* var. *leiocalyx*
1102	毛枝吊石苣苔	苦苣苔科	吊石苣苔属	*Lysionotus wardii*
1103	球花马蓝	爵床科	头花马蓝属	*Goldfussia pentstemonoides*
1104	翅柄马蓝	爵床科	马蓝属	*Pteracanthus alatus*
1105	变色马蓝	爵床科	马蓝属	*Pteracanthus versicolor*
1106	车前	车前科	车前属	*Plantago asiatica*
1107	平车前	车前科	车前属	*Plantago depresea*
1108	疏花车前	车前科	车前属	*Plantago erosa*
1109	大车前	车前科	车前属	*Plantago major*
1110	虎刺	茜草科	虎刺属	*Damnacanthus indicus*
1111	猪殃殃	茜草科	拉拉藤属	*Galium aparine*
1112	八仙草	茜草科	拉拉藤属	*Galium asperifolium*
1113	六叶葎	茜草科	拉拉藤属	*Galium asperifolium* var. *hoffmeisteri*
1114	小叶八仙草	茜草科	拉拉藤属	*Galium asperifolium* var. *sikkimense*
1115	堪察加猪殃殃	茜草科	拉拉藤属	*Galium kamtschaticum*
1116	奇特猪殃殃	茜草科	拉拉藤属	*Galium paradoxum*
1117	毛叶葎	茜草科	拉拉藤属	*Galium pseudohirtiflorum*
1118	高山野丁香（白毛野丁香）	茜草科	野丁香属	*Leptodermis forrestii*
1119	糙毛野丁香	茜草科	野丁香属	*Leptodermis nigricans*
1120	川滇野丁香（小叶野丁香）	茜草科	野丁香属	*Leptodermis pilosa*

(续)

编号	种名	科名	属名	拉丁名
1121	粉背野丁香	茜草科	野丁香属	*Leptodermis potaninii* var. *glauca*
1122	西南野丁香	茜草科	野丁香属	*Leptodermis purdomii*
1123	管萼野丁香	茜草科	野丁香属	*Leptodermis tubicalyx*
1124	茜草	茜草科	茜草属	*Rubia manjith*
1125	膜叶茜草	茜草科	茜草属	*Rubia membranacea*
1126	光茎茜草	茜草科	茜草属	*Rubia willichiana*
1127	南方六道木	忍冬科	六道木属	*Abelia dielsii*
1128	风吹萧	忍冬科	鬼吹萧属	*Leycesteria formosa*
1129	狭萼风吹萧	忍冬科	鬼吹萧属	*Leycesteria formosa* var. *stenosepala*
1130	淡红忍冬	忍冬科	忍冬属	*Lonicera acuminata*
1131	微毛忍冬（蓝果忍冬）	忍冬科	忍冬属	*Lonicera cyanocarpa*
1132	刚毛忍冬	忍冬科	忍冬属	*Lonicera hispida*
1133	杯萼忍冬	忍冬科	忍冬属	*Lonicera inconspicus*
1134	柳叶忍冬	忍冬科	忍冬属	*Lonicera lanceolata*
1135	理塘忍冬	忍冬科	忍冬属	*Lonicera litangensis*
1136	越橘叶忍冬	忍冬科	忍冬属	*Lonicera myrtillus*
1137	袋花忍冬	忍冬科	忍冬属	*Lonicera saccata*
1138	齿叶忍冬	忍冬科	忍冬属	*Lonicera setifera*
1139	红花矮小忍冬	忍冬科	忍冬属	*Lonicera syringantha* var. *wolfii*
1140	陇塞忍冬	忍冬科	忍冬属	*Lonicera tangutica*
1141	毛花忍冬	忍冬科	忍冬属	*Lonicera trichosantha*
1142	华西忍冬	忍冬科	忍冬属	*Lonicera webbiana*
1143	血满草	忍冬科	接骨木属	*Sambucus adnata*
1144	接骨草	忍冬科	接骨木属	*Sambucus chinensis*
1145	穿心莛子藨	忍冬科	莛子藨属	*Triosteum himalayanum*
1146	蓝黑果荚蒾	忍冬科	荚蒾属	*Viburnum atrocyaneum*
1147	心叶荚蒾	忍冬科	荚蒾属	*Viburnum cordifolium*
1148	黄栌叶荚蒾	忍冬科	荚蒾属	*Viburnum cotinifolium*
1149	水红木	忍冬科	荚蒾属	*Viburnum cylindricum*
1150	淡红荚蒾	忍冬科	荚蒾属	*Viburnum erubescens*
1151	臭荚蒾	忍冬科	荚蒾属	*Viburnum foeticum*
1152	甘肃荚蒾	忍冬科	荚蒾属	*Viburnum kansuense*
1153	少毛西域荚蒾	忍冬科	荚蒾属	*Viburnum mullaha* var. *glabrescens*
1154	西藏荚蒾	忍冬科	荚蒾属	*Viburnum thibeticum*
1155	匙叶甘松	败酱科	甘松属	*Nardostachys jatamansi*
1156	长序缬草	败酱科	缬草属	*Valeriana hardwickii*
1157	马蹄香	败酱科	缬草属	*Valeriana jatamansi*
1158	小花缬草	败酱科	缬草属	*Valeriana minutiflora*
1159	川续断	川续断科	川续断属	*Dipsacus asperoides*
1160	深紫续断	川续断科	川续断属	*Dipsacus atropurpureus*
1161	大头续断	川续断科	川续断属	*Dipsacus chinensis*
1162	双参	川续断科	双参属	*Triplostegia glandulifera*
1163	波棱瓜	葫芦科	波棱瓜属	*Herpetospermum pedunculosum*
1164	波密裂瓜	葫芦科	裂瓜属	*Schizopepon bemiensis*
1165	茅瓜	葫芦科	茅瓜属	*Solena amplexicaulis*
1166	西藏赤瓟	葫芦科	赤瓟属	*Thladiantha setispina*
1167	川藏沙参	桔梗科	沙参属	*Adenophora liliifolroides*
1168	钻裂风铃草	桔梗科	风铃草属	*Campanula aristata*
1169	灰毛风铃草	桔梗科	风铃草属	*Campanula cana*
1170	西南风铃草	桔梗科	风铃草属	*Campanula colorata*
1171	小叶轮钟草	桔梗科	金钱豹属	*Campanumoea inflata*
1172	管钟党参	桔梗科	党参属	*Codonopsis bulleyana*
1173	辐冠党参	桔梗科	党参属	*Codonopsis conovolvulacea* ssp. *vinciflora*
1174	臭党参	桔梗科	党参属	*Codonopsis foetens*
1175	光萼党参	桔梗科	党参属	*Codonopsis levicalyx*
1176	大萼党参	桔梗科	党参属	*Codonopsis macrocalyx*
1177	脉花党参	桔梗科	党参属	*Codonopsis nervosa*
1178	长花党参	桔梗科	党参属	*Codonopsis thalictrifolia* var. *mollis*
1179	蓝钟花	桔梗科	蓝钟花属	*Cyananthus hookeri*

（续）

编号	种名	科名	属名	拉丁名
1180	灰毛蓝钟花	桔梗科	蓝钟花属	*Cyananthus incanus*
1181	胀萼蓝钟花	桔梗科	蓝钟花属	*Cyananthus inflatus*
1182	裂叶蓝钟花	桔梗科	蓝钟花属	*Cyananthus lobatus*
1183	大萼蓝钟花	桔梗科	蓝钟花属	*Cyananthus macrocalyx*
1184	短毛蓝钟花	桔梗科	蓝钟花属	*Cyananthus pseudo-inflatus*
1185	绢毛蓝钟花	桔梗科	蓝钟花属	*Cyananthus sericeus*
1186	杂毛蓝钟花	桔梗科	蓝钟花属	*Cyananthus sherriffii*
1187	毛细钟花	桔梗科	细钟花属	*Leptocodon hirsutus*
1188	西藏山梗菜	桔梗科	半边莲属	*Lobelia tibetica*
1189	和尚菜	菊科	和尚菜属	*Adenocaulon himalaicum*
1190	无翅兔儿风	菊科	兔儿风属	*Ainsliaea aptera*
1191	异叶兔儿风	菊科	兔儿风属	*Ainsliaea foliosa*
1192	小叶兔儿风	菊科	兔儿风属	*Ainsliaea fulvipes*
1193	宽叶兔儿风	菊科	兔儿风属	*Ainsliaea latifolia*
1194	多花亚菊	菊科	亚菊属	*Ajania myriantha*
1195	紫花亚菊	菊科	亚菊属	*Ajania purpurea*
1196	尖叶香青	菊科	香青属	*Anaphalis acutifolia*
1197	黑鳞黄腺香青	菊科	香青属	*Anaphalis aureopunctata* var. *atrata*
1198	旋叶香青	菊科	香青属	*Anaphalis contorta*
1199	淡黄香青	菊科	香青属	*Anaphalis flavescens*
1200	皱缘纤枝香青	菊科	香青属	*Anaphalis gracilis* var. *ulophylla*
1201	铃铃香青	菊科	香青属	*Anaphalis hancockii*
1202	珠光香青	菊科	香青属	*Anaphalis margaritacea*
1203	黄褐珠光香青	菊科	香青属	*Anaphalis margaritacea* var. *cinnamomea*
1204	线叶珠光香青	菊科	香青属	*Anaphalis margaritacea* var. *japonica*
1205	尼泊尔香青	菊科	香青属	*Anaphalis nepalensis*
1206	伞房尼泊尔香青	菊科	香青属	*Anaphalis nepalensis* var. *corymbosa*
1207	单头尼泊尔香青	菊科	香青属	*Anaphalis nepalensis* var. *monocephala*
1208	灰叶香青	菊科	香青属	*Anaphalis spodiophylla*
1209	狭苞香青	菊科	香青属	*Anaphalis stenpcephala*
1210	木根香青	菊科	香青属	*Anaphalis xylorhiza*
1211	牛蒡	菊科	牛蒡属	*Arctium lappa*
1212	黄花蒿	菊科	蒿属	*Artemisia annua*
1213	直茎蒿	菊科	蒿属	*Artemisia edgeworthii*
1214	昆仑蒿	菊科	蒿属	*Artemisia nanschanica*
1215	（西南牡蒿）小花牡蒿	菊科	蒿属	*Artemisia parviflora*
1216	粗茎蒿	菊科	蒿属	*Artemisia robusta*
1217	灰苞蒿	菊科	蒿属	*Artemisia roxburghiana*
1218	大籽蒿	菊科	蒿属	*Artemisia sieversiana*
1219	甘青蒿	菊科	蒿属	*Artemisia tangutica*
1220	藏北艾	菊科	蒿属	*Artemisia vulgaris* var. *xizangensis*
1221	日喀则蒿	菊科	蒿属	*Artemisia xigazeensis*
1222	沙蒿	菊科	蒿属	*Artemisia desertorum*
1223	猪毛蒿	菊科	蒿属	*Artemisia scoparia*
1224	小舌紫菀	菊科	紫菀属	*Aster albescens*
1225	长毛小舌紫菀	菊科	紫菀属	*Aster albescens* var. *pilosus*
1226	髯毛紫菀	菊科	紫菀属	*Aster barbellatus*
1227	萎软紫菀	菊科	紫菀属	*Aster flaccidus*
1228	辉叶紫菀	菊科	紫菀属	*Aster fulgidulus*
1229	须弥紫菀	菊科	紫菀属	*Aster himalaicus*
1230	丽江紫菀	菊科	紫菀属	*Aster likiangensis*
1231	新雅紫菀	菊科	紫菀属	*Aster neo-elegans*
1232	凹叶紫菀	菊科	紫菀属	*Aster retusus*
1233	缘毛紫菀	菊科	紫菀属	*Aster souliei*
1234	东俄洛紫菀	菊科	紫菀属	*Aster tongelensis*
1235	三基脉紫菀	菊科	紫菀属	*Aster trinervius*
1236	云南紫菀	菊科	紫菀属	*Aster yunnanensis*
1237	重冠紫菀	菊科	紫菀属	*Aster diplostephioides*
1238	柳叶鬼针草	菊科	鬼针草属	*Bidens cernua*

(续)

编号	种名	科名	属名	拉丁名
1239	掌裂蟹甲草	菊科	蟹甲草属	*Cacalia palmatisecta*
1240	五裂蟹甲草	菊科	蟹甲草属	*Cacalia pentaloba*
1241	节毛飞廉（节毛飞廉）	菊科	飞廉属	*Carduus acanthoides*
1242	高原天名精	菊科	天名精属	*Carpesium lipskyi*
1243	尼泊尔天名精	菊科	天名精属	*Carpesium nepalense*
1244	葶茎天名精	菊科	天名精属	*Carpesium scapiforme*
1245	粗齿天名精	菊科	天名精属	*Carpesium trachelifolium*
1246	暗花金挖耳	菊科	天名精属	*Carpesium triste*
1247	蓝花岩参	菊科	岩参属	*Cicerbita cyanea*
1248	贡山蓟	菊科	蓟属	*Cirsium eriophoroides*
1249	倒钩蓟（披裂蓟）	菊科	蓟属	*Cirsium interpositum*
1250	藏蓟	菊科	蓟属	*Cirsium tibeticum*
1251	绵头蓟（贡山蓟）	菊科	蓟属	*Cirsium eriophoroides*
1252	加拿大白酒草	菊科	白酒草属	*Conyza canadensis*
1253	白酒草	菊科	白酒草属	*Conyza japonica*
1254	野茼蒿	菊科	野茼蒿属	*Crassocephalum crepidioides*
1255	狭叶垂头菊	菊科	垂头菊属	*Cremanthodium angustifolium*
1256	车前状垂头菊	菊科	垂头菊属	*Cremanthodium ellisii*
1257	线叶垂头菊	菊科	垂头菊属	*Cremanthodium lineare*
1258	舌叶垂头菊	菊科	垂头菊属	*Cremanthodium lingulatum*
1259	长柱垂头菊	菊科	垂头菊属	*Cremanthodium rhodocephalum*
1260	钗舌垂头菊	菊科	垂头菊属	*Cremanthodium thomsonii*
1261	藏滇还阳参（西藏还羊参）	菊科	还羊参属	*Crepis elongata*
1262	还阳参	菊科	还羊参属	*Crepis rigescens*
1263	鱼眼草	菊科	鱼眼草属	*Dichrocephala integrifolia*
1264	美叶藏菊	菊科	川木香属	*Dolomiaea calophylla*
1265	南藏菊	菊科	川木香属	*Dolomiaea wardii*
1266	厚喙菊	菊科	厚喙菊属	*Dubyaea hispida*
1267	一年蓬	菊科	飞蓬属	*Erigeron annuus*
1268	短葶飞蓬	菊科	飞蓬属	*Erigeron breviscapus*
1269	珠峰飞蓬	菊科	飞蓬属	*Erigeron himalayensis*
1270	多舌飞蓬	菊科	飞蓬属	*Erigeron multiradiatus*
1271	展苞飞蓬	菊科	飞蓬属	*Erigeron patentisquamus*
1272	异叶泽兰	菊科	泽兰属	*Eupatorium heterophyllum*
1273	牛膝菊	菊科	牛膝菊属	*Galinsoga parviflora*
1274	鼠麹草	菊科	鼠麹草属	*Gnaphalium affine*
1275	秋鼠麹草	菊科	鼠麹草属	*Gnaphalium hypoleucum*
1276	西藏三七草	菊科	三七草属（菊三七属）	*Gynura cusimbua*
1277	圆齿狗娃花	菊科	狗娃花属	*Heteropappus crentifolius*
1278	无舌狗娃花	菊科	狗娃花属	*Heteropappus eligulatius*
1279	拉萨狗娃花	菊科	狗娃花属	*Heteropappus gouldii*
1280	泽兰羊耳菊	菊科	旋覆花属	*Inula eupatorioides*
1281	锈毛旋覆花	菊科	旋覆花属	*Inula hookeri*
1282	细叶苦荬	菊科	苦荬菜属	*Ixeris gracilis*
1283	山莴苣	菊科	山莴苣属	*Lagedium sibiricum*
1284	尼泊尔大丁草	菊科	大丁草属	*Leibnitzia nepalensis*
1285	坚杆火绒草	菊科	火绒草属	*Leontopodium franchetii*
1286	密生雅谷火绒草	菊科	火绒草属	*Leontopodium jacotianum* var. *paracloxum*
1287	长叶火绒草	菊科	火绒草属	*Leontopodium longifolium*
1288	银叶火绒草	菊科	火绒草属	*Leontopodium souliei*
1289	毛香火绒草	菊科	火绒草属	*Leontopodium stracheyi*
1290	雅谷火绒草	菊科	火绒草属	*Leontopodium jacotianum*
1291	盘状橐吾	菊科	橐吾属	*Ligularia discoidea*
1292	蹄叶橐吾	菊科	橐吾属	*Ligularia fischerii*
1293	沼生橐吾	菊科	橐吾属	*Ligularia lamarum*
1294	千花橐吾	菊科	橐吾属	*Ligularia myriocephala*
1295	林芝橐吾	菊科	橐吾属	*Ligularia nyingchiensis*
1296	酸模叶橐吾	菊科	橐吾属	*Ligularia rumicifolia*
1297	紫花橐吾	菊科	橐吾属	*Ligularia tenuicaulis* var. *purpuraceae*

(续)

编号	种名	科名	属名	拉丁名
1298	东久橐吾	菊科	橐吾属	*Ligularia tongkyukensis*
1299	苍山橐吾	菊科	橐吾属	*Ligularia tsangchanensis*
1300	圆舌粘冠草	菊科	粘冠草属	*Myriactis nepalensis*
1301	粘冠草	菊科	粘冠草属	*Myriactis wightii*
1302	大果毛冠菊	菊科	毛冠菊属	*Nannoglottis macrocarpa*
1303	三花盘果菊	菊科	盘果菊属	*Prenanthes brunoniana*
1304	西藏盘果菊	菊科	盘果菊属	*Prenanthes brunoniana* var. *thibetica*
1305	毛连菜	菊科	毛连菜属	*Pricris hieracioides*
1306	川西小黄菊	菊科	匹菊属	*Pyrethrum tatsienensis*
1307	无舌川西小黄菊	菊科	匹菊属	*Pyrethrum tatsienensis* var. *tanacetopsis*
1308	羽裂风毛菊	菊科	风毛菊属	*Saussurea bodinieri*
1309	波密风毛菊	菊科	风毛菊属	*Saussurea bomiensis*
1310	肿柄雪莲	菊科	风毛菊属	*Saussurea conica*
1311	长毛风毛菊	菊科	风毛菊属	*Saussurea hieracioides*
1312	狮牙状风毛菊	菊科	风毛菊属	*Saussurea lepntodontoides*
1313	丽江风毛菊	菊科	风毛菊属	*Saussurea likiangensis*
1314	长叶雪莲	菊科	风毛菊属	*Saussurea longifolia*
1315	倒披针叶风毛菊	菊科	风毛菊属	*Saussurea nimborum*
1316	苞叶雪莲	菊科	风毛菊属	*Saussurea obvallata*
1317	毛背雪莲	菊科	风毛菊属	*Saussurea pubifolia*
1318	矮丛风毛菊	菊科	风毛菊属	*Saussurea pygmaea*
1319	星状雪兔子	菊科	风毛菊属	*Saussurea stella*
1320	淞潘风毛菊	菊科	风毛菊属	*Saussurea sungpangensis*
1321	华丽风毛菊	菊科	风毛菊属	*Saussurea superba*
1322	蒲公英叶风毛菊	菊科	风毛菊属	*Saussurea taraxacifolia*
1323	锥叶风毛菊	菊科	风毛菊属	*Saussurea wernerioides*
1324	垂头雪莲	菊科	风毛菊属	*Saussurea wettsteiniana*
1325	攀援千里光	菊科	千里光属	*Senecio araneosus*
1326	莱菔叶千里光（异叶千里光）	菊科	千里光属	*Senecio raphanifolius*
1327	千里光	菊科	千里光属	*Senecio scandens*
1328	川西千里光	菊科	千里光属	*Senecio solidagineus*
1329	欧洲千里光	菊科	千里光属	*Senecio vulgaris*
1330	豨莶	菊科	豨莶属	*Siegesbeckia orientalis*
1331	苦苣菜	菊科	苦苣菜属	*Sonchus oleraceus*
1332	绢毛菊	菊科	绢毛菊属	*Soroseris gillii*
1333	团花绢毛菊	菊科	绢毛菊属	*Soroseris glomerata*
1334	毛葶蒲公英	菊科	蒲公英属	*Taraxacum eriopodum*
1335	反苞蒲公英	菊科	蒲公英属	*Taraxacum grypodon*
1336	灰果蒲公英	菊科	蒲公英属	*Taraxacum maurocarpum*
1337	锡金蒲公英	菊科	蒲公英属	*Taraxacum sikkimense*
1338	角苞蒲公英	菊科	蒲公英属	*Taraxacum stenoceras*
1339	款冬	菊科	款冬属	*Tussilago farfara*
1340	苍耳	菊科	苍耳属	*Xanthium sibiricum*
1341	旌节黄鹌菜	菊科	黄鹌菜属	*Youngia racemifera*
1342	纤细黄鹌菜	菊科	黄鹌菜属	*Youngia stebbinsiana*
1343	西南千金藤	防己科	千金藤属	*Stephania subpeltata*
1344	短穗旌节花	旌节花科	旌节花属	*Stachyurus chinensis* var. *brachystachus*
1345	喜马山旌节花	旌节花科	旌节花属	*Stachyurus himalaicus*
1346	苦木	苦木科	苦木属	*Picrasma quassiodes*
1347	菊叶香藜	藜科	藜属	*Chennopodium foetidum*
1348	球果假水晶兰	鹿蹄草科	假水晶兰属	*Cheilotheca humilis*
1349	梅笠草	鹿蹄草科	梅笠草属	*Chimaphilla japonica*
1350	紫背鹿蹄草	鹿蹄草科	鹿蹄草属	*Pyrola atropurpurea*
1351	鹿蹄草	鹿蹄草科	鹿蹄草属	*Pyrola calliantha*
1352	普通鹿蹄草	鹿蹄草科	鹿蹄草属	*Pyrola decorata*
1353	马鞭草	马鞭草科	马鞭草属	*Verbena officinalis*
1354	藏木通	马兜铃科	马兜铃属	*Aristolochia griffithii*
1355	石南七	马兜铃科	细辛属	*Asarum himalaicum*
1356	马桑	马桑科	马桑属	*Coriaria napalensis*

(续)

编号	种名	科名	属名	拉丁名
1357	草马桑	马桑科	马桑属	*Coriaria terminalis*
1358	茅膏菜	茅膏菜科	茅膏菜属	*Drosera peltata* var. *lunata*
1359	显脉猕猴桃	猕猴桃科	猕猴桃属	*Actinidia venosa*
1360	变异藤山柳	猕猴桃科	藤山柳属	*Clematoclethra variabilis*
1361	五风藤	木通科	鹰爪枫属	*Holboellia latifolia*
1362	毛叶红麸杨	漆树科	盐肤木属	*Rhus punjabensis* var. *pilosa*
1363	红麸杨	漆树科	盐肤木属	*Rhus punjabensis* var. *sinica*
1364	小果大叶漆	漆树科	漆属	*Toxicodendron hookeri* var. *microcarpa*
1365	漆	漆树科	漆属	*Toxicodendron verniciflum*
1366	泡花树	清风藤科	泡花树属	*Meliosma cuneifolia*
1367	钟花清风藤	清风藤科	清风藤属	*Sabia campanulata*
1368	樟木秋海棠	秋海棠科	秋海棠属	*Begonia picta*
1369	圆柏寄生	桑寄生科	油杉寄生属	*Arceuthobium oxycedri*
1370	栎树桑寄生	桑寄生科	桑寄生属	*Lorathus delavayi*
1371	梨果寄生	桑寄生科	梨果寄生属	*Scurrula philippensis*
1372	星毛钝果寄生	桑寄生科	钝果寄生属	*Taxillus thibetiensis*
1373	枫香槲寄生	桑寄生科	槲寄生属	*Viscum liquidambaricolum*
1374	白檀	山矾科	山矾属	*Symplocos paniculata*
1375	毛松下兰	水晶兰科	松下兰属	*Monotropa hypopitys* var. *hirsuta*
1376	沼生水马齿	水马齿科	水马齿属	*Callitriche palustris*
1377	水青树	水青树科	水青树属	*Tetracentron sinense*
1378	五福花	五福花科	五福花属	*Adoxa moschatellina*
1379	牛膝	苋科	牛膝属	*Achyranthes bidentata*
1380	双尖苎麻	荨麻科	苎麻属	*Boehmeria bicuspis*
1381	水麻	荨麻科	水麻属	*Debregeasis edulis*
1382	展毛翠雀花	荨麻科	水麻属	*Deliphinium kamaomense* var. *glabrescens*
1383	堆纳翠雀花	荨麻科	水麻属	*Deliphimium wardii*
1384	楔苞楼梯草	荨麻科	楼梯草属	*Elatostema cuneiforme*
1385	骤尖楼梯草	荨麻科	楼梯草属	*Elatostema cuspidatum*
1386	异叶楼梯草	荨麻科	楼梯草属	*Elatostema monandrum*
1387	钝叶楼梯草	荨麻科	楼梯草属	*Elatostema obtusum*
1388	珠芽艾麻	荨麻科	艾麻属	*Laportea bulbifera*
1389	假楼梯草	荨麻科	假楼梯草属	*Lecanthus penduncularis*
1390	角被假楼梯草	荨麻科	假楼梯草属	*Lecanthus petelotii* var. *corniculatus*
1391	墙草	荨麻科	墙草属	*Parietaria micratha*
1392	异叶冷水花	荨麻科	冷水花属	*Pilea anisophylla*
1393	盾基冷水花	荨麻科	冷水花属	*Pilea insolens*
1394	大叶冷水花	荨麻科	冷水花属	*Pilea martinii*
1395	亚高山冷水花	荨麻科	冷水花属	*Pilea racemosa*
1396	菱叶雾水葛	荨麻科	雾水葛属	*Pouzolzia elegantula*
1397	红雾水葛	荨麻科	雾水葛属	*Pouzolzia sanguinea*
1398	喜马拉雅荨麻	荨麻科	荨麻属	*Urtica ardens*
1399	滇藏荨麻	荨麻科	荨麻属	*Urtica mairei*
1400	西藏荨麻	荨麻科	荨麻属	*Urtica tibetica*
1401	异腺草	亚麻科	异腺草属	*Anisadenia pubescens*
1402	樱果朴	榆科	朴属	*Celtis cerasifera*
1403	簇生卷耳	榆科	朴属	*Cerastium fortanum* ssp. *triviale* var. *angvstifolium*
1404	小果榆	榆科	榆属	*Ulmus microcarpa*
1405	西伯利亚远志	远志科	远志属	*Polygala sibirica*
1406	长毛籽远志	远志科	远志属	*Polygala wattersii*
1407	两头毛	紫葳科	角蒿属	*Incarvillea arguta*
1408	羽脉清香桂	黄杨科	清香桂属	*Sarcococca hookeriana*
1409	络石	夹竹桃科	络石属	*Trachelospermum jasminoides*
1410	中华野葵	锦葵科	锦葵属	*Malva verticillata* var. *chinensis*
1411	小眼子菜	眼子菜科	眼子菜属	*Potamogeton pusillus*
1412	浮叶眼子菜	眼子菜科	眼子菜属	*Potamogeton natans*
1413	海韭菜	水麦冬科	水麦冬属	*Triglochin maritimum*
1414	水麦冬	水麦冬科	水麦冬属	*Triglochin palustris*
1415	黑藻	水鳖科	黑藻属	*Hydrilla verticillata*

(续)

编号	种名	科名	属名	拉丁名
1416	展穗芨芨草	禾本科	芨芨草属	Achnatherum effusum
1417	岩生剪股颖	禾本科	剪股颖属	Agrostis hugoniana var. sinorupestris
1418	须芒草	禾本科	须芒草属	Andropogon yunnanensis
1419	云南野古草	禾本科	野古草属	Arundinella yunnanensis
1420	穗序野古草	禾本科	野古草属	Arundinella chenii
1421	喜马拉雅野古草	禾本科	野古草属	Arundinella hookeri
1422	白羊草	禾本科	孔颖草属	Bothriochloa ischaemum
1423	短柄草	禾本科	短柄草属	Brachypodium sylvaticum
1424	雀麦	禾本科	雀麦属	Bromus japonicus
1425	华雀麦	禾本科	雀麦属	Bromus sinensis
1426	单蕊拂子茅	禾本科	拂子茅属	Calamagrostis emodensis
1427	短芒拂子茅	禾本科	拂子茅属	Calamagrostis hedinii
1428	假苇拂籽茅	禾本科	拂子茅属	Calamagrostis pseudophragmites
1429	通麦香茅	禾本科	香茅属	Cymbopogon tungmaiensis
1430	发草	禾本科	发草属	Deschampsia caespitosa
1431	长舌发草	禾本科	发草属	Deschampsia littoralis var. beringensis
1432	野青茅	禾本科	野青茅属	Deyeuxia arundinaceae
1433	小丽茅	禾本科	野青茅属	Deyeuxia pulchella
1434	微药野青茅	禾本科	野青茅属	Deyeuxia nivicola
1435	林芝野青茅	禾本科	野青茅属	Deyeuxia nyingchiensis
1436	糙野青茅	禾本科	野青茅属	Deyeuxia scabrescens
1437	伞房双药芒	禾本科	双药芒属	Diandranthus corymbosus
1438	西藏双药芒	禾本科	双药芒属	Diandranthus tibeticus
1439	麦宾草	禾本科	披碱草属	Elymus tangutorum
1440	黑穗画眉草	禾本科	画眉草属	Eragrostis nigra
1441	旱茅	禾本科	旱茅属	Eremopogon delavayi
1442	华西箭竹	禾本科	箭竹属	Fargesia nitida
1443	西藏箭竹	禾本科	箭竹属	Fargesia setosa
1444	弱须羊茅	禾本科	羊茅属	Festuca leptopogon
1445	小颖羊茅	禾本科	羊茅属	Festuca parvigluma
1446	羊茅	禾本科	羊茅属	Festuca ovina
1447	落草	禾本科	落草属	Koeleria cristata
1448	黑麦草	禾本科	黑麦草属	Lolium perenne
1449	竹叶茅	禾本科	莠竹属	Microstegium nudum
1450	广序臭草	禾本科	臭草属	Melica onoei
1451	西藏新小竹	禾本科	新小竹属	Neomicrocalamus microphylus
1452	藏落芒草	禾本科	落芒草属	Oryzopsis tibetica
1453	旱黍草	禾本科	稷属（黍属）	Panicum trypheron
1454	白草	禾本科	狼尾草属	Pennisetum flaccidum
1455	芦苇	禾本科	芦苇属	Phragmites australis
1456	高原早熟禾	禾本科	早熟禾属	Poa alpigena
1457	早熟禾	禾本科	早熟禾属	Poa annua
1458	冷地早熟禾	禾本科	早熟禾属	Poa crymophila
1459	江南早熟禾	禾本科	早熟禾属	Poa faberi
1460	开展早熟禾	禾本科	早熟禾属	Poa lipskyi
1461	中亚早熟禾	禾本科	早熟禾属	Poa litwinowiana
1462	疏花早熟禾	禾本科	早熟禾属	Poa polycolea
1463	草地早熟禾	禾本科	早熟禾属	Poa pratensis
1464	棒头草	禾本科	棒头草属	Polypogon fugax
1465	短颖鹅观草	禾本科	鹅观草属	Roegneria breviglumis
1466	肃草	禾本科	鹅观草属	Roegneria stricta
1467	狗尾草	禾本科	狗尾草属	Setaria viridis
1468	长芒草	禾本科	针茅属	Stipa bungeana
1469	草沙蚕	禾本科	草沙蚕属	Tripogon bromoides
1470	线叶草沙蚕	禾本科	草沙蚕属	Tripogon filiformis
1471	长穗三毛草	禾本科	三毛草属	Trisetum clarkei
1472	喜马拉雅三毛草	禾本科	三毛草属	Trisetum himalaicum
1473	蒙古三毛草	禾本科	三毛草属	Trisetum mongolicum
1474	鼠茅	禾本科	鼠茅属	Vulpia myuros

(续)

编号	种名	科名	属名	拉丁名
1475	华扁穗草	莎草科	扁穗草属	*Blysmus sinocompressus*
1476	丝叶球柱草	莎草科	球柱草属	*Bulbostylis densa*
1477	高秆苔草	莎草科	苔草属	*Carex alta*
1478	林芝苔草	莎草科	苔草属	*Carex capillacea* var. *linzensis*
1479	藏东苔草	莎草科	苔草属	*Carex cardiolepis*
1480	十字苔草	莎草科	苔草属	*Carex cruciata*
1481	芒尖苔草	莎草科	苔草属	*Carex doniana*
1482	绿穗苔草	莎草科	苔草属	*Carex forrestii*
1483	红嘴苔草	莎草科	苔草属	*Carex haematostoma*
1484	毛囊苔草	莎草科	苔草属	*Carex inanis*
1485	甘肃苔草	莎草科	苔草属	*Carex kansuensis*
1486	青绿苔草	莎草科	苔草属	*Carex leucochlora*
1487	无翅苔草	莎草科	苔草属	*Carex pleistogyna*
1488	紫鳞苔草	莎草科	苔草属	*Carex souliei*
1489	华克拉莎	莎草科	克拉莎属	*Cladium chinense*
1490	阿穆尔莎草	莎草科	莎草属	*Cyperus amuricus*
1491	长尖莎草	莎草科	莎草属	*Cyperus cuspidatus*
1492	球穗扁莎草	莎草科	扁莎草属	*Pycreus flavidus*
1493	红鳞扁莎草	莎草科	扁莎草属	*Pycreus sanguinolentus*
1494	具槽杆荸荠	莎草科	荸荠属	*Eleocharis valleculosa*
1495	扁鞘飘拂草	莎草科	飘拂草属	*Fimbristylis complanata*
1496	线叶嵩草	莎草科	嵩草属	*Kobresia capillifolia*
1497	川滇嵩草	莎草科	嵩草属	*Kobresia cercostachys*
1498	弧形嵩草	莎草科	嵩草属	*Kobresia curvata*
1499	囊状嵩草	莎草科	嵩草属	*Kobresia fragilis*
1500	大花嵩草	莎草科	嵩草属	*Kobresia macrantha*
1501	高山嵩草	莎草科	嵩草属	*Kobresia pygmaea*
1502	喜马拉雅嵩草	莎草科	嵩草属	*Kobresia royleana*
1503	四川嵩草	莎草科	嵩草属	*Kobresia setchwanensis*
1504	砖子苗	莎草科	砖子苗属	*Mariscus sumatrensis*
1505	水葱	莎草科	藨草属	*Scirpus validus*
1506	菖蒲	天南星科	菖蒲属	*Acorus calamus*
1507	皱序南星	天南星科	天南星属	*Arisaema concinum*
1508	刺棒南星	天南星科	天南星属	*Arisaema echinatum*
1509	象鼻南星	天南星科	天南星属	*Arisaema elephas*
1510	一把伞南星	天南星科	天南星属	*Arisaema erubescens*
1511	黄苞南星	天南星科	天南星属	*Arisaema flavum*
1512	美丽天南星	天南星科	天南星属	*Arisaema speciosum*
1513	曲序天南星	天南星科	天南星属	*Arisaema tortuosum*
1514	隐序天南星	天南星科	天南星属	*Arisaema wardii*
1515	野芋	天南星科	芋属	*Colocasia antiquorum*
1516	爬树龙	天南星科	崖角藤属	*Rhaphidophora decursiva*
1517	浮萍	浮萍科	浮萍属	*Lemna minor*
1518	地地藕	鸭跖草科	鸭跖草属	*Commelina maculata*
1519	葱状灯心草	灯心草科	灯心草属	*Juncus allioides*
1520	走茎灯心草	灯心草科	灯心草属	*Juncus amplifolius*
1521	小花灯心草	灯心草科	灯心草属	*Juncus articulatus*
1522	显苞灯心草	灯心草科	灯心草属	*Juncus bracteatus*
1523	小灯心草	灯心草科	灯心草属	*Juncus bufonius*
1524	雅灯心草(葱灯心草)	灯心草科	灯心草属	*Juncus concinnus*
1525	灯心草	灯心草科	灯心草属	*Juncus effusus*
1526	喜马灯心草	灯心草科	灯心草属	*Juncus himalensis*
1527	片髓灯心草	灯心草科	灯心草属	*Juncus inflexus*
1528	江南灯心草	灯心草科	灯心草属	*Juncus leschenaultii*
1529	长苞灯心草	灯心草科	灯心草属	*Juncus leucomelas*
1530	吉隆灯心草	灯心草科	灯心草属	*Juncus longibracteatus*
1531	矮灯心草	灯心草科	灯心草属	*Juncus minimus*
1532	野灯心草	灯心草科	灯心草属	*Juncus setchuensis*
1533	枯灯心草	灯心草科	灯心草属	*Juncus sphacelatus*

(续)

编号	种名	科名	属名	拉丁名
1534	展苞灯心草	灯心草科	灯心草属	*Juncus thomsonii*
1535	多花地杨梅	灯心草科	地杨梅属	*Luzula multiflora*
1536	羽毛地杨梅	灯心草科	地杨梅属	*Luzula plumose*
1537	大序地杨梅	灯心草科	地杨梅属	*Luzula sudetica*
1538	疏花粉条儿菜	百合科	粉条儿菜属	*Aletris laxiflora*
1539	少花粉条儿菜	百合科	粉条儿菜属	*Aletris pauciflora*
1540	穗花粉条儿菜	百合科	粉条儿菜属	*Aletris pauciflora* var. *khasiana*
1541	星花粉条儿菜	百合科	粉条儿菜属	*Aletris stelliflora*
1542	天蓝韭	百合科	葱属	*Allium cyaneum*
1543	粗根韭	百合科	葱属	*Allium fasciculatum*
1544	钟花韭	百合科	葱属	*Allium kingdonii*
1545	太白韭	百合科	葱属	*Allium prattii*
1546	多星韭	百合科	葱属	*Allium wallichii*
1547	羊齿天门冬	百合科	天门冬属	*Asparagus filicinus*
1548	大百合	百合科	大百合属	*Cardiocrinum giganteum*
1549	七筋姑	百合科	七筋姑属	*Clintonia udensis*
1550	长蕊万寿竹	百合科	万寿竹属	*Disporum bodinieri*
1551	万寿竹	百合科	万寿竹属	*Disporum cantoniense*
1552	川贝母	百合科	贝母属	*Fritillaria cirrhosa*
1553	萱草	百合科	萱草属	*Hemerocallis fulva*
1554	卷丹	百合科	百合属	*Lilium lancifolium*
1555	小百合	百合科	百合属	*Lilium nanum*
1556	囊被百合	百合科	百合属	*Lilium saccatum*
1557	卓巴百合	百合科	百合属	*Lilium wardii*
1558	平滑洼瓣花	百合科	洼瓣花属	*Lloydia flavonutans*
1559	尖果洼瓣花	百合科	洼瓣花属	*Lloydia oxycarpa*
1560	穗花韭	百合科	穗花韭属	*Milula spicata*
1561	假百合	百合科	假百合属	*Notholirion bubilierum*
1562	沿阶草	百合科	沿阶草属	*Ophiopogon bodinieri*
1563	长丝沿阶草	百合科	沿阶草属	*Ophiopogon clarkei*
1564	七叶一枝花	百合科	重楼属	*Paris polyphylla*
1565	短梗重楼	百合科	重楼属	*Paris polyphylla* var. *appendiculata*
1566	花叶重楼	百合科	重楼属	*Paris violacea*
1567	棒丝黄精	百合科	黄精属	*Polygonatum cathcartii*
1568	卷叶黄精	百合科	黄精属	*Polygonatum cirrhifolium*
1569	轮叶黄精	百合科	黄精属	*Polygonatum verticillatum*
1570	管花鹿药	百合科	鹿药属	*Smilacina henryi*
1571	长柱鹿药	百合科	鹿药属	*Smilacina oleracea*
1572	紫花鹿药	百合科	鹿药属	*Smilacina purpurea*
1573	防己叶菝葜	百合科	菝葜属	*Smilax menispermoides*
1574	腋花扭柄花	百合科	扭柄花属	*Streptopus simplex*
1575	橙花开口箭	百合科	开口箭属	*Tupistra aurantiaca*
1576	黑珠芽薯蓣	薯蓣科	薯蓣属	*Dioscorea melanophyma*
1577	五叶薯蓣	薯蓣科	薯蓣属	*Dioscorea pentaphylla*
1578	西南鸢尾	鸢尾科	鸢尾属	*Iris bulleyana*
1579	金脉鸢尾	鸢尾科	鸢尾属	*Iris chrysographes*
1580	锐果鸢尾	鸢尾科	鸢尾属	*Iris goniocarpa*
1581	大锐果鸢尾	鸢尾科	鸢尾属	*Iris goniocarpa* var. *grossa*
1582	宽柱鸢尾	鸢尾科	鸢尾属	*Iris latistyla*
1583	红姜花	姜科	姜花属	*Hedychium coccineum*
1584	密花姜花	姜科	姜花属	*Hedychium densiflorum*
1585	筒瓣兰	兰科	筒瓣兰属	*Anthogonium gracile*
1586	大花无叶兰	兰科	无叶兰属	*Aphyllorchis gollani*
1587	伏生石豆兰	兰科	石豆兰属	*Bulbophyllum reptans*
1588	波密卷瓣兰	兰科	石豆兰属	*Bulbophyllum bomiense*
1589	高山虾脊兰	兰科	虾脊兰属	*Calanthe alpine*
1590	通麦虾脊兰	兰科	虾脊兰属	*Calanthe griffithii*
1591	戟唇虾脊兰	兰科	虾脊兰属	*Calanthe nipponica*
1592	三棱虾脊兰	兰科	虾脊兰属	*Calanthe tricarinata*

（续）

编号	种名	科名	属名	拉丁名
1593	银兰	兰科	头蕊兰属	*Cephalanthera erecta*
1594	长叶头蕊兰	兰科	头蕊兰属	*Cephalanthera longifolia*
1595	卵叶贝母兰	兰科	贝母兰属	*Coelogyne occultata*
1596	长叶兰	兰科	兰属	*Cymbidium erythraeum*
1597	黄蝉兰	兰科	兰属	*Cymbidium iridioides*
1598	兔耳兰	兰科	兰属	*Cymbidium lancifolium*
1599	大花杓兰	兰科	杓兰属	*Cypripedium macranthon*
1600	金耳石斛	兰科	石斛属	*Dendrobium hookeriana*
1601	白花毛兰	兰科	毛兰属	*Eria alba*
1602	小花火烧兰	兰科	火烧兰属	*Epipactis helleborine*
1603	大叶火烧兰	兰科	火烧兰属	*Epipactis mairei*
1604	矮大叶火烧兰	兰科	火烧兰属	*Epipactis mairei* var. *humilior*
1605	裂唇虎舌兰	兰科	虎舌兰属	*Epipogium aphyllum*
1606	天麻	兰科	天麻属	*Gastrodia elata*
1607	大花斑叶兰	兰科	斑叶兰属	*Goodyera biflora*
1608	小斑叶兰	兰科	斑叶兰属	*Goodyera repens*
1609	大斑叶兰	兰科	斑叶兰属	*Goodyera schlechtendaliana*
1610	手参	兰科	手参属	*Gymnadenia conopsea*
1611	西南手参	兰科	手参属	*Gymnadenia orchidis*
1612	长距玉凤花	兰科	玉凤花属	*Habenaria davidii*
1613	紫斑玉凤花	兰科	玉凤花属	*Habenaria purpureo-punctata*
1614	裂唇角盘兰	兰科	角盘兰属	*Herminium alashanicum*
1615	叉唇角盘兰	兰科	角盘兰属	*Herminium lanceum*
1616	角盘兰	兰科	角盘兰属	*Herminium monorchis*
1617	尖囊兰	兰科	尖囊兰属	*Kingidium braceanum*
1618	丛生羊耳蒜	兰科	羊耳蒜属	*Liparis caespitosa*
1619	齿唇羊耳蒜	兰科	羊耳蒜属	*Liparis campylostalix*
1620	羊耳蒜	兰科	羊耳蒜属	*Liparis japonica*
1621	西藏对叶兰	兰科	对叶兰属	*Listera pinetorum*
1622	沼兰	兰科	沼兰属	*Malaxis monophyllus*
1623	全唇兰	兰科	全唇兰属	*Myrmechis chinensis*
1624	尖唇鸟巢兰	兰科	鸟巢兰属	*Neottia acuminate*
1625	密花兜被兰	兰科	兜被兰属	*Neottianthe calcicola*
1626	兜被兰	兰科	兜被兰属	*Neottianthe pseudodiphylax*
1627	狭叶鸢尾兰	兰科	鸢尾兰属	*Oberonia caulescens*
1628	黄花红门兰	兰科	红门兰属	*Orchis chrysea*
1629	广布红门兰	兰科	红门兰属	*Orchis chusua*
1630	宽叶红门兰	兰科	红门兰属	*Orchis latifolia*
1631	斑唇红门兰	兰科	红门兰属	*Orchis wardii*
1632	小山兰	兰科	山兰属	*Oreorchis foliosa*
1633	狭叶山兰	兰科	山兰属	*Oreorchis micrantha*
1634	凸孔阔蕊兰	兰科	阔蕊兰属	*Peristylus coeloceras*
1635	西藏阔蕊兰	兰科	阔蕊兰属	*Peristylus elisabethae*
1636	宿苞石仙桃	兰科	石仙桃属	*Pholidota imbricate*
1637	岩生石仙桃	兰科	石仙桃属	*Pholidota rupestris*
1638	二叶舌唇兰	兰科	舌唇兰属	*Platanthera chlorantha*
1639	缘毛鸟足兰	兰科	鸟足兰属	*Satyrium ciliatum*
1640	绶草	兰科	绶草属	*Spiranthus sinensis*